高等学校"十二五"规划教材·土木工程系列

岩 土 工 程

王幼清　郝庆多　陈兰　编著

U0223441

哈尔滨工业大学出版社

内 容 简 介

本书系统介绍了岩土工程的基本理论和设计方法。主要内容包括岩土体的工程性质、岩土工程勘察、岩土地基工程、深基坑的开挖与支护、滑坡治理、地下洞室、岩土工程爆破、岩土工程防护技术、土工聚合物等。为了便于读者学习应用,书中还给出了相应计算表格、例题、复习思考题与习题。

本书可作为高等工科院校土木工程专业研究生和岩土工程专业本科生教学用书,也可供工程技术人员参考。

图书在版编目(CIP)数据

岩土工程/王幼清编著. —哈尔滨:哈尔滨工业
大学出版社,2013.3(2020.1 重印)
ISBN 978-7-5603-3756-2

Ⅰ.①岩… Ⅱ.①王… Ⅲ.①岩土工程 Ⅳ.①TU4

中国版本图书馆 CIP 数据核字(2012)第 186142 号

责任编辑 王桂芝 段余男
封面设计 刘长友
出版发行 哈尔滨工业大学出版社
社 址 哈尔滨市南岗区复华四道街 10 号 邮编 150006
传 真 0451-86414749
网 址 http://hitpress.hit.edu.cn
印 刷 黑龙江艺德印刷有限责任公司
开 本 787mm×1092mm 1/16 印张 19 字数 450 千字
版 次 2013 年 3 月第 1 版 2020 年 1 月第 4 次印刷
书 号 ISBN 978-7-5603-3756-2
定 价 40.00 元

前　言

岩土工程是土木工程的重要组成部分,在房屋、市政、能源、水利、道路、航运、矿山、国防等各种工程建设中都占有重要地位。由于岩土工程与复杂多变的自然条件密切联系,往往成为工程建设的难点,所以岩土工程是保证工程质量、缩短工程周期、降低工程造价、提高工程经济效益和社会效益的关键。随着我国基础设施建设规模的不断扩大,对岩土工程提出了一个又一个需要解决的新课题,和亟待解决的新问题。由于目前岩土工程方面的图书较少,因此编写一部理论联系实际的《岩土工程》教材具有重要意义。

本书是作者在多年为土木工程专业学生讲授岩土工程课程的教学实践基础上,通过广泛收集文献资料编写而成的。全书共分10章:第1～4章介绍岩体和土体的性能参数及分类方法与勘察测试方法,并介绍了各类岩土地基工程的设计分析方法及施工中深基坑支护结构的设计方法,其中包括对特殊地基和软弱地基的加固处理方法;第5章和第6章介绍岩土边坡工程的抗滑支护方法及对滑坡的分析和治理;第7章介绍地下洞室的稳定性分析和支护方法;第8章介绍岩土工程爆破施工法;第9章介绍岩土工程地表防护技术;第10章介绍土工聚合物在岩土工程中的应用技术。全书力求做到系统性与实用性相统一,除了介绍各种计算分析理论和计算例题外,还列有许多规范表格,以便于在实际工程中应用。此外,为了便于学习,书中还附有思考题和习题。

本书由哈尔滨工业大学王幼清、郝庆多和哈尔滨商业大学陈兰共同撰写,其中王幼清负责绪论和1～8章,郝庆多负责第9章,陈兰负责第10章。

本书编写过程中参考了大量文献,在此对文献作者表示衷心感谢。由于作者水平所限,书中难免有疏漏和不当之处,恳请各位专家和广大读者批评指正。

作者

2012 年 10 月

目　　录

绪　论

0.1　岩土工程的定义及内容

在我国因不同的历史沿革,形成了传统的岩土工程和广义的岩土工程。传统的岩土工程其前身为土力学和基础工程,或称为土工工程;广义的岩土工程是以岩土体为工作对象,以工程地质学、岩石力学、土力学和基础工程学为基本内容,涉及岩体和土体的利用、整治和改造的一门综合性工程技术学科,是土木工程的一个组成部分。

岩土工程包括岩土工程勘察、岩土工程设计、岩土工程施工和岩土工程监测,涉及工程建设的全过程。作为工程技术学科,岩土工程要处理好各种条件下的场地地基及土工结构,确保工程建筑物地基和土工结构中土体的强度、变形和稳定性要求,就必须具有材料科学、地质学、水文地质、土质学、土体加固技术、土工结构及地下工程等学科知识。由此可见,岩土工程是广泛的土木工程边缘学科,研究的内容非常广泛。

0.2　岩土工程的重要性

岩土工程在房屋、市政、能源、水利、道路、航运、矿山、国防等各种工程建设中,都有十分重要的意义。由于岩土工程与复杂多变的自然条件密切联系,往往成为工程建设的难点,成为保证工程质量、缩短工程周期、降低工程造价、提高工程经济效益和社会效益的关键。

土木工程包括对各种不同结构及体系进行分析、设计与施工。作为建筑物的地基起着支撑与传力作用;作为地下工程,其周围岩土体通过围岩压力对建筑物起着施力作用;作为坡脚附近的建筑物,坡体的稳定性直接关系到建筑物的安全;作为建筑材料,则最直接地决定着土木工程结构的可靠性。每个建筑工程中岩土工程的性状及建筑物在施工过程中和竣工后与岩土体之间的相互作用关系,都直接影响着工程的质量、经济和安全生产。

就岩土体本身而言,基于工程影响范围内岩土体边界条件的不确定性,岩土材料性质的可变性、力学性质取决于应力历史与水平,同时由于岩土工程性质还会受时间和外部环境等多种因素的影响,以致要获得相关的准确分析资料及设计参数往往难度很大,但其复杂性也从另一个侧面反映了岩土工程的重要性。

0.3　岩土工程的新进展

岩土工程是一个快速发展的新学科,随着科技的进步和文明的发展,岩土工程不断出现新课题,使岩土工程面临着一个又一个的巨大挑战,但同时也为岩土工程领域展示出广阔的发展前景。主要表现在以下几方面:

(1)随着全球范围内人口的迅速增加,人类的生存空间逐渐受到压缩,生产和生活活动势必向岩土环境复杂的地区扩展。

（2）随着人们对生活质量的要求越来越高，交通居住设施对岩土体变形的要求也更加严格。

（3）为了满足环境保护和可持续发展的需求，岩土工程的设计与施工必须起好协调作用。我国岩土工程的发展与国民经济的发展战略密切相关，特别是沿海地区经济的飞速发展，高速交通工程系统的全面铺开、西部大开发等，对岩土工程从理论、材料到施工工艺都提出了全方位的系统的要求。

国内外从事岩土工程研究和开发的人员多，学术组织和会议也多。如我国 1986 年在北京召开的国际深基础学术讨论会，1988 年在北京召开的亚洲区域性土力学学术讨论会，1986 年在上海召开的全国地基处理学术讨论会，还有全国土工织物学术讨论会，全国高层建筑大直径桩墩技术学术讨论会，深基坑开挖支护学术讨论会，全国土动力学学术讨论会，国际上还有专门的国际土力学和基础工程协会等，可见会议频繁，交流活跃。现将岩土工程的新进展作如下概述。

0.3.1　材料本构关系和计算

土的性质是十分复杂的，作为典型的多相散粒体结构，在低应力水平下土的应力应变关系（常称为土的本构关系）便呈现出明显的非线性特征。随着计算机的发展、计算方法和试验技术的进步，特别是大型岩土工程（如数百米高的土石坝、核电站地基等）的需要，促使人们更深入地探讨土的应力应变关系，掌握土的变形规律。在 20 世纪 70 年代，土的本构模型的研究形成了高潮，国内外取得的研究成果也十分突出，我国著名学者黄文熙院士发表了一系列关于土的弹塑性应力应变模型理论的文章，并建立了相应的本构关系。关于岩土数值计算方法和依据现场量测信息反演确定有关参数方法的岩土工程反演理论研究也已成为国内外研究学者普遍关注的课题。1998 年在北京召开的第二届国际非饱和土会议，会上反映了各国对非饱和土的研究成果。

0.3.2　基础结构分析和设计

由于传统的地基应力的计算方法未能考虑基础埋深和多层土地基的影响，以及经典土力学理论计算中的弹性计算原理的缺陷等原因，使得传统的基础设计计算分析方法中关于沉降计算方法，越来越难以满足现代建筑条件下基础设计时沉降分析的需要。近几年来通过实际工程监测和分析，研究人员对传统估算公式的修正系数进行了调整，并力图从理论和方法两方面有所突破。

关于高层建筑基础设计中要考虑上部结构、基础和地基的共同作用课题，取得了预期的进展。通过对具体工程基底接触应力、钢筋应力及基础沉降的测试，积累了资料，为共同作用的研究提供了可靠的依据。

单桩与群桩的承载力、变形机理、设计理论和工程应用等取得了新进展，桩型、成桩工艺和施工设备也有所创新，如长大桩的端阻力和摩阻力的尺寸效应；嵌岩桩的承载机理、承载力计算和嵌岩桩的设计；螺旋成桩法、旋挖成桩法、大小长螺旋套钻成桩法及钻孔桩后压浆成桩法等。

在岩土工程的设计理论方面，随着高速公路和高速铁路的修建，传统上以"强度"为设计依据的准则,逐渐由"变形"准则向"功能"准则过渡。在岩土工程的分析中引入了可靠性设计理论,以便适应结构极限状态设计方法的发展趋势,由于岩土工程从材料准备到施工工艺整个过程中的不确定性,使可靠性设计水平要达到定值设计的可靠水平,仍需进行长期的试验检测和数据积累。

0.3.3　地基处理

近30多年来,地基处理技术发展较快。在方法上有灌浆加固法、强夯法、砂石桩法、搅拌桩法、排水固结法、真空预压法等。在应用上从解决一般工程软弱地基加固向解决各类超软、深厚、深挖等大型工程地基加固方面发展,如在深厚软弱地基上高速公路和深基坑开挖中的应用等。在地基处理的目的上从以提高地基承载力与稳定性为目的向解决基础过大沉降和不均匀沉降为目的的方向发展。在设计理论和设计方法上,依据大量的工程实践,修正了地基处理规范和设计手册。但从整体上看,地基处理的设计原理、计算方法、质量检测和评价还滞后于工程的应用,有待今后深入研究和解决。

0.3.4　土动力学

地震与各种外界振动因素的出现和影响,使得土动力学和土工抗震处于岩土工程的研究前沿,研究的内容主要表现在土的动力特性、动本构关系、震动液化、地震反应分析及土工抗震措施上。如岩土工程界已经认识到中主应力是影响饱和砂土孔隙变化的一个不容忽视的因素,开展了对原状土、非饱和土、垃圾土、冻土、海洋土及粉土等不同种类土的动力特性的试验研究;采用了压电陶瓷材料制作的弯曲单元(bender elements)测定最大剪切模量 G_{max} 这一重要动力参数;研究了若干描述饱和砂土在往复荷载作用下应力应变关系的本构模型;提出了用不同的方法判别砂土液化的可能性、好液化引起的土体永久变形,以及提高地基抗液化性能的措施等。

0.3.5　材料领域

材料领域主要表现在两个方面:一方面是土工合成材料的迅猛发展和广泛应用;另一方面是特殊土地区地基土材料的研究。人类有史以来就广泛使用木材、棉花、皮革和羊毛等天然材料,以后又逐渐扩展到蚕丝、沥青、橡胶等,这些材料的相对分子质量都很高,由几十万到几百万,所以统称为高分子材料,又由于是天然产物,故又称为天然高分子材料。随着社会生产力的发展和科学技术的不断提高,天然高分子材料已不能满足社会生产和人类生活的需要,于是发明了用人工合成的方法制造高分子材料,高分子材料一经合成,就显示出造价低廉和用途广泛的优势,引起了各方面的注意,形成了高分子合成材料工业。合成材料种类很多,可归纳为3大类,即合成树脂、合成橡胶和合成纤维。1939年,合成纤维品种——尼龙正式大规模投入工业生产。合成材料用于岩土工程时称为土工合成材料。天然高分子材料和人工高分子材料都具有很高相对分子质量,但前者最显著弱点是耐久性差,强度也比较低;而后者则具有较高的强度(一根手指粗的锦纶可吊起一辆满载的解放牌汽车,树脂的抗拉强度仅稍低于钢材),其耐霉烂性和耐腐蚀性更是合成材料独具的优点。土工合成材料现广泛应用于隔离、防渗、疏排、加固、防护、美化等岩土工程和环境工程中。关于地基土材料研究方面,主要表现在特殊土地区遇到相应的岩土工程问题上,从而促进了对它们的研究,如我国沿海地区的软土,以及西南地区出现较为广泛的膨胀土,西北地区的黄土和我国北方的冻土等。

0.3.6　地下工程

地下工程在地应力的测试、工程设计理论和施工等多方面都取得了很大的进展,这里仅介绍可称之为世界隧道工程中具有划时代技术革命意义的新奥法。

新奥法是一种崭新的隧道工程施工方法。该方法发明于20世纪50年代,60年代得到了迅速的发展。新奥法名称是该法的主要发明者拉布希维兹(L. V. Rabcewicz)教授为了有别于奥地利老方法而取名的。新奥法不用厚壁混凝土衬砌的传统支护方法,而采用了喷射混凝土和锚杆技术,将隧道支护分次构筑。即在洞室断面开挖之后,随机打入锚杆,然后在适当的时候喷射一层混凝土,该层混凝土喷层构成第一次支护,第一次支护喷层应具有一定的柔性,其喷层厚度应有所控制;带围岩变形稳定后,立模浇注混凝土构成的第二次支护。在上述两次支护的共同作用下维持围岩平衡,保持洞室稳定。

新奥法虽然利用了喷锚技术,但并不等于一般的喷锚。因为新奥法只是利用锚杆使围岩的整体性得到加强,然后掌握围岩开始变形→变形发展→破坏这一过程中某一有利时机给予喷层支护。第一次喷层既有一定强度又有一定柔性,有利于围岩构成承载环,使围岩的自稳时间得以延长,又使围岩应力释放得以控制。围岩在自稳时间内所释放的应力不再需要混凝土衬砌承担,从而减轻了衬砌的荷载,减薄了传统的衬砌断面的厚度。

0.3.7　岩土构筑物

诸如边坡、堤坝、支挡建筑物、地下岩土工程、环境工程等土工构筑物,亦在实际工程中进行了有针对性的研究和应用,取得了大量、明显的进步。高边坡工程和滑坡防治是土工构筑物的一个重要领域,采用极限平衡原理的瑞典圆弧法、条分发、传递系数法和块体法,因积累的经验较多,目前工程设计中仍广泛采用,但它们都是粗略的近似方法,计算中未考虑材料的应力应变关系。现在发展的能量法以塑性力学为理论基础,考虑了材料的应力应变关系,不同于前述极限法,此方法在边坡稳定性分析方面是一大进步。而近年又发展起来的数值分析方法,尤其是有限单元法,它能考虑土的实际的非线性应力应变关系,可以求出边坡在各种工作状态下内部应力的分布,以及破坏区的位置和破坏范围的发展情况,确定一个破坏标准,并以此来衡量边坡的安全程度,为边坡稳定分析开辟了一个新途径。

支挡建筑物及深基坑工程中土压力的计算也取得了进展,主要表现在根据支撑结构的变形特点合理地确定土压力,使用的方法除传统的极限平衡原理外,还有数值计算方法、能量法和离心模型试验方法等。

深基坑工程和地下工程近几年发展迅猛,基坑深度越来越深(超过 20 m),并与逆作法施工结合进行,在理论上也推动了土压力理论、土的变形特性和计算方法的发展。

土工构筑物的加固和改良是土体工程近 20 年来最具革命性进展的领域,土工合成材料、土钉、土锚和加筋土这样的新概念,被人们视为对传统土力学的挑战,目前已成为国内外广为接受和采用的常规技术。

0.3.8　在岩土试验技术

为了更准确地描述岩土材料在复杂应力状态和动力作用下的变形行为,岩土试验设备获得了相应的发展,特别值得提出的是大型动力精密试验设备。另一方面,工业的数字化(digitization)进程又为试验的数据采集和处理提供了前所未有的便利条件,从而提高了试验结果的可靠性。相似材料和模型试验的理论研究与实际应用也随着大型离心机的星际简称和使用得到了进一步发展,从而使得岩土体及相应工程结构物在复杂地质条件和工作状态下的行为能在实验室内得到模拟和研究。目前精密而昂贵的岩土仪器设备主要有真三轴仪、平面应变仪、扭转压缩仪、高压大型三轴仪和离心模型试验机等。

0.4　本书的内容与特点

《岩土工程》一书可供土木工程技术人员参考,通过本书的学习,使读者对岩土工程领域相关知识有较全面、系统和深入的了解,具有较强的从事岩土工程实际工作的能力,并能提升研究和开发的能力。

本书内容包含 3 大部分,7 个主要课题。阐明岩土体工程性质和建筑场地特征的有岩体和土体工程性质及评价、岩土工程勘察和原位测试技术;讲述主要岩土工程问题的有土质地基和岩石地基工程、边坡工程和滑坡、深基坑的开挖与支护、地下洞室的基本知识与理论;介绍使岩土工程面貌为之一新的土工聚合物。此外,对岩土工程爆破和岩石工程的新进展也进行了一般性介绍。

第1章　岩土体的工程性质

作为建筑物地基的岩体或土体是保证建筑物安全稳定、正常运行的基本要素之一,因此充分了解岩体和土体的工程性质及其评价原则是非常必要的。

土体工程性质的主要设计参数包括压缩性参数、渗透性参数和强度参数,本章重点讨论以上3类参数的确定方法及其主要影响因素,这些内容对于解决本专业经常遇到的土体利用和处理工程问题极为重要,将是选择合理的地基基础方案的主要依据之一。

岩体工程性质的主要设计参数包括强度参数、变形参数和流变参数。本章不仅讨论3类参数的确定方法,同时对工程岩体质量的评价和岩体地应力的测试进行介绍,有助于对工程岩体的工程性质充分了解和掌握,更好地指导工程实践。

在工程实践中常常要进行岩土的分类。本章重点讨论了岩体和土体的分类原则和依据,以便使用者在今后的工程实践中能够正确理解各种分类方法的异同,并且正确判别不同类别岩体或土体的工程性质的差异。

1.1　土体的设计参数

1.1.1　压缩性参数

土在压力作用下体积缩小的特性称为土的压缩性。一般来说,在荷载作用下,透水性大的无黏性土,其压缩过程在短时间内就可以结束;而对于透水性低的饱和黏性土,土体中水的排除所需时间较长,压缩过程的完成持续时间较久,有时甚至几十年。土的压缩随时间而增长的过程称为固结。因此,在荷载作用下,建筑物的总沉降由3部分组成,即瞬时沉降、主固结沉降和次固结沉降。

$$s = s_i + s_c + s_s$$

式中　　s——总沉降;

　　　　s_i——瞬时沉降;

　　　　s_c——主固结沉降;

　　　　s_s——次固结沉降。

对于一般工程,常用室内侧限压缩试验确定土的压缩性指标。虽然其试验条件不完全符合土的实际工作状况,但有其实用价值。

1. 压缩性曲线和压缩性指标

由压缩性试验结果绘制土的压力和孔隙比的关系曲线有两种:$e-p$ 曲线或 $e-\lg p$ 曲线,这些曲线称为土的压缩曲线,如图 1.1 所示。对于曲线上任意两点 (p_1, e_1) 和 (p_2, e_2),定义压缩系数 α 为

$$\alpha = \frac{e_1 - e_2}{p_2 - p_1} \times 1\,000 \tag{1.1}$$

式中，压力单位为 kPa，压缩系数单位为 MPa^{-1}。显然，对于 $e-p$ 曲线上的不同区段，α 值不是相等的。《建筑地基基础设计规范》取 p_1 为上覆土层自重，p_2 为上覆土层自重 p_1 和建筑物产生的附加压力 Δp 之和。为了统一评价土的压缩性，规定取 $p_1 = 100$ kPa，$p_2 = 200$ kPa 时的压缩系数 α_{1-2} 作为评价土的压缩性高低的指标。

低压缩性土：　　　　　　　　　　$\alpha_{1-2} < 0.1\ MPa^{-1}$

中等压缩性土：　　　　　　$0.1\ MPa^{-1} \leqslant \alpha_{1-2} < 0.5\ MPa^{-1}$

高压缩性土：　　　　　　　　　　$\alpha_{1-2} \geqslant 0.5\ MPa^{-1}$

试验证明，正常固结情况下，$e-\lg p$ 曲线为一直线。压缩指数定义为

$$C_c = \frac{e_1 - e_2}{\lg p_2 - \lg p_1} \tag{1.2}$$

对于超固结土，$e-\lg p$ 曲线的前段并非直线，如图 1.1(b) 所示。

由压缩系数 α 和压缩指数 C_c 的定义可以推出

$$C_c = \frac{\alpha \Delta p}{\lg\left(1 + \dfrac{\Delta p}{p_1}\right)} \quad 或 \quad \alpha = \frac{C_c \lg\left(1 + \dfrac{\Delta p}{p_1}\right)}{\Delta p} \tag{1.3}$$

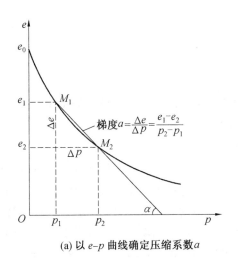

(a) 以 $e-p$ 曲线确定压缩系数 a

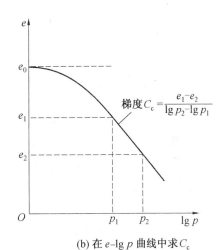

(b) 在 $e-\lg p$ 曲线中求 C_c

图 1.1　压缩曲线

在完全侧限条件下土的竖向压缩应力 σ_z 与竖向单位变形 ε_z 之比，称为土的压缩模量 E_s，其单位为 kPa，即

$$E_s = \frac{\sigma_z}{\varepsilon_z} \quad （侧限条件下）$$

由式(1.1)，并且 $\sigma_z = \Delta p$，$\varepsilon_z = -\dfrac{\Delta e}{1 + e_1}$，得

$$E_s = \frac{\Delta p}{\dfrac{-\Delta e}{1 + e_1}} = \frac{1 + e_1}{\alpha} \tag{1.4}$$

在完全侧限条件下，土层单位厚度受单位压力增量作用所引起的压缩量称为土的体积压缩系数 m_V，其单位为 kPa^{-1}。因此，m_V 为 E_s 的倒数，即

$$m_{\mathrm{V}} = \frac{1}{E_{\mathrm{s}}} = \frac{\alpha}{1 + e_1} \tag{1.5}$$

2. 回弹指数 C_{s}

压缩试验中,在某压力 p_i 下卸荷回弹至 p_{i+1},再加荷压缩,于是可得表征土的回胀特征的减压曲线,如图 1.2 中的线段 AB 和再压缩曲线图 1.2 中的线段 BA'。试验表明,不同压力下卸荷回弹再压缩曲线的平均梯度基本保持相同,定义回弹指数 C_{s} 为

$$C_{\mathrm{s}} = \frac{e_i - e_{i+1}}{\lg p_{i+1} - \lg p_i} = \frac{\Delta e}{\lg \dfrac{p_{i+1}}{p_i}} \tag{1.6}$$

该指标在预测土的回弹测量时使用。

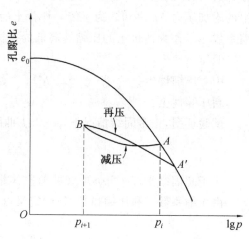

图 1.2　回弹再压缩曲线

3. 固结系数 C_{v}

土的固结系数 C_{v} 是表征土固结速率的一个特征系数,表达式为

$$C_{\mathrm{v}} = \frac{k(1 + e)}{\alpha \gamma_{\mathrm{w}}} \tag{1.7}$$

式中　　k——土的渗透系数(cm/s);

γ_{w}——水的重度(kN/m³)。

C_{v} 的单位一般为 cm²/s 或 m²/年。土的渗透性越小,C_{s} 值越小。它可根据压缩试验结果推算,常用的方法有时间对数法(lg t 法)和时间平方根法($\sqrt{t}$ 法)。

(1)时间对数法(lg t 法)。在压缩量与时间对数的坐标图上(图 1.3),取试验曲线主段的切线与尾段切线的交点 A 之纵坐标,作为固结度 $U_t = 1.0$ 时的最终压缩量,在此点以下的压缩量都假定由土的次固结效应所引起。此外,渗透固结的真正零点也不能用实测 $t = 0$ 时的读数,而应取图 1.3 中纵坐标轴上的 B 点作为相应于 $U_t = 0.0$ 的真正零点读数。B 点的位置按下列方法确定:根据曲线首段上较接近的两试验读数点 A 与点 B(两者的时间比值为 1∶4)的压缩量读数差值 y,向上推相同的读数差值 y,画平行与时间坐标轴的虚直线交于纵坐标轴,即可得 $U_t = 0.0$ 时的真正零点读数 B。这是因为,在直角坐标上,渗透固结理论曲线的首段符合抛物线特征,即纵坐标增加 1 倍,横坐标值就增加 4 倍。取得 $U_t = 0.0$ 和 $U_t = 1.0$ 首尾两个读数后,可算出相当于 $U_t = 0.5$ 时的土层压缩量及相应的固结力系数,即

$$C_{\mathrm{v}} = \frac{(T_{\mathrm{v}})_{0.5} H^2}{t_{0.5}} \tag{1.8}$$

式中　　$(T_{\mathrm{v}})_{0.5}$——$U_t = 0.5$ 时的时间因数,可从 $U_t - T_{\mathrm{v}}$ 曲线中按不同的情况查得;

$t_{0.5}$——$U_t = 0.5$ 时的时间,由压缩量与时间关系曲线可得;

H——试样最远排水距离。

(2)时间平方根法($\sqrt{t}$ 法)。在压缩量 s 与时间平方根 $\sqrt{t}$ 的坐标上,如图 1.4 渗透固结理论曲线首段与主段(相当于 $U_t = 0.0 \sim 0.6$ 的范围内)呈现为一根斜直线,故可根据试验曲线在该坐标上的直线段向左上方延伸交于纵坐标轴,即得真正零点读数 s_0,然后过 s_0 点绘制一虚直

线 s_0c,该直线上各点的横坐标值为试验曲线的主段延长线 s_0b 的横坐标值的 1.15 倍。s_0c 交试验曲线于 c。研究表明,c 点的纵坐标位置 a 相应于固结度 $U_t=0.9$ 的压缩量,而它的横坐标相应于 $\sqrt{t_{0.9}}$。于是

$$C_v = \frac{(T_v)_{0.9} H^2}{t_{0.9}}$$

式中　$(T_v)_{0.9}$ —— 相应于 $U_t=0.9$ 时的时间因数,查 $U_t - T_v$ 关系曲线可得;

　　　　$t_{0.9}$ —— $U_t=0.9$ 时的时间;

　　　　H —— 试样的最远排水距离。

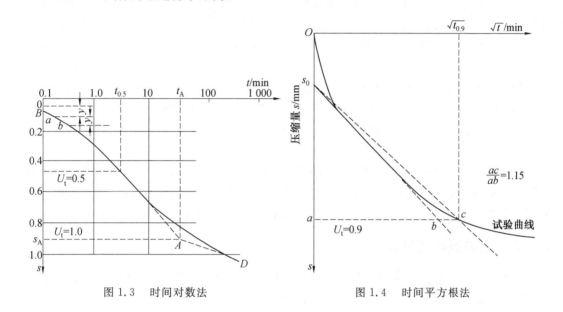

图 1.3　时间对数法　　　　　　　　　图 1.4　时间平方根法

时间对数法和时间平方根法的讨论。无论是时间对数法还是时间平方根法,都难以准确确定土的固结系数,这是因为土骨架的蠕变性能在渗透过程中或多或少都在起作用,特别是对于坚实而结构性强的黏土,蠕变影响可以说是在渗透的全过程都在发挥作用。即使是饱和软黏土,在每级荷载增量作用下,土的骨架蠕变作用大都会在渗透固结的后段逐渐发挥出来。因此,用时间平方根法处理渗透固结曲线首段比较方便、精确;而时间对数法确定相应于 $U_t=1.0$ 的变形量较为可靠。因而,建议根据试验曲线的首段用时间平方根确定 $U_t=0.0$ 的点,而尾段则用时间对数法确定 $U_t=1.0$ 的点,以相互弥补不足之处。

4. 次固结系数 C_a

大量试验表明,次固结变形与时间在半对数坐标上接近一条直线。该直线的斜率称为次固结系数 C_a

$$C_a = \frac{e_1 - e_2}{\lg t_2 - \lg t_1} = \frac{\Delta e}{\lg \dfrac{t_2}{t_1}} \tag{1.9}$$

次固结对大多数土而言,相对于主固结是次要的,可以不考虑。对于可塑性较大的软弱土,以及淤泥与有机质土,次固结在总沉降中占的比例较大,不可忽略。

次固结系数也可用经验公式进行估算,即

$$C_a = 0.018 w_0 \tag{1.10}$$

式中　　w_0—— 土的天然含水量，以小数计。

5. 影响压缩试验成果的一些因素

压缩试验所用土样多为 ϕ79.8 mm×20 mm 与 ϕ61.8 mm×20 mm，侧表面与体积之比为 $0.501 \sim 0.647$ cm²/cm³，两端面与体积之比为 0.5 cm²/cm³。侧面切削和端面切削对土样均有扰动，均应采用正确的切削方法和下压方式，以减少对土样的扰动。

影响压缩实验结果的另一个因素是加荷持续时间。土工试验规程规定要求每级荷载持续 24 h，对一些沉降完成较快的土，也可按照每小时沉降量小于 0.005 mm 的稳定标准。在有经验的地区，对于某些经对比试验证实的土类，一般工程可以使用快速法，最后进行校正。

试验规程规定压缩仪应定期校正，并在试验值中扣除一起变形值。然而，一些单位的实验表明，多次校正几乎无重复性，同一压力下的校正值不唯一。这是因为用刚性铁块代替土样，在试验时钢块与透水石之间"尖点"随机接触，产生压缩，因此，所得校正值并不能完全代表土样压缩时的仪器变形，另外，还有一起随机安装问题。对于高压缩性土，仪器校正影响不大，而对于低压缩性土，校正值的变形读数中所占比例很大。因此，在重大工程中一定要充分予以重视。

初试孔隙比 e_0 的选取也会影响试验结果的应用。e_0 应该是土层天然埋藏条件下具有的孔隙比。但是真正的天然孔隙比是很难测得的。在定义压缩性指标时，以室内试验曲线上对应于自重压力 p_1 的孔隙比 e_1 作为起始点，此时的压缩曲线实际上是再压缩曲线。

1.1.2　土的渗透性参数

土的渗透性一般是指水流通过土中孔隙难易程度的性质，常用的渗透性指标为渗透系数 k。土的渗透系数可以通过室内渗透试验或现场抽水试验来测定。

室内准确测定 k 是一项困难的试验项目。在室内试验时应特别注意以下几个方面：

(1) 试样的孔隙比应与实际工程相符合，最好找出 $k-e$ 曲线。

(2) 试样必须完全饱和，试验用水需经脱气处理，水温应高于室温 $3 \sim 4$ ℃。

(3) 室内切削试样应尽量减少对试样的扰动，同时保证环刀与试样密合。

当无黏性土测定了毛管水上升高度时，可用下式计算，即

$$k = \frac{n}{2\eta}\left(\frac{n}{S}\right)^2 \tag{1.11}$$

$$\frac{n}{S} = \frac{h\rho}{T}g \tag{1.12}$$

式中　　h—— 毛管水上升高度；

n—— 孔隙率；

S—— 单位体积的毛细管表面积；

η—— 液体黏滞系数；

T—— 液体表面张力；

ρ—— 土的密度；

g—— 重力加速度。

对于渗透性很低的软土，可通过由压缩试验测定的 C_v 计算，即

$$k = \frac{C_v \gamma_w a}{1+e} \tag{1.13}$$

采用上述公式进行计算时,宜慎重考虑,要结合经验综合判定。表 1.1 中列出了各种土的渗透系数数量及范围,可供参考。

表 1.1　各种土的渗透系数数量及范围

土类	砾石	砾砂	粗砂	中砂	细砂	粉砂	粉砂、裂隙黏土	粉质黏土	黏土
k 值范围	$> 10^{-1}$	10^{-1}	10^{-2}	$10^{-3} \sim 10^{-2}$	10^{-3}	$10^{-4} \sim 10^{-3}$	$10^{-5} \sim 10^{-4}$	$10^{-7} \sim 10^{-5}$	$< 10^{-7}$

1.1.3　土的抗剪强度参数

通常土的抗剪强度用库伦公式表示,即

$$\tau'_f = c' + \sigma' \tan \varphi' \tag{1.14}$$

或

$$\tau_f = c + \sigma \tan \varphi \tag{1.15}$$

式中　　τ'_f 或 τ_f ——土的抗剪强度(kPa);

c、φ ——总应力条件下,土的黏聚力(kPa)和土的内摩擦角(°);

σ、σ' ——剪切滑动面上法向总(有效)应力(kPa);

c'、φ' ——土的有效黏聚力(kPa)和土的有效内摩擦角(°)。

c、φ 或 c'、φ' 称为土的抗剪强度参数,它们在进行建筑地基承载力计算、边坡稳定分析、挡土结构上土压力的估算、基坑支护设计、地基稳定性评价中都是不可缺少的指标。确定土的抗剪强度参数的室内试验方法常用的有直剪试验和三轴压缩试验。后者因其具有受力状态明确、大小主应力可以控制、剪切面不固定、排水条件能够控制,并能测定试验的孔隙压力及体积变化等优点而在勘察设计中得到越来越广泛的应用。按照排水条件不同可以分为不固结不排水剪(UU)、固结不排水剪(CU)、固结排水剪(CD)3 种。关于各种试验的详细步骤参见"土力学"教材中的有关章节。

黏性土的强度形状是很复杂的,它不仅随剪切条件的不同而不同,而且还受土的各向异性、应力历时、蠕变等因素的影响。对于同一种土,强度指标的大小与试验条件都有关,实际工程问题的情况更是千变万化,用试验室的实验条件去模拟现场条件毕竟还会有差别。因此,对于某个具体工程问题,如何选择试验条件,在室内确定土的抗剪强度参数并不是一件相同的事。在设计中究竟采用总应力法还是有效应力法,取决于对实际工程中孔隙压力 u 的估计是否有把握。当把握不大或缺乏这方面的数据时,则用总应力法分析较为妥当。此时,亦根据实际情况和土体的排水条件决定应采用 c_{uu}、φ_{uu} 还是 c_{cu}、φ_{cu} 或 c_{cd}、φ_{cd}。例如,在验算地下水位以下黏性土挖方边坡的施工期稳定时,应采用不固结不排水剪切实验结果,即 c_{uu}、$\varphi_{uu} = 0$;若验算建筑物地基的长期稳定,则应采用固结排水剪切实验结果,即 c_{cd} 和 φ_{cd};而在验算大坝坝身在长期运行条件下遇水位骤降时的稳定性,则应采用固结不排水剪切实验结果,即 c_{cu} 和 φ_{cu}。

1.1.4　影响土的工程性质的主要因素

土是自然历史的产物。它的基本组成、结构特征、工程性质直接记录了在其形成过程中自然和人为作用的影响。影响土的工程性质的主要因素可以概括如下几个方面:

(1)土的粒度组成。土中固体颗粒的大小及级配情况,直接影响土的强度、压缩性和渗透性。特别是对于无黏性土,固体颗粒的形状、颗粒级配直接影响土体的强度。而对于黏性土,不仅由固体颗粒的粒度组成,而且构成土体颗粒的矿物成分亦对土体的强度和变形有着显著的影响。某些在一定地理区域内形成的特殊土,如黄土、膨胀土、红黏土等就具有独特的工程性质。

（2）土的密实度。土体愈密实,其抗剪强度愈高、渗透性愈低,特别是对于土的渗透性影响更为直接。试验资料表明,对于砂土,渗透系数大致与土的孔隙比的二次方成正比;对于黏性土,孔隙比对渗透系数的影响更为显著,但由于涉及结合水膜的厚度而难以建立两者之间的定量关系。

（3）黏性土的稠度。稠度是指黏性土的软硬程度,它可用液性指数 I_L 表示, I_L 愈大,土愈软。液性指数和土的含水量成正比,而含水量和孔隙比是决定黏性土强度和压缩性的两个主要因素。对于饱和土,含水量与孔隙比成正比。因此,含水量愈大,土的液性指数愈大,承载力就愈低,压缩性就愈高。

（4）黏性土的结构性。土体经扰动后,土粒间的胶结质以及土粒、离子、水分子所组成的平衡体系受到破坏,即土的天然结构受到破坏,致使土的强度降低,压缩性提高,黏性土的这种性质称为结构性。显然,黏性土的结构性愈强,扰动后土的强度就愈低。因此,在工程中一定要注意保护土体,尽量减少扰动。

（5）应力历史。在土的形成过程中,土中应力的变化即应力历史的状况,对土都会或多或少地产生一定影响,并被土体所"记忆"下来。在地基固结沉降计算中考虑应力历史的影响,可使计算结果更符合实际。对于超固结土,其静止侧压力系数会大于正常固结土,甚至会大于1,因此,超固结土中会存在较大的侧压力,在开挖基地坑或边坡时,要正确计算土压力值,否则,很大的侧向压力会导致塌方或边坡破坏,造成生命财产的损失。

1.2　岩体的设计参数

1.2.1　岩体强度参数的确定

工程中常用的岩体强度参数有单轴抗压强度、三轴抗压强度及抗剪强度,确定这些参数的方法有直接法和间接法,前者要在工地进行原位试验,要投入很多人力和资金,还必须正确选点。后者通过室内岩块试验,结合工地的声波测试和相关资料进行确定,其结果虽然不如直接法准确,但简单、快捷、耗资少,工程中也常采用,故本节予以介绍。关于直接法可参阅相关试验规程。

1. 岩体单轴抗压强度

为在室内测定岩石单轴抗压强度 σ_c ,应先从工地取回相应岩石试样,制成标准试件,例如,直径为50 mm、高为100 mm的正圆柱体。在压力机上施加沿试件轴向的压力 P ,测出轴向和径向变形 Δh 和 Δr ,并绘出应力－应变曲线,如图1.5所示。

此时试件内的应力及其应变按下式计算,即

$$\sigma_z = \frac{P}{A} \quad \varepsilon_h = \frac{\Delta h}{h} \quad \varepsilon_r = \frac{\Delta r}{r} \tag{1.16}$$

式中　　A——试件横截面面积,对于圆柱体,试件 $A = \pi r^2$ 。

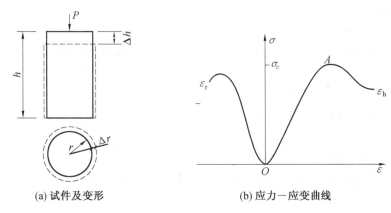

(a) 试件及变形　　　　　　　　　　(b) 应力－应变曲线

图 1.5　岩石单轴抗压试验及应力－应变曲线

　　试件发生破坏时,应力－应变曲线达到最高点 A,A 对应的应力 σ_c 就是试件抗压强度。岩体是含节理裂隙并赋存于一定地质环境的地质体,而岩石试件内基本上不具备这些特征。因此,岩石试件的强度 σ_c 大于岩体强度 R_c。为了确定岩体的单轴抗压强度 R_c,用声波仪在现场测出岩体声波速度 v_{pm},再测出室内岩石试件的声波速度 v_{pr},按下式求出折减系数 β,即

$$\beta = \left(\frac{v_{pm}}{v_{pr}}\right)^2 \tag{1.17}$$

岩体抗压强度按下式确定,即

$$R_c = \beta \sigma_c \tag{1.18}$$

　　β 值反映了岩体中节理裂隙的影响程度。对于完整岩体 $\beta > 0.75$;块状岩体 $\beta = 0.4 \sim 0.75$;碎裂状岩体 $\beta < 0.4$。

2. 岩体三轴抗压强度

　　岩体中的应力状态一般是三轴压缩的应力状态,如图 1.6(a) 所示。采用试验方法确定岩体三轴抗压强度时,3 个方向的压力加载方式不同,测出的结果差异较大。室内一般采用常规三轴压缩试验,此时 $\sigma_1 > \sigma_2 = \sigma_3$。在岩石三轴压力机上进行试验,试件为直径 50 mm、高 100 mm 或直径 90 mm、高 200 mm 的正圆柱体。试件在三轴压力室内承受轴压 σ_1 和围压 $p = \sigma_2 = \sigma_3$,如图 1.6(b) 所示。图 1.6(c) 是加载方式图,即先将 σ_1 和 p 加到预定的 p_0,然后围压保持不变,增加 σ_1 直到试件破坏。由常规三轴试验得出的结果如下:

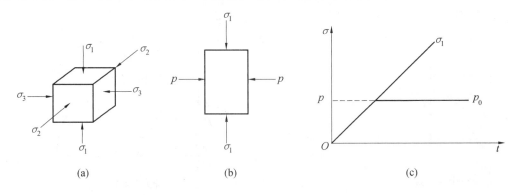

(a)　　　　　　　　　　(b)　　　　　　　　　　(c)

图 1.6　三轴试验及加载图

预定的围压 p：p_0，p_1，p_2，p_3，p_4…

测出的强度 σ_1：σ_{10}，σ_{11}，σ_{12}，σ_{13}，σ_{14}…

按回归分析可得出 σ_1 与 p 的关系，在低围压下，此关系是线型的，即

$$\sigma_1 = Ap + B \tag{1.19}$$

式中　　B——实际上是岩石的单轴抗压强度 σ_c。

上式两边同乘以折减系数，令 $\beta\sigma_1 = \sigma_{1c}$，$\beta A = m$，$\beta B = R_c$ 则岩体强度为

$$\sigma_{1c} = mp + R_c \tag{1.20}$$

上式也是由实验得出的岩体破裂准则。

【例 1.1】　一种砂岩的常规三轴试验结果如下：

围压 p/MPa：2　　4　　6　　8　　10

强度 σ_1/MPa：18.06　　25.10　　32.71　　41.82　　49.15

折减系数 $\beta = 0.58$。求围压 $p = 3.85$ MPa 时的岩体强度。

【解】　由回归分析得出的 σ_1 与 p 关系为

$$\sigma_1 = 3.68p + 11.2$$

两边同乘以 β 得岩体强度为

$$\sigma_{1c} = 2.13p + 6.50$$

则当 $p = 3.85$ MPa 时，岩体强度为

$$\sigma_{1c}/\text{MPa} = 2.13 \times 3.85 + 6.50 = 14.70$$

3. 岩体抗剪强度参数

岩体抗剪强度参数是黏结力 c 和内摩擦角 φ。在此介绍用常规三轴试验结果确定 c、φ 的方法。常规三轴试验中，试件发生剪切破坏，剪切面 AB 如图 1.7(a) 上的剪应力 τ 和正应力 σ 有 $\tau = f(\sigma)$ 的关系。若 σ_1 与 p 是线性关系，则 τ 与 σ 也是线性的，即

$$\tau = \sigma\tan\varphi + c \tag{1.21}$$

上式也是应力圆 σ_1 和 σ_3（$\sigma_3 = p$）的包络线，如图 1.7(b) 所示。由实验得出式(1.20)后，岩体的 c、φ 值按下式求出，即

$$\varphi = \arctan\frac{m-1}{2\sqrt{m}} = \arcsin\frac{m-1}{m+1}$$

$$c = \frac{R_c}{2\sqrt{m}} = \frac{1-\sin\varphi}{2\cos\varphi}R_c \tag{1.22}$$

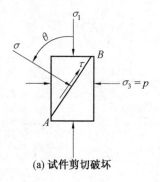

(a) 试件剪切破坏

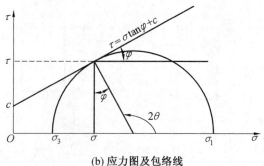

(b) 应力图及包络线

图 1.7　试件的剪切破坏及应力图

由图 1.7 可求出剪切破裂面上的剪应力 τ 和正应力 σ，即

$$\tau = \frac{1}{2}(\sigma_1 - \sigma_3)\cos\varphi$$

$$\sigma = \frac{1}{2}(\sigma_1 + \sigma_3) - \frac{1}{2}(\sigma_1 - \sigma_3)\sin\varphi \tag{1.23}$$

【例 1.2】　求［例 1.1］中砂岩岩体的 c、φ 值以及围压 $p = 3.85$ MPa 时的岩体抗剪强度。

【解】　因为 $m = 2.13$，$R_c = 6.50$ MPa，所以

$$\varphi = \arctan\frac{2.13 - 1}{2\sqrt{2.13}} = 21.16°$$

$$c/\text{MPa} = \frac{6.50}{2\sqrt{2.13}} = 2.23$$

当 $m = 3.85$ MPa 时，$\sigma_1 = 14.70$ MPa。由式（1.23）的第一式可得岩体抗剪强度，即

$$\tau/\text{MPa} = \frac{1}{2}(14.70 - 3.85)\cos 21.16 = 5.06$$

1.2.2　岩体变形参数的确定

岩体在外荷载作用下会发生变形，描述岩体变形的参数有弹性模量、变形模量、动泊松比和动弹性模量。岩体内的节理裂隙等因素对变形参数影响很大，一般用现场试验确定这些参数。

1. 弹性模量 E_e 和变形模量 E_0

现场单轴压缩试验得出岩体的应力－应变曲线如图 1.8 所示。卸载时曲线不回到原点，有残余变形 ε_p。每次加卸后的残余变形，随加载次数的增多而减少。弹性模量 E_e 和变形模量 E_0 为

$$E_e = \frac{\sigma}{\varepsilon_e} \tag{1.24}$$

$$E_0 = \frac{\sigma}{\varepsilon_p + \varepsilon_e} \tag{1.25}$$

式中　ε_e 和 ε_p——加卸载一定次数后，σ 对应的弹性应变和残余应变，显然 $E_e > E_0$。

现场测定岩体 E_e 和 E_0 的方法较多，例如，承压板法、独缝法、环形试验法等。其中以刚性承压板法较为简单实用，试验布置如图 1.9 所示。承压板面积大于 2 000 cm²，厚度为 6 cm。用油压千斤顶做循环加卸载，用位移计测岩体沿荷载方向的位移。岩体变形参数按下式计算，即

$$E = \frac{\pi d(1 - \mu^2)p}{4\omega} \tag{1.26}$$

式中　d——承压板直径；

　　　μ——岩体泊松比，可按岩石应力－应变曲线选取；

　　　p——承压板单位面积计算的压应力；

　　　ω——岩体沿荷载方向的位移，若取总位移时，得出的是变形模量 E_0；若取弹性位移时，则得出弹性模量 E_e。

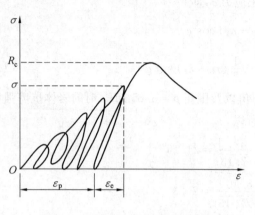

图 1.8　岩体的应力－应变曲线

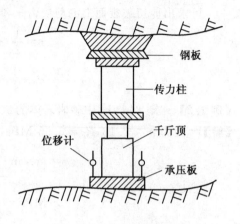

图 1.9　刚性承压板试验

【例 1.3】　一种砂岩岩体刚性承压板试验结果如图 1.10 所示。承压板 $d=51$ cm，$\mu=0.3$，求岩体 E_e 和 E_0。

【解】　取第 5 次循环的点 A 和点 B 的值进行计算，此时，$p=3.9$ MPa，总位移 $\omega_t=OC=6.7$ mm，弹性位移 $\omega_e/\text{mm}=OC-OB=6.7-4.9=1.8$，所以

$$E_e/\text{MPa}=\frac{\pi d(1-0.3^2)}{4}\frac{p}{\omega_e}=\frac{\pi\times510\times(1-0.09)}{4}\times\frac{3.9}{1.8}\approx789$$

$$E_0/\text{MPa}=\frac{\pi d(1-0.3^2)}{4}\frac{p}{\omega_t}=\frac{\pi\times510\times(1-0.09)}{4}\times\frac{3.9}{6.7}\approx212$$

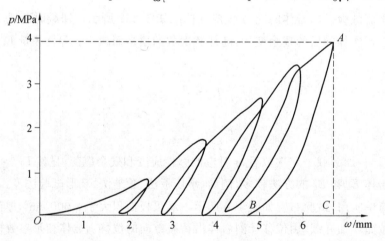

图 1.10　砂岩岩体刚性承压板试验结果

2. 岩体动泊松比 μ_d 和动弹性模量 E_d

弹性波在岩体中传播时会引起岩体变形，μ_d 和 E_d 是描述其变形的参数。用声波仪测出弹性波在岩体中传播的纵波波速 v_p 和 v_s 后，按下式求出 E_d 和 E_d，即

$$\mu_d=\frac{v_p^2-2v_s^2}{2(v_p^2-v_s^2)} \tag{1.27}$$

$$E_d=\rho v_p^2\frac{(1+\mu_d)(1-2\mu_d)}{1-\mu_d} \tag{1.28}$$

或

$$E_d = 2\rho v_s^2 (1 + \mu_d) \tag{1.29}$$

工程中测 v_p 较容易,且准确性相对较高,此时,可用式(1.28)计算 E_d。其中的 μ_d 可用静力泊松比 μ 代替,或者根据已有数据进行选择。表 1.2 是部分岩体的 μ_d 值。

表 1.2　部分岩体的 μ_d 值

岩体类型	μ_d	岩体类型	μ_d
黏土页岩	0.286	大理岩	$0.181 \sim 0.350$
砂岩	$0.240 \sim 0.280$	花岗岩	$0.190 \sim 0.280$
石灰岩	$0.220 \sim 0.330$	辉绿岩	$0.277 \sim 0.308$

岩石的动静弹性模量相差较大,一般情况下 E_d 大于 E_e。表 1.3 是某工程测出的 E_d 和 E_e,由此看出两者相差较大。由于声波仪目前发展很快,测岩体 E_d 较为容易,可由此估算 E_e,即

$$E_e = mE_d \tag{1.30}$$

式中系数 m,可根据岩体和岩石的纵波波速 v_p 求出折减系数 β(也称为岩体完整性系数)后,按表 1.4 选取。

表 1.3　某工程动弹性模量 E_d、静力弹性模量 E_e 实测结果对比

岩组	试点编号	岩性	容量 $/(kN \cdot m^{-3})$	泊松比	加载方向	声波方向与加载方向	静力法弹性模量 E_e/GPa	声波法动弹性模量 E_d/GPa
P_{1q}^{5-1}	E_{12}	灰黑色厚层块状灰岩,闭合节理	26.9	0.25	推力方向	平行	2.11	21.8
P_{1q}^{4-2}	E_{15}	灰黑色结核状硅质岩	26.9	0.25	垂直地面	平行	40.1	43.1
	E_{16}	深灰色硅质白云质灰岩,硅灰质页岩	26.9	0.25	推力方向	平行	16.1	36.6
P_{1q}^{4-1}	E_{22}	灰黑色层间错动挤压破碎层	26.1	0.35	垂直地面	平行	0.82	2.61
	E_{13}	灰黑色燧石条带页岩薄层灰层	26.0	0.25	垂直地面	平行	1.34	3.28
	E_7	硅灰质白云质灰岩,闭合节理	26.1	0.25	推力方向	平行	37.2	44.5
	E_6	灰黑色白云质灰岩及硅灰质页岩	26.1	0.25	推力方向	平行	9.4	41.3
	E_{20}	层间错动面为泥质方解石成分	26.1	0.35	推力方向	平行	1.67	11.2
	E_5	灰黑色层间错动含钙质挤压破碎页岩	24.0	0.35	推力方向	垂直层面	0.90	20.2
P_{1q}^3	E_1	灰黑色结核状含硅质灰岩	26.8	0.25	垂直地面	平行	28.7	56.9
	E_2	灰黑色硅质灰岩,闭合节理	26.9	0.25	推力方向	平行	19.3	46.0
	E_{11}	灰黑色硅质灰岩	26.9	0.25	推力方向	平行	15.3	31.6
P_{1q}^2	E_3	致密灰岩,节理发育,有溶蚀	26.9	0.25	垂直地面	平行	2.93	8.2
	E_4	灰黑色致密灰岩,闭合节理	26.9	0.25	推力方向	平行	23.1	24.6
	E_{21}	灰黑色巨厚层块状灰岩	26.0	0.25	垂直地面	平行	10.76	11.8
P_{1q}^1	E_9	灰色白云质硅灰岩	26.9	0.25	垂直地面	平行	19.7	22.5

表 1.4　系数 m 值

岩体完整性系数 $\beta = (v_{pm}/v_{pr})^2$	$1.0 \sim 0.9$	$0.9 \sim 0.8$	$0.8 \sim 0.7$	$0.7 \sim 0.65$	< 0.65
系数 m	$1.0 \sim 0.75$	$0.75 \sim 0.45$	$0.45 \sim 0.25$	$0.25 \sim 0.2$	< 0.2

【例 1.4】　现场测得一种岩体 $v_{pm} = 3\,126$ m/s，岩体密度 $\rho = 2\,350$ kg/m³。室内测得岩块试件 $v_{pr} = 3\,817$ m/s。取 $\mu_d = 0.25$。求这种岩体的弹性模量 E_e。

【解】　由式(1.28)得

$$E_d/\text{MPa} = \rho v_p^2 \frac{(1 + \mu_d)(1 - 2\mu_d)}{1 - \mu_d} = 2\,350 \times 3\,126^2 \times \frac{(1 + 0.25)(1 - 2 \times 0.25)}{1 - 0.25} =$$

$$1.912\,9 \times 10^{10}\,\text{Pa} = 19\,129$$

$$\beta = \left(\frac{v_{pm}}{v_{pt}}\right)^2 = \left(\frac{3\,126}{3\,817}\right)^2 = 0.67，故取 m = 0.2$$

所以，这种岩体的弹性模量

$$E_e/\text{MPa} = mE_d = 0.2 \times 19\,129 = 3\,826$$

1.2.3　工程岩体质量评价

岩体作为地面和地下建筑的载体，其稳定性直接与建筑物安全相关。为确保建筑物安全，设计前应对岩体质量作出评价，以便采取相应的措施。岩体的抗压强度大，抗剪切强度高，变形模量大，岩体的承载能力则强，在外荷载作用下就不易变形。这样的岩体在开挖施工中及工程竣工后都会处于稳定状态，此时则说岩体质量好，因此，工程岩体质量与其力学指标有关。另一方面，由于岩体是地质体，其力学指标的高低，主要决定于它的物理性质，因此，还可以由岩体的一些主要物理指标评价其质量。在此介绍的物理指标是裂隙度、切割度、岩石质量指标、声波速度比和渗透系数。

1. 岩体裂隙度和切割度

裂隙度 k_j 是指沿着取样方向，单位长度上节理的数量。设岩体有一组节理，长度为 l 且垂直于节理走向的取样线上有 n 条节理，则

$$k_j = \frac{l}{n} \tag{1.31}$$

节理的平均距为

$$d = k_j^{-1} = \frac{n}{l} \tag{1.32}$$

若有两组节理 J_{a1}、J_{a2} 和 J_{b1}、J_{b2}，如图 1.11 所示，则沿取样线 l 上节理平均间距 m_{al}，和 m_{bl} 为

$$m_{al} = \frac{d_a}{\cos \xi_a} \quad m_{bl} = \frac{d_b}{\cos \xi_b} \tag{1.33}$$

沿取样线上裂隙度 k_j 为各节理裂隙度之和，即

$$k_j = k_a + k_b = \frac{1}{m_{al}} + \frac{1}{m_{bl}} = \frac{\cos \xi_a}{d_a} + \frac{\cos \xi_b}{d_b} \tag{1.34}$$

对于多组节理的情况，照此方法计算 k_j。按 k_j 的大小，可将岩体分成：疏节理 ($k_j = 0 \sim$

1),密节理($k_j = 1 \sim 10$),非常密集节理($k_j = 10 \sim 100$),
压碎或棱化带($k_j = 100 \sim 1\ 000$)。显然,k_j 越小,岩体
质量越好。

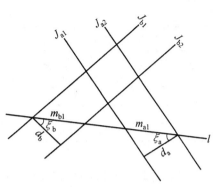

切割度 X_e 指节理切割岩体的程度。有些节理将整
个岩体切割,有的因其延伸不长切割一部分。假设岩体
中有一平断面的面积为 A,一条节理在它上切割的面积
为 a,则切割度 X_e 为

$$X_e = \frac{a}{A} \tag{1.35}$$

若有 n 条节理在 A 上切割出的面积为 a_1、a_2、a_3、$\cdots$、

图 1.11　两组节理的 k_j 计算简图

a_n,则

$$X_e = (a_1 + a_2 + a_3 + a_4 + \cdots + a_n)/A \tag{1.36}$$

式中,X_e 一般以百分数表示,它是节理面面积占完整岩体的百分比。$X_e = 100\%$ 时,表示岩体
完全被节理切割;$X_e = 0$ 时,则岩体完好。表 1.5 是 X_e 与岩体节理化的关系。显然,X_e 越小,
岩体质量越好。有时为了研究岩体空间内部某组节理的切割程度 X_r,可将 k_j 与 X_e 建立如下
关系,即

$$X_r = X_e k_j \tag{1.37}$$

式中,X_r 称为在给定岩体体积内部由一组节理所产生的实际切割程度,其单位为 m^2/m^3。

表 1.5　X_e 与岩体节理化关系

岩体名称	X_e
完整节理化	$0.1 \sim 0.2$
弱节理化	$0.2 \sim 0.4$
中等节理化	$0.4 \sim 0.6$
强节理化	$0.8 \sim 1.0$
完全节理化	$0.8 \sim 1.0$

2. 岩石质量指标和声波速度比

岩石质量指标简称 RQD,是在岩体中钻取一定长度岩芯,去掉蚀变和泥化的那些岩芯,收
集能回收的完好的岩芯,将其中长度不小于 10 cm(4 in)的完好岩芯的长度量测出来再累加在
一起,此长度占孔钻长度的百分比就是 RQD 指标。因人为因素折断的岩芯,若修复后的长度
不小于 10 cm,也应用于计算 RQD 指标。如图 1.12 所示,某钻孔总长度为 153 cm,回收的岩
芯长度是 127 cm,其中修复后不小于 10 cm 的岩芯总长度是 96 cm。因此,岩芯恢复率为
127/153 = 83%,RQD = 96/153 = 61%。用 RQD 指标可评价岩体质量,见表 1.6。RQD 值只
反映岩体中断裂、蚀变和软化程度,它没有反映岩石的强度、摩擦值,仅用它衡量岩体质量有一
定片面性。

表 1.6　岩体质量与 RQD

名　称	岩体质量
0～25	很差
25～50	差
50～75	一般
75～90	好
90～100	特好

声波速度比的计算方法就是式(1.17)算出的折减系数。该比值反映了岩体节理裂隙的影响,除了用于计算岩体强度外,还可用于评价岩体质量。该比值越大,说明岩体质量越好。

3. 岩体渗透系数

岩体中存在地下水,当有水压力作用时,水就透过孔隙、节理及断层发生流动。流动的水在岩体中产生动水压、孔踩水压,还与岩石矿物发生物理化学作用,对岩体的力学性质影响很大。水在岩体中发生流动的性质就是岩体渗透性。水在岩体内的渗透一般遵循达西(Dercy)定律。若通过截面积 A 的水流量为 Q,则渗透速度 v 为

$$v = \frac{Q}{A} \tag{1.38}$$

达西定律表明 v 与水头差成正比而与渗透长度成反比,即

$$v = k\frac{\partial h}{\partial l} \tag{1.39}$$

能回收的岩芯 /cm		修复岩芯尺寸 /cm
8		
5		
13		13
10		10
25		25
8		
10		10
15		15
10		10
5		
13		13
5		
127		96

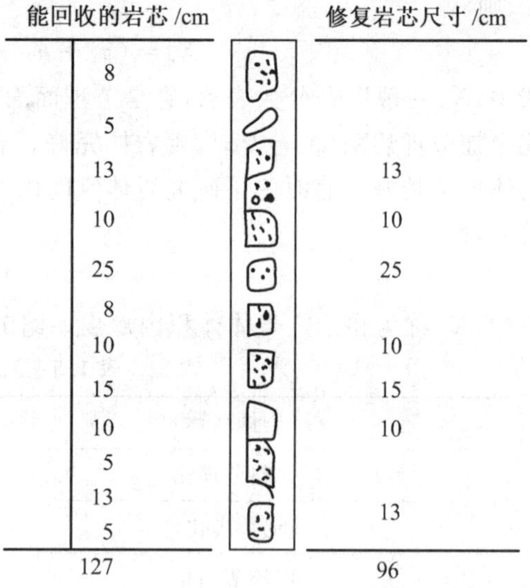

图 1.12　岩石质量的 RQD 指标

式中,k 是岩体渗透系数。k 越大,表明岩体易受水侵蚀,质量较差。岩石渗透系数通过室内岩块试件测定,岩体渗透系数则通过现场试验测定。表 1.7 和表 1.8 给出了几种岩石和岩体的渗透系数值。

表 1.7　几种岩石的渗透系数值

岩石材料	$k/(\text{cm} \cdot \text{s}^{-1})$	岩石材料	$k/(\text{cm} \cdot \text{s}^{-1})$
花岗岩	$5 \times 10^{-11} \sim 2 \times 10^{-10}$	方解石	$7 \times 10^{-10} \sim 9.3 \times 10^{-8}$
饰变花岗岩	$0.6 \times 10^{-5} \sim 1.5 \times 10^{-5}$	石灰石	$7 \times 10^{-10} \sim 1.2 \times 10^{-7}$
砂岩(白垩系复理层)	$10^{-10} \sim 10^{-8}$	白云石	$1.6 \times 10^{-7} \sim 1.2 \times 10^{-5}$
粗砂岩	3.5×10^{-7}	硬泥岩	$6 \times 10^{-7} \sim 2 \times 10^{-6}$
粉砂岩	$10^{-10} \sim 10^{-3}$	黑色片岩(有裂缝)	$3 \times 10^{-4} \sim 10^{-4}$
角砾岩	4.6×10^{-10}	鲕状石灰岩	1.3×10^{-6}
砾岩	2.7×10^{-8}	细砂岩	2×10^{-7}
板岩	$7 \times 10^{-11} \sim 1.6 \times 10^{-10}$	细粒砂岩	2×10^{-7}

表 1.8　几种岩体的渗透系数值

岩　体	$k_t/(\mathrm{cm \cdot s^{-1}})$	岩　体	$k_t/(\mathrm{cm \cdot s^{-1}})$
脉状混合岩	3.3×10^{-2}	砂岩	10^{-2}
页岩	0.7×10^{-2}	泥岩	10^{-4}
片麻岩	$1.2 \times 10^{-3} \sim 1.9 \times 10^{-3}$	石灰岩	$10^{-4} \sim 10^{-2}$
伟晶花岗岩	0.6×10^{-3}	砾岩	1.3×10^{-2}
褐煤岩	$1.7 \times 10^{-2} \sim 23.9 \times 10^{-2}$	—	—

1.3　岩体地应力测试

1.3.1　应力解除法测岩体地应力的原理和方法

岩体中存在地应力,测出地应力的大小,对于岩土工程设计有重要意义。目前,在现场测地应力的方法很多,例如应力解除法、水压致裂法、Kaiser 效应法、波速测定法、光弹性应力测试法、X 射线应力测定法等。本节介绍前两种方法,下面先讨论应力解除法。

1. 基本原理

边长为 x、y、z 的岩块在岩体中受到 P_x、P_y、P_z 的作用。假设将此岩块取出,则 P_x、P_y、P_z 的作用就被解除,岩块各边长因弹性恢复而变化为 $x+\Delta x$、$y+\Delta y$、$z+\Delta z$。若能测出变形量 Δx、Δy、Δz,则可按弹性理论求出地应力 P_x、P_y、P_z。这就是应力解除法的基本原理,它适于具有较好弹性性质的岩体。目前,常用的测试方法中有孔径变形法和孔壁应变法。

2. 孔径变形法

假设岩体中地应力的主应力为 σ_1 和 σ_2,若在岩体中钻一个直径为 d 的孔,在 σ_1 和 σ_2 作用下,图 1.13 中周边点 A 的径向位移 u 为

$$u = k \left[\frac{\sigma_1 + \sigma_2}{2} + (\sigma_1 - \sigma_2) \cos 2\theta \right] \tag{1.40}$$

式中,对于平面应力,$k=d/E$;对于平面应变,$k=(1-\mu^2)d/E$,E、μ 是岩体的弹性模量和泊松比。若将应力 σ_1 和 σ_2 解除,则孔径变形 u 就会恢复。图 1.14 中实线和虚线分别是应力解除前后孔的变化情况。用孔径变形传感器测出孔的直径变形 u,则得出半径方向的变形 $u=U/2$。在 E、μ、d 已知时,就可求出 σ_1、σ_2 和 θ 的值。一般测出孔周 3 个不同方向 θ_1、θ_2、θ_3 处的直径变化 U_1、U_2、U_3,则得 $u_1 = \frac{1}{2}U_1$,$u_2 = \frac{1}{2}U_2$,$u_3 = \frac{1}{2}U_3$。

若 $\theta_2 = \theta_1 + 60°$,$\theta_3 = \theta_1 + 120°$,则

$$\frac{\sigma_1}{\sigma_2} = \frac{u_1 + u_2 + u_3}{3k} \pm \frac{\sqrt{2}}{6k} \sqrt{(u_1 - u_2)^2 + (u_2 - u_3)^2 + (u_3 - u_1)^2} \tag{1.41}$$

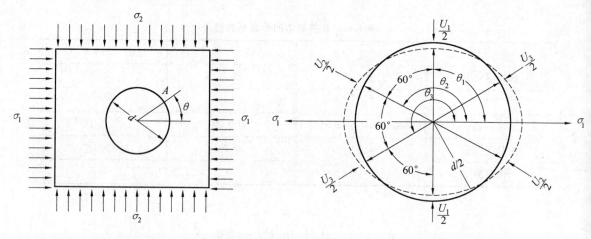

图 1.13   孔径位移计算简图   图 1.14   孔的变化示意图

$$\tan 2\theta_1 = \frac{-\sqrt{3}\,(u_2 - u_3)}{2u_1 - u_2 - u_3} \tag{1.42}$$

若 $\theta_2 = \theta_1 + 45°$、$\theta_3 = \theta_1 + 90°$，则

$$\frac{\sigma_1}{\sigma_2} = \frac{u_1 + u_3}{2k} \pm \frac{\sqrt{2}}{4k}\sqrt{(u_1 - u_2)^2 + (u_2 - u_3)^2} \tag{1.43}$$

$$\tan 2\theta = -\frac{2u_2 - (u_1 + u_3)}{u_1 - u_3} \tag{1.44}$$

式中，θ_1 为主应力 σ_1 方向与径向变形 u_1 的夹角。

若钻孔较浅，取 $k = d/E$；对于深部钻孔，取 $k = (l - \mu^2)d/E$。用上述方法得出的 σ_1、σ_2 仅是垂直于钻孔轴线平面内的应力，不是岩体内真正的主应力。图 1.15 给出了实测工序。

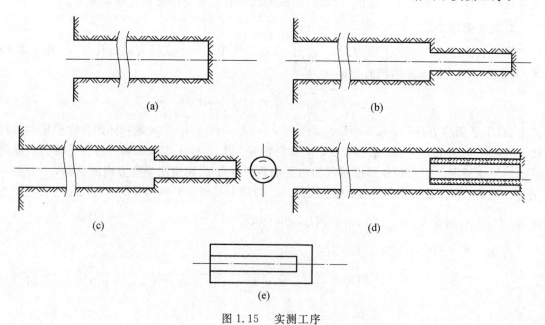

图 1.15   实测工序

　　(1) 用钻机钻出大孔,如图 1.15(a) 所示,直径 $D=(3\sim5)d$,d 是待测小孔的直径。孔的长度以穿过岩体扰动区为宜。例如,在隧洞内钻孔,孔深宜为 1.5 ～ 2.5 倍隧洞内空最大尺寸,也可根据工程具体情况确定孔深。

　　(2) 磨平大孔孔底并钻出小孔定位锥,用小孔钻头沿此钻出小孔直径为 d,如图 1.15(b) 所示,孔深为 $(2\sim3)D$,在孔中安装孔径变形计。

　　(3) 继续钻大孔,实现应力解除,由孔径变形计测出不同方向上的 U_1、U_2、U_3。

　　(4) 在钻小孔时采集岩芯,测其 E、μ 值,用以计算 k 值。

　　三孔交汇法测岩体三维应力。如上所述,用孔径变形法钻一孔仅能测出垂直于孔轴平面的次主应力,要测出岩体三维应力,应钻 3 个孔。下面仅介绍共面三孔交汇测试法,如图 1.16 所示。为了测出图 1.16(a) 所示的三维应力,可在 xOz 平面内分别钻出孔 ①、②、③,如图1.16(b) 所示。为了方便起见,使钻孔 ① 与 z 轴重合,其余两个钻孔与 z 轴的交角分别为 δ_2、δ_3,3 孔交于点 O。各钻孔底面的平面应力状态如图 1.16(c) 所示,其坐标分别以 x_i、y_i 表示($i=1,2,3$),其中 y_i 与 y 轴平行,x_i 垂直于钻孔轴线。在每个孔底面的主应力可由式(1.41)～(1.44) 求出,因此 σ_{1i} 和 σ_{2i}、θ_{1i} 为已知,该面上的应力分量 σ_{xi}、σ_{yi}、τ_{xiyi} 可按下式求出,即

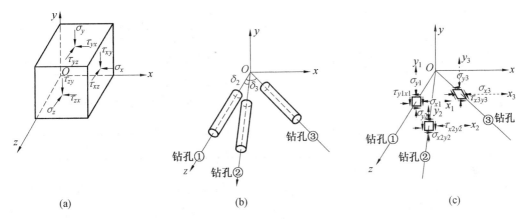

图 1.16　岩体空间应力状态的量测

$$\left.\begin{array}{l}\sigma_{xi}=\dfrac{\sigma_{1i}+\sigma_{2i}}{2}+\dfrac{\sigma_{1i}-\sigma_{2i}}{2}\cos 2\beta_i\\[2mm]\sigma_{yi}=\dfrac{\sigma_{1i}+\sigma_{2i}}{2}-\dfrac{\sigma_{1i}-\sigma_{2i}}{2}\cos 2\beta_i\\[2mm]\tau_{xiyi}=\dfrac{1}{2}(\sigma_{1i}-\sigma_{2i})\sin 2\beta_i\end{array}\right\} \qquad (1.45)$$

式中,$\beta_i=a_i-\theta_{1i}$,a_i 和 θ_{1i} 是已知的,三者关系如图 1.17 所示。

　　另外,σ_{xi}、σ_{yi}、τ_{xiyi} 与 6 个待求的三维应力分量间有下列关系,即

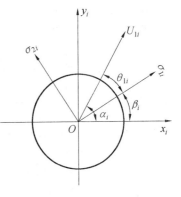

图 1.17　β_i,a_i,θ_i 三者关系图示

$$\left.\begin{aligned}
\sigma_{xi} &= \sigma_x l_{xi}^2 + \sigma_y m_{xi}^2 + \sigma_z n_{xi}^2 + 2\tau_{xy} l_{xi} m_{xi} + 2\tau_{yz} m_{xi} n_{xi} + 2\tau_{zx} n_{xi} l_{xi} \\
\sigma_{yi} &= \sigma_x l_{yi}^2 + \sigma_y m_{yi}^2 + \sigma_z n_{yi}^2 + 2\tau_{xy} l_{yi} m_{yi} + 2\tau_{yz} m_{yi} n_{yi} + 2\tau_{zx} n_{yi} l_{yi} \\
\tau_{xiyi} &= \sigma_x l_{xi} l_{yi} + \sigma_y m_{xi} m_{yi} + \sigma_z n_{xi} n_{yi} + \tau_{zx}(n_{xi} l_{yi} + n_{yi} l_{xi}) + \\
&\quad \tau_{xy}(l_{xi} m_{yi} + l_{yi} m_{xi}) + \tau_{yz}(m_{xi} n_{yi} + m_{yi} n_{xi})
\end{aligned}\right\} \tag{1.46}$$

式中，l_{xi}、m_{xi}、n_{xi} 及 l_{yi}、m_{yi}、n_{yi} 分别是 x_i、y_i 轴对于 x、y、z 轴的方向余弦，表 1.9 中给出了这些值，同时给出了相应的平面应力分量 σ_{xi}、σ_{yi}、τ_{xiyi} 的表达式，由此可求出待求的 6 个应力分量。

表 1.9　方向余弦及相应的平面应力分量表达式

(1)	(2)	(3)			(4)
钻孔编号	各钻孔底面坐标轴	x_i、y_i 对于 x、y、z 轴的方向余弦			根据式(1.46)及第(3)栏的方向余弦列出各钻孔的 3 个平面应力分量
		l	m	n	
钻孔①	x_1	1	0	0	$\sigma_{x1} = \sigma_x$
					$\sigma_{y1} = \sigma_y$
	y_1	0	1	0	$\tau_{x1y1} = \tau_{xy}$
钻孔②	x_2	$\cos\delta_2$	0	$-\sin\delta_2$	$\sigma_{x2} = \sigma_x \cos^2\delta_2 + \sigma_z \sin^2\delta_2 - \tau_{zx}\sin 2\delta_2$
	y_2	0	1	0	$\sigma_{y2} = \sigma_y$
					$\tau_{x2y2} = \tau_{xy}\cos\delta_2 - \tau_{yz}\sin\delta_2$
钻孔③	x_3	$\cos\delta_3$	0	$-\sin\delta_3$	$\sigma_{x3} = \sigma_x \cos^2\delta_3 + \sigma_z \sin^2\delta_3 - \tau_{zx}\sin 2\delta_3$
	y_3	0	1	0	$\sigma_{y3} = \sigma_y$
					$\tau_{x3y3} = \tau_{xy}\cos\delta_3 - \tau_{yz}\sin\delta_3$

【例 1.5】　某工程用 $36-2$ 型钢环式孔径变形计测岩体地应力，3 个直径方向的测点 U_1、U_2、U_3 互成 $45°$，其中 U_1 和水平方向 x 的夹角为 $60°$。已测得 $u_1 = 0.5U_1 = 0.65 \text{ mm}$；$u_2 = 0.5U_2 = 0.36 \text{ mm}$；$u_3 = 0.5U_3 = 0.51 \text{ mm}$，如图 1.18 所示。按平面应力考虑，$E = 1.15 \times 10^3 \text{ MPa}$，$d = 36 \text{ mm}$。求与孔轴线垂直的平面 xOy 内的应力 σ_x、σ_y、τ_{xy}。

【解】　先求该平面内的主应力 σ_1、σ_2 和主方向，由式(1.43)得

$$k/(\text{m}^3 \cdot \text{N}^{-1}) = \frac{d}{E} = \frac{3.6 \times 10^{-2}}{1.15 \times 10^3 \times 10^6} = 3.13 \times 10^{-11}$$

$$\sigma_1/\text{MPa} = \frac{u_1 + u_3}{2k} + \frac{\sqrt{2}}{4k}\sqrt{(u_1 - u_2)^2 + (u_2 - u_3)^2} =$$

$$\frac{(0.65 + 0.51) \times 10^{-3}}{2 \times 3.13 \times 10^{-11}} + \frac{\sqrt{2} \times 10^{-3}}{4 \times 3.13 \times 10^{-11}}\sqrt{(0.65 - 0.36)^2 + (0.36 - 0.51)^2} =$$

$$0.222\,0 \times 10^8 \text{ N/m}^2 = 22.20$$

$$\sigma_2/\text{MPa} = \frac{u_1 + u_3}{2k} - \frac{\sqrt{2}}{4k}\sqrt{(u_1 - u_2)^2 + (u_2 - u_3)^2} =$$

$$\frac{(0.65 + 0.51) \times 10^{-3}}{2 \times 3.13 \times 10^{-11}} - \frac{\sqrt{2} \times 10^{-3}}{4 \times 3.13 \times 10^{-11}}\sqrt{(0.65 - 0.36)^2 + (0.36 - 0.51)^2} =$$

$$0.148\,6 \times 10^8 \text{ N/m}^2 = 14.86$$

$$\tan 2\theta_1 = -\frac{2u_2 - (u_1 + u_3)}{u_1 - u_3} = -\frac{2 \times 0.36 - (0.65 + 0.51)}{0.65 - 0.51} = 3.143$$

所以 $\theta_1 = 36.18°$，即从 U_1 方向顺时针转 $36.18°$，即为主应力 σ_1 方向，如图 1.18 所示。

按式(1.45)，此时因计算一个孔，故不考虑下标 i，$\beta = a - \theta_1 = 60° - 36.18° = 22.82°$，所以

$$\sigma_x/\mathrm{MPa} = \frac{\sigma_1 + \sigma_2}{2} + \frac{\sigma_1 - \sigma_2}{2}\cos 2\beta = \frac{22.2 + 14.86}{2} + \frac{22.2 - 14.86}{2}\cos 47.64 = 21.00$$

$$\sigma_y/\mathrm{MPa} = \frac{\sigma_1 + \sigma_2}{2} - \frac{\sigma_1 - \sigma_2}{2}\cos 2\beta = \frac{22.2 + 14.86}{2} - \frac{22.2 - 14.86}{2}\cos 47.64 = 16.06$$

$$\tau_{xy}/\mathrm{MPa} = \frac{1}{2}(\sigma_1 - \sigma_2)\sin 2\beta = \frac{1}{2}(22.2 - 14.86)\sin 47.64 = 2.71$$

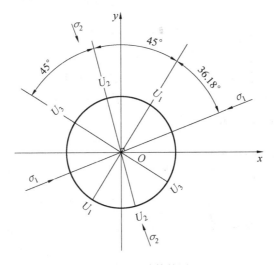

图 1.18　计算简图

3. 孔壁应变法

孔壁应变法的实测工序和图 1.15 基本相同，但在小孔内不是安装孔径变形计，而是安装三轴应变计。即通过三轴应变计将应变片黏在孔壁的预定位置，通过测出的孔壁应变就可求出岩体的 6 个应变分量。显然，这种方法只需钻一个孔。

图 1.19(a) 是待求应力分量，图 1.19(b) 是钻半径为口的孔，z 轴为钻孔轴线，向孔口为正。x 轴为水平方向，y 轴为铅直方向，取圆柱坐标系的 z 轴与直角坐标系的 z 轴重合。在钻孔孔壁 $r = a$ 处，圆柱坐标系和直角坐标系的 6 个应力分量有下列关系，即

$$\left. \begin{aligned} \sigma_\theta^b &= \sigma_x + \sigma_y - 2(\sigma_x - \sigma_y)\cos\theta - \tau_{xy}\sin 2\theta \\ \sigma_z^b &= -2\mu[(\sigma_x - \sigma_y)\cos 2\theta + 2\tau_{xy}\sin 2\theta] + \sigma_z \\ \tau_{\theta z}^b &= -2\tau_{xy}\sin\theta + 2\tau_{xy}\cos\theta \\ \sigma_r^b &= \tau_{r\theta}^b = \tau_{zr}^b = 0 \end{aligned} \right\} \tag{1.47}$$

一般在 $\theta = 0, \dfrac{\pi}{2}, \dfrac{5}{4}\pi$ 处分别贴应变花如图 1.20(a) 所示，应变花一般由 3 个应变片组成，但因实测中可能有损坏，故采用 4 个电阻应变片，如图 1.20(b) 所示，它们与 z 轴的夹角一般是 $\varphi = 0, \pi/4, \pi/2, 2\pi/3$。由此可测出孔壁的 12 个应变值，即 $e_{\theta i \varphi j}(i=1,2,3; j=1,2,3,4)$。与应力 σ_θ^b、σ_z^b、$\tau_{\theta z}^b$ 对应的应变为 e_θ^b、e_z^b、$\gamma_{\theta z}^b$，它们与 $e_{\theta i \varphi j}$ 的关系为

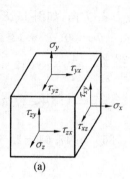
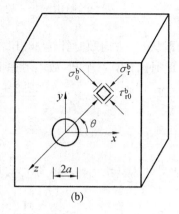

图 1.19　坐标系图

$$e_{\theta i \varphi j} = e_z^b \cos^2 \varphi_j + e_\theta^b \sin^2 \varphi_j + \gamma_{\theta z}^b \sin \varphi_j \cos \varphi_j \tag{1.48}$$

按平面问题的胡克定律，可得出 $\varepsilon_{\theta i \varphi j}$ 与 σ_z^b、σ_θ^b、$\tau_{\theta z}^b$ 的关系为

$$E e_{\theta i \varphi j} = (\sigma_z^b - \mu \sigma_\theta^b) \cos^2 \varphi_j + (\sigma_\theta^b - \mu \sigma_z^b) \sin^2 \varphi_j + (1 + \mu) \tau_{\theta z}^b \sin 2\varphi_j \tag{1.49}$$

式中　E、μ——岩石弹性模量和泊松比。

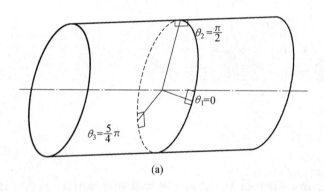
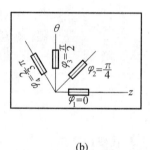

图 1.20　应变花布置图

将式(1.47)代入式(1.49)并将其中的 θ 用 θ_i 代替，则

$$E \varepsilon_{\theta i \varphi j} = A_{\theta i \varphi j}^1 \sigma_x + A_{\theta i \varphi j}^2 \sigma_y + A_{\theta i \varphi j}^3 \sigma_z + A_{\theta i \varphi j}^4 \tau_{xy} + A_{\theta i \varphi j}^5 \tau_{yz} + A_{\theta i \varphi j}^6 \tau_{zx} \tag{1.50}$$

$$A_{\theta i \varphi j}^1 = [1 - 2(1 - \mu^2) \cos 2\theta_i] \sin^2 \varphi_j - \mu \cos^2 \varphi_j$$

$$A_{\theta i \varphi j}^2 = [1 + 2(1 - \mu^2) \cos 2\theta_i] \sin^2 \varphi_j - \mu \cos^2 \varphi_j$$

$$A_{\theta i \varphi j}^3 = \cos^2 \varphi_j - \mu \sin^2 \varphi_j$$

其中，$A_{\theta i \varphi j}^4 = -4(1 - \mu^2) \sin^2 \varphi_j \sin 2\theta_i$；

$\qquad A_{\theta i \varphi j}^5 = 2(1 + \mu) \sin 2\varphi_j \cos \theta_i$；

$\qquad A_{\theta i \varphi j}^6 = -2(1 + \mu) \sin 2\varphi_j \sin \theta_i$。

式(1.50)是由 12 个方程组成的方程组，但只有 6 个未知数，用数理统计的方法可求得岩体应力分量的最佳值，进而求出 3 个主应力和主方向。

4. 岩体应力分量的最佳值

由以上应力解除法得出的求解应力分量的方程组都是方程个数多于未知数个数，可采用最小二乘法解决此问题，求出应力分量的最佳值。此时，求解应力分量的方程组可写成如下数

学方程组的形式,即

$$\sum_{j=1}^{m} a_{ij} x_j = b_i \quad (i = 1, 2, \cdots, n) \tag{1.51}$$

其中未知数个数为 $x_1, x_2, \cdots, x_m$ 共 m 个;而有 n 个方程,且 $m < n$,观察量 b_i 为独立等权量。因此,找不到一组 $x_1, x_2, \cdots, x_m$ 解能同时满足方程组(1.51)中的每个方程。但采用最小二乘法,可以找到一组近似解,使方程组(1.51)中每个方程所产生的误差最小,下面介绍如何求出这组近似解。设每个方程的偏差为 r_i,则

$$r_i = \sum_{j=1}^{m} a_{ij} x_j - b_i \quad (i = 1, 2, \cdots, n) \tag{1.52}$$

式(1.52)是残余误差方程,去误差平方和为

$$Q = \sum_{i=1}^{n} r_i^2 = \sum_{i=1}^{n} \left(\sum_{j=1}^{m} a_{ij} x_j - b_i \right)^2 \geqslant 0 \tag{1.53}$$

使二次函数 Q 有最小值的条件是

$$\frac{\partial Q}{\partial x_k} = 0 \quad (k = 1, 2, \cdots, m)$$

即

$$\sum_{j=1}^{m} \left(\sum_{i=1}^{n} a_{ij} a_{ik} \right) x_j = \sum_{i=1}^{n} a_{ik} b_i \tag{1.54}$$

令

$$\sum_{i=1}^{n} a_{ij} a_{ik} = C_{kj}, \quad \sum_{i=1}^{n} a_{ik} b_i = d_k \quad (k = 1, 2, \cdots, m)$$

则有

$$\sum_{j=1}^{m} C_{kj} x_j = d_k \tag{1.55}$$

式(1.55)即为 m 个方程、m 个未知数的方程组,称为矛盾方程(1.51)的正规方程。它有唯一解,即式(1.51)的最优近似解。

5. 主应力及方向

根据正规方程组(1.55)求得三维应力状态的 6 个分量 $\sigma_x, \sigma_y, \cdots, \tau_{zx}$ 以后,大、中、小主应力 $\sigma_1, \sigma_2, \sigma_3$ 及它们的方向(包括它们的倾角 a_i 和方位角 β_i)也可求出。

3 个主应力 $\sigma_1, \sigma_2, \sigma_3$ 的量值由三维应力状态的特征方程

$$\sigma_i^3 - I_1 \sigma_i^2 + I_2 \sigma_i - I_3 = 0 \quad (i = 1, 2, 3) \tag{1.56}$$

求得。式中的 I_1、I_2 和 I_3 为应力张量的第一、第二、第三不变量,且有

$$\left. \begin{array}{l} I_1 = \sigma_x + \sigma_y + \sigma_z = \sigma_1 + \sigma_2 + \sigma_3 \\ I_2 = \sigma_x \sigma_y + \sigma_y \sigma_z + \sigma_z \sigma_x - \tau_{xy}^2 - \tau_{yz}^2 - \tau_{zx}^2 = \sigma_1 \sigma_2 + \sigma_2 \sigma_3 + \sigma_1 \sigma_3 \\ I_3 = \sigma_x \sigma_y \sigma_z + 2\tau_{xy} \tau_{yz} \tau_{zx} - \sigma_x \tau_{yz}^2 - \sigma_y \tau_{zx}^2 - \sigma_z \tau_{xy}^2 = \sigma_1 \sigma_2 \sigma_3 \end{array} \right\} \tag{1.57}$$

作变换 $\sigma_i = S + \dfrac{1}{3} I_i$,则方程(1.56)变为

$$S^3 + PS + Q = 0 \tag{1.58}$$

式中

$$P = -\frac{1}{3} I_1^3 + I_2$$

$$Q = -\frac{2}{27} I_1^3 + \frac{1}{3} I_1 I_2 - I_3 \tag{1.59}$$

当 $\left(\dfrac{Q}{2}\right)^2 + \left(\dfrac{P}{3}\right)^2 = 0$ 时，方程(1.58)有 3 个实根，其中两个实根互等，于是，主应力为

$$\left.\begin{array}{l}\sigma_1 = 2\sqrt[3]{-\dfrac{Q}{2}} + \dfrac{1}{3}I_1 \\[3mm] \sigma_2 = \sigma_3 = -\sqrt[3]{-\dfrac{Q}{3}} + \dfrac{1}{3}I_1\end{array}\right\} \tag{1.60}$$

当 $\left(\dfrac{Q}{2}\right)^2 + \left(\dfrac{P}{3}\right)^2 < 0$ 时，方程(1.58)有 3 个不相等的实根，主应力为

$$\left.\begin{array}{l}\sigma_1 = 2\sqrt{-\dfrac{P}{3}}\cos\dfrac{\omega}{3} + \dfrac{1}{3}I_1 \\[3mm] \sigma_2 = 2\sqrt{-\dfrac{P}{3}}\cos\left(\dfrac{\omega+2\pi}{3}\right) + \dfrac{1}{3}I_1 \\[3mm] \sigma_3 = 2\sqrt{-\dfrac{P}{3}}\cos\left(\dfrac{\omega+4\pi}{3}\right) + \dfrac{1}{3}I_1\end{array}\right\} \tag{1.61}$$

式中

$$\omega = \arccos\left[\dfrac{Q}{2}\Big/\sqrt{-\left(\dfrac{P}{3}\right)^3}\right] \tag{1.62}$$

当 $\left(\dfrac{Q}{2}\right)^2 + \left(\dfrac{P}{3}\right)^2 > 0$ 时，方程(1.58)有一个实根和一个共轭复根，这种情况下对岩体主应力计算没有实际意义。

主应力方向由静力平衡方程

$$\left.\begin{array}{l}(\sigma_x - \sigma_i)l_i + \tau_{xy}m_i + \tau_{zx}n_i = 0 \\ \tau_{xy}l_i + (\sigma_y - \sigma_i)m_i + \tau_{yz}n_i = 0 \\ \tau_{zx}l_i + \tau_{yz}m_i + (\sigma_z - \sigma_i)n_i = 0\end{array}\right\} \tag{1.63}$$

中的任两式和方向余弦的关系式

$$l_i^2 + m_i^2 + n_i^2 = 1 \tag{1.64}$$

联立解得。

取方程组式(1.63)中的前两式，并改写为

$$\left.\begin{array}{l}(\sigma_x - \sigma_i)l_i + \tau_{xy}m_i = -\tau_{zx}n_i \\ \tau_{xy}l_i + (\sigma_y - \sigma_i)m_i = -\tau_{yz}n_i\end{array}\right\} \tag{1.65}$$

由此方向余弦 l_i、m_i 用 n_i 表示，代入式(1.64)，得方向余弦 n_i^2，并注意到去 $n_i > 0$，则方向余弦 l_i、m_i 和 n_i 为

$$\left.\begin{array}{l}l_i = A\Big/\sqrt{A^2+B^2+C^2} \\[2mm] m_i = B\Big/\sqrt{A^2+B^2+C^2} \\[2mm] n_i = C\Big/\sqrt{A^2+B^2+C^2}\end{array}\right\} \tag{1.66}$$

式中

$$\left.\begin{array}{l}A = \tau_{yz}\tau_{xy} - (\sigma_y - \sigma_i)\tau_{zx} \\ B = \tau_{xy}\tau_{zx} - (\sigma_x - \sigma_i)\tau_{yz} \\ C = (\sigma_x - \sigma_i) - (\sigma_y - \sigma_i) - \tau_{xy}^2\end{array}\right\} \tag{1.67}$$

为了和地质上的概念相互联系起来，主应力方向以倾角和方位角来表示。倾角为主应力

矢量与水平面的夹角,方位角为主应力矢量在水平面上的投影与正北方向的夹角。考虑到钻孔轴向 z_i 一般与正北方向不一致,设轴 z_i 的方位为 β_0,因此,主应力的倾角 α_i 和方位角 β_i 根据几何关系如图 1.21 所示,即

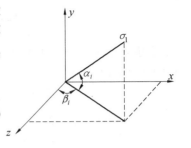

$$\left. \begin{aligned} \alpha_i &= \arcsin m_i \\ \beta_i &= \beta_0 - \arcsin \frac{l_i}{\sqrt{1-m_i^2}} \end{aligned} \right\} \quad (1.68)$$

图 1.21 主应力矢量的倾角和方位角

1.3.2 水压致裂法测地应力的原理和方法

水压致裂法地应力测量是深钻孔地应力测量中最主要的一种测量方法。尤其在地壳深层岩体的地应力场研究中是必不可少的,是地震及破坏机理研究的依据。测量深度可达地下数千米,国外已达 5 105 m(美国),国内达 2 000 m(大港油田),而应力解除测量法最深测量深度,国外仅 510 m(瑞典),国内仅 307 m(广州抽水蓄能电站)。

水压致裂法地应力测量,除测量深度很深以外,还具有其他突出的优点,例如资料整理不需要岩石弹性常数参与计算,可避免由弹性常数取值不准确而引起的误差;岩壁受力范围较广(钻孔承压段可达 $1 \sim 2$ m),从而避免了"点"应力状态的局限性和地质条件不均匀的影响;同时具有操作简易,不需要精密仪表,量测周期短等优点。这些优点是应力解除测量法无法比拟的。因此,这种地应力测量方法已被国内外广泛应用。

1. 水压致裂法测量的基本原理

水压致裂法地应力测量是利用一对可膨胀的橡胶封隔器,在预定的测量深度上下封隔一段钻孔,然后泵入液体对这段个别孔施压,直至压裂,根据压裂参数计算地应力。

水压致裂法地应力测量以下列 3 个假设条件为前提:

(1)围岩是线性、均匀、各向同性的弹性体。

(2)围岩为多孔介质时,注入的流体按达西定律在岩石孔隙中流动。

(3)岩体中地应力的一个主应力方向与钻孔轴方向平行。

水压致裂法地应力测量是对钻孔横截面上二维地应力状态的测量,对测量钻孔是否垂直于铅垂向并无要求,为与水压致裂法地应力测量的经典理论保持一致,本小节的测量钻孔方向仍假定为铅垂向。

根据弹性理论,在具有最大和最小水平主应力 σ_H 和 σ_h 的地应力场的岩体中钻一半径为 a 的钻孔,如图 1.22 所示孔周围岩产生二次应力场,在孔周岩壁($r=a$)上任一点 A 有

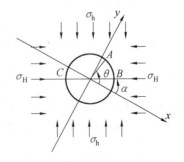

$$\left. \begin{aligned} \sigma_\theta' &= (\sigma_H + \sigma_h) - 2(\sigma_H - \sigma_h)\cos 2(\theta - \alpha) \\ \sigma_z' &= -2\mu(\sigma_H - \sigma_h)\cos 2(\theta - \alpha) + \sigma_{x0} \\ \sigma_r' &= \tau_{\theta z}' = \tau_{zr}' = \tau_{r\theta}' = 0 \end{aligned} \right\} \quad (1.69)$$

当钻孔承压段注液压 p_w 时,围岩产生附加应力场。根据无限厚壁圆筒弹性理论解,在孔周岩壁($r=a$)上围岩的附加应力状态为

图 1.22 孔壁应力计算简图

$$\left.\begin{aligned}\sigma''_{\theta} &= -p_{\mathrm{w}}\\ \sigma''_{r} &= p_{\mathrm{w}}\end{aligned}\right\} \tag{1.70}$$

水压致裂法地应力测量钻孔围岩的应力状态,是地应力二次应力场与液压引起的附加应力场的叠加,即

$$\left.\begin{aligned}\sigma_{\theta} &= (\sigma_{\mathrm{H}} + \sigma_{\mathrm{h}}) - 2(\sigma_{\mathrm{H}} - \sigma_{\mathrm{h}}) \cos 2(\theta - \alpha) - p_{\mathrm{w}}\\ \sigma_z &= -2\mu(\sigma_{\mathrm{H}} - \sigma_{\mathrm{h}}) \cos 2(\theta - \alpha) + \sigma_{z0}\\ \sigma_r &= p_{\mathrm{w}}\\ \tau_{\theta z} &= \tau_{zr} = \tau_{r\theta} = 0\end{aligned}\right\} \tag{1.71}$$

水压致裂法地应力测量经典理论采用最大单轴拉应力的破坏准则。在这种破坏准则制约下,式(1.71)中轴向应力 σ_z 仅与地应力状态有关,与液压 p_{w} 大小无关,它与径向应力 σ_r 仅提供了孔周岩壁三维应力状态的条件,对围岩产生破裂状况无关,可暂不讨论。对岩壁破裂起控制的应力是切向应力 σ_{θ},当钻孔承压段注液受压后,切向应力 σ_{θ} 以液压同等量值降低,最后转为拉应力状态。

水压致裂法地应力测量时,破裂缝产生在钻孔岩壁上拉应力最大部位,因此,最小水平主应力的位置最为关键。在孔周岩壁极角 $\theta = a$ 或 $\pi + a$ 位置上,即最大水平主应力 σ_{H} 的方向上的 B、C 两点(这一位置与液压大小无关),孔周岩壁切向应力最小,其量值为

$$\sigma_{\theta} = 3\sigma_{\mathrm{h}} - \sigma_{\mathrm{H}} - p_{\mathrm{w}} \tag{1.72}$$

由式(1.72)可知,当液压增大时,孔周岩壁切向应力 σ_{θ} 逐渐下降转为拉应力状态,当此拉应力等于或大于围岩的抗拉强度 R_{t} 时,孔周岩壁出现裂缝,这时承压段的液压 p_{w} 就是破裂压力 p_{b}。因此,钻孔承压段周壁围岩产生裂缝(未考虑孔隙压力)的应力条件为

$$3\sigma_{\mathrm{h}} - \sigma_{\mathrm{H}} - p_{\mathrm{b}} + R_{\mathrm{t}} = 0 \tag{1.73}$$

在深层岩体中,还存在孔隙压力 p_0,因此,岩体有效应力为 $(\sigma - p_0)$。在水压致裂法地应力测量中,当液压增加至破裂压力 p_{b} 时,钻孔周壁围岩即出现破裂缝,海姆森给出的关系式为

$$p_{\mathrm{b}} - p_0 = [3(\sigma_{\mathrm{h}} - p_0) - (\sigma_{\mathrm{H}} - p_0) + R_{\mathrm{t}}]/k \tag{1.74}$$

式中,k 为孔隙渗透弹性参数,可由实验测定,且 $1 \leqslant k \leqslant 2$。对非渗透性岩石,$k = 1$ 时式(1.74)写为

$$p_{\mathrm{b}} - p_0 = 3\sigma_{\mathrm{h}} - \sigma_{\mathrm{H}} + R_{\mathrm{t}} - 2p_0 \tag{1.75}$$

钻孔周壁围岩破裂以后,立即关闭压裂泵,这时维持裂缝张开的瞬时关闭压力 p_{s} 与裂缝面相垂直的最小水平主应力 σ_{h} 得到平衡,即

$$\sigma_{\mathrm{h}} = p_{\mathrm{s}} \tag{1.76}$$

根据式(1.75),最大水平主应力 σ_{H} 为

$$\sigma_{\mathrm{H}} = 3\sigma_{\mathrm{h}} - p_{\mathrm{b}} + R_{\mathrm{t}} - p_0 = 3p_{\mathrm{s}} - p_{\mathrm{b}} + R_{\mathrm{t}} - p_0 \tag{1.77}$$

围岩抗拉强度 R_0 可以根据压裂过程曲线确定。钻孔周壁围岩第一次破裂(压力为破裂压力 p_{b})以后,重复注液施压至破裂缝继续开裂,这时压力为重张压力 p_{r}。由于围岩已经破裂,它的抗拉强度近似为零,故可根据式(1.75)近似得到重张压力为

$$p_{\mathrm{r}} = 3\sigma_{\mathrm{h}} - \sigma_{\mathrm{H}} - p_0 \tag{1.78}$$

与式(1.75)相比较,得到围岩抗拉强度 R_{t} 为

$$R_{\mathrm{t}} = p_{\mathrm{b}} - p_{\mathrm{r}} \tag{1.79}$$

因此,也可根据重张压力 p_{r} 按式(1.77)近似表示最大水平主应力,即

$$\sigma_H = 3p_s - p_r - p_0 \tag{1.80}$$

在测量过程中,一般把测量仪表和压力传感器放在地面上,所测得的各压裂参数 p_b、p_r 和 p_s,需要加上压裂处的静水压力。

这样,水压致裂法地应力测量,根据式(1.77)或式(1.80)及式(1.76)即可得到 σ_H 和 σ_h,其中,σ_H 的方向口由钻孔电视或印模器记录的破裂缝方向确定。

2. 水压致裂法的测量程序

水压致裂法地应力测量的加压系统有两种:单管加压和双管加压。单管加压系统的管路是钻杆,依靠安装在钻孔中部位的推拉阀控制压力液分别对封隔器和钻孔压力段加压。两种加压系统的操作程序大同小异(双管加压系统较单管加压系统简单),今以单管加压系统为例,说明水压致裂法地应力测量的测量程序。

水压致裂法地应力测量具体测试的框图如图 1.23 所示,相对应的破裂过程曲线如图 1.24 所示。

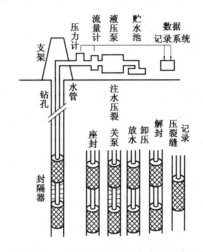

图 1.23　水压致裂法地应力测量框图

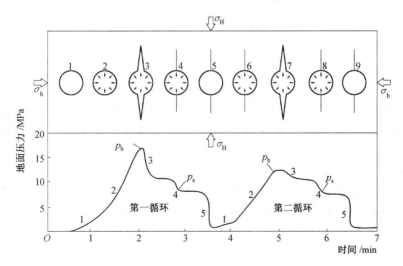

图 1.24　水压致裂法地应力测量破裂过程曲线

（1）座封。将封隔器下至选定的压裂段，令高压液由钻孔杆进入封隔器，使封隔器膨胀座封于钻孔岩壁上，形成压裂段空间。

（2）注液施压。通过钻杆推动推拉阀，液压泵对钻孔承压段注液施压，使钻孔岩壁承受逐渐增强的液压作用。

（3）岩壁致裂。不断提高泵压，当达到破裂压力时钻孔压力段岩壁沿阻力最小方向破裂，这时压力值急剧下降。

（4）关泵。关闭液压泵，压力迅速下降，然后随着压裂液渗透入地层，泵压变成缓慢下降，这时便获得了裂缝处于豁界闭合状态时的平衡压力，称瞬时关闭压力。

（5）放液卸压。打开泵阀卸压，承压段液压作用被解除后，裂缝完全闭合，泵压记录降至零。

按上述步骤连续进行 3～5 次压裂循环，以便取得合理的压裂参数并正确判断岩石破裂和裂缝延伸过程。

（6）解封。通过钻孔杆拉动推拉阀，使封隔器里的压裂液从钻杆排出，封隔器解封。

（7）破裂缝记录。通过印模器或钻孔电视记录破裂的方向。

3. 水压致裂法三维地应力测量

用水压致裂法在单个钻孔中进行地应力测量，只能获得钻孔横截面上的二维应力状态，与应力解除测量法中孔径变形计和孔底应变计的测量一样，需要用交汇的不同方向 3 个或 3 个以上的钻孔，分别进行测量才能获得三维应力状态。这时钻孔方向为任意，钻孔横截面上二维应力状态以大次主应力 σ_H 和 σ_h。

以大地坐标系 $o-xyz$ 为固定坐标系，轴 z 为铅垂向上方向，轴 z 为某工程建筑物轴线方向，方位角为 β_0。以测量钻孔（编号为 i）坐标系 $o-x_iy_iz_i$ 为活动坐标系，轴 z_i 为钻孔轴线方向，从孔口向内看指向右为正，而轴 y 和轴 y_i 按右手坐标系法则定向。

每个钻孔测量获得横截面上二维应力状态 σ_{Ai}、σ_{Bi} 和 A_i 以后，即已知用活动坐标系表示的应力分量 σ_{xi}、σ_{yi} 和 τ_{xiyi}，通过应力分量坐标变换，求得它们与固定坐标系表示的应力分量之间的关系为

$$\left.\begin{aligned}
\sigma_{xi} &= \sigma_x l_1^2 + \sigma_y m_1^2 + \sigma_z n_1^2 + 2\tau_{xy}l_1m_1 + 2\tau_{yz}m_1n_1 + 2\tau_{yz}n_1l_1 \\
\sigma_{yi} &= \sigma_x l_2^2 + \sigma_y m_2^2 + \sigma_z n_2^2 + 2\tau_{xy}l_2m_2 + 2\tau_{yz}m_2n_2 + 2\tau_{yz}n_2l_2 \\
\tau_{xiyi} &= \sigma_x l_1l_2 + \sigma_y m_1m_2 + \sigma_z n_1n_2 + \tau_{xy}(l_1m_2+m_1l_2) + \tau_{yz}(m_1n_2+n_1m_2) + \tau_{zx}(n_1l_2+l_1n_2)
\end{aligned}\right\}$$

$$(1.81)$$

设钻孔的倾角为 a_i，方位角为 β_i，则活动坐标系各坐标轴相对于固定坐标系的方向：轴 z_i 的倾角为 a_i，相对方位角为 $(\beta_0-\beta_i)$；轴 x_i 和轴 y_i 的倾角为 $0°$ 和 $(90°-\alpha_i)$，相对方位角为 $(\beta_0-\beta_i+90°)$ 和 $(\beta_0-\beta_i+180°)$，如图 1.25 所示。当钻孔为铅垂方向时，它的倾角自然为 $90°$，方位角可任意定，但是破裂缝方向一定要与所定的方位角相协调。例如，破裂缝方向为 NW60°，钻孔方位角如果定为 $90°$，则轴 x_i 相对方位角为 β_0，即轴 x_i 为正北方向，A_i 的方向定为 $60°$，因此，活动坐标系各坐标轴相对固定坐标系的方向余弦见表 1.10。

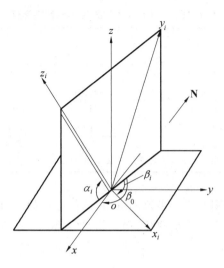

图 1.25　活动坐标系与固定坐标系的关系

表 1.10　活动坐标系各坐标轴相对固定坐标系的方向余弦

	x	y	z
x_i	$l_1 = -\sin(\beta_0 - \beta_i)$	$m_1 = \cos(\beta_0 - \beta_i)$	$n_1 = 0$
y_i	$l_2 = -\sin\alpha_i\cos(\beta_0 - \beta_i)$	$m_2 = -\sin\alpha_i\sin(\beta_0 - \beta_i)$	$n_2 = \cos\alpha_i$
z_i	$l_3 = \cos\alpha_i\cos(\beta_0 - \beta_i)$	$m_3 = \cos\alpha_i\sin(\beta_0 - \beta_i)$	$n_3 = \sin\alpha_i$

把表 1.10 的方向余弦代入式(1.81)得

$$
\left.
\begin{aligned}
\sigma_{xi} &= \sigma_x \sin^2(\beta_0 - \beta_i) + \sigma_y \cos^2(\beta_0 - \beta_i) - \tau_{xy}\sin 2(\beta_0 - \beta_i) \\
\sigma_{yi} &= \sigma_x \sin^2\alpha_i\cos^2(\beta_0 - \beta_i) + \sigma_y \sin^2\alpha_i\sin^2(\beta_0 - \beta_i) + \sigma_z\cos^2\alpha_i + \\
&\quad \tau_{xy}\sin 2\alpha_i\sin 2(\beta_0 - \beta_i) - \tau_{yz}\sin 2\alpha_i\sin(\beta_0 - \beta_i) - \tau_{zx}\sin 2\alpha_i\cos(\beta_0 - \beta_i) \\
\tau_{xiyi} &= \frac{1}{2}(\sigma_x - \sigma_y)\sin\alpha_i\sin 2(\beta_0 - \beta_i) - \tau_{xy}\sin\alpha_i\cos 2(\beta_0 - \beta_i) + \\
&\quad \tau_{yz}\cos\alpha_i\cos(\beta_0 - \beta_i) - \tau_{zx}\cos\alpha_i\sin(\beta_0 - \beta_i)
\end{aligned}
\right\} \quad (1.82)
$$

式中,左边为对各测量钻孔进行测量所获得的已知观测值。需要研究的是如何建立使用方便的观测值方程组,由于钻孔横截面上次主应力与其应力分量之间存在如下关系,即

$$
\left.
\begin{aligned}
\sigma_{xi} + \sigma_{yi} &= \sigma_{Ai} + \sigma_{Bi} \\
\sigma_{xi} - \sigma_{yi} &= (\sigma_{Ai} - \sigma_{Bi})\cos 2A_i \\
2\tau_{xiyi} &= (\sigma_{Ai} - \sigma_{Bi})\sin 2A_i
\end{aligned}
\right\} \quad (1.83)
$$

式中,角 A_i 仍以轴 x_i 为起始轴度量,把式(1.82)代入式(1.83),得到观测值方程组为

$$
\sigma_k^* = A_{k1}\sigma_x + A_{k2}\sigma_y + A_{k3}\sigma_z + A_{k4}\tau_{xy} + A_{k5}\tau_{yz} + A_{k6}\tau_{zx} \quad (1.84)
$$

式中　　k——$k = 3(i-1) + j$,i 为测量钻孔的编号($i = 1, 2, \cdots, n$,n 为测量钻孔的个数,$n \geqslant 3$);

$\quad\quad\quad\quad j$ 为每个测量钻孔中相应于式(1.83)中第一、第二和第三式的编号($j = 1, 2, 3$);

$\quad\quad\sigma_k^*$——式(1.83)右边表示的复合观测值;

$\quad\quad A_{k1}, \cdots, A_{k6}$——观测值方程的应力系数,当 $j = 1, 2, 3$ 时,它们的相应值见表 1.11。

表 1.11　$j=1\sim3$ 时的应力系数观测值

A_k \ k	A_{k1}	A_{k2}	A_{k3}	A_{k4}	A_{k5}	A_{k6}	σ_k^*
$3(i-1)+1$	$1-\cos^2\alpha_i\cdot\cos^2(\beta_0-\beta_i)$	$1-\cos^2\alpha_i\cdot\sin^2(\beta_0-\beta_i)$	$\cos^2\alpha_i$	$-\cos^2\alpha_i\cdot\sin2(\beta_0-\beta_i)$	$-\sin2\alpha_i\cdot\sin(\beta_0-\beta_i)$	$\sin2\alpha_i\cdot\cos(\beta_0-\beta_i)$	$\sigma_A+\sigma_B$
$3(i-1)+2$	$1-(1+\sin^2\alpha_i)\cdot\cos^2(\beta_0-\beta_i)$	$1-(1+\sin^2\alpha_i)\cdot\sin^2(\beta_0-\beta_i)$	$-\cos^2\alpha_i$	$-(1+\sin^2\alpha_i)\cdot\sin2(\beta_0-\beta_i)$	$\sin2\alpha_i\cdot\sin(\beta_0-\beta_i)$	$\sin2\alpha_i\cdot\cos(\beta_0-\beta_i)$	$(\sigma_A-\sigma_B)\cdot\cos2A_i$
$3(i-1)+3$	$\sin\alpha_i\cdot\sin2(\beta_0-\beta_i)$	$-\sin\alpha_i\cdot\sin2(\beta_0-\beta_i)$	0	$-2\sin\alpha_i\cdot\cos2(\beta_0-\beta_i)$	$2\cos\alpha_i\cdot\cos(\beta_0-\beta_i)$	$-2\cos\alpha_i\cdot\sin(\beta_0-\beta_i)$	$(\sigma_A-\sigma_B)\cdot\sin2A_i$

水压致裂法三维地应力测量属于多值测量,观测值方程的数目多于未知量的数目(6 个应力分量),利用数理统计的最小二乘法原理,得到如式(1.55)一样的正规方程,然后求解,得到岩体 6 个应力分量;再根据前面的公式就可求得 3 个主应力的量值及倾角和方位角。

1.4　土的工程分类

土的工程分类是根据工程实践经验,把工程性能相近的土划为一类。将土作为工程对象进行分类,必须遵循同类土的工程性质最大程度相似和异类土的工程性质显著差异的原则来选择分类指标和确定分类界限。这样才能使人们可能依据同类土已知的性质去评价其性能,也便于人们对土具有共同的概念进行交流。

土的工程性质是复杂多样的,各类工程问题的岩土工程侧重点亦不相同,于是分类的主要依据亦不完全一样,因而形成了服务于不同工程类型的分类体系。这种土的工程性质的多元化分类体系是历史的产物,还将可能持续较长的一段时间。

从工程性质角度而言,土的分类有无黏性土和黏性土(又称细粒土)两大类。这两大类土具有明显不同的外表特征和性质特征。然而,有些土既具有无黏性土的一些特征,又具有黏性土的一些特征,这类土有的分类标准将其归入黏性土的范畴,有的分类标准将其单独归为一类,称为粉土,我国《建筑地基基础设计规范》将其划为单独一类,如前所述称为粉土。

1.4.1　无黏性土的分类

土由大小不同的固体颗粒(称为土粒)组成,土粒的大小称为粒度。将大小接近的粒径合并为组,称为粒组。一般可分为漂石(块石)、卵石(碎石)、砾石、砂粒、粉粒和黏粒 6 个粒组,如图 1.26 所示。

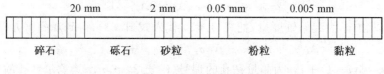

图 1.26　土的粒组

土的粒度成分是决定无黏性土的工程性质的最重要因素之一。世界各国无黏性土的划分均采用粒度组成作为其分类指标,这种划分既能反映影响无黏性土的工程性质的主要因素,又具有可操作性,因此是合理的。

一般认为当土的颗粒组成中大约有一半以上土粒(按重量计)大于 0.05 ～ 0.10 mm 时,这种土便具有了无黏性土的特征。无黏性土的特征如下所述:

(1)颗粒肉眼可见。

(2)无黏性。

(3)具有单粒结构。

(4)压缩性和抗剪强度主要取决于其密实度。

(5)现场原状土样极难取得。

无黏性土又可分为砾类土和砂类土。当土中大于砂粒组尺寸的颗粒含量占总土重的 50% 以上时,称为砾类土。它还可进一步划分为砾石、卵石(碎石)和漂石(块石)。这类土具有较高的承载力,可以作为一般建筑物的地基。当土中大于砂粒组尺寸的颗粒含量不足 50% 时,称为砂类土。它还可进一步分为砾砂、粗砂、中砂、细砂和粉砂。粗颗粒含量的多少对砂类土的性质影响较大,对于粉砂和细砂含有较多的粉粒,在饱和状态下,受动力荷载作用易发生液化,在地震区和动力基础下要特别重视。对于无黏性土,在定名时应根据含量由大到小以最先符合者确定,如图 1.27 所示。

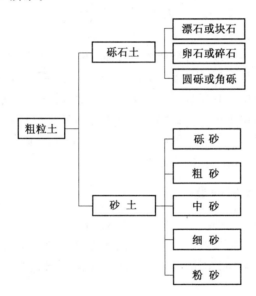

图 1.27　无黏性土的分类图

1.4.2　黏性土的分类

黏性土由于土中的颗粒组成以粉粒和黏粒为主,一般二者含量在 50% 以上,因此具有显著不同于无黏性土的特征。黏性土具有以下特征:

(1)具有黏性和可塑性。黏粒与水相互作用产生黏结力,表现为土具有黏性和可塑性。黏性的大小取决于两个因素:一是土粒的矿物成分和土粒周围水的成分及所含离子的种类和特征;二是土颗粒的总比表面积的大小。比表面积定义为单位体积或质量的土中,所有土颗粒的表面积和。显然,土的粒度组成中黏粒含量越多,黏性越大。

(2)具有胀缩性。土的体积由于含水量变化而引起变化的性质称为胀缩性。黏性土的胀缩性容易使地基土产生不均匀变形,并使结构物产生附加应力,造成不利影响。

（3）压缩性和抗剪强度与土的含水量有着密切的关系。

（4）具有结构性。鉴于黏性土的这些特征，显然，采用颗粒级配、粒度组成来进行分类已不合理。目前国内外工程界大多根据土的塑性指数 I_p 进行分类，因为塑性指数既能反映影响黏性土基本特征的两个因素又便于测定。关于塑性指数的定义、意义和测定方法在"土力学"有关的书中已有详尽阐述，这里不再赘述。

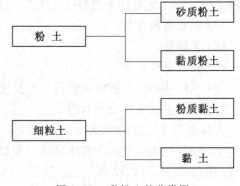

图 1.28　黏性土的分类图

按照塑性指数 I_p 分类时如图 1.28 所示，黏性最大的黏性土称为黏土($I_p > 17$)；黏性中等的称为粉质黏土($10 < I_p \leqslant 17$)。当塑性指数 $I_p \leqslant 10$ 时，某些规范称这类土为砂质黏土。但是由于 $I_p \leqslant 10$ 的土塑限 ω_p 很难准确确定。

1.5　岩体的工程分类

工程实践表明，根据岩体的地质特征和力学性质，可以把自然界的岩体，按照工程建筑的需要归并为若干类别，即进行岩体的工程分类。这样，使归并后的每类岩体，具有某些共同的特点和性质，如同一力学性质、同一稳定程度、同一工程适应性等，以便于工程应用。

现有的岩体分类方案，用于单一目的的岩体分类方案较多。例如，国内外的铁路系统、建筑工程系统、水电系统都制定了一些考虑得比较周到、针对性较强、适用于本系统工程建设需要的分类方案，适用于一般性的工程岩体分类方案则较少。下面分别介绍一些有关的分类。

1.5.1　我国铁路隧道围岩分类

目前，我国铁路隧道采用的围岩分类即《隧规》提出的铁路隧道围岩分类见表 1.12。当用物探法测有弹性纵波速度时，可参照围岩弹性纵波速度测定围岩类别。本分类适用于一般地质情况的隧道，对特殊地质条件的围岩，如膨胀性岩、盐岩、冻土等需另行考虑。围岩分类的主要因素有以下几种：

（1）围岩结构特征和完整状态。围岩结构特征和完整状态是指岩体被各种结构面切割成为单元结构体的特征和块度。结构特征体现岩体的受力特征，完整状态体现岩体在受地壳内力或外力作用下所表现的形态。它们是评价围岩稳定程度最重要的标志，也是本分类中考虑的主要因素。

（2）围岩岩石强度。对于无裂隙或少裂隙具有整体结构的围岩，一般可用岩石试件的抗压极限强度 R_b（或抗剪强度）、点荷载强度($I_{s(50)}$) 表达。

在围岩分类中，只用 R_b 进行分级还不能全面反映岩石的质量特征，如页岩、千枚岩、泥岩、片岩等。虽然新鲜岩石的 R_b 可大于 30 MPa，但在开挖暴露风化后，其强度将急剧降低。为此，除用 R_b 外，还应引入岩性因素，即在判定围岩类别时，必须同时考虑 R_b 和岩性这两个条件。如开挖后很快风化的泥岩，即使 $R_b > 30$ MPa，也应划入软岩类；对 Ⅵ 类可不衬砌、不防护的围岩，在满足结构特征和完整状态的前提下，还必须同时满足 $R_b > 50$ MPa 和属于不易风化的岩石,如石灰岩和其他硅质岩类。

当风化作用使得岩体结构松散、破碎并使岩石强度降低时,应按风化后的状况和强度确定围岩类别。

(3)地下水。地下水对坑道围岩稳定状况的影响主要表现在以下几个方面:

① 降低岩体强度,加速岩体风化,增大坑道围岩的压力和变形。

② 润湿、潜蚀、冲走软弱结构面中的充填物而使软弱结构面软化、摩阻力减小,促使岩块滑动或推移。

③ 在某些地质条件下,如含盐地层、黏土、石膏等,遇水后饱和膨胀而产生膨胀压力;又如某些砂土层,由于孔隙水压力的作用导致砂土液化而向坑道内流动等。

因此,在确定围岩类别时,必须根据地下水状况(水量、水压、流通条件等)及对不同围岩稳定性的影响,采用降级的办法加以处理。降级的原则如下所述:

① 在 Ⅵ 类围岩或属于 Ⅴ 类的硬质岩石中,地下水对其稳定性影响不大,可不考虑降级。

② 在 Ⅳ 类或 Ⅴ 类围岩中的软岩,当地下水影响岩体稳定并产生局部坍塌或软化结构面时,可降低 1 级。

③ 在 Ⅲ 类和 Ⅱ 类围岩中,地下水的影响较大,可降低 1～2 级。

④ 在 Ⅰ 类围岩中,分类表中已考虑了一般含水情况的影响。但对特殊含水地层,如处于饱和状态或具有较大承压水流时,需另作处理。

表 1.12　铁路隧道围岩分类

类别	围岩主要工程地质条件		围岩开挖后的稳定状态(单线)	围岩弹性纵波速度 v_p/(km·s^{-1})
	主要工程地质特征	结构特征和完整状态		
Ⅵ	硬质岩石饱和抗压极限强度 $R_b>60$ MPa;受地质构造影响轻微,节理不发育,无软弱面(或夹层);层状岩层为厚层,层间结合良好	呈巨块状整体结构	围岩稳定,无坍塌,可能产生岩爆	>4.5
Ⅴ	硬质岩石 $R_b>30$ MPa;受地质构造影响较重,节理较发育,有少量软弱面(或夹层)和贯通微张节理,但其产状及组合关系不致产生滑动;层状岩层为中层或厚层,层间结合一般,很少有分离现象;或为硬质岩石偶夹软质岩石	呈大块状砌体结构	暴露时间长,可能会出现局部小坍塌,侧壁稳定,层间结合差的平缓岩层,顶板易塌落	3.5～4.5
	软质岩石 $R_b\approx30$ MPa;受地质构造影响轻微,节理不发育,层状岩层为厚层,层间结合良好	呈巨块状整体结构		
Ⅳ	硬质岩石 $R_b>30$ MPa;受地质构造影响严重,节理发育,有层状软弱面(或夹层),但其产状及组合关系尚不致产生滑动;层状岩层为薄层或中层,层间结合差,多有分离现象;或为硬、软质岩石互层	呈块石碎石状镶嵌结构	拱部无支护时可产生小坍塌,侧壁基本稳定,爆破震动过大易坍塌	2.5～4.0
	软质岩石 $R_b=5$(大于)～30 MPa;受地质构造影响较重,节理较发育,层状岩层为薄层、中层或厚层,层间结合一般	呈大块状砌体结构		

续表 1.12

类别	围岩主要工程地质条件		围岩开挖后的稳定状态(单线)	围岩弹性纵波速度 v_p/(km·s⁻¹)
	主要工程地质特征	结构特征和完整状态		
Ⅲ	硬质岩石 $R_b > 30$ MPa;受地质构造影响严重,节理发育,层状软弱面(或夹层)已基本被破坏	呈碎石状压碎结构	拱部无支护时可产生较大的坍塌,侧壁有时失去稳定	1.5～3.0
	软质岩石 $R_b = 5$(大于)～30 MPa;受地质构造影响严重,节理发育	呈块石碎石状镶嵌结构		
	土:1.略具压密或成岩作用的黏性土及砂类土 2.黄土(Q_1、Q_2) 3.一般钙质、铁质胶结的碎、卵石土、大块石土	1、2 呈大块状压密结构;3 呈巨块状整体结构		
Ⅱ	石质围岩位于挤压强烈的断裂带内,裂隙杂乱,呈石夹土或土夹石状	呈角砾碎石状松散结构	围岩易坍塌,处理不当会出现大坍塌,侧壁经常小坍塌,浅埋时易出现地表下沉(陷)或坍塌至地表	2.5～4.0
	一般第四系的半干硬－硬塑的黏性土及稍湿至潮湿的一般碎、卵石土、圆砾、角砾土及黄土(Q_3、Q_4)	非黏性土呈松散结构,黏性土及黄土呈松软结构		
Ⅰ	石质围岩位于挤压极强烈的断裂带内,呈角砾、砂、泥松软体	呈松软结构	围岩极易坍塌变形,有水时土砂常与水同时涌出,浅埋时易坍塌至地表	2.5～4.0
	软塑状黏性土及潮湿的粉细砂等	黏性土呈易蠕动的松软结构,砂性土呈潮湿的松散结构		

1.5.2　我国其他工程部门关于坑道围岩质量和稳定性的岩体分类

(1)水电系统岩体的工程分类。水电系统采用岩体质量指标(R. M. Q),而主要是用 M 值进行工程分类,即

$$M = \beta S K_y K_p \tag{1.85}$$

式中　β——岩体完整性系数;$\beta = (V_{pm}/V_{pr})^2$;

　　　K_y——岩体风化系数,$K_y = R_d/R_f$;R_d 为风化岩石干燥条件下的单轴抗压强度(MPa);

　　　R_f——新鲜岩石干燥条件下的单轴抗压强度(MPa);

　　　S——岩石质量标准,$S = R_w E_w/(R_s E_s)$,R_w 为完整岩石的饱和单轴抗压强度(MPa);

　　　E_w——完整岩石的饱和弹性模量(MPa);

　　　R_s——规定的软岩的饱和单轴抗压强度(MPa);

E_s—— 规定的软岩的饱和弹性模量（MPa）；

K_P—— 岩体的软化系数，$K_P = R_w/R_f$。

于是，岩体的质量指标为

$$M = (v_{pm}/v_{pr})^2 (R_w E_w/R_s E_s)(R_d/R_f)(R_w/R_f) \tag{1.86}$$

按 M 值可将岩体质量分为 5 类，见表 1.13。

表 1.13　按 M 值的工程分类

岩体质量	好	较好	中等	较坏	坏
M	>12	$12 \sim 2$	$2 \sim 0.12$	$0.12 \sim 0.04$	<0.04

（2）基建工程兵系统的岩体分类。工程兵系统采用岩体稳定性指标（W）进行岩体分类，其公式为

$$W = R_c T_e C S_e \tag{1.87}$$

式中　R_c—— 准围岩抗压强度（MPa），$R_c = R_b \beta$，R_b 为岩石单轴抗压强度；

β—— 岩体完整性系数；

T_e—— 围岩的相对完整性系数，$T_e = \beta/B$，B 为洞室跨度（m）；

C—— 地下水影响系数。当地下水对围岩稳定无影响或无地下水时，$C = 1$；当地下水使裂面软化，但无水压力，$C = 0.5 \sim 0.75$；当地下水使裂面软化，且有水压力时，$C = 0.25 \sim 0.5$；

S_e—— 工程因素，$S_e = l/(B + SH)$，S 为洞室高度影响系数，其取值如下：Ⅰ 类围岩，$S = 0$；Ⅱ 类围岩，$S = 0.25$；Ⅲ 类围岩，$S = 0.5$；Ⅳ 类围岩，$S = 1$；Ⅴ 类围岩，$S = 1.5$。H 为洞室高度。

因此

$$W = R_b \beta^2 C/[B(B + SH)] \tag{1.88}$$

按 W 值将洞室围岩分成 5 类，见表 1.14。

表 1.14　按 W 值的工程分类

围岩稳定性评价	稳定	基本稳定	稳定性较差	不稳定	很不稳定
W	>4	$4 \sim 2$	$2 \sim 1$	$1 \sim 0.5$	<0.5

1.5.3　其他的岩体分类

（1）巴顿的岩体质量指标 Q。巴顿等人于 1974 年，对 700 个隧道实例进行了统计分析后，提出了含有 6 项参数的岩体质量指标 Q，其表达式为

$$Q = \left(\frac{RQD}{J_n}\right)\left(\frac{J_r}{J_d}\right)\left(\frac{J_w}{SRF}\right) \tag{1.89}$$

式中　RQD—— 岩石质量指标；

J_n—— 裂隙组数，取值 $0.5 \sim 20$；

J_r—— 裂面粗糙度，取值 $1 \sim 5$；

J_d—— 裂面风化系数，取值 $0.75 \sim 20$；

J_w——裂隙水折减系数,取值 $0.05 \sim 1$;

SRF——应力折减系数,取值 $2.5 \sim 20$。

根据 Q 值,可将岩体分为 9 类,见表 1.15。

表 1.15 巴顿按岩体质量指标 Q 值的工程分类

岩体质量	特好	极好	良好	好	中等	不良	坏	极坏	特坏
Q	$400 \sim 1\,000$	$100 \sim 400$	$40 \sim 100$	$10 \sim 40$	$4 \sim 10$	$1.0 \sim 4.0$	$0.1 \sim 1.0$	$0.01 \sim 0.1$	$0.001 \sim 0.01$

(2)谷德振的岩体质量分类。谷德振教授在《岩体工程地质力学基础》一书中,建议采用岩体质量系数来评价岩体质量的优劣,即

$$Z = \beta f S \tag{1.90}$$

式中 β——岩体完整性系数,$\beta = \left(\dfrac{v_{pm}}{v_{pr}}\right)^2$;

f——裂面的摩擦系数,$f = \tan \varphi$(φ 为裂面摩擦角);

S——岩石的坚固性系数,$S = R_c/100$,R_c 是岩石单轴饱和抗压强度。

式中的 S 与普氏系数不同,求普氏系数用的 R_c 是单轴抗压强度,而 S 中的 R_c 是饱和单轴抗压强度。根据 Z 值可将岩体分为 5 类,见表 1.16。

表 1.16 谷德振按岩体质量系数 Z 的工程分类

岩体质量	特好	好	一般	坏	极坏
Z	> 4.5	$2.5 \sim 4.5$	$0.3 \sim 2.5$	$0.1 \sim 0.3$	< 0.1

(3)岩体按地质力学的分类。这一分类法(RMR)考虑了 6 种因素,即岩石强度、钻孔岩石质量、地下水条件、裂隙面间距、裂隙特征和裂隙方位,每个因素又根据其特征给出不同岩体的分类指数。各因素的分类指数的总和就是 RMR,再根据 RMR 指数把岩体分为 5 个等级。有关各因素的岩体分类数和岩体工程分类等级的划分见表 1.17 ~ 1.22。

表 1.17 相应于岩石抗压强度的岩体分类指数

钻孔岩芯的点荷载强度 /MPa	> 8	$4 \sim 8$	$2 \sim 4$	$1 \sim 2$	—	—	—
无侧限抗压强度 /MPa	> 200	$100 \sim 200$	$50 \sim 100$	$25 \sim 500$	$10 \sim 25$	$3 \sim 10$	< 3
分类指数	15	12	7	4	2	1	0

表 1.18 相应于钻孔岩芯质量的岩体分类指数

RQD/%	$91 \sim 100$	$76 \sim 90$	$51 \sim 75$	$25 \sim 50$	< 25
分类指数	20	17	13	8	3

表 1.19　相应于影响的裂隙面特征的岩体分类指数

分类指数	25	20	12	6	0
裂隙面特征	有限范围内极粗糙的、表面坚硬的岩壁	较粗糙的表面,裂隙张开度小于 1 mm 的坚硬岩壁	较粗糙的表面,裂隙张开度小于 1 mm 的软弱岩壁	光滑的表面,充填物厚度 1～5 mm 或裂隙张开度 1～5 mm,裂隙延伸超过几米	裂隙张开,充填物大于 5 mm,或裂隙张开大于 5 mm,裂隙延伸超过几米

表 1.20　相应于最有影响的裂隙间距的岩体分类指数

裂隙间距 /m	＞3	1～3	0.3～1	0.005～0.3	＜0.005
分类指数	30	25	20	10	5

表 1.21　相应于地下水条件的岩体分类指数

每 10 m 隧道长度的渗流量 /(L·min^{-1})	根据最大主应力确定的裂隙水压力	对应于前面因素的一般条件	分类指数
无	0	完全干燥	10
25	0～0.2	潮湿的	7
25～125	0.2～0.5	中等压力的水	4
125	0.5	地下水问题严重	0

表 1.22　相应于裂隙方位(RMR)的修正值

裂隙方位对于工程影响的评价	很有利	有利	一般	不利	很不利
对于隧道的修正系数	0	-2	-5	-10	-12
对于基础的修正系数	0	-2	-7	-15	-25

根据以上 6 个表的分类指数总和(即 RMR 指数),可将岩体分成 5 级,见表 1.23。

表 1.23　根据 RMR 的岩体工程分类

岩体分类等级	I	II	III	IV	V
岩体质量描述	非常好	好	一般	差	非常差
RMR 指数	81～100	61～80	41～60	21～40	0～20

1.5.4　岩体按结构类型分类

岩体内存在一定的地质结构,若按结构类型分类,应符合表 1.24 的规定。岩层层厚分类见表 1.25。对于岩体整体性,用岩体完整性指数 β,并按表 1.26 进行划分。

表 1.24　岩体按结构类型分类

名称	地质体类型	主要结构体形状	结构面发育情况	岩体工程特征	可能发生的岩体工程问题
巨块状整体结构	均质、巨块状岩浆岩、变质岩、巨厚状的沉积岩、正变质岩	巨块状巨厚层状	以原生构造节理为主，多呈闭合型，结构面间距大于 1 m。一般不超过 1～2 组，无危险结构面组成的落石掉块	整体性强度高，岩体稳定，可视为整体	不稳定结构体的局部滑动或坍塌，深埋洞室发生岩爆
块状结构	厚层状沉积岩、正变质岩、块状岩浆岩、变质岩	厚层状块状柱状	只具有少量贯穿性较好的节理裂隙，结构面间距多数大于 0.4 m，一般为 2～4 组，有少量分离体	整体强度较高，结构面互相牵制，岩体基本稳定，接近弹性各向同性体	
层状结构	多韵律的薄层及中厚层状沉积岩、副变质岩	层状板状透镜体	有层理、片理、节理，常有层间错动面，结构面间距一般为 0.2～0.4 m，一般为 3 组	接近均一的各向异性体，其变形和强度特征受层面及岩层组合控制，可视为弹塑性介质，稳定性较差	不稳定结构体可能产生滑塌，特别是岩层的弯张破坏及软弱岩层的塑性变形
碎裂状结构	构造影响严重的破碎岩层	碎石角砾石	断层、断层破碎带、片理、层理及层间结构面较发育，结构面间距小于 0.2 m，一般在 3 组以上，由多分离体组成	完整性破坏较大，整体强度很低，并受断裂等结构面控制，多呈弹塑性介质，稳定性很差	易引起规模较大的岩体失稳，地下水加剧岩体失稳
散体状结构	构造影响很严重的断层破碎带、风化严重带、风化极严重带	碎屑状颗粒状	断层破碎带交叉，构造及风化裂隙密集，结构面及组合错综复杂，并多充填黏性土，形成许多大小不一的分离岩块	完整性遭到很大破坏，稳定性极差，岩体属性接近松散体介质	易引起规模较大的岩体失稳，地下水加剧岩体失稳

表 1.25　岩层层厚的分类

名　　称	巨厚层	厚　层	中厚层	薄　层
层厚 h/m	$h > 1.0$	$1.0 \geqslant h > 0.5$	$0.5 \geqslant h > 0.1$	$h \leqslant 0.1$

表 1.26　　岩体完整程度的分类

名　称	结构面特征	结构类型	岩体完整性指标 β
完　整	1～2 组，结构面以构造型节理或层面为主，密闭型	巨块状整体结构	$\beta > 0.75$
较完整	2～3 组，结构面以构造型节理、层面为主，裂隙多呈密闭型，部分为微张型，少有充填物	块状结构	$0.75 \geqslant \beta > 0.55$
较破碎	一般为 3 组，结构面以节理及风化裂隙为主，在断层附近受构造作用影响较大，裂隙宽度以微张型和张开型为主，多有充填物	层状、块、碎石结构	$0.55 \geqslant \beta > 0.35$
破　碎	大于 3 组，结构面多以风化型裂隙为主，在断层附近受构造作用影响较大，裂隙宽度以张开型为主，多有充填物	碎裂状结构	$0.35 \geqslant \beta > 0.15$
极破碎	结构面杂乱无序，在断层附近受断层作用影响较大，宽张裂隙全为泥质或泥夹岩屑充填，充填物厚度大	散体状结构	$\beta \leqslant 0.15$

本章小结

　　无论从设计、施工或病害工程整治，要想合理地解决岩土工程问题，首先必须了解决定岩体和土体性质的参数，并能正确地选择各参数值。本章阐述的有关参数的确定，对工程技术人员或科研人员都是有用的，且十分必要。岩体地应力的测试为本章的第 2 部分内容，对工程设计和施工有重要意义，这部分内容较多，所涉及的数学和力学理论较深，不同层次的阅读者在掌握基本原理的基础上，能达到学以致用的目的就可以了，并不在理论深度上做过多的要求。至于第 3 部分岩体和土体的分类，重点介绍了岩体的分类，在应用时要根据各工程的具体情况和需要，选择合适的分类方法，以便运用相关的规范。

复习思考题

　　1. 影响土的工程性质的主要因素有哪些？

　　2. 无黏性土的分类指标是什么？为什么？

　　3. 黏性土的分类指标是什么？为什么？

　　4. 在实验室内用岩块试件测得的岩石强度为什么不能视为现场岩体强度？

　　5. 岩体弹性模量 E_e 和变形模量 E_0 的主要差别是什么？

　　6. 岩体的 5 项物理指标集中体现了岩体的哪些工程地质特征？

　　7. 应力解除法测岩体地应力的原理是什么？

　　8. 用孔径变形法测岩体中的三维地应力时，为什么要采用三孔交汇法？

　　9. 测岩体地应力的孔径变形法和孔壁应变法有何异同点？

　　10. 简述水压致裂法测岩体地应力的基本原理。

11.为什么要进行岩体工程分类?

习　题

1.1　从地层某黏土层中取出饱和试样在室内进行有侧限压缩试验,在荷载增量段为 0～4.905 N/m² 的第一次加压后,测得土的压缩量随时间变化过程如图所示。已知试样初始厚度为 2 cm,双面排水,求该黏土的固结系数 C_v 和渗透系数 k 值。

$\left(k = \dfrac{C_v a_v}{1 + e_1}\gamma_w = \dfrac{C_v \Delta S}{\Delta p 2H}\gamma_w\right)$（用 $\lg t$ 法求得 $C_v = 3.982 \times 10^3$ cm²/y,$k = 9.48 \times 10^{-1}$ cm/y,用 $\sqrt{t}$ 法求得 $C_v = 3.93 \times 10^3$ cm²/y,$k = 9.35 \times 10^{-1}$ cm/y）。

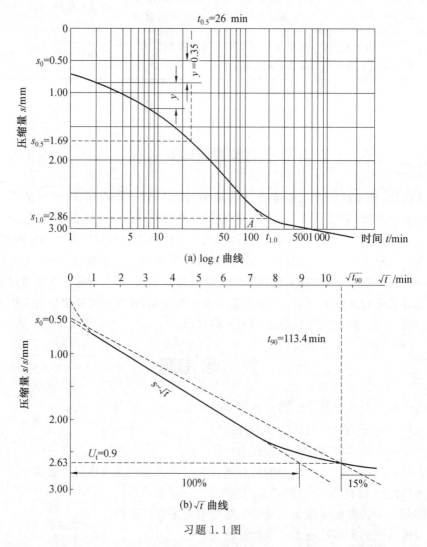

习题 1.1 图

1.2　某工点岩体主要是白云质灰岩,实验室测得岩块单轴抗压强度 $\sigma_c = 31$ MPa,纵波波速为 $v_{pr} = 3\,815$ m/s,现场测得纵波波速为 $v_{pm} = 3\,216$ m/s。求现场岩体的单轴抗压强度 R_c。

1.3　由某工程采集的岩样进行常规三轴抗压试验,结果见下表:

围压 p/MPa	1	3	5	7	9
强度 σ_1/MPa	7.51	16.31	25.50	33.15	42.26

已测得岩体强度折减系数 $\beta=0.61$，求岩体单轴抗压强度 R_c 和围压为 3.15 MPa 时的抗压强度和抗剪强度。

1.4　现场测得岩体纵波波速 $v_{pm}=4\,167$ m/s，岩体密度 $\rho=2\,445$ kg/m^3，室内测得岩块试件纵波波速 $v_{pr}=3\,536$ m/s。求这种岩体的静力弹性模量 E_e。

1.5　某工程用孔径变形法测岩体地应力，3 个直径方向的测点 U_1、U_2、U_3 互成 60°。其中 U_1 和水平方向 x 的夹角为 50°。已测得 $U_1=0.240$ mm，$U_2=0.492$ mm，$U_3=0.392$ mm。按平面应力考虑，$E=0.83\times10^4$ MPa，$d=36$ mm，求测点处与孔轴线垂直的平面 oxy 内的应力 σ_x、σ_y、τ_{xy}。

第2章 岩土工程勘察

勘察、设计和施工是我国工程基本建设的3个主要程序。勘察工作必须走在设计和施工之前,为设计和施工服务,为工程基本建设的全过程服务,只有准确的勘察资料,才可能有正确的设计和施工。

勘察工作不仅要完成工程地质勘察,即反映和提供场地的地质资料和地基土的工程性质,还要参与岩土工程问题的具体评价和制定方案,确保工程质量,提高经济效益和社会效益。

我国公路、铁路、工业与民用建筑等部门对各自工程的勘察工作,随着建筑物自身条件和所处外部环境的不同,各有特殊的要求,但总体思路是大同小异的。本章将以《岩土工程勘察规范》(GBJ50021-2001)为主,并参考朱小林、杨桂林编著的《土体工程》一书,介绍岩土工程勘察的任务、程序、阶段和主要工作等内容,以便读者了解岩土工程勘察的基本知识。

2.1 岩土工程勘察的基本任务

通过工程地质调查与测绘、勘探与岩土取样、原位测试、室内试验和岩土工程监测等工作,岩土工程勘察将完成以下任务:

(1)场地稳定性的评价。对若干可能的建筑场地或建筑场地不同地段的建筑适宜性进行技术论证,对公路和铁路的线路方案、工程地质和水文地质条件进行可行性分析。

(2)为岩土工程设计提供场地地层及地下水分布的几何参数和岩土体工程性状参数。

(3)对岩土工程施工过程中可能出现的各种岩土工程问题(如开挖、降水、沉桩等)作出预测,并提出相应的防治措施和合理化施工建议。

(4)对建筑地基进行岩土工程评价,对基础方案、岩土加固与改良方案或其他人工地基设计方案进行论证并提出建议,根据设计意图监督地基施工质量。

(5)预测由于场地及邻近地区自然环境的变化对建筑场地可能造成的影响,以及工程本身对场地环境可能产生的变化及对工程的影响。

(6)为现有工程安全性的评定、拟建工程对现有工程的影响和工程事故的调查分析提供依据。

(7)指导岩土工程在运营和使用期间的长期观测,如建筑物的沉降和变形观测等工作。

2.2 岩土工程勘察的基本程序

根据政府或相关部门的批文,按规划或设计部门所定的拟建工程地点或路线的必经点(县、市或特殊地点),对可能的线路方案进行岩土工程勘察工作,其基本程序如下:

(1)通过调查、搜集资料、现场踏勘或工程地质测绘,初步了解场地的工程地质条件、不良地质现象及其他主要问题。

(2)针对工程的特点,结合场地的工程地质条件,推测工程中可能出现的具体岩土工程问题(可采用分析原理或计算模式),以及所需提供的岩土技术参数。

(3)有针对性地制定岩土工程勘察纲要,选择有效的勘探测试手段,积极采用新技术和综合测试方法,计算合理的工作量,获得所需的岩土技术参数。

(4)确定岩土参数的最佳估值。通过岩土的室内或现场测试,依据场地的地质条件,考虑到岩土材料的不均匀性、各向异性和随时间的变化,评估岩土参数的不确定性,比较工程中岩土体工程性状与室内、现场测试的岩土体工程性状间的关系,用统计分析方法,确定岩土参数的最佳估值。当岩土参数有较大不确定性时,建议的设计岩土参数尤应慎重,必要时可通过原型试验或现场监测检验,修正设计参数。

(5)根据所建议的岩土设计参数和工程经验的判断,对特定的岩土工程问题进行分析评价,对设计和施工的主要的技术要求提出建议,并提出改良和防治的方案。

(6)对重要工程进行岩土施工的监理,检查施工质量,使其符合设计意图,或根据现场实际情况的变化,对设计提出修改意见。这里所讲的监理并非指工程建设项目实施阶段的施工监理,即建设监理,而是指重要工程中由勘察单位对其岩土工程问题所实施的监理,其目的是使工程建设中岩土工程问题的勘察、设计、处理和监测密切结合,成为一体化的专业体制,即岩土工程体制,使其服务于工程建设的全过程。

(7)在岩土工程运营使用期限内进行长期观测(如建筑物的沉降、变形观测),用工程实践检验岩土工程勘察的质量,积累地区性经验,提高岩土工程勘察水平。

可见,岩土工程勘察工作不仅在设计、施工前进行,而且在施工过程中,甚至延续到工程竣工后的长期观测,把勘察、设计、施工分开,各管一段的想法是有缺陷的。这里也对岩土专业工程师提出了拓宽专业理论、丰富实践经验的要求,只有懂得该工程建筑物的功能和工作特点,熟悉施工工艺,才能出色地完成岩土工程勘察任务。

2.3　岩土工程勘察的分级

岩土工程勘察的分级应根据岩土工程的安全等级、场地的复杂程度和地基的复杂程度来划分。不同等级的岩土工程勘察,因其复杂难易程度的不同,勘探测试、分析计算评价、施工监测控制等工作的规模、工作量、工作深度质量也相应有不同的要求。

2.3.1　岩土工程的安全等级

根据工程破坏后果的严重性,如危及人的生命、造成的经济损失、产生的社会影响和修复的可能性,岩土工程的安全等级按表 2.1 分为 3 个等级。

表 2.1　岩土工程的安全等级

安全等级	破坏后果	工程类别
一级	很严重	重要工程
二级	严　重	一般工程
三级	不严重	次要工程

对于房屋建筑物和构筑物而言,属于重要的工业与民用建筑物、20 层以上的高层建筑、建

筑形式复杂的 14 层以上的高层建筑、对地基变形有特殊要求的建筑物、单桩承受荷载在 4 000 kN 以上的建筑物等,其安全等级均划为一级;一般工业与民用建筑划为二级;次要建筑物划为三级。划为一级的其他岩土工程有:有特殊要求的深基开挖及深层支护工程;有强烈地下水运动干扰的大型深基开挖工程;有特殊工艺要求的超精密设备基础、超高压机器基础;大型竖井、巷道、平洞、隧道、地下铁道、地下洞室、地下储库等地下工程;深埋管线、涵道、核废料深埋工程;深沉井、沉箱;大型桥梁、架空索道、高填路堤、高坝等工程。划为二级的其他岩土工程有:大型剧院、体育场、医院、学校、大型饭店等公共建筑;有特殊要求的公共厂房、纪念性或艺术性建筑物等。不属于一、二级岩土工程的其他工程划为三级岩土工程。

2.3.2 场地复杂程度分级

场地条件按其复杂程度分为一级(复杂的)、二级(中等复杂的)、三级(简单的)场地 3 个级别。

(1)一级场地。抗震设防烈度大于或等于 9 度的强震区,需要详细判定有无大面积地震液化、地表断裂、崩塌错落、地震滑移及产生其他异常高震害的可能性;存在其他强烈动力作用的地区,如泥石流沟谷、雪崩、岩溶、滑坡、潜蚀、冲刷、融冻等地区;地下环境已遭受或可能遭受强烈破坏的场地,如过量地采取地下油、地下气、地下水,而形成大面积地面沉降,地下采空区引起地表塌陷等;大角度顺层倾斜场地、断裂破碎带场地;地形起伏大、地貌单元多的场地。

(2)二级场地。抗震设防烈度为 7~8 度的地区,且需进行小区划的场地;不良动力地质作用一般发生的地区;地质环境已受到或可能受到一般破坏的场地;地形地貌较复杂的场地。

(3)三级场地。抗震设防烈度小于或等于 6 度的场地,或对建筑抗震有利的地段;无不良动力地质作用的场地;防震环境基本未受破坏的场地;地形较为平坦、地貌单元单一的场地。

2.3.3 地基复杂程度分级

地基条件亦按其复杂程度分为一级(复杂的)、二级(中等复杂的)、三级(简单的)地基 3 个级别。

(1)一级地基。一级地基岩土类型多,性质变化大,地下水对工程影响大,需特殊处理的地基;极不稳定的特殊岩土组成的地基,如强烈季节性冻土、强烈湿陷性土、强烈盐渍土、强烈膨胀岩土、严重污染土等。

(2)二级地基。二级地基岩土类型较多,性质变化较大,地下水对工程有不利影响;需进行专门分析研究,可按专门规范或借鉴成功建筑经验的特殊性岩土。

(3)三级地基。三级地基岩土类型单一,性质变化不大或均一,地下水对工程无影响;虽属特殊性岩土,但邻近即有地基资料可利用或借鉴,不需进行地基处理。

2.3.4 岩土工程的勘察等级

根据岩土安全等级、场地等级和地基等级,按表 2.2 对岩土工程勘察划分等级。

由表 2.2 可以看出,勘察等级是工程安全等级、场地等级和地基等级的综合表现。如一级勘察等级,当工程安全等级为一级时,场地等级和地基等级均可任意;还可看出,勘察等级均等于或高于工程安全等级,如二级勘察等级,其工程安全等级可为二级或三级,高于安全等级的原因,则是考虑场地等级或地基等级只要有一个是一级或两者均为二级即可。这些结论正是综合考虑上述 3 个因素的结果。

表 2.2　岩土工程勘察等级划分

勘察等级	确定勘察等级的条件		
	工程安全等级	场地等级	地基等级
一　级	一　级	任　意	任　意
	二　级	一　级	任　意
		任　意	一　级
二　级	二　级	二　级	二级或三级
		三　级	二　级
	三　级	一　级	任　意
		任　意	一　级
		二　级	二　级
三　级	二　级	三　级	三　级
	三　级	二　级	三　级
		三　级	二级或三级

(1)对于一级岩土工程勘察,由于结构复杂、荷载大、要求特殊,或具有复杂的场地和地基条件,设计计算需采用复杂的计算理论和方法,采用复杂的岩土本构关系,考虑岩土与结构的共同作用,故必须由具有丰富工程经验的工程师参加;岩土工程勘察除进行常规的室内试验外,还要进行专门的测试项目和方法,以获取非常规的计算参数;为保证工程质量,常采用多种手段进行测试,以便进行综合分析,并进行原型试验和工程监测,以便相互检验。

(2)对于二级岩土工程勘察,其岩土工程为常规结构物,基础为标准型式,采用常规的设计与施工方法;需要定量的岩土工程勘察,常由具有相当经验和资历的工程师参加,采用常规的室内试验和原位测试方法,即可获得地基的有关指标参数;有时也可能要进行某些特殊的测试项目。

(3)对于三级岩土工程勘察,因结构物为小型的或简单的,或场地稳定,地基具有足够的承载力,故只需通过经验与定性的岩土工程勘察,就能满足设计和施工要求,设计采用简单的计算模式。

2.4　岩土工程勘察的阶段

岩土工程勘察阶段应与设计阶段相适应,不同勘察阶段所要侧重解决的问题不同。岩土工程勘察阶段按先后顺序分为可行性研究勘察(简称选址勘察)、初步勘察(简称初勘)、详细勘察(简称详勘)和施工勘察。当场地条件简单或已有充分的工程地质资料和工程经验时,可以简化勘察手段,跳过选址勘察,有时甚至将初堪和详勘合并为一次性勘察。

2.4.1 选址勘察

选址勘察的目的是为了得到若干个可选场址方案的勘察资料。其主要任务是对拟选场址的场地稳定性和建筑适宜性作出评价,以便选出最佳的场址方案。所用的手段主要侧重于搜集和分析已有资料,并在此基础上,对重点工程或关键部位进行现场勘察,了解场地的地层、岩性、地质结构、地下水及不良地质现象等工程地质条件,对倾向于选取的场地,如果工程地质资料不能满足要求时,可进行工程地质测绘及少量的勘探工作。

2.4.2 初步勘察

初勘是在选址勘察的基础上,在初步选定的场地上进行的勘察,其任务是满足初步设计的要求。初步设计内容一般包括:指导思想、建设规模、产品方案、总平面布置、主要建筑物的地基基础方案、对不良地质条件的防治工作方案。初勘阶段也应搜集已有资料,在工程地质测绘与调查的基础上,根据需要和场地条件,进行有关勘探和测试工作,地形的初步总平面布置图是开展勘察工作的基本条件。

初勘应初步查明:建筑地段的主要地层分布、年代、成因类型、岩性、岩土的力学性质,对于复杂场地,因成因类型较多,必要时应进行工程地质分区和分带(或分段),使利于设计确定总平面布置;场地不良地质现象的成因、分布范围、性质、发生发展的规律及对工程的危害程度,并提出整治措施的建议;地下水类型、埋藏条件、补给径流排泄条件,可能的变化及侵蚀性;场地地震效应及构造断裂对场地稳定性的影响。

2.4.3 详细勘察

经过选址和初勘后,场地稳定性问题已解决,为满足初步设计所需的工程地质资料亦已基本查明。详堪的任务是针对具体建筑地段的地质地基问题所进行的勘察,以便为施工图设计阶段和合理的选择施工方法提供依据,为不良地质现象的整治设计提供依据。对工业与民用建筑而言,在本勘察阶段工作进行之前,应附有坐标及地形等高线的建筑总平面布置图,并标明各建筑物的室内外地坪高程、上部结构特点、基础类型、所拟尺寸、埋置深度、基底荷载、荷载分布、地下设施等。详勘主要以勘探、室内试验和原位测试为主。

2.4.4 施工勘察

施工勘察指的是直接为施工服务的各项勘察工作。它不仅包括施工阶段所进行的勘察工作,也包括在施工完成后可能要进行的勘察工作(如检验地基加固的效果)。但并非所有的工程都要进行施工勘察,仅在下面几种情况下才需进行:对重要建筑的复杂地基,需在开挖基槽后进行验槽;开挖基槽后,地质条件与原勘察报告不符;深基坑施工需进行测试工作;研究地基加固处理方案;地基中溶洞或土洞较发达;施工中出现斜坡失稳,需进行观测及处理。

以上说明了各勘察阶段所要侧重解决的问题。总的说来,场地稳定性是选址阶段所要侧重解决的问题,场地工程地质条件的均匀性是初勘阶段的重点,具体建筑地段的评价和选择施工方法是详勘的重点,后一勘察阶段总是在前面勘察阶段工作的基础上进行的。

2.5　岩土工程勘察的主要工作

岩土工程勘察包括如下几项主要工作。

2.5.1　勘察纲要

勘察纲要是勘察工作的设计书,是开展勘察工作的计划和指导性文件。

在勘察工作开始以前,由设计单位会同建设单位提出"勘察任务书",其中应说明工程的意图、设计阶段、要求提出的勘察资料内容,并提供为勘察工作所必需的各种图表资料(场地地形图、建筑物平面布置图、建筑物结构类型与荷载情况表等)。勘察单位即以此为依据,搜集场地范围附近的已有地质、地震、水文、气象及当地的建筑经验等资料,由该项勘察工作的工程负责人负责编写勘察纲要,经领导审核批准后,进行勘察工作。

勘察纲要的内容取决于设计阶段、工程重要性和场地的地质条件,其基本内容有以下几个方面:

(1)工程名称、建设单位及建设地点。

(2)勘察阶段及勘察的目的和任务。

(3)建筑场地自然条件及研究程度的简要说明。

(4)勘察工作的方法和工作量布置,包括尚需搜集的各种资料文献、工程地质测绘、勘探、原位测试、土和水分析,各种长期观测及需总结的项目的内容、方法、数量,以及对各项工作的要求。

(5)资料整理及报告书编写的内容要求。

(6)勘察工作进行中可能遇到的问题及采取的相应措施。

(7)附件,包括工程地质勘察技术要求表、勘探试验点布置图及勘察工作进度计划表等。

2.5.2　工程地质测绘与调查

地质条件复杂或有特殊要求的工程项目,在选址或初勘阶段,应先进行工程地质测绘与调查,其目的在于查明拟建场地的地形地貌、地层岩性、地质构造、水文地质条件、物理地质现象及工程活动对场地稳定性的影响等,为确定勘探、测试工作及对场地进行工程地质分区与评价提供依据。

测绘范围包括场地内外和研究内容有联系的地段。对工业与民用建筑,测绘范围应包括建筑场地及邻近地段;对于渠道和各种线路建设,测绘范围应包括线路及轴线(或中线)两侧一定宽度的地带;对于洞室工程,应包括洞室本身、进洞山体及外围地段。对复杂场地,应考虑不良地质现象可能影响的范围,例如拟建在靠近斜坡地段的建筑物,测绘范围应包括邻近斜坡可能产生滑坡的影响地带;对于泥石流,不仅要研究与工程建设有关的堆积区,而且要研究补给区(形成区)和通过区的地质条件。

测绘方法常用的有路线穿越法、界线追索法和布点法。

(1)路线穿越法是沿着与地层的走向、构造线方向及地貌单元相垂直的方向,穿越测绘场地,详细观察沿线的地质情况,并将观察到的地质情况标示在地形图上。

(2)界线追索法是一种辅助方法,是沿地层走向或某一构造线方向追索,以查明其接触关系。

(3)布点法是在上述方法工作的基础上,对某些具有特殊意义的研究内容布置一定数量的观察点,逐步观察。

上述 3 种方法都需设立观察点来观察地质现象。因此,确定观察点的位置是个关键,通常将观察点定在不同岩层的接触处,不同地貌单元及微地貌的分界处,地质构造或物理地质现象地段,以及对工程性质有重要意义的地方。

测绘的比例尺:选址阶段应不小于 1∶50 000;初勘阶段可选用 1∶5 000～1∶2 000;详勘阶段可选用 1∶1 000～1∶500。测绘精度:要求地质界线在图上的最大误差不超过 5 mm;与工程设计有关部位不超过 3 mm。

2.5.3　勘探工作

工程地质测绘只能查明地表露出的现象,对于地下深部的地质情况需靠勘探来解决,但勘探点的布置又需要在测绘的基础上予以确定。通过勘探可查明场地内地层的分布和变化,并鉴别和划分地层;了解基岩的埋藏深度和风化层的厚度;探查岩溶、断裂、破碎带、滑动面的位置和分布范围等。

勘探包括掘探(探井或探槽)、钻探、触探和物探等 4 大类。

1. 掘探

探井常根据开口形状分为圆形、椭圆形、方形和长方形几种,其截面有 1 m×1 m、1 m×1.2 m 和 1.5 m×1.5 m 等不同尺寸,挖掘硬土层时用较小的尺寸,松土层时用较大的尺寸,当土层松软易坍塌时,必须支护井壁,确保施工安全。

在挖掘过程中,必须随时记录和描述,并绘制探井展开图。其内容包括:探井编号、位置、标高、尺寸、深度;井壁加固情况;地下水的初见水位和稳定水位;岩土的名称、颜色、粒度、包含物、湿度、密度和状态;土层厚度及产状。

探槽适用于了解地质构造线、断裂破碎带的宽度、地层和岩性分界线、岩脉宽度及延伸方向等,一般在覆土厚度小于 3 m 时使用。

2. 钻探

在工程地质勘探中,钻探是目前最常用、最广泛、最有效的一种勘探手段。利用钻探设备,在地壳中钻进直径小(如浅孔钻钻孔直径小于 325 mm)、深度大(浅孔钻深度可达 100 m),称为"钻孔"的圆柱形空间,从钻孔中取出岩土试样,以测定岩土物理力学性质指标,鉴别和划分地层。

在掘探和钻探过程中,不仅可取岩芯和地下水试样,进行室内土、水分析试验,还可利用这些坑孔进行原位试验或长期观测,如在孔内进行十字板剪切试验或地下水位长期观测,在坑内进行载荷试验等。

3. 触探

触探可分为静力触探和动力触探,它既是一种勘探方法,又是一种测试手段,它还可以确定地基土的力学性质、天然地基和桩基的承载力。

4. 物探

物探是根据各种岩土不同的物理性能,对岩土层进行研究,以解决某些地质问题的一种勘探方法,同时,也是一种测试手段。例如,电法勘探是以不同岩土具有不同的电学性质为基础的一种勘探方法;地震勘探则是利用振动方法使地基土产生振动,根据土的振动原理来勘探地基土的力学性质。国内目前使用的其他物探方法有磁法勘探、孔内无线电波透射法和超声波波速法等。

我国用物探方法在解决下述工程地质问题方面取得了较好的效果:查明地层界线及在水平和垂直方向的分布及变化;查明基岩的埋藏深度和风化层的厚度;探查岩溶、断裂破碎带的分布和发展规律;测定地基土的动力特性;查明地下水的水位、流速和流向等。

2.5.4　测试工作

测试工作包括室内试验和现场原位试验。前者有室内的土工试验和水分析试验;后者包括载荷试验、十字板剪切试验、大型直剪和水平推剪试验、地基土动力参数测定、桩基承载力测定和抽水试验等。通过测试,为设计和施工提供所需计算指标。

2.5.5　长期观测工作

勘察中的长期观测工作主要指建筑物的沉降观测、滑坡的位移观测和地下水的动态观测。这 3 个问题的研究,往往需要较长的时间,不是一般工程勘察周期内能完成的。长期观测所得到符合客观规律的资料,一方面可用于设计和施工,另一方面也可检验一般测试资料及对工程问题的计算和评价的适用性,以便总结经验,不断提高勘察工作水平。

2.5.6　岩土工程分析评价与成果报告

岩土工程勘察的成果应编写成一份岩土工程报告,这是一份十分重要的文件,它不仅是全体勘察人员劳动的结晶,而且对设计、施工、工期、质量和投资起着至关重要的作用。岩土工程报告通常由 3 部分组成:

(1)岩土工程资料包括室内试验、野外勘探工作的方法和工作量。

(2)岩土工程资料的评价应评价岩土参数的变异性、可靠性和适用性。对不同测试手段所得的成果进行比较分析,应指出不合格的、不相关的、不充分的或不准确的数据,凡有矛盾的测试结果均应仔细分析,以便确定是错误的还是反映真实情况的。

(3)结论和建议包括对岩土工程主要问题的评述;地层变化情况以及岩土工程参数的选择;最简便、廉价的基础方案建议;对施工时可能出现的问题进行预防或提出解决措施。

2.6　岩土工程勘察与测试方法

岩土工程勘察与测试方法很多,现将工程中常用的方法分述如下。

2.6.1　钻探法

用各种钻探工具钻入地基中分层取土进行鉴别、描述和测试的方法称为钻探法,这是世界各国广泛使用的传统方法。以下分别叙述机钻、手钻和原状取土器的型号、性能及用途。

1. 机钻

(1)钻进方法。钻进方法分回转、冲击、振动与静压 4 种。根据不同地层类别、土质条件和勘察要求,选用相应的钻进方式。例如,北京地区土质较好,多用冲击式;上海、天津等软土地区多用回转式或静压式;砂土地区可用振动式。详见表 2.3。

表 2.3　钻探方法的适用范围

钻探方法		钻　进　地　层					勘　察　要　求	
		黏性土	粉土	砂土	碎石土	岩石	直观鉴别、采取不扰动试样	直观鉴别、采取扰动试样
回转	螺旋钻探	++	+	+	—	—	++	++
	无岩芯钻探	++	++	++	+	++	—	—
	岩芯钻探	++	++	++	+	++	++	++
冲击	冲击钻探	—	+	++	++	—	—	—
	锤击钻探	++	++	++	+	—	+	++
振动钻探		++	++	++	+	—	+	++
冲洗钻探		+	++	++	—	—	—	—

注:++适用,+部分适用,—不适用。

(2)钻机类型。钻机类型很多,现介绍几种常用钻机,包括型号、钻进方式、钻孔直径、动力大小与适用土层,详见表 2.4。

表 2.4　几种常用钻机的性能

钻机类型(深度)	钻进方式	钻孔直径/mm	钻杆直径/mm	动力/kW	适用土层	生产厂家
SH－30－2A	回转、冲击	114,127	42	4.41	黏性土、砂、卵石	无锡探矿机械厂
CH－50	回转、冲击	89,146	42	8.83	第四纪土,岩石	
DDP－100 车装立轴转盘式	回转、冲击	150,200	50	66.20	各类地层	北京探矿机械厂
XU－100 立轴油压岩芯钻	回转	75,110	42	7.36	漂石、岩石	北京探矿机械厂
ZK－50 液压	回转、冲击 振动、液压	150	42		黏性土、砂土、碎石土、风化岩	陕西省综合勘察院

根据工程实践经验,由无锡探矿机械厂生产的 SH－30－2A 型钻机如图 2.1 所示,机械性能好,柴油机与电动机两用,回转、冲击两用,可钻深 30 m,能满足一般多层与高层建筑勘察要求,且不易损坏。

采取原状土样的钻孔,孔径应比使用的取土器外径大一个径级。

2. 手钻

(1)适用范围。手钻勘探浅部土层,通常为 6 m 左右,适用于小型工程或中型工程的探查孔。

(2)设备。手钻设备有麻花钻、勺形钻、洛阳铲与北京铲等。麻花钻钻进时将土的结构破坏,可用于分层定名或做旁压试验成孔用。勺形钻适用软土,钻进后提钻时不会将软土滑落。

洛阳铲最初由河南省洛阳制作,用来探测黄河大堤被动物打洞的隐患,后用于当地探测墓穴。洛阳铲的构造:下端为半圆形的钢铲头,底部为刀刃,上部装木杆,长 5.0 m,在均匀稍湿的黏性土中,一人操作,每小时可钻孔 5~6 m 深。北京地区地表普遍存在建筑垃圾,洛阳铲无能为力,后经改进,钢铲头由半圆形改为圆筒形加一窗口并设一开口缝,同时用铝合金空心杆代替木杆,称为北京铲,如图 2.2 所示。北京铲铲头可以打碎砖块、穿透杂填土层。铝合金钻杆轻质高强,且可用钢螺纹接头接长,性能好,效率高,通常 2 人操作,一天可钻 4~6 个 5~6 m 深钻孔。若勘察场地遇大树、旧房未拆、上空有高压线等障碍物时,机钻无法使用,北京铲则显出其轻巧灵便的优越性。而且北京铲钻孔可以进行轻型触探,由国家规范查得地基承载力数值。勘察规范要求:为鉴别和划分地层,终孔直径不宜小于 33 mm,北京铲钻孔直径为70 mm,满足规范要求。

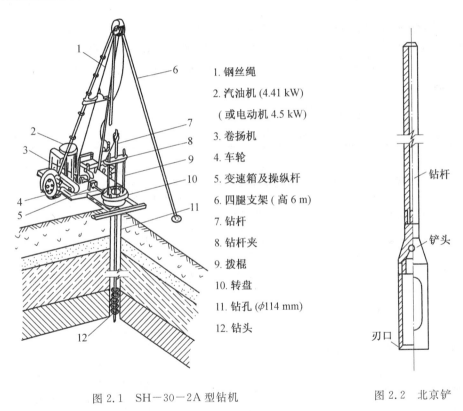

1. 钢丝绳
2. 汽油机 (4.41 kW)
   (或电动机 4.5 kW)
3. 卷扬机
4. 车轮
5. 变速箱及操纵杆
6. 四腿支架 (高 6 m)
7. 钻杆
8. 钻杆夹
9. 拨棍
10. 转盘
11. 钻孔 (ϕ114 mm)
12. 钻头

图 2.1　SH－30－2A 型钻机　　　　　　图 2.2　北京铲

3. 原状取土器

为了研究地基土的工程性质,需要从钻孔中取原状土样,送到实验室进行土的各项物理力学性能试验。试验数据是否可靠,关键一环是试验的土样能否保持原状结构、密度与含水量。

(1)取土器类型系列。

①软土取土器,适用于软土、饱和砂土、粉土和饱和黄土。

②一般黏性土取土器,适用于软土、可塑、硬塑黏性土和老黄土,如图 2.3 所示。

③黄土取土器,适用于湿陷性黄土和新近堆积黄土。

(2)取土器尺寸系列。取样器内径不小于 100 mm,用于固结试验的环刀内径为 79.8 mm(50 cm² 面积);取样器内径不小于 80 mm,用于固结试验的环刀内径为 61.8 mm(30 cm² 面积）。黄土取样器内径定为 120 mm。土样有效长度按试验项目选定,固结试验用土样长 150 mm;直剪试验用土样长 200 mm;软土为主的三轴压缩试验土样长 300 mm。黄土土样长定为 150 mm。

(3)取土器的结构特征。取土筒可采用对开筒式和圆筒推出式。重大工程尽量使用活塞薄壁取土器(软土)和三重管取土器(坚硬土)。

(4)取土技术。为取到高质量的不扰动土,要采用一套正确的取土技术:

①钻进方法,软土最好采用泥浆循环回转法;可塑—坚硬的黏性土,如采用冲击法时,取土前的钻进进尺不得超过 0.3 m。黄土取土前必须清孔。

②取土方法,压入法优于击入法,击入法应用重锤少击法取样,黄土用快速压入法或重锤一击法。

③包装和保存,使用镀锌铁皮衬筒装样时,两端加盖不允许压迫土柱,腊封要全面保证质量,避免日晒,注意防冻,包装使用的专用土样箱要卡紧、防震。对一些软土、饱和粉性土,在产生土水分离现象时,宜进行工地试验,土样应在一周内运抵试验室,三周内开土试验。

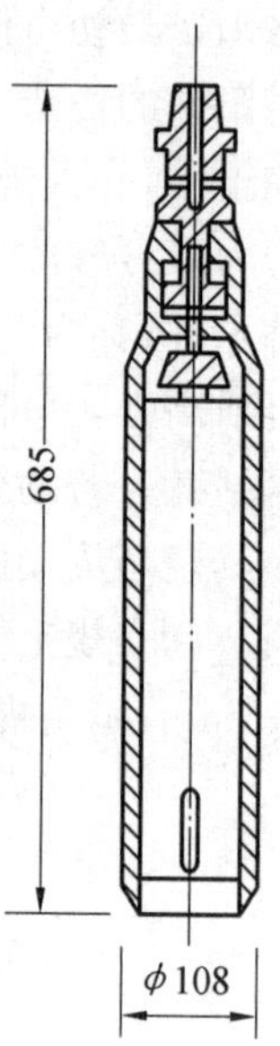

(5)取土器主要技术参数详见表 2.5。

图 2.3　取土器

表 2.5　取土器的技术参数

取土器参数	厚壁取土器	薄壁取土器		
		敞口自由活塞	水压固定活塞	固定活塞
面积比 $\dfrac{D_w^2 - D_e^2}{D_e^2} \times 100(\%)$	$13 \sim 20$	$\leqslant 10$	$10 \sim 13$	
内间隙比 $\dfrac{D_s - D_e}{D_e} \times 100(\%)$	$0.5 \sim 1.5$	0	$0.5 \sim 1.0$	
外间隙比 $\dfrac{D_w - D_t}{D_t} \times 100(\%)$	$0 \sim 2.0$	0		
刃口角度　$\alpha/°$	< 10	$5 \sim 10$		
长　度　L/mm	400,550	对砂土:$(5 \sim 10)D_e$ 对砂土:$(10 \sim 15)D_e$		
外　径　D_t/mm	$75 \sim 89,108$	75,100		
衬　管	整圆或半合管,塑料、酚醛层压纸或镀锌铁皮制成	无衬管,束节式取土器衬管同厚壁取土器		

注:① 取土器取样管及衬管内壁必须光滑圆整,内壁加工光洁度应达 5 ~ 6。

② 在特殊情况下取土器直径可增大至 150 ~ 250 mm。

③ 表中符号:

D_e —— 取土器刃口内径;.

D_s —— 取样管内径,加衬管时为衬管内径;

D_t —— 取样管外径;

D_w——玻土器管靴外径,对薄壁管 $D_w = D_t$。

（6）土试样质量等级。根据土样试验的内容与要求,将土试样的质量分为四个等级,详见表 2.6。

表 2.6　土试样质量等级划分

级别	扰动程度	试验内容
Ⅰ	不扰动	土类定名、含水量、密度、强度试验、固结试验
Ⅱ	轻微扰动	土类定名、含水量、密度
Ⅲ	显著扰动	土类定名、含水量
Ⅳ	完全扰动	土类定名

注:① 不扰动是指原位应力状态虽已改变,但土的结构、密度、含水量变化很小,能满足室内试验各项要求。

② 如确无条件采取 Ⅰ 级土试样,在工程技术要求允许的情况下可以 Ⅱ 级土试样代用,宜先对土试样受扰动程度作抽样鉴定,判定试验的适宜性,并结合地区经验使用试验成果。

（7）取样工具或方法选择。根据不同等级土试样的质量要求,结合场地土的名称和状态,按表 2.7 选择相应的取样工具或方法。

表 2.7　不同等级土试样要求的取土工具或方法

土试样质量等级	取样工具或方法		适用土类										
			黏性土					粉土	砂土				砾砂、碎石土、软岩
			流塑	软塑	可塑	硬塑	坚硬		粉砂	细砂	中砂	粗砂	
Ⅰ	薄壁取土器	固定活塞	++	++	+	—	—	+	+	—	—	—	—
		水压固定活塞	++	++	+	—	—	+	+	—	—	—	—
		自由活塞	—	+	++	—	—	+	+	—	—	—	—
		敞口	+	+	++	—	—	+	+	—	—	—	—
	回转取土器	单动三重管	—	+	++	++	+	++	++	++	—	—	—
		双动三重管	—	—	—	+	++	—	—	—	++	++	+
	探井(槽)中刻取块状土样		++	++	++	++	++	++	++	++	++	++	++
Ⅱ	薄壁取土器	水压固定活塞	++	++	+	—	—	+					
		自由活塞	+	++	++	—	—	+	+				
		敞口	++	++	++	—	—	+	+				
	回转取土器	单动三重管	—	+	++	++	+	++	++	++	—	—	—
		双动三重管	—	—	—	+	++	—	—	—	++	++	+
	厚壁敞口取土器		+	++	++	++	++	+	+	+	+	+	—

续表 2.7

土试样质量等级	取样工具或方法	适用土类										
		黏性土					粉土	砂土				砾砂、碎石土、软岩
		流塑	软塑	可塑	硬塑	坚硬		粉砂	细砂	中砂	粗砂	
Ⅲ	厚壁敞口取土器	++	++	++	++	++	++	++	++	++	+	—
	标准贯入器	++	++	++	++	++	++	++	++	++	++	—
	螺纹钻头	++	++	++	++	++	+	—	—	—	—	—
	岩芯钻头	++	++	++	++	++	++	+	+	+	+	—
Ⅳ	标准贯入器	++	++	++	++	++	++	++	++	++	++	—
	螺纹钻头	++	++	++	++	++	+	—	—	—	—	—
	岩芯钻头	++	++	++	++	++	++	++	++	++	++	++

注:① ++ 适用,+ 部分适用,— 不适用。

　　② 采取砂土试样应有防止试样失落的补充措施。

　　③ 有经验时,可用束节式取土器代替薄壁取土器。

取样工具或方法直接影响土试样的质量。美国、日本对取土器质量要求十分严格,它们采用的薄壁取土器的壁厚仅为 $1.25 \sim 2.00$ mm,按外径 $\phi75$ 计算,面积比仅为 $7\% \sim 11\%$。国外取土器很长,一般为取样直径的 12 倍,外径 $\phi75$ 的取土器长达 90 cm,用静压法取样。

2.6.2　十字板剪切试验

十字板剪切试验简称 FVT(Field Vane Test),是用十字板剪切仪在现场原位测试软土地基不排水抗剪强度的试验。与室内试验比较,它避免了土样扰动,保存了其天然状态,且所需设备简单,操作方便,是一种有效的测试方法。

1. 十字板剪切试验的原理

如图 2.4 所示,十字板剪切试验的基本原理,是将装在轴杆下的十字板探头压入钻孔孔底下土中测试深度处,再在杆顶施加水平扭矩 M,由十字板探头旋转将土剪破。设破裂面为直径为 D、高为 H 的圆柱面,根据该圆柱体侧面和顶底面上土的抗剪强度产生的阻抗力矩之和与外加水平扭矩平衡的原理,可得

$$M = \pi D H \frac{D}{2} S_u + 2 \times \frac{\pi D^2}{4} \times \frac{D}{3} S_H$$

实用上按 $S_u = S_H$ 进行简化,上式变为

$$S_u = \frac{2M}{\pi D^2 (H + \dfrac{D}{3})} \tag{2.1}$$

式中　　H——十字板探头高度(m);

　　　　D——十字板探头宽度(m);

　　　　M——土体产生剪切破坏时,所施加的外力总扭矩(kN·m);

S_u—— 圆柱体侧面处土的抗剪强度(kN/m^2)；

S_H—— 圆柱体上下两底面上土的抗剪强度(kN/m^2)。

式(2.1)可称为常规分析法的计算公式,它假定圆柱体表面上的剪应力均匀分布。若考虑上下底面上剪应力的分布规律,上式可改写成

$$S_u = \frac{2M}{\pi D^2 (H + \frac{D}{\eta})} \qquad (2.2)$$

式中 η 为系数,根据 Jackson(1969) 的分析,当圆柱体上下底面上的剪应力为均匀分布时,$\eta = 3.0$；抛物线分布时,$\eta = 3.5$；三角分布时,$\eta = 4.0$。

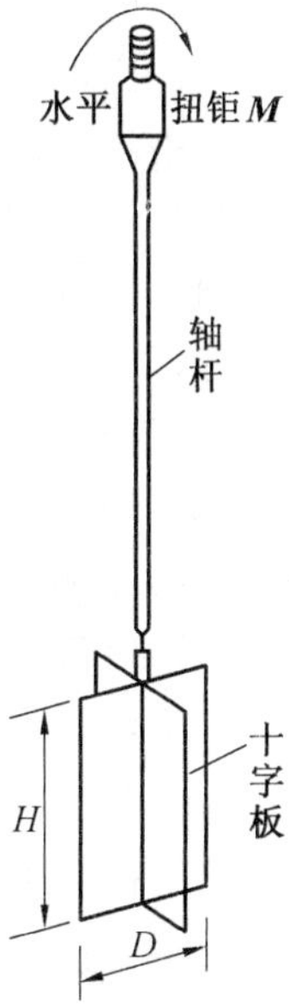

实际上外力作用于十字板探头圆柱体剪切面上的扭矩应为外力施加的总扭矩减去轴杆与土体间的摩擦力矩和仪器机械的阻力矩,即

$$M = (P_f - f)R \qquad (2.3)$$

将式(2.3)代入式(2.1),可得

$$S_u = K(P_f - f) \qquad (2.4)$$

$$K = \frac{2R}{\pi D^2 (H + \frac{D}{3})} \qquad (2.5)$$

图 2.4　十字板探头

式中　P_f—— 剪破土体时所施加的总作用力(kN)；

　　　f—— 轴杆与土体间的摩擦力和仪器机械阻力之和(kN)；

　　　R—— 施力旋盘的半径(m)；

　　　K—— 十字板常数。

2. 十字板剪切试验设备

十字板剪切仪有普通型和轻便型两种,近年来又发展了电阻应变式量测装置。十字板剪切仪的主要部件为十字板探头、施加扭矩装置、扭力量测装置和轴杆等。常用的十字板探头尺寸为 $D \times H = 50\,mm \times 100\,mm$,板厚 2 mm,刃口为 60°,轴杆直径为 20 mm,轴杆和十字板探头的连接有分离式和套筒式两种。图 2.5 为我国目前常用的开口环式剪切仪,其详细构造参阅有关说明书。

3. 普通十字板剪切试验方法和步骤

(1)钻孔下 φ127 套管至预定试验深度以上 75 cm,再用取土器逐段取土清孔,一直清至管底以上约 15 cm。为防止软土从孔底涌起和保持试验土层的天然状态,清孔后需在套管内灌水。

(2)将十字板探头、离合器、导杆和轴杆等逐节接好,下入孔内至十字板探头与孔底接触。

(3)将摇把套在导杆上,并向右转动,使十字板离合器啮合,然后将十字板慢慢压入土中至预定测试深度。

(4)装好底座和加力测力装置,以约 10 s 转 1° 的速度旋转转盘,每转 1° 量测钢环变形读数

一次,直至读数不再增加或开始减小为止。此时表明土体已被剪破。钢环的变形读数与其变形系数的乘积,即为施加于钢环上的作用力,也就是前述的 P_f。

(5)拔下连接导杆与测力装置的特制键,套上摇把,连续转动导杆、轴杆和十字板头等6转,使土完全扰动。再按步骤(4)以相同剪切速度进行试验,可得扰动土的总作用力 $P'_{f'}$。

(6)按下特制键,将十字板轴杆向上提 $3 \sim 5$ cm,使连接轴杆与十字板头的离合器分开,然后仍按步骤(4)便可测得轴杆与土之间的摩擦力和仪器机械阻力 f。

(7)拔出十字板头,继续钻进,进行下一测试深度的试验。

4.十字板剪切试验的应用

十字板剪切试验主要用于饱和软黏土地层,可得到下列土性参数:

(1)饱和黏土不排水抗剪强度 S_u,见式(2.4)。

(2)饱和黏土不排水残余抗剪强度

$$S'_u = K(P'_f - f) \tag{2.6}$$

(3)饱和黏土的灵敏度

$$S_t = \frac{S_u}{S'_u} \tag{2.7}$$

应用成果参数时,需注意下述几点:

① 在圆柱体破裂面上,S_u 实际上不等于 S_H,原因是在天然地基中水平固结压力并不等于垂直固结压力,在正常固结黏土地基中,垂直固结压力大于水平固结压力,故圆柱体顶底面上的抗剪强度 S_H 大于其侧面上的抗剪强度 S_u,在应用公式计算时,可把 S_u 理解为综合抗剪强度。

② 剪切破裂面实际上并非圆柱面,由于其破裂面面积比圆柱面面积大,使得算出的 S_u 值偏大。

③ 每 10 s 转 $1°$ 的旋转速率快于实际建筑物的加载速率,由于黏滞阻力的存在,旋转越快,测得的饱和黏土不排水抗剪强度就越高。

④ 在试验过程中,各杆件的竖直、接头拧紧程度、量测标定的正确性等,将直接影响试验结果。至于土的各向异性、孔底下十字板的插入深度、土的扰动、逐渐破坏效应等多方面的影响因素,都是在结果分析时需要考虑的。

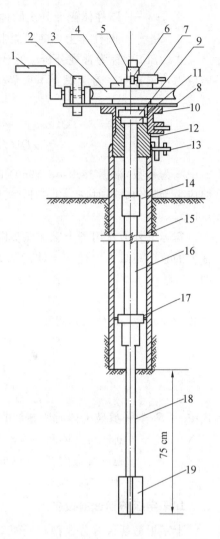

图 2.5　十字板剪切仪构造及试验安装示意图

1— 摇把;2— 齿轮;3— 蜗轮;4— 开口钢环;5— 固定夹;6— 导杆;7— 百分表;8— 底板;9— 支圈;10— 固定套;11— 弹子盘;12— 底座;13— 制紧轴;14— 接头;15— 套管;16— 钻杆;17— 导杆;18— 轴杆;19— 十字板探头

2.6.3　标准贯入试验

标准贯入试验简称 SPT(Standard Penetration Test),它是用重 635 N 的穿心锤,以

760 mm 高的落距,将置于试验土层上的特制对开式标准贯入器如图 2.6 所示,先不记锤击数,打入孔底 15 cm,然后再打入 30 cm,并记下锤击数 $N_{63.5}$ 或 N。最后提出钻杆和标准贯入器,取出土样,进行土的力学性质试验。标准贯入试验实际上也属于土的动力触探试验类型之一,只不过探头不是圆锥探头,而是标准的圆筒形探头,由两个半圆筒合成的取土器。

图 2.7 显示出了标准贯入试验的后果,包括地基中指定深度处或不同深度处的标准贯入击数和相应地基土层的分布情况。这种试验一般适用于黏性土和砂性土地基。

按一般理解,土层越硬或越密实,对取土器冲击而锤入土中一定深度(30 cm)所需的锤击次数 N 就越大,即 N 反映了土层的软硬或密实程度。从理论上讲,集中表现在 N 值大小的标准贯入试验的机理是比较复杂的,它是地基土层与贯入器的一种共同作用,在重复的冲击荷载作用下,取土器打入土中时,一方面土要进入取土器,另一方面它又将周围的土体向外挤出并压紧,此时土体还可能具有局部排水的性状。

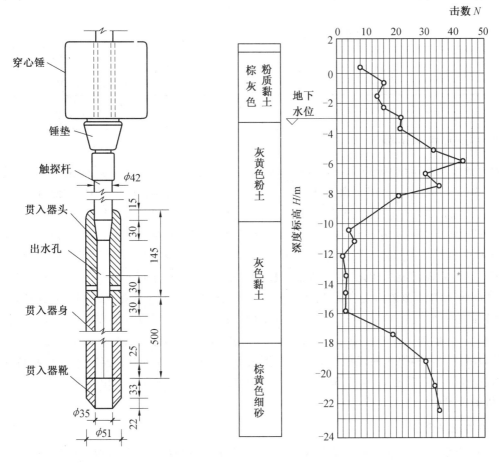

图 2.6 标准贯入试验设备   图 2.7 $N-H$ 测试结果

在利用成果资料时,要先对 N 值进行修正。国内外针对成果资料的不同应用,对 N 值是否修正和修正方法进行了广泛深入的研究,取得了许多研究成果,在我国则应根据颁布的有关规范进行国内工程 N 值的修正。总的来讲,要考虑不同深度处上覆土压力的不同、钻杆的长度、落锤的方法及地下水位等的影响,将实测击数乘以修正系数 a,得校正后的锤击数。如当考虑钻杆长度时,若杆长 $\leqslant 3.0\ \mathrm{m}$,$a = 1.0$,杆长 $= 12\ \mathrm{m}$,$a = 0.81$;其他杆长情况,可查有关表格。

根据修正后的锤击次数,可用以确定砂类土的密实程度(密实、中密或松散)和抗剪强度,砂土和黏性土地基的承载力,甚至砂土的液化势和单桩的轴向承载力等。表 2.8 和表 2.9 给出了根据标准贯入试验击数,直接查找砂土和黏性土承载力标准值 f_k,其余应用情况可参考有关资料。

表 2.8　砂土承载力基本值 f_k/kPa

土　类	N			
	10	15	30	50
中、粗砂	180	250	340	500
粉、细砂	140	180	250	340

表 2.9　黏性土承载力基本值 f_k/kPa

N	3	5	7	9	11	13	15	17	19	21	23
f_k	105	145	190	220	295	325	270	430	515	600	680

2.6.4　静力触探试验

静力触探试验简称 CPT(Come Penetration Test),它是将一锥形金属探头,按一定的速率(一般为 $0.5 \sim 1.2\ \mathrm{m/min}$)匀速地压入土中,量测其贯入阻力,这是一种原位测试方法。

静力触探在国内外得到了迅速发展和广泛应用。早在 1917 年,瑞典铁路工程中正式采用了螺旋锥头静力触探,此法较瑞典法更为简捷,比利时、意大利、英、法、美和我国等相继采用。1974 年在瑞典召开了国际触探会议,目前世界上至少已有 30 多个国家采用了触探技术,在不少国家中静力触探已经标准化,其设备也日趋现代化。我国于 1956 年研制了双层管式静力触探车,1965 年制造了电阻应变式静力触探仪,1967 年成功地研制了机械传动静力触探仪,利用静力触探的勘探深度一般为 $15 \sim 30\ \mathrm{m}$,在软土中可达 50 m 以上,且有很多单位从事这一技术的开发和使用,静力触探的标准化、触探机理和应用等课题也早已列入国家计划。

静力触探是一种快速的现场勘探和原位测试方法,具有设备简单、轻便、机械化和自动化程度高、操作简便等优点,受到了国内外工程界的普遍重视,在理论和应用等方面发表的文献很多,值得学习和参考。

1. 静力触探设备

(1)静力触探仪。静力触探按贯入能力大致可分为轻型($20 \sim 50\ \mathrm{kN}$)、中型($80 \sim 120\ \mathrm{kN}$)、重型($200 \sim 300\ \mathrm{kN}$)3 种;按贯入的动力及传动方式可分为人力给进、机械传动及液压传动 3 种;按测力装置可分为油压表式、应力环式、电阻应变式及自动记录等类型。图 2.8 为我国铁道部鉴定批量生产的 $2\mathrm{Y} - 16$ 型双缸液压静力触探仪构造示意图。该仪器由加压及锚定、动力及传动、油路、量测等 4 个系统组成。加压及锚定系统:双缸液压千斤顶(9)的活塞与卡杆器(4)相连,卡杆器将探杆(3)固定,千斤顶在油缸的推力下带动探杆上升或下降,该加压系统的反力则由固定在底座上的地锚来承受。动力及传动系统由汽油机(11)、减速箱(15)和油泵(16)组成,其作用是完成动力的传递和转换,汽油机输出的扭矩和转速,经减速箱驱动油泵转动,产生高压油,从而把机械能转变为液体的压力能。油路系统由操纵阀(12)、压力表、油箱(14)及管路组成,其作用是控制油路的压力、流量、方向和循环方式,使执行机构按预期的速度、方向和顺序动作进行,并确保液压系统的安全。

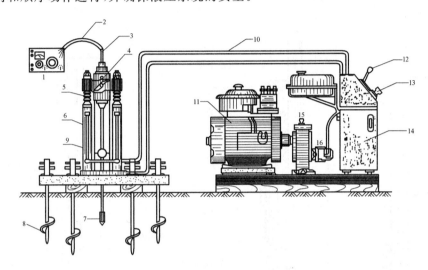

图 2.8　双缸油压静力触探仪结构示意图

1—电阻应变仪　2—电缆　3—探杆　4—卡杆器　5—防尘罩　6—贯入深度标尺　7—探头　8—地锚　9—油缸　10—高压软管　11—汽油机　12—手动换向阀　13—溢流阀　14—高压油箱　15—变速箱　16—油泵

(2)深头和探杆。探头由金属制成,有锥尖和侧壁两个部分,锥尖为圆锥体,锥角一般为 $60°$。探头在土中贯入时,阻力分布如图2.9所示。探头总贯入阻力 P 为锥尖总阻力 Q_c 和侧壁总摩阻力 P_f 之和,即

$$P = Q_c + P_f \tag{2.8}$$

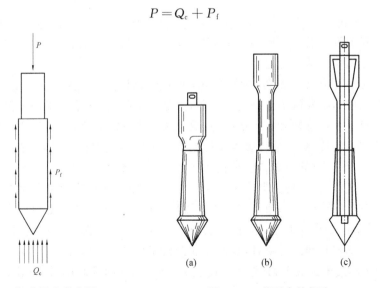

图 2.9　探头阻力分布图　　　　　　图 2.10　德耳夫特探头

　　根据量测贯入阻力的方法不同,探头可分为两大类:一类只能量测总贯入阻力 P,不能区分锥尖阻力 Q_c 和侧壁总摩擦阻力 P_f,这类探头称为单用探头或综合型探头,如图 2.10 和图 2.11 为国外的德耳夫特探头和 C－979 型探头,图 2.12 为我国的标准单桥探头,它们的共同特点是探头的锥尖与侧壁连在一起。另一类能分别量测探头锥尖总阻力 Q_c 和侧壁总摩擦阻力 P_f,这类探头称为双用探头,如图 2.13 所示的双桥探头,其探头和侧壁套筒分开,并有各自测量变形的传感器。

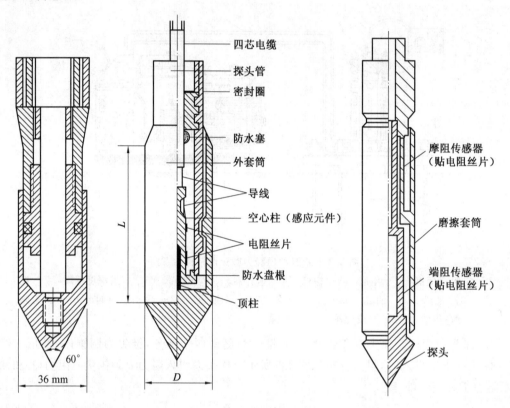

图 2.11　C－979 型探头　图 2.12　标准单桥探头结构示意图　　　图 2.13　双桥探头

　　图 2.14 为目前发展的一种新型探头,它不仅具有双桥探头的作用,还能测定触探时孔隙水压力,这种孔压探头我国已能定型生产。

　　(3)量测系统。量测系统是静力触探仪的重要组成部分,测量静力触探的贯入阻力,国外常用油压法或电测法,在我国不论是生产部门,还是科研部门,几乎都采用电测法。如图 2.15 的单桥探头,它有一个传感器和一组电桥,只反映探头端部的变化,当探头下压时,锥头所受到的阻力,通过顶柱传给传感器,使传感器受拉变形。传感器是弹性元件,一般均选用高强合金钢,在弹性极限内,该材料的应力应变呈正比例关系。在传感器工作面上,贴有一组电阻应变片,它们按电桥形式组成,当传感器产生受拉变形时,电阻应变片的阻值发生变化。因此,当连接的导线与电阻应变仪(如上海市华东电子仪器厂生产的 YJD－1 型电阻应变仪等)接通后,即可观察到这种阻值变化的大小,通过转换计算,便可求得贯入阻力。在我国另一类是双桥探头,它设有两个传感器和两组电桥,能分别反映探头端部和一个摩擦套筒上所受阻力的变化。

　　探杆(钻杆)连接于探头上,其作用为传递贯入阻力,并起导向作用,一般常用 $\varphi 42$ mm 的钢管。

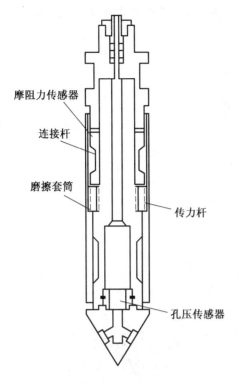

图 2.14 孔压探头

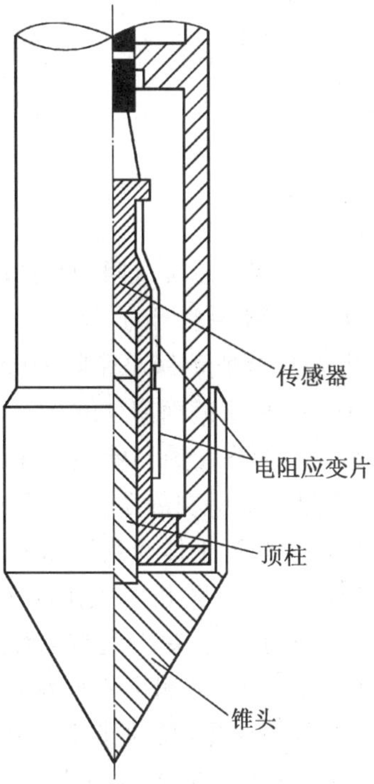

图 2.15 单桥探头量测结构示意图

表 2.10 和表 2.11 介绍了我国工业与民用建筑工程地质勘察规范中关于探头的型号及规格的规定。而在铁路系统中,暂定单桥探头有效侧壁长度为 70 mm,锥底面积为 15 cm²;双桥探头锥底面积为 20 cm²,摩擦套筒表面积为 300 cm²。

表 1.10 综合型探头的型号及规格

型号	锥底直径 D/mm	锥底面积 A/cm^2	有效侧壁长度 L/mm	锥角 $\alpha/°$	电测桥路
I—1	35.7	10	57	60	单桥
I—2	43.7	15	70	60	单桥
I—3	50.4	20	81	60	单桥

表 1.11 双桥探头的型号及规格

型号	锥底直径 D/mm	锥底面积 A/cm^2	摩擦筒表面积 F/mm	锥角 $\alpha/°$	电测桥路
II—1	35.7	10	200	60	双桥
II—2	43.7	15	300	60	双桥

2. 静力触探的基本原理

静力触探的贯入阻力与探头的尺寸和形状有关。在我国,对一定规格的圆锥形探头,对单桥探头采用比贯入阻力 p_s，简称贯入阻力；对双桥探头则指锥尖阻力 q_c 和侧壁摩阻力 f_s。

$$p_s = \frac{P}{A} \qquad\qquad (2.9)$$

$$q_c = \frac{Q_c}{A} \qquad\qquad (2.10)$$

$$f_s = \frac{P_f}{F} \qquad\qquad (2.11)$$

式中　　P——探头总贯入阻力（N）；

$\qquad\quad Q_c$——锥尖总阻力（N）；

$\qquad\quad P_f$——探头侧壁总摩阻力（N）；

$\qquad\quad A$——探头截面积（cm^2）；

$\qquad\quad F$——探头套筒侧壁表面积（cm^2）。

当静力触探探头在静压力作用下向土层中匀速贯入时，探头附近土体受到压缩和剪切破坏，形成剪切破坏区、压密区和未变化区 3 个区域如图 2.16 所示，同时对探头产生贯入阻力（p_s、q_c 和 f_s），通过量测系统，可测出不同深度处的贯入阻力。贯入阻力的变化，反映了土层物理力学性质的变化，同一种土层贯入阻力大，土的力学性质好，承载能力就大；相反，贯入阻力小，土层就相对软弱，承载力就小。利用贯入阻力与现场载荷试验对比，或与桩基承载力及土的物理力学性质指标对比，运用数理统计方法，建立各种相关经验公式，便可确定土层的承载力等设计参数。

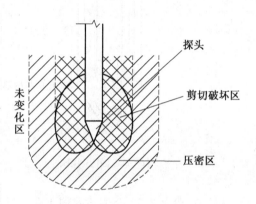

图 2.16　探头贯入作用示意图

3. 静力触探成果及其利用

（1）静力触探的成果。根据量测结果，再按仪器和试验过程进行必要的修正，如深度修正和仪器归零的零飘修正等，便可得每一探孔的静力触探曲线，包括 $p_s - H$、$q_c - H$、$f_s - H$ 和摩阻比 $R_f(= f_s/q_c) - H$ 等曲线。图 2.17 表示单桥探头比贯入阻力随深度的变化曲线。试验时，贯入速度在 0.5 ~ 2.0 m/min 之间，每贯入 0.1 ~ 0.2 m 在记录仪器上读数一次，或采用自动记录仪。

（2）静力触探成果的利用。静力触探成果在国内外得到了非常广泛的应用，如划分土层和判别土类，确定浅基础和桩基础的承载力，评定黏性土的不排水抗剪强度、砂土的相对密度和内摩擦角，确定土的变形指标，估计土的固结系数，判定砂土液化的可能性等，下面仅介绍前面两种。

① 划分土层和判别土类。首先，根据静力触探曲线的形态，参照钻孔分层，确定土层的分界线；然后，计算各静力触探孔各分层贯入阻力的平均值；再计算勘察场地各分层的贯入阻力平均值，即按各孔穿越该层的厚度作为权，进行加权平均值计算；最后，按静力触探曲线的线型特征、锥尖阻力和摩阻比划分土层，参见表 2.12。

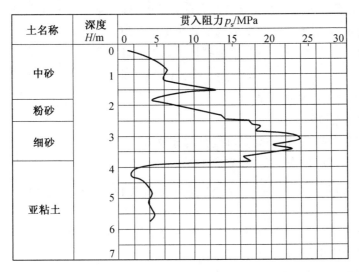

图 2.17　静力触探贯入曲线（$p_s - H$ 曲线）

表 2.12　不同土类的 $q_c - H$ 曲线线型特征及锥尖阻力 q_c 和摩阻比 R_f 的参考值

土类名称	q_c(100 kPa)	$R_f / \%$	$q_c - H$ 线型
黏土	$10 \sim 15$	$4 \sim 6$	平缓
粉质黏土	$15 \sim 30$	$3 \sim 4$	平缓
粉土	$30 \sim 100$	$0.8 \sim 2$	起伏较大
与泥质黏性土	< 10	$0.5 \sim 15$	平缓
粉细砂 （中密）	$30 \sim 200$ $(50 \sim 150)$	$1.5 \sim 0.5$ $(1 \sim 0.8)$	起伏大

②　确定浅基础的承载力。用静力触探确定浅基础的承载力的经验公式很多，这里只介绍浅基础地基基本承载力 σ_0 的确定方法。

对于老黏土，贯入阻力 p_s 在 3 000 ～ 6 000 kPa 范围内时，σ_0 按 p_s 的 1/10 计算，即

$$\sigma_0 = 0.1 p_s \tag{2.12}$$

对于软土，一般黏土及砂黏土，σ_0 可按下式计算，即

$$\sigma_0 = 5.8 \sqrt{p_s} - 46 \tag{2.13}$$

对于砂黏土及饱和砂土，σ_0 可按下式计算，即

$$\sigma_0 = 0.89 p_s^{0.63} + 14.4 \tag{2.14}$$

上述 3 式中的 p_s 和 σ_0 的单位均为 kPa；当能确认该地基在施工期间和竣工后均不会达到饱和时，所求得的 σ_0 可提高 25% ～ 50%；在浅基础设计中计算地基容许承载力 $[\sigma]$ 时，公式 $[\sigma] = \sigma_0 + K_1 \gamma_1 (b-2) + K_2 \gamma_2 (h-3)$ 中的宽、深修正系数 K_1 和 K_2 由 p_s 值确定，按 p_s 值查有关表格而直接取得。

③　确定桩的承载力。静力触探的作用机理与打入桩颇为相似，桩的极限承载力中的极限摩阻力 τ_1 和极限端阻力 q_p 与静力触探中的 f_s 和 q_c，虽然由于它们的尺寸效应、应力场、材质及周围地基土量测时状态都是不同的，而不能对应、直接地用 f_s 代替 τ_1，用 q_c 代替 q_p，但它们之

间必然存在某种关系。国内外工程界通过大量的试验对比,总结出了许多相关公式,而这些公式大多是将 τ_l 和 q_p 分别考虑的。下面选取几个加以介绍:

① 苏联采用 C－979 型探头时,单桩容许承载力的计算为

$$Q_a = km(\beta_1 \bar{q}_c A + \beta_2 f_s Ul) \tag{2.15}$$

式中 Q_a—— 单桩允许承载力(kN);

k—— 均质系数;

m—— 工作条件系数,苏联基础设计院建议 $km = 0.7$;

β_1、β_2—— 系数,见表 2.13 和表 2.14;

$\bar{q}_c$—— 桩尖以上 1D(桩的直径或边长)至桩尖以下 4D 范围内贯入阻力的平均值(kPa);

f_s—— 桩长范围内。外套管所测得的平均单位摩擦力(kPa);

U—— 桩的横截面周长(m);

A—— 桩的横截面积(m^2)。

表 2.13 β_1 值

q_c/kPa	2 500	5 000	7 500	10 000	15 000	20 000
β_1	0.75	0.6	0.5	0.4	0.3	0.25

表 2.14 β_2 值

f_s/kPa	20	40	50	80	100
β_2	1.5	1.0	0.7	0.5	0.4

② 对我国铁路部门采用双桥探头时,按下式确定打入桩的容许承载力为

$$[P] = \frac{1}{2}\left(U \sum l_i \beta_i \bar{f}_{si} + 10\alpha \bar{q}_c A\right) \tag{2.16}$$

式中 $\bar{q}_c$—— 桩底以上和以下各 4D 范围内的平均触探阻力(kPa),若桩底(不包括桩靴)以上 4D 的 q_c 的平均值大于以下 4D 的平均值时,则 $\bar{q}_c$ 取桩底以下 4D 的平均值;

U—— 桩的横截面周长(m);

l_i—— 桩所穿过的各土层厚度(m);

A—— 桩的横截面积(m^2);

$\bar{f}_{si}$—— 各土层的平均触探侧摩阻力(kPa);

α、β—— 分别为桩底端阻和各土层侧摩阻的综合修正系数。当 $\bar{q}_c > 2$ MPa,且 $\bar{f}_{si}/\bar{q}_c \leqslant 0.014$ 时,$\alpha = 1.257/\bar{q}_c^{0.25}$,$\beta = 1.798/\bar{f}_{si}^{0.45}$;当 $\bar{q}_c \leqslant 2$ MPa 或 $\bar{f}_{si}/\bar{q}_c > 0.014$ 时,$\alpha = 2.407/\bar{q}_c^{0.35}$,$\beta = 2.831/\bar{f}_{si}^{0.55}$。

③ 我国铁路部门采用双桥探头时,按下式确定钻孔灌注桩的容许承载力为

$$[P] = \frac{1}{2}U \sum f_i l_i + m_0 A[\sigma] \tag{2.17}$$

式中　f_i——第 i 层土对桩的极限摩阻力(kPa)，由土的平均触探阻力 $\bar{f}_{si}$ 按表 2.15 查得。

　　　$[\sigma]$——桩底地基土的容许承载力(kPa)，$[\sigma]$ 计算式中的 σ_0 可采用式(2.12)～(2.14)所求得的 σ_0 值，而 σ_0 式中之 p_s 值改用双桥探头的 q_c 值，且注意计算过程中的单位换算；

　　　m_0——钻孔桩桩底支承力折减系数，可查有关资料。

表 2.15　由触探摩阻力 $\bar{f}_{si}$ 换算桩的极限摩阻力 f_i

黏性土	$\bar{f}_{si}$	5	7.5	10	12	14	16	18	20	25	30	35
	f_i	12.5	15.7	18.7	20.5	22.4	24.0	26.1	27.4	30.8	34.0	36.9
	$\bar{f}_{si}$	40	45	50	55	60	65	70	80	90	100	120
	f_i	40	42.5	45.5	47.6	49.9	51.5	54.1	58.0	62.1	67.0	73.0
	$\bar{f}_{si}$	140	160	180	200	250						
	f_i	79.2	85.0	91.0	97.0	108.0						
砂性土	$\bar{f}_{si}$	10	15	20	25	30	35	40	45	50	60	70
	f_i	14.0	18.1	22.1	26.5	30.0	33.0	36.0	39.0	42.6	47.5	52.5
	$\bar{f}_{si}$	80	90	100	120	140	160	180	200	250	300	
	f_i	57.0	63.0	67.5	77.0	85.0	93.0	99.9	108.0	124.0	138.9	

2.6.5　动力触探试验

动力触探试验简称 DPT(Dynamic Penetration Test)，它是用一定质量的落锤(冲击锤)，提升到与型号相应的高度，让其自由下落，冲击钻杆上端的锤垫，使与钻杆下端相连的探头贯入土中，根据贯入的难易程度，即贯入规定深度所需的锤击次数(击数)，来判定土的工程性质，这种原位测试方法称为动力触探试验。

在我国，动力触探仪按锤的质量大小可分为轻型、重型和超重型 3 类。每类动力触探仪都是由圆锥形探头、钻杆(或称探杆)、冲击锤 3 个主要部分构成。各类组成部分、规格尺寸和贯入指标详见表 2.16 和图 2.18。

表 2.16　圆锥动力触探类型

类　　型		轻　型	重　型	超重型
冲击锤	锤的质量 /10 N	10 ± 0.2	63.5 ± 0.5	120 ± 1
	落　距 /cm	50 ± 2	76 ± 2	100 ± 2
探头	直　径 /mm	40	74	74
	锥　角 /°	60	60	60
钻杆直径 /mm		25	42	$50 \sim 60$
贯入指标	深度 /cm	30	10	10
	锤击数	N_{10}	$N_{63.5}$	N_{120}

采用动力触探可直接获得 N_{10}、$N_{63.5}$ 或 N_{120} 沿土层深度的分布曲线,即动力触探曲线,如图 2.19 所示。图中 $N_{63.5}$ 表示采用重型触探仪,即锤重 635 N,落距 76 cm,探头直径 74 mm,锥角 60° 和钻杆直径 42 mm 的条件下,探头在某一深度处贯入土中 10 cm 时,所施加的锤击次数,我国所采用的贯入速率为 15 ～ 30 击 /min。由表 2.16 亦可推知 N_{10}、和 N_{120} 的含义。

动力触探试验的成果除用锤击数表示外,还可用动贯入阻力 q_d 来表示。q_d 一般应由仪器直接量测,也可用下列公式进行校核和计算:

$$q_d = \frac{M}{l(M+M')}\frac{MgH}{A} \tag{2.18}$$

式中　　q_d——动贯入阻力;

　　　　M——落锤质量;

　　　　M'——探头、钻杆、锤垫和导向杆的质量;

　　　　g——重力加速度;

　　　　A——探头的截面积;

　　　　l——每击的贯入度。

式(2.18)是根据 Newton 的碰撞理论得出的,认为碰撞后锤与垫完全不分开,也不考虑弹性能的损耗,故在应用时受下述条件的限制:$l=2 \sim 50$ mm;触探深度一般不超过 12 m;$M'/M \leqslant 2$。

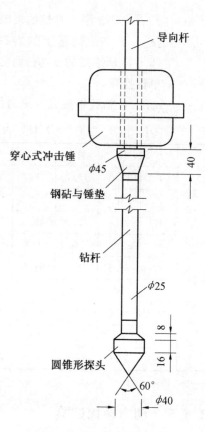

图 2.18　轻型动力触探仪

下面举例说明动力触探试验在我国工程中的应用:

(1)确定砂类土的相对密度和黏性土的稠度。北京市勘察设计处采用轻便型动力触探仪,通过大量的现场试验和对比分析,提出了锤击数与土的相对密度等级和稠度等级之间的关系,见表 2.17。

表 2.17　按锤击数确定砂类土相对密度和黏性土稠度

N	< 10	10 ～ 20	21 ～ 30	31 ～ 50	51 ～ 90	> 90
密实度参考等级	松	稍密	中下密	中密	中上密	密实
稠度等级	很软	软	较软	中	软硬	硬

(2)确定地基土的承载力。在我国,大多采用表 2.18 来确定地基土的承载力。当采用动贯入阻力 q_d 来评价地基土时,法国的 Sanglerat 提出了浅基础(深宽比 $D/B=1 \sim 4$)地基容许承载力的计算公式:

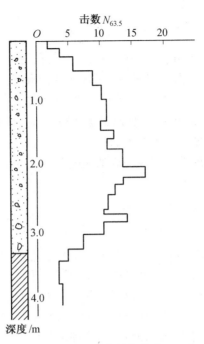

图 2.19   动力触探曲线

2.18   按锤击数确定地基承载力

土的种类	黏性土				黏性素填土				中砂和碎石类土								
动力触探类型	轻便型				轻便型				重型								
锤击次数	15	20	25	30	10	20	30	40	3	5	8	12	16	18	22	26	30
基本承载力 /kPa	100	140	180	220	80	110	130	150	140	200	320	480	630	700	800	900	950
备 注									此型所用锤击数为每层次的平均数								

对于砂土及黏土：
$$[\sigma] = \frac{q_d}{20} \tag{2.19}$$

对于密实粗砂：
$$[\sigma] = \frac{q_d}{15}$$

（3）确定单桩桩端地基的容许承载力。我国成都地区在砂卵石和卵石地层中，根据超重型动力触探锤击数 N_{120}，建立了如下桩端容许承载力公式为

$$[\sigma] = 2\,500 + 200N_{120} \tag{2.20}$$

又如法国 Sanglerat 提出了用 q_d 确定单桩桩端地基容许承载力，他认为在砂性土中，打入桩端的动阻力与 q_d 非常接近，而在砾石土中，前者约为后者的一半，当取安全系数为 6 时，则有

$$[\sigma] = \left(\frac{1}{12} \sim \frac{1}{6}\right)q_d \tag{2.21}$$

利用动力触探成果，国内外学者还提出了许多有关土工程性质方面的公式、曲线和表格。但它们都具有地区性和经验性，参考使用时需结合当地的实际情况。动力触探可适用于各种土层，甚至于强风化的硬、软质岩，这正是它得到广泛应用的理由。在今后的生产实践和研究工作中，要进一步积累资料，完善和优化各种实用的相关公式。

2.6.6　旁压试验

旁压试验简称 PMT(Pressure Meter Test)。它是利用旁压器(亦称探头)的主腔对土层中竖向钻孔的孔壁施加横向水平力,致使孔壁向外膨胀,直至土体破坏,通过压力和孔穴体积变化之间的关系,来确定土的力学性质指标的一种原位测试方法。

早在 1933 年德国工程师 Kogler 就提出了上述想法,1956 年法国工程师 Merard 将它付诸实践,设计了预钻式旁压仪,紧接着加拿大、日本、美国、前苏联和我国都研制了各具特色的旁压仪。旁压试验技术在国内外得到了较深入的研究和广泛的应用,在法国,它已成为地基勘察中的一种主要手段。

1. 预钻式旁压仪

采用预钻式旁压仪,需先在地基中钻孔,然后把旁压仪插入孔中进行试验。以目前国内常用的 PY 型预钻式旁压仪为例,如图 2.20 所示,其构造主要由旁压器(探头)、液压加力系统、体变量测系统和管路系统组成。旁压器是旁压仪中最重要的组件,它由金属骨架和包在其外面密封的橡胶膜组成。三腔室旁压器由位于中部的主腔(即测量腔)、上腔和下腔(均为护腔)组成。两护腔将主腔夹在中间,主腔和两护腔互不相通,但两护腔是互通的。试验时,各腔室与地面水箱(未示出)、体变测量管或辅助管、压力表和加压装置相连,

主腔进入高压水的同时,也向两护腔输入同样大小压力的水,使主、护腔压力始终保持一致,主腔橡胶膜沿径向向土体水平方向膨胀,周围土体的变形即可当作平面问题处理。PY 型预钻式旁压仪的旁压器外径为 50 mm,带金属保护套时为 55 mm,三腔总长 450 mm,主腔长 250 mm,护腔各长 100 mm,主腔的初始体积为 491 cm³。体变量测装置和液压加力装置通常都设在三角架上的一个箱式结构内,前者主要由体变量测管辅助管、水箱和各类阀门组成,量测管和辅助管皆用有机玻璃制造,最小刻度为 1 mm,内截面积为 15.28 cm²,主要功能是控制和量测进入旁压器的水量。后者主要由高压氮气瓶、贮气罐、调压阀、压力表和阀门等组成,主要功能是控制和量测进入旁压器的液体的压力。此型旁压仪的测试压力可达 1.6 MPa,深度可达 15 m 左右,主要用于黏性土、粉土和砂土等地层。

采用预钻式旁压仪的不足之处,在于预先钻孔时往往对孔壁产生扰动,影响试验成果。为此,另有一种自钻式旁压仪,如法国的道桥产品 PAT－76 和英国的剑桥产品 Camkometer,在旁压器端部装有钻头,在钻进的同时旁压器也跟随进入孔中,与孔壁密贴,对孔壁土的扰动较小。

2. 旁压试验方法与主要成果

以 PY 型预钻式旁压仪为例,先由水箱向旁压器三腔室注满水,使测量腔中水量达到初始体积 491 cm³,然后通过高压空气分级给水施压,每级压力为地层临塑压力 p_f 的 $1/7 \sim 1/5$,使各腔室膨胀挤压孔壁,在各级加压的同时,量测主腔室水体积增量 V,或量测体变测量管水面的下降量 s,当主腔体积增量 V 达到 600 cm³ 时,则终止试验。

绘制体积增加量 V 与压力 p 的关系曲线,或 $s-p$ 曲线,称为旁压曲线,如图 2.21 所示。它是旁压试验的直接成果,这一成果又表现在 3 个主要参量上,即旁压模量 E_m、屈服压力 p_f 和极限压力 p_l。

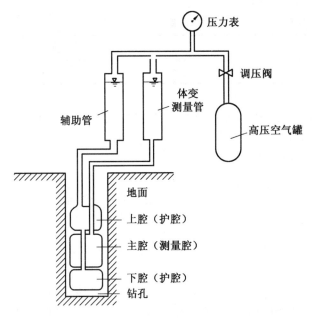

图 2.20　预钻式旁压仪

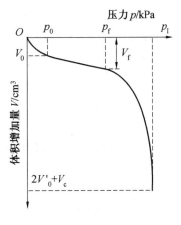

图 2.21　旁压曲线

图 2.21 为一典型的旁压曲线,该曲线分为起始曲线段、中部直线段和尾部曲线段 3 部分,分别对应着旁压试验的恢复区、孔壁土体的类弹性区和塑性发展区。直线段起点的体积膨胀值为 V_0,相应的压力值为 p_0;直线段终点的体积膨胀值为 V_f,相应的压力值为 p_f,即为屈服压力,或称为临塑压力;在塑性发展区内,随着压力的增加,塑性区不断发展和扩大,曲线的斜率也越来越大,从理论上讲,当斜率趋向于无穷大时,压力即使不增加,体变也要继续发展,此时土体已处于破坏状态,其对应的压力为极限压力 p_l、至于旁压剪切模量 E_m 可按下式求得

$$E_m = \left(V_c + V_0 + \frac{\Delta V}{2}\right)\frac{\Delta p}{\Delta V} \tag{2.22}$$

式中　　$\Delta p = p_f - p_0$;

　　　　$\Delta V = V_f - V_0$;

　　　　V_c——旁压器主腔的初始体积,PY 型旁压仪的 $V_c = 491\ \mathrm{cm}^3$。

3. 旁压试验结果的利用

(1)确定地基的变形性质。对于黏性土,可按表 2.19 的经验统计资料,由旁压模量 E_m 确定土的变形模量 E_0。

表 2.19　黏性土的 E_m 与 E_0 的关系

E_m/kPa	0.5	1.0	1.5	2.0	2.5	3.0	3.5	4.0	5.0	6.0	7.0	8.0
E_0/kPa	2.0 ～ 2.4	3.3 ～ 4.8	4.3 ～ 7.2	5.8 ～ 9.6	7.2 ～ 12.0	8.7 ～ 14.4	10.1 ～ 16.8	11.6 ～ 19.2	14.5 ～ 24.0	17.4 ～ 28.8	20.3 ～ 33.6	23.2 ～ 38.4

注:E_0 的系数取值按土的稠度状态来定,由流塑到硬塑由低值到高值的进行取值。

对于砂性土,E_0 和 E_m 的关系按下式计算,即

$$E_0 = KE_m \tag{2.23}$$

式中 K—— 变形模量转换系数,按表 2.20 查取。

表 2.20 砂性土的变形模量转换系数

砂土类	粉砂	细砂	中砂	粗砂
K	$4.0 \sim 5.0$	$5.0 \sim 7.0$	$7.0 \sim 9.0$	$9.0 \sim 11.0$

(2)确定地基承载力。用旁压试验确定地基承载力,各国有自己的规定作法。我国城乡建设部针对采用的 PY 型预钻式旁压仪,提出了两种确定地基承载力的途径。

① 按屈服压力 p_f 确定地基承载力的标准值为

$$f_k = p_f - p_0 \qquad (2.24)$$

式中 p_0—— 土的静止水平总压力(kPa),可由图 2.21 定出,或按下式计算,即

$$p_0 = K_0 \gamma z + u \qquad (2.25)$$

式中 γ—— 测试点以上土的天然容重,地下水位以下取浮容重(kN/m^3);

z—— 测试点的深度(m);

K_0—— 测试点处静止土压力系数,由地区经验确定;或对正常固结和轻度固结土:对砂土和粉土 $K_0 = 0.5$;对可塑至坚硬状态黏性土 $K_0 = 0.6$;对软塑黏土、淤泥和淤泥质土 $K_0 = 0.7$;

u—— 测试点处土的孔隙水压力(kPa)。测试点位于地下水位以上时,$u=0$;在地下水位以下时,$u = \gamma_w (z - h_w)$;

h_w—— 地面至地下水位的深度(m)。

(2)按极限压力 p_l 确定地基承载力的标准值 f_k。当旁压曲线上 p_f 出现后,曲线很快转弯并出现极限压力,且 $p_l/p_f \leqslant 1.7$ 时,则可按 p_l 确定 f_k,其公式为

$$f_k = \frac{p_l - p_0}{F} \qquad (2.26)$$

式中 p_0—— 为图 2.21 中直线段起点对应的压力(kPa);

F—— 安全系数,一般取 $F=2$,也可按地区经验确定。

p_l 为旁压曲线上的极限压力,但往往由于体变测量管体积的限制,试验曲线较短,不能直接定出 p_l 值。此时,需用曲线板将曲线延长,再在纵轴上取 $V = V_c + 2V_0'$ 的点,过此点作一水平线,与延伸的曲线相交,交点对应的横坐标即为 p_l。上式中的 V_c 为旁压仪主腔的初始体积 $(491 \ cm^3)$,而 V_0' 为直线段延长后在纵轴上的截距。

旁压试验成果还可用于深基础,如确定桩的轴向承载力等。从事旁压试验研究时,可供参阅的资料较多,在实际工作中,需注意各种经验资料的地区性和应用条件。

2.6.7 平板载荷试验

平板载荷试验简称 DLT(Dead Load Test),平板载荷试验是在现场试坑坑底土层面上设置刚性平板,亦称承压板,在板上分级施加中心竖向荷载,直至地基破坏。量测各级荷载作用下承压板的下沉量,即地基的沉降量,利用荷载沉降 $p-s$ 关系曲线确定地基的有关工程性质。平板载荷试验的优点是压力的影响深度可达 $1.5 \sim 2$ 倍承压板宽度,故能较好地反映天然土体的压缩性。其缺点是试验工作量和费用较大,时间较长。

1.试验设备

常用的平板载荷试验装置有三种。第一种是直接利用堆重分级加载进行试验,如图 2.22(a) 所示;第二种是采用支撑平台和堆重形成反力体系,采用千斤顶分级加载进行试验,如图 2.22(b) 所示;第三种是采用地锚和反力梁形成加载体系,采用千斤顶分级加载进行试验,如图 2.22(c) 所示。

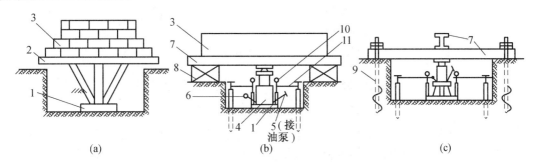

图 2.22　平板载荷试验装置示意图

1— 承压板;2— 加载平台;3— 堆重;4— 千斤顶;5— 油管;6— 压力表;7— 钢梁;8— 枕木垛;9— 地锚;10— 百分表;11— 固定支架

加载稳定装置主要包括承压板、油压千斤顶、油泵和压力表等。承压板面积一般为 $0.25 \sim 1.0 \ m^2$,密实、坚硬土取小值,松散、软土取大值。试验基坑宽度不应小于承压板宽度的 3 倍,应保持试验土层的原状结构和天然湿度。宜在拟试压表面用粗砂或中砂层找平,其厚度不超过 20 mm。

2.试验方法

平板载荷试验通常采用慢速维持荷载法进行。该法试验加荷分级不应少于 8 级,最大加载量不应小于设计要求的两倍。每级加载后,按间隔 10、10、10、15、15 min,以后为每隔半小时测读一次沉降量,当在连续两小时内,每小时的沉降量小于 0.1 mm 时,则认为已趋稳定,可加下一级荷载。

当出现下列情况之一时,即可终止加载:

① 承压板周围的土明显地侧向挤出;

② 沉降 s 急骤增大,荷载 — 沉降 $(p-s)$ 曲线出现现陡降段;

③ 在某一级荷载下,24 小时内沉降速率不能达到稳定;

④ 沉降量与承压板宽度或直径之比大于或等于 0.06。

当满足前 3 种情况之一时,其对应的前一级荷载定为极限荷载。

3.平板载荷试验结果的应用

根据各级加载值及相对应的承压板沉降稳定量测值可绘出荷载 — 沉降关系 $(p-s)$ 曲线,如图 2.23 所示。对于密实砂土、硬塑黏性土等低压缩性土。其 $p-s$ 曲线通常有比较明显的起始直线段和极限值,即呈急进破坏的"陡降型"。起始直线段的末点所对应的压力 p_1 称为比例界限荷载,极限值所对应的压力 p_u 称为极限荷载,如图 2.23(a) 所示。对于松砂、填土、可塑黏性土等中、高压缩性土,其 $p-s$ 曲线往往无明显的转折点,呈现渐进破坏的"缓变型",由于中、高压缩性土的沉降量较大,按经验一般 p_1 和 p_u 值分别取沉降量 $s=0.01 \sim 0.015b$ 和 $0.06b$

所对应的压力值。如图 2.23(b) 所示。

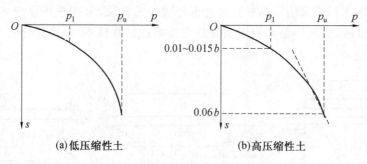

图 2.23 荷载－沉降关系 $p-s$ 曲线

(1) 确定地基承载力特征值。考虑到地基承载力特征值一般由强度安全和沉降变形许可两方面控制,所以,承载力特征值的确定应符合下列规定:

① 当 $p-s$ 曲线上有比例界限时,取该比例界限所对应的荷载值。

② 当极限荷载小于对应比例界限的荷载值的 2 倍时,取极限荷载值的一半。

③ 当不能按上述两款要求确定时,若当压板面积为 $0.25 \sim 0.50 \text{ m}^2$,可取 $s/b = 0.01 \sim 0.015$ 所对应的荷载,但其值不应大于最大加载量的一半。

同一土层参加统计的试验点不应少于三点,当试验实测值的极差不超过其平均值的 30% 时,取此平均值作为该土层的地基承载力特征值 f_{ak}。

(2) 确定地基土的变形模量。在荷载－沉降关系 $p-s$ 曲线的直线段上,由于 p 与 s 成直线变形关系,故可利用弹性理论公式确定地基土的变形模量。

对于刚性圆形压板,由

$$s = \frac{\pi}{4} \frac{1-\mu^2}{E_0} pD \tag{2.27}$$

得

$$E_0 = \frac{\pi}{4} \frac{1-\mu^2}{s} pD \tag{2.28}$$

对于刚性矩形压板,由

$$s = \frac{\sqrt{\pi}}{2} \frac{1-\mu^2}{E_0} pB_P \tag{2.29}$$

得

$$E_0 = \frac{\sqrt{\pi}}{2} \frac{1-\mu^2}{s} pB_P \tag{2.30}$$

式中　D——刚性圆形承压板的直径;

B_P——刚性矩形承压板的短边边长;

p、s——在 $p-s$ 曲线的直线段上,任选一点的荷载 p 值和其对应的沉降 s 值,$\frac{s}{p}$ 即为直线段的斜率;

μ——土的泊松比,按实测资料取值。若无实测资料,可分别选取:对卵、碎石,$\mu = 0.27$;对砂,$\mu = 0.28$;对黏性土,$\mu = 0.31$;对砂黏土,$\mu = 0.37$;对黏土,$\mu = 0.41$。

（3）确定地基土的基床系数。直线段的斜率 s/p，即为刚性承压板下地基的基床系数，宽度为 B 时的实际基础下地基的基床系数 K，可按下式计算，即

$$K = \frac{B_P}{B} \frac{p}{s} \tag{2.31}$$

上述试验成果是在现场测得的，具有直接、可靠的优点。因此常作为其他原位测试方法资料对比的重要依据。

本章小结

本章介绍了岩土工程勘察的基本知识，包括岩土工程勘察的基本任务、基本程序、勘察的分级、勘察阶段的划分、勘察的主要工作和方法及原位勘察测试技术。通过学习，要明确岩土工程勘察在我国基本建设工程中的重要性，掌握不同勘察阶段、不同勘察等级时勘察工作的任务，并回顾所学的其他课程，进一步学习和掌握具体的勘察工作和方法。在实际工作中，注意对各具体结构工程的规范、设计文件和施工过程的学习，进一步突出重点，细化岩土工程的勘察工作，实现为工程全过程服务的目的。

复习思考题

1. 在我国基本建设工程的全过程中，如何实施岩土工程勘察的任务？

2. 岩土工程安全等级分几级？你能说出划为一级安全等级的主要工程项目吗？

3. 地震烈度和不良地质现象对场地复杂程度分级的影响如何？

4. 需特殊处理的地基应划分为几级地基？

5. 岩土工程勘察分几级？分级时应考虑哪些因素？

6. 岩土工程分几个勘察阶段？它们之间有何联系？

7. 试述工程地质测绘的目的。

8. 钻探为何是工程地质勘探中最有效的手段？

9. 十字板剪切试验原理公式（2.1）是如何推导出来的？

10. $N_{63.5}$ 是锤击次数 63.5 击，这种说法正确吗？

11. 单用探头和双用探头的根本区别在哪里？我国单桥探头测量阻力的原理是什么？

12. N_{120} 代表何种类型的原位测试？其含义是什么？

13. 在碎石类土中采用重型圆锥动力触探，测得锤击次数为 20，该地基的基本承载力为多少？

14. 试述旁压试验的原理。

15. 如何利用平板载荷试验确定地基承载力和变形指标？

第3章　岩土地基工程

地基基础设计满足的两个基本条件是：①要求作用于地基的荷载不超过地基的承载能力，保证地基在防止整体破坏方面有足够的安全储备；②控制基础沉降量，使之不超过地基的变形允许值，保证建筑物不因地基变形而损坏或影响其正常使用。本章主要讨论岩土地基，承载力的确定。对影响地基承载力的主要因素进行分析，对地基承载力的确定方法进行介绍；同时对黄土地基、红黏土地基和膨胀土地基等特殊土地基工程特性做专门介绍，对这些特殊土地基设计与施工中应注意的问题给出指导性的意见。

本章还对软弱土地基进行定义和分类。对软弱土地基的处理方法进行分类，提出软弱土地基的处理原则。对3种地基处理方法的加固机理、适用条件、设计方法和施工注意事项以及检验手段做简单介绍。由于教材篇幅有限，对常规的排水团结法、砂桩法、灌浆法和使用较少的强夯法未能加以介绍，读者借助于土力学教材中的简介，参阅相关规范和手册，将易于利用它们解决好地基处理问题。同时对岩石地基的沉降计算、加固方法和嵌岩桩的设计亦做了讨论，使用者可根据土力学和岩石力学的基本原理，结合工程实践，依据本章提出的地基处理原则选取适合于具体工程的加固方法。

3.1　一般土质地基

地基承载力的确定应以同时满足地基稳定性和不超过容许变形为原则。确定地基承载力既要考虑建（构）筑物的安全等级，还要考虑承载力确定方法和所采用的计算参数的可靠程度，同时还应结合当地的建筑经验综合评定。一般来说，地基承载力的确定有3种主要途径：现场载荷试验。这种方法是最接近地基实际的一种方法，有条件应首选此方法；理论计算公式法，这将是本书讨论的重点；由土的物理力学指标查取，这是由工程实践经验统计而得。各地区可根据本地的经验提出承载力表格供参考使用。

3.1.1　地基极限承载力计算公式

地基极限承载力计算公式很多，一般包括有3项：反映黏聚力 c 作用的一项；反映基础宽度 b 影响的一项；反映基础埋深 d 作用的一项。每项中均含有一个数值不同的无量纲系数，称为承载力系数，它们均是土的内摩擦角 φ 的函数。不同的承载力公式，其承载力系数的数值不同。产生这种差别的原因是由于各个公式推导过程中所做的假设不同，因此，在选用承载力公式时一定要注意其适用条件。

这里介绍两个浅基础下地基极限承载力公式，有关这些公式的推导，可参阅一般"土力学"书籍。

1. 太沙基承载力公式

太沙基（K. Terzaghi）在40年代按照塑性平衡理论，假设地基土体在条形垂直荷载作用下，产生整体剪切破坏时沿对数螺旋线和直线段构成的滑动边界滑动，并考虑了土的自重影

响,导出了条形垂直荷载作用下黏性土地基的极限承载力公式为

$$p_u = cN_c + \gamma d N_q + \frac{1}{2}\gamma b N_\gamma \tag{3.1}$$

式中 p_u——地基极限承载力(kPa);

  c——土的黏聚力(kPa);

  γ——土的重度(kN/m³);

  b,d——分别为基础宽度和埋置深度(m);

  N_c、N_q、N_γ——承载力系数,无量纲,由图 3.1 中的实线查得,是土的内摩擦角 φ 的函数。

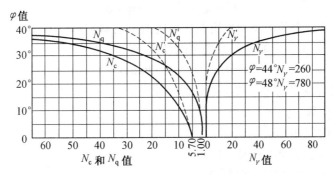

图 3.1 太沙基公式中的承载力系数

对于松散砂土和软土,地基破坏时为冲剪破坏或局部剪切破坏。太沙基建议通过调整抗剪强度指标来反映破坏模式的不同。他建议采用 $c' = \frac{2}{3}c$,$\varphi' = \arc(\frac{2}{3}\tan\varphi)$。此时太沙基公式变为

$$p_u = \frac{2}{3}cN'_c + \gamma d N'_q + \frac{1}{2}\gamma b N'_\gamma \tag{3.2}$$

式中其余符号同式(3.1),$N_c{'}$、$N_q{'}$、$N_\gamma{'}$ 为局部剪力破坏时的承载力系数,可由图 3.1 中的虚线查得。

当基础形状为圆形或方形时,地基承载力问题属于三维问题,太沙基根据试验结果,建议用以下半经验公式确定。

对于边长为 b 的正方形基础公式为

$$p_u = 1.3cN_c + \gamma d N_q + 0.4\gamma b N_\gamma \tag{3.3}$$

对于直径为 b' 的圆形基础公式为

$$p_u = 1.3cN_c + \gamma d N_q + 0.4\gamma b' N_\gamma \tag{3.4}$$

对于矩形基础($b \times l$)可以按 b/l 值,在条形基础($b/l=0$)和方形基础($b/l=1$)的承载力之间以插入法求得。

2. 汉森承载力公式

汉森(Hansen. J. B)除了考虑土的性质与基础埋深对地基极限承载力的影响外,还考虑了基础形状、荷载倾斜及地面和基底倾斜的影响,提出如下地基极限承载力公式,该公式被欧洲规范所采用,即

$$p_u = cN_c S_c d_c i_c g_c b_c + \gamma d N_q S_q d_q i_q g_q b_q + \frac{1}{2}\gamma b N_\gamma S_\gamma d_\gamma i_\gamma g_\gamma b_\gamma \tag{3.5}$$

式中　S_c、S_q、S_γ——基础形状系数；

d_c、d_q、d_γ——基础埋深系数；

i_c、i_q、i_γ——荷载倾斜系数；

g_c、g_q、g_γ——地面倾斜系数；

b_c、b_q、b_γ——基底倾斜系数；

N_c、N_q、N_γ——承载力系数，由下式决定，即

$$N_c = (N_q - 1)\cot\varphi$$

$$N_q = \exp(\pi\tan\varphi)\tan^2\left(45° + \frac{\varphi}{2}\right)$$

$$N_\gamma = 1.8(N_q - 1)\tan\varphi$$

汉森认为，极限承载力的大小与作用在基础底面上的倾斜荷载有关。当满足下式条件时（如图 3.2），可用式（3.6）给出的倾斜系数加以修正，即

$$H \leqslant c_a A + Q\tan\delta$$

式中　H——倾斜荷载在基底上的水平分力（kN）；

Q——倾斜荷载在基底上的垂直分力（kN）；

A——基础面积（m^2）；

c_a——基底与土之间的黏着力（kPa）；

δ——基底与土之间的摩擦角（°）。

$$\left.\begin{aligned}
i_c &= \begin{cases} 0.5 - 0.5\sqrt{1 - \dfrac{H}{cA}} & (\varphi = 0) \\[2mm] i_q - \dfrac{1 - i_q}{cN} & (\varphi > 0) \end{cases} \\[4mm]
i_q &= \left(1 - \dfrac{0.5H}{Q + cA\cot\varphi}\right)^5 > 0 \\[4mm]
i_\gamma &= \begin{cases} \left(1 - \dfrac{0.7H}{Q + cA\cot\varphi}\right)^5 > 0 & （水平基底） \\[2mm] \left(1 - \dfrac{0.7 - \eta/450}{Q + cA\cot\varphi}\right)^5 > 0 & （倾斜基底） \end{cases}
\end{aligned}\right\} \qquad (3.6)$$

式中　η——倾斜基底与水平面的夹角（°），如图 3.2 所示。

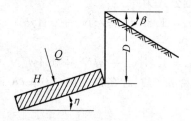

图 3.2　地面或基底倾斜情况

基础形状系数由式（3.7）确定，即

$$S_c = 1 + 0.2 i_c \frac{b}{l}$$

$$S_q = 1 + \frac{b i_q}{l} \sin \varphi$$ 　　　　　　(3.7)

$$S_\gamma = 1 - \frac{0.4b}{l} i_\gamma \geqslant 0.6$$

式中　b、l——分别为基础的宽度和长度(m)。

显然,对于条形基础,$S_c = S_q = S_\gamma = 1$。

埋深系数由式(3.8)确定,它是考虑了基础与两侧土的相互作用及基础底面以上土的抗剪强度作用,对承载力而言是有利影响,即

$$d_c = \begin{cases} 1 + 0.35 d/b & (d \leqslant b) \\ 1 + 0.4 \arctan(d/b) & (d > b) \end{cases}$$

$$d_q = \begin{cases} 1 + 2\tan\varphi (1 - \sin\varphi)^2 (d/b) & (d \leqslant b) \\ 1 + 2\tan\varphi (1 - \sin\varphi)^2 \arctan(d/b) & (d > b) \end{cases}$$ 　　(3.8)

$$d_\gamma = 1$$

式中　d——基础埋深(m)。

地面倾斜或基底倾斜均对承载力产生影响,若地面的倾角为 β 基底的倾角为 η,如图 3.2 所示,且 $\beta + \eta \leqslant 90°$,这二者的影响可用下面两式确定,即

$$g_c = 1 - \beta / 147°$$
$$g_q = g_\gamma = (1 - 0.5\tan\beta)^5$$ 　　　　(3.9)

$$b_c = 1 - \eta / 147°$$
$$b_q = \exp(-2\eta\tan\varphi)$$ 　　　　(3.10)
$$b_\gamma = \exp(-2.7\eta\tan\varphi)$$

3. 地基承载力理论公式讨论

无论是太沙基公式还是汉森公式都是指地基土的极限承载力。在设计时,为了使建筑物有一定的安全储备,同时亦考虑到公式的不完善性和土体参数的不准确性,一般要将极限承载力进行折减后才能作为设计值使用(有时也称承载力特征值)。地基极限承载力的折减是一个复杂的问题,它和上部结构的类型、荷载的性质、结构物的重要性、土的抗剪强度指标取值的可靠度等因素有关,一般折减系数为 $1/3 \sim 1/2$,视公式不同而异。

公式推导过程中采用应力叠加原理分别求得 $c \neq 0$、$\gamma d \neq 0$ 和 $\gamma \neq 0$ 的情况下承载力大小,然后组合而成,而叠加是在 $\varphi \neq 0$ 的情况下进行的,这显然是不正确的。这种误差导致计算结果偏小,是偏于安全的。当 $\varphi = 30° \sim 40°$ 时,可能低估承载力的 $17\% \sim 20\%$。

另外,公式的推导是基于均质地基浅基础情况。当基础埋深较大,$d/b = 3 \sim 4$ 时,应按深基础考虑;但当 $d/b = 1 \sim 3$ 时,实用上仍可作为浅基础对待。对于成层地基,可近似采用地基各层土的抗剪强度指标加权平均值计算。

由公式可见,地基极限承载力与土的抗剪强度指标 c,φ 值密切相关,随 c,φ 值的提高而提高。同时和上覆土重量 $\gamma d (=q)$ 有关,γd 越大意味着基础两侧地面上的超载大,则阻止滑动的力也大,故承载力就大;另外还和基础宽度 b 有关,b 增大,基础下的土体弹性核增大,整个滑动土体要增大,故承载力提高。因此,地基极限承载力不仅与土的性质有关,还与基础埋深、基

宽度有关。在工程实践中,当遇到地基土不能满足承载力要求时,常常采用加大基础宽度来提高地基承载力。但是有的学者研究表明,在一定 φ 值时,承载力系数 N_γ 不是常数,而是随着基础尺寸的增大而减小的。因此,不能任意借加大基础宽度的办法来提高地基的承载力,否则将会达不到应有的效果。另外,对于压缩性高的软土,如增加基础宽度,反而增加了受压层的范围,增大了基础的沉降,影响到建筑物的安全和正常使用,应特别注意。

地下水位的存在对地基承载力亦有影响,会使承载力降低。一般有两种可能性:一是沉没在水下的土,将失去由毛细管应力或弱结合水所形成的表观凝聚力,使承载力降低;二是由于水的浮力作用,使土的有效质量减小而降低了土的承载能力。前一影响因素在实际应用上尚有困难,因此,目前一般都假定水位上下的强度指标相同,而仅仅考虑由于水的浮力作用对承载力所产生的影响。

对于均质土,在完全浸水的情况下,太沙基建议将承载力公式中的重度 γ 用土的有效重度 γ' 代替;一般土的有效重度仅为天然重度的 $0.5 \sim 0.7$ 倍,因此,地下水位上升将使承载力大为降低,这种影响对于 $c=0$ 的无黏性土更为显著,在基础设计时应特别引起注意。

【例 3.1】 有一宽度为 4 m 的条形基础,埋置在地面以下 3 m 深处,地基为均质黏性土,其天然重度 $\gamma=19.5$ kN/m³,固结不排水抗剪强度指标为 $c=20$ kPa,$\varphi=22°$。试求地基的极限承载力。

【解】 (1)首先用太沙基公式求解:

由 $\varphi=22°$,查图 3.1 中的实线,得承载力系数 $N_c=20, N_q=10, N_\gamma=7$,于是极限承载力由式(3.1)计算为

$$p_u/\text{kPa} = cN_c + \gamma d N_q + \frac{1}{2}\gamma b N_\gamma = 20 \times 20 + 19.5 \times 3 \times 10 + \frac{1}{2} \times 19.5 \times 4 \times 7 = 1\ 258$$

(2)用汉森公式求解:

由 $\varphi=22°$,可计算承载力系数为

$$N_q = \exp(\pi \tan \varphi) \tan^2\left(45° + \frac{\varphi}{2}\right) = \exp(\pi \tan 22°) \tan^2\left(45° + \frac{22°}{2}\right) = 7.82$$

$$N_c = (N_q - 1)\cot\varphi = (7.82 - 1)\cot 22° = 16.88$$

$$N_\gamma = 1.8(N_q - 1)\tan\varphi = 1.8 \times (7.82 - 1)\tan 22° = 4.96$$

由式(3.8)得深度系数为

$$d_c = 1 + 0.35\frac{d}{b} = 1 + 0.35 \times \frac{3}{4} = 1.262\ 5$$

$$d_q = 1 + 2\tan\varphi(1 - \sin\varphi)2\frac{d}{b} = 1 + 2\tan 22°(1 - \sin 22°)2 \times \frac{3}{4} = 1.237\ 0$$

$$d_\gamma = 1$$

其余系数均为 1。所以

$$p_u/\text{kPa} = cN_c d_c + \gamma d N_q d_q + \frac{1}{2}\gamma b N_\gamma d_\gamma = 20 \times 16.88 \times 1.262\ 5 +$$

$$19.5 \times 3 \times 7.82 \times 1.237\ 0 + \frac{1}{2} \times 19.5 \times 4 \times 4.96 \times 1 = 1\ 185.6$$

计算结果表明,汉森公式虽然用深度系数加以修正,但仍小于太沙基公式的计算值。

【例 3.2】 有一宽为 4 m 的条形基础,埋置在中砂层下 2 m 深处,其上作用着倾斜的中心

荷载:垂直方向的分力 $Q=900$ kN/m,水平方向的分力 $H=150$ kN/m,中砂层土的内摩擦角 $\varphi=32°$,天然重度 $\gamma=18.5$ kN/m³,浮重度 $\gamma'=9.5$ kN/m³,设地下水位与基底齐平,试确定地基的极限承载力。

【解】 由 $\varphi=32°$,得承载力系数为

$$N_q = \exp(\pi\tan\varphi)\tan^2\left(45°+\frac{\varphi}{2}\right) = \exp(\pi\tan 32°)\tan^2\left(45°+\frac{32°}{2}\right) = 23.177$$

$$N_c = (N_q-1)\cot\varphi = (23.177-1)\cot 32° = 35.490$$

$$N_\gamma = 1.8(N_q-1)\tan\varphi = 1.8\times(23.177-1)\tan 32° = 24.944$$

由式(3.8)得深度系数为

$$\frac{d}{b} = \frac{2}{4} < 1$$

所以

$$d_c = 1+0.35\frac{d}{b} = 1+0.35\times\frac{2}{4} = 1.175$$

$$d_q = 1+2\tan\varphi(^1-\sin\varphi)2\frac{d}{b} = 1+2\tan 32°(1-\sin 32°)2\times\frac{2}{4} = 1.138$$

$$d_\gamma = 1$$

由式(3.6)可得倾斜系数如下:

设 $c_a=0,\delta=\varphi=32°$,则

$$150\,(\text{kN}\cdot\text{m}^{-1}) = H \leqslant c_aA + Q\tan\delta = 900\times\tan 32° = 562.4$$

$$i_q = \left(1-\frac{0.5H}{Q+cA\cot\varphi}\right)^5 = \left(1-\frac{0.5\times 150}{900+0}\right)^5 = 0.647$$

$$i_c = i_q - \frac{1-i_q}{cN_c} = 0.647$$

$$i_\gamma = \left(1-\frac{0.7H}{Q+cA\cot\varphi}\right)^5 = \left(1-\frac{0.7\times 150}{900+0}\right)^5 = 0.538$$

所以

$$p_u/\text{kPa} = cN_ci_cd_c + \gamma dN_qi_qd_q + \frac{1}{2}\gamma bN_\gamma i_\gamma d_\gamma = 18.5\times 2\times 23.177\times 0.647\times 1.138 +$$

$$\frac{1}{2}\times 9.5\times 4\times 24.944\times 0.538\times 1 = 886.38$$

3.1.2 黏性土地基承载力

黏性土地基的承载力与加荷方式,特别是加荷历时的长短有着非常密切的关系。在大多数情况下,荷载施加相对较快,饱和黏性土地基中的孔隙水来不及排除,孔隙水压力来不及完全消散,可近似认为土的抗剪强度指标 $c=c_{uu}$,$\varphi=\varphi_{uu}=0$,则极限承载力系数 $N_q=N_\gamma=0$,$N_c\neq 0$。实验表明 N_c 并非常数,而是随基础埋深而增加,因此,Skempton 提出半经验公式为

$$p_u = \left(1+0.2\frac{b}{l}\right)\left(1+0.2\frac{d}{b}\right)N_cc_{uu} + \gamma d \tag{3.11}$$

式中 c_{uu}—— 由不固结不排水剪试验所得土的黏聚力(kPa)。

其余符号同前。

该公式适用于 $d/b \leqslant 2.5$ 的情况,当 $d/b > 2.5$ 时,p_u 不再增加。

当荷载施加速率非常缓慢,比如修土坝,有时可能会持续若干年,土体中的含水量在荷载作用下会随时间增长而减小,此时土体抗剪强度的提高在设计中必须予以考虑。对于这种情况,土体的沉降也是不容忽视的,因此构筑物应为柔性结构,对沉降不敏感,在长期荷载作用下,地基土的承载力由前述公式确定时,应采用有效应力强度指标 c'、φ' 来计算。

对于饱和黏性土的 c_{uu} 一般由不固结不排水三轴压缩试验确定,有时由于原状软土样难以取得,也可由现场十字板剪切试验确定 c_{uu} 值(详细确定过程见第 2.6 节)。值得注意的是,两种试验方法所得 c_{uu} 值不同,原因在于土体的各向异性。在三轴试验中。土样是在垂直方向受压面剪坏,现场十字板剪切试验则是由土体承平面直接受剪为主。因此,在使用上述地基承载力理论公式时,若采用由十字板剪切试验所得 c_{uu} 计算时,要进行修正,即 $c_{uu} = fc_{us}$。Bjerrum 由试验对比得出修正系数,与土的塑性指数有关,二者间的关系如图 3.3 所示。

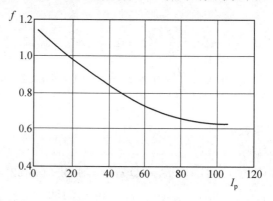

图 3.3　Bjerrum 修正系数 f 与塑性系数 I_p 的关系曲线

3.1.3　无黏性土地基承载力

无黏性土地基具有较高的渗透性。在荷载的施加过程中可以认为土中的孔隙水压力消散很快,基本为零。因此,在进行地基极限承载力计算时应采用土的有效应力强度指标 c'、φ'。一般对于砂类土或碎石类土,认为其有效黏聚力 $c' = 0$ 或很小,可以忽略不计。

无黏性土的有效内摩擦角 φ' 是确定地基极限承载力系数的基本参数。由于现场很难取得原状未扰动的无黏性土样,特别是碎石类土或粗砂、砾砂等粗颗粒含量较大的砂类土,φ' 值很难从室内试验确定,一般均由现场原位试验间接确定。常用的方法是由现场标准贯入试验确定土体的标准贯入击数 $N_{63.5}$,然后由 $N_{63.5}$ 间接确定有效内摩擦角 φ'。如图 3.4 所示给出了由 Peck 等人总结建立的 $N_{63.5}$ 与 φ' 的关系曲线,供参考。

太沙基根据试验得出干燥状态下某些砂土的内摩擦角范围,见表 3.1,供工程人员在获得现场工程地质勘察报告前进行初步设计方案选择时参考。对于饱和状态下的土体,其 φ' 值要比干燥状态下低 $1° \sim 2°$。对于含有较多细颗粒的粉砂、细砂,在饱和状态下,当受到往复荷载作用(如地震荷载),孔隙水来不及排出,孔隙水压力急剧增长,致使土体的有效应力减小为零,产生液化,导致地基丧失承载力,在设计中对于这类砂土要予以高度重视。一般对于液化土体均应进行处理,对于桩基设计时要按照有关规范,对于液化土层的桩侧阻力进行折减。

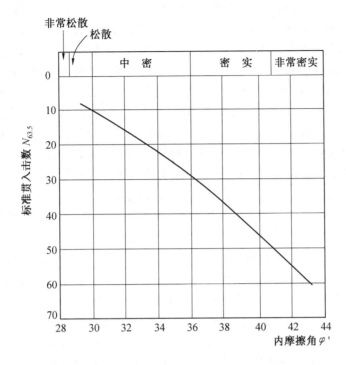

图 3.4　标准贯入击数 $N_{63.5}$ 与内摩擦角 φ' 的关系曲线

表 3.1　干燥状态下某些砂类土的内摩擦角 $\varphi/°$ 取值范围

状态	土　类			
	均匀圆砾	级配良好角砾	粉质砂土	砂质砾石
松散	27.5	33	27 ~ 33	35
密实	34	45	30 ~ 34	50

　　另外值得高度重视的一点是松砂达到峰值强度后强度保持不变,但密砂达到峰值强度后,随着变形增加,强度下降,有时下降幅度较大。下降稳定后的强度称为残余强度,在进行支护结构设计计算时,要注意使用土的残余强度值进行土压力计算。

3.2　特殊土质地基

3.2.1　黄土地基

1. 黄土的特征及分布

　　黄土是一种第四纪沉积物。世界上黄土分布很广,集中在中纬度干旱和半干旱地区。法国的中部和北部、罗马尼亚、保加利亚、苏联境内北纬 40° 以北及中亚地区,以及美洲密西西比河上游都有分布。黄土在我国具有,地层全、厚度大的特点,总分布面积约 62.5 万 km^2,占世界黄土分布总面积的 4.9% 左右,主要分布在北纬 33° ~ 47°,而以 34° ~ 45° 之间,如甘肃、陕西秦岭以北、青海、河南、山西等省。堆积厚度一般都在 $10 \sim 40$ m 左右,最大厚度达 200 m。

黄土按其成因可分为两类:以风力搬运堆积,又未经次生扰动,不具层理的称为原生黄土;由风力以外的其他成因堆积而成的,常具有层理或砾石、砂类层,称为次生黄土。原生黄土和次生黄土统称为黄土。在天然含水量时,黄土往往具有较高的强度和较小的压缩性,但遇水浸湿后,有的土即使在其上覆土层自重压力作用下也会发生显著附加下沉,其强度也随着迅速降低。凡天然黄土在一定压力作用下,受水浸湿,土的结构迅速破坏而产生显著附加下沉的称为湿陷性黄土。有的黄土并不发生湿陷,称为非湿陷性黄土。非湿陷性黄土地基的设计和施工与一般黏性土地基无异,因此这里不加讨论。湿陷性黄土又可分为自重湿陷性黄土 —— 土体在自重压力作用下受水浸湿后产生失陷的黄土,和非自重湿陷性黄土 —— 土体在自重压力下受水浸湿后不产生湿陷,而在某一压力($>$ 自重压力)的作用下受水浸湿后产生湿陷的黄土。

湿陷性黄土产生湿陷的原因是外因和内因共同作用的结果,黄土在它的形成过程中,因当地气候干燥,土中水分不断蒸发,水中所含的碳酸钙、硫酸钙等盐类就在土粒表面析出,沉淀下来,形成胶结物;此外还由于土颗粒间的分子引力和由薄膜水和毛细水所形成的水膜连接。所有这些胶结使得颗粒间具有抵抗移动的能力,阻止土的骨架在其上覆土重的作用下可能发生的压密,从而形成肉眼可见的、孔径大于粒径的大孔结构和架空孔隙,并且有多孔性;此外,残留的植物根系也能形成大孔。黄土被水浸湿后,水分子楔入颗粒之间,破坏连接薄膜,并逐渐溶解盐类,同时水膜变厚,土的抗剪强度显著降低,在土自重压力或自重压力与附加压力的作用下,土的结构逐渐破坏,颗粒向大孔中滑动,骨架挤紧,从而发生湿陷现象。可见,土的大孔性和多孔性是湿陷的内在原因,水的压力则是湿陷的外界条件,并通过前者而起作用。

黄土的湿陷性主要与其特有的结构有关如图 3.5 所示,即与其结构组成有关的微结构(架空孔隙的存在)、颗粒组成(粉粒含量较高)、化学成分(易溶盐、可溶盐的存在)等因素有关。在同一地区,土的湿陷性又与其天然含水量有关。当然,压力也是一个重要的外界影响因素。因此,黄土的工程地质评价要综合考虑地层、地貌、水文地质条件等因素。

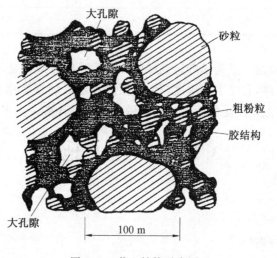

图 3.5　黄土结构示意图

2. 黄土湿陷性的判定

(1)湿陷性的判定。黄土湿陷性一般用室内浸水测限压缩试验来判定。试验时,将高度为 h_0 的原状土样放入压缩仪中,逐渐加荷到规定压力 p 为止,测定 p 压力下试样压缩稳定后的高度 h_p;然后加水浸湿试样,使其达到饱和状态,测定下沉稳定后试样的高度 $h_p{}'$,湿陷系数 δ_s 定义为

$$\delta_s = \frac{h_p - h'_p}{h_0} \tag{3.12}$$

湿陷系数 δ_s 的大小反映了黄土对水的敏感程度,其值愈小,湿陷性愈小,表示土受水浸湿后的附加下沉量愈小,对建筑的危害亦愈小,反之则大。因此,湿陷系数常用来判定土的湿陷性。根据《湿陷性黄土地区建筑规范》(以下简称《黄土规范》)规定,当 $\delta_s < 0.015$ 时,定为非湿陷性黄土;$\delta_s \geqslant 0.015$ 时,定为湿陷性黄土。

《黄土规范》规定,测定湿陷系数时的压力 p 从基础底面(初勘时从地面下 1.5 m)算起,到其下 10 m 内的土层为 200 kPa,10 m 以下至非湿陷性土层顶面应用其上覆土饱和自重压力(当大于 300 kPa 时,仍应用 300 kPa)。如基底压力大于 300 kPa 时,宜用实际压力判别黄土的湿陷性。

(2)湿陷起始压力和湿陷起始含水量。如上所述,黄土的湿陷量与所受压力大小有关。因此,存在着一个压力界限值,压力低于这个数值,黄土即使浸了水也不会产生湿陷,这个界限称为湿陷起始压力 p_{sh}。它是一个有一定实用价值的指标。

湿陷起始压力可用室内或野外现场试验确定。不论室内或野外试验,都使用双线法和单线法两种。当由室内压缩试验确定时,其方法如下:

采用双线法时,应在同一取土点的同一深度处,以环刀切取两个试样。一个在天然湿度下分级加荷;另一个在天然湿度下加第一级荷重,下沉稳定后浸水,待湿陷稳定后再分级加荷。分别测定这两个试样在各级压力下的下沉稳定后的试样高度 h_p 和浸水下沉稳定高度 $h_p{}'$,按测定值及对应的各级压力就可以绘制出不浸水试样的 $p-h_p$ 曲线和浸水试样的 $p-h_p{}'$ 曲线,如图 3.6 所示。然后按式(3.12)计算各级荷载下的湿陷系数 δ_s,从而绘制 $p-\delta_s$ 曲线。在 $p-\delta_s$ 曲线上取 $\delta_s = 0.015$ 所对应的压力作为湿陷起始压力 p_{sh}。这种方法因需绘制两条压缩曲线,所以称为双线法。

采用单线法时,应在同一取土点同一深度处,至少以环刀切取 5 个试样,各试样均分别在天然湿度下分级加荷至不同的规定压力。待下沉稳定后测定土样高度 h_p,然后浸水,并测定湿陷稳定后的土样高度 $h_p{}'$。绘制 $p-\delta_s$ 曲线,取 $\delta_s = 0.015$ 时对应的压力为 p_{sh}。

湿陷起始含水量是指在外荷或土自重压力作用下,湿陷性黄土受水浸湿时开始出现湿陷现象时的最低含水量。它与土的性质和作用压力有关,对于同一种土,湿陷起始含水量并不是一个常数,一般随压力增大而减小。对于给定的土,在特定压力下,它的湿陷起始含水量是一个定值。在实际工程中常常会遇到这样的土层,由于外界作用其含水量略有所增,但未达到饱和状态,究竟该土层在荷载作用下会产生多大的湿陷量,是需要仔细考虑的。如果含水量尚未达到该土层在给定荷载下的湿陷起始含水量,则变形不显著,可以作为非湿陷性土层对待,若超过或等于它的湿陷起始含水量,则必须按照《黄土规范》的要求,在设计中予以考虑,采取必要的措施。

湿陷起始含水量主要受下述因素的影响:一是土的黏性、结构强度及受水浸湿时强度降低

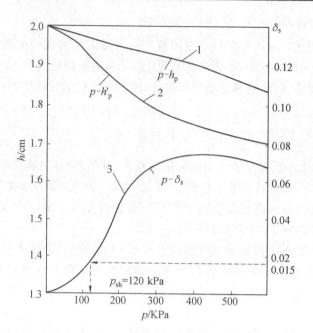

图 3.6　双线法压缩试验曲线

$1-p-h_p$ 曲线（不浸水）；$2-p-h_p{}'$ 曲线（浸水）；$3-p-\delta_s$ 曲线

的程度；二是土在外荷或自重作用下的应力状态。作用在土上的压力越大，起始含水量越小。

确定湿陷起始含水量的标准同确定湿陷起始压力的标准相同，以土样在某一压力下的湿陷系数 $\delta_s=0.015$ 时的含水量作为湿陷起始含水量。

（3）湿陷类型和湿陷等级。自重湿陷性黄土在没有外荷载的作用下，浸水后也会迅速发生强烈的湿陷，甚至一些很轻的建筑物也难免遭其害，而在非自重湿陷性黄土地区，这种现象就很少见。所以对于这两种类型的湿陷性黄土地基所采取的设计和施工措施应有所区别。在黄土地区地基勘察中，应按实测自重湿陷量或计算自重湿陷量判定建筑场地的湿陷类型。实测自重湿陷量由现场试坑浸水试验确定。

计算自重湿陷量按下式计算，即

$$\Delta_{zs}=\beta_0\sum_{i=1}^{n}\delta_{zsi}h_i \tag{3.13}$$

式中　δ_{zsi}——第 i 层土在上覆土层的饱和（$S_\gamma \geqslant 85\%$）自重压力作用下的湿陷系数，其测定和计算方法同 δ_{si}；即 $\delta_{zs}=\dfrac{h_z-h{'}_z}{h_0}$。

　　h_z——加压至土的饱和自重压力时，下沉稳定后的试样高度，$h{'}_z$ 为浸水饱和后土样下沉稳定后的高度；

　　h_i——第 i 层土的厚度；

　　n——总计算厚度内湿陷土层的数目。总计算厚度应从天然地面算起（当挖、填方厚度及面积较大时，自设计地面算起）至其下全部湿陷性黄土层的底面为止，但其中 $\delta_{zs}<0.015$ 的土层不累计；

　　β_0——因地区土质而异的修正系数。对陇西地区可取 1.5，对陇东地区和陕北地区可取 1.2。对关中地区：当场地在湿陷性土层内，分布为全新世 Q_4（含 Q_4^2 新近堆积）黄土和晚更新世 Q_3 黄土时取 1.1;以中更新世 Q_2 为主时取 0.7;其他地区取 0.5。

当计算自重湿陷量 $\Delta_{zs} \leqslant 7$ cm 时,应定为非自重湿陷性黄土场地;$\Delta_{zs} > 7$ cm 时,应定为自重湿陷性黄土场地。

在现场进行试坑浸水试验时,试坑一般挖成圆形或方形,其直径或边长不应小于湿陷性黄土层的厚度,且不应小于 10 m。试坑的深度为 0.5 m,坑底铺一层 5~10 cm 厚的砂或石子。在坑内不同深度处和坑外地面上设置若干沉降观测标点,并注意观察试坑浸水后地面裂缝的发展情况。沉降观测精度为 ±0.1 mm。坑内水深应保持 30 cm。试验一直进行到湿陷稳定(即最后 5 d 内的平均日湿陷量 ≤1 mm)为止。当实测自重湿陷量 $\Delta_{zs}' \leqslant 7$ cm 时,定为非自重湿陷性黄土场地;当 $\Delta_{zs}' > 7$ cm 时,定为自重湿陷性黄土场地。

现场试验比较符合实际情况,但常限于现场条件(主要是水的来源)或工期限制,不易做到。

湿陷性黄土地基的湿陷等级,应根据基底下各土层累计的总湿陷量和自重湿陷量的大小等因素按表 3.2 判定。总湿陷量可按下式计算,即

$$\Delta_s = \sum_{i=1}^{n} \beta \delta_{si} h_i \tag{3.14}$$

式中　δ_{si} 和 h_i——第 i 层土的湿陷系数和厚度。计算时土层厚度自基底(初勘时从地面下 1.5 m)算起:对非自重湿陷性黄土地基,累计算至其下 5 m 深度或沉降计算深度为止;对自重湿陷性黄土地基,应根据建筑物类别和地区经验决定,其中 $\delta_s < 0.015$ 的土层不累计;

　　　　β——考虑黄土地基侧向挤出和浸水几率等因素的修正系数。无浸水几率,β 可取 0;有浸水几率,基底下 5 m 深度内可取 1.5 m;5 m 深度以下,在非自重湿陷性黄土场地,可不计算;在自重湿陷性黄土场地,按 β_0 值取用。

表 3.2　湿陷性黄土地基的湿陷等级

总湿陷量 Δ_s/cm	非自重湿陷性场地	自重湿陷性场地		
	$\Delta_{zs} \leqslant 7$	$7 < \Delta_{zs} \leqslant 35$	$\Delta_{zs} > 35$
$5 < \Delta_s \leqslant 30$	I	II	—
$30 < \Delta_s \leqslant 60$	II	II 或 III	III
$\Delta_s > 60$	—	—	IV

注:当总湿陷量 $\Delta_s > 50$ cm,自重湿陷量的计算值 $\Delta_{zs} > 30$ cm 时,可判为 III 级,其他情况可判为 II 级。

Δ_s 是湿陷性黄土地基在规定压力作用下充分浸水后可能发生的湿陷变形值,设计时应按黄土地基的湿陷等级考虑相应的设计措施。在同样情况下,湿陷程度愈高,设计措施要求愈严格。

【例 3.3】　关中地区某建筑场地初勘时 3# 探井的土工试验资料如表 3.3,试确定该场地的湿陷量和湿陷类型及等级。

表 3.3　关中地区某建筑场地初勘时 3# 探井的土工实验资料

土样野外编号	取土深度/m	β	d_s	e	γ（按 $S_r \leqslant 85\%$ 时）/(kN·m^{-3})	δ_s	δ_{zs}	备　注
3—1	1.5		2.70	0.975	17.8	0.085	0.002 *	
3—2	2.5	1.5	2.70	1.100	17.4	0.059	0.013 *	
3—3	3.5		2.70	1.215	16.8	0.076	0.022	
3—4	4.5		2.70	1.127	17.2	0.028	0.012 *	带 * 号的 δ_s 或
3—5	5.5		2.70	1.126	17.2	0.094	0.031	δ_{zs} 未计入累计；
3—6	6.5	0.7	2.70	1.300	16.5	0.091	0.075	d_s 为土粒相对
3—7	7.5		2.70	1.179	17.0	0.071	0.060	密度
3—8	8.5		2.70	1.072	17.4	0.039	0.012 *	
3—9	9.5		2.71	0.787	18.9	0.002 *	0.001 *	
3—10	10.5		2.70	0.778	18.9	0.0012 *	0.0008 *	

【解】　首先计算自重湿陷量 Δ_{zs}，由式（3.13）知，关中地区 $\beta_0 = 0.7$。

$$\Delta_{zs} = \beta_0 \sum_{i=1}^{n} \delta_{zsi} h_i = 0.7 \times (0.022 \times 100 + 0.031 \times 100 + 0.075 \times 100 +$$
$$0.060 \times 100) = 13.16 \text{ cm} > 7 \text{ cm}$$

所以,定为自重湿陷性黄土场地。

其次计算总湿陷量 Δ_s，由式（3.14）知，对于自重湿陷性黄土地基，在 5 m 内取 $\beta = 1.5$；5 m 以下取 $\beta = \beta_0 = 0.7$。计算厚度由地区建筑经验确定为其下 10 m 左右，初勘阶段，从地面下 1.5 m 起算，再将表 3.3 中的有关数据代入式（3.14）中得

$$\Delta_s / \text{cm} = \beta \sum_{i=1}^{n} \delta_{si} h_i = 1.5 \times (0.085 \times 50 + 0.059 \times 100 + 0.075 \times 100 + 0.028 \times 100 +$$
$$0.094 \times 100 + 0.091 \times 50) + 0.7 \times (0.091 \times 50 + 0.071 \times 100 + 0.039 \times 100) =$$
$$1.5 \times (4.25 + 5.9 + 7.5 + 2.8 + 9.4 + 4.55) + 0.7 \times (4.55 + 7.1 + 3.9) = 62.485$$

根据该场地的总湿陷量和自重湿陷量由表 3.2 可判定其湿陷等级为 Ⅲ 级，即严重。

3. 湿陷性黄土地基的勘察和工程措施

（1）湿陷性黄土地基的勘察。在湿陷性黄土地区进行工程地质勘察时，除了遵循勘察规范规定的基本要求和方法，查明一般工程地质条件外，还必须在不同的勘察阶段中，针对湿陷性黄土的特点进行下列勘察工作，以便结合建筑物的要求，对场地的湿陷类型、地基湿陷等级作出评价和提出地基处理措施的建议。

① 按不同的地质年代和成因及土的特性划分黄土层，查明湿陷性黄土层的厚度和分布，测定土的物理力学性质（包括湿陷起始压力），划分湿陷类型和计算湿陷量，确定湿陷性、非湿陷性黄土土层在平面与深度的界限。

② 研究地形的起伏与降水的积累和排泄条件，调查山洪淹没范围及发生时间，调查地下水位深度、季节性的变化幅度、升降趋势、地表水体的变化情况。

③ 划分不同的地貌单元，查明不良地质现象（如湿陷洼地、黄土滑坡、崩塌、冲沟和泥石流）的分布地段、规模和发展趋势及危害性。

④ 通过调查访问,了解场地内有无古墓、古井、坑、穴、地道和砂井等地下坑穴。

⑤ 调查邻近已有建筑物的现状及开裂、损坏情况。

湿陷性黄土地区勘探线布置、间距、钻孔深度可按《黄土规范》的规定进行。

(2) 湿陷性黄土地基设计和工程措施。在湿陷性黄土地区进行建筑物设计时,应按建筑物的重要性、地基受水浸湿可能性的大小和在使用上对不均匀沉降限制的严格程度、地基土的湿陷类型和湿陷等级、土的变形和强度、地下水可能的变化情况、当地建筑经验和施工条件等因素综合考虑和分析,区别对待,合理采用地基处理、防水措施和结构措施等一种或几种结合起来的措施,以保证建筑物的安全可靠和正常使用。

《黄土规范》规定,对甲类建筑应全部消除地基土的湿陷性。防水措施和结构措施可按一般地区进行设计;对于乙类建筑可部分消除湿陷性,并采取结构措施和防水措施。地基处理后的剩余湿陷量 $\leqslant 15$ cm 时,宜采取检漏防水措施或基本防水措施;当剩余湿陷量 > 15 cm 时,对自重湿陷性黄土场地,宜采取严格防水措施。对非自重湿陷性黄土场地,宜采取检漏防水措施;对丙类建筑,应消除地基的部分湿陷量,并采取结构措施和防水措施,视剩余湿陷量的大小和场地湿陷等级采用合适的防水措施;对于丁类建筑,地基一律不处理,但要根据场地湿陷等级采用不同程度的防水措施和结构措施。

地基处理的目的在于消除地基土的湿陷性。地基处理可分为两大类:一是全部消除地基湿陷性,如挤密土桩、石灰桩、化学灌浆、预浸水等方法;二是部分消除地基湿陷性,如重锤夯实法、强夯法(该法可用于全部消除湿陷性)和灰土垫层。桩基础在黄土中的应用近年来日益增多。采用桩基础应穿透湿陷性黄土层,对非自重湿陷性黄土场地,桩端应支撑在压缩性较低的非湿陷性土层中;对自重湿陷性黄土场地,桩端应支撑在可靠的受力层中。

防水措施是防止或减少建筑物和管道地基受水浸湿而引起湿陷以保证建筑物和管道安全使用的重要措施。其主要内容有:做好总体的平面和竖向设计;保证整个场地排水畅通;做好防洪设施;保证水池类构筑物或管道与建筑物的间距符合防护距离的规定;保证管网和水池类构筑物的工程质量,防止漏水;做好排除屋面雨水和房屋内地面防水的措施。对于单体建筑物而言,其防水措施主要包括检漏管沟、防水地坪、散水和室外场地平整等。

结构措施的目的在于使建筑物能适应或减少因地基局部浸水所引起的差异沉降而不致遭受严重破坏,并继续能保持其整体稳定性和正常使用。主要的结构措施包括以下几方面:

① 选择适应不均匀沉降的结构类型和适宜的基础类型,建筑体型力求简单。

② 加强建筑物的整体刚度。对砖石承重的多层房屋控制长高比;设置沉降缝,减少沉降差;增设横墙、增设钢筋混凝土圈梁,增大基础刚度等。

③ 局部加强构件和砌体强度。

④ 构件应有足够的支撑面积。

⑤ 预留适应沉降的净空。

在上述工程措施中,地基处理是3种工程措施中的主要措施,防水和结构措施要根据地基处理程度的不同而选用。如果地基彻底处理了,湿陷性全部消除,其他措施就可不必特殊考虑。若地基处理仅消除了部分湿陷量,则为了保证建筑物的安全和正常使用,尚应采取必要的防水和结构措施。

3.2.2　红黏土地基

1. 红黏土的形成

红黏土是指在亚热带湿热气候条件下,碳酸盐类岩石及其间所夹其他岩石,经强烈风化后形成的一种高塑性黏性土,一般带红色,如褐红色、棕红色或黄褐色。这种残积物经降雨水流搬运后形成的坡、洪积黏土,称为次生红黏土。也有人认为,红土的成因类型一般根据母质类型而划分为碳酸盐残积"红黏土"、玄武岩残积"类红黏土"、花岗岩残积"红土"和第四系风化的"网纹红土",这种分类法则把红黏土列在红土大类中。本教材仍按本段开头的常规定义方法,阐述有关红黏土及地基的性状。

我国红黏土和次生红黏土广泛分布于云南、贵州、广西、四川、广东、湖南等地,云南、贵州和广西的红黏土最为典型,分布最广,土层厚度分布极为不均,与下卧基岩面的状态和风化深度密切相关,常因岩面起伏变化较大,或因石灰岩表面的石芽、溶沟、溶洞或土洞等的存在,致使在水平距离咫尺之间,上覆红黏土层的厚度也可相差 10 m 之巨,即造成地基勘察工作的困难,设计时又必须充分考虑地基的不均匀性。

红黏土是一种有特殊工程性质的黏土,一般情况下常处于饱和状态,天然含水量高,孔隙比大,但土的压缩性低、强度高,从土的性质来说,它的工程性能良好,是建筑物较好的地基。

2. 红黏土的成分及物理力学特征

碳酸盐类及其他类岩石在风化后期,母岩中活动性较强的成分和离子 SO_4^{2-}、Ca^{2+}、Na^+、K^+ 等经长期风化淋滤作用后相继流失,SiO_2 也部分流失,此时地表多集聚含水铁铝氧化物及硅酸盐矿物,并脱水变成 Fe_2O_3、Al_2O_3 或 $Al(OH)_3$,使土染成褐红或砖红色而成红黏土。由表 3.4 和表 3.5 可知,红黏土的矿物成分以石英、多水高岭石、水云母和赤铁矿、三水铝土矿等组成,而其他化学成分则以 SiO_2、Fe_2O_3 和 Al_2O_3 为主,CaO、MgO、MnO_2 等成分极少。因在湿热条件下,有机质易于分解,故红黏土的有机质含量甚微。根据昆明和贵阳的试验资料,红黏土颗粒周围所吸附的阳离子以水化程度很弱的 Fe^{3+} 和 Al^{3+} 为主,Ca^{2+} 和 Mg^{2+} 含量极少。

表 3.4　红黏土的矿物成分

地区	深度 /m	矿物成分含量 /%				
		石英	多水高岭石	水云母	赤铁矿	三水铝土矿
昆明	1.0	5	20～30	—	20～30	30～40
	1.5	＜5	30～40	—	20～30	20～30
	2.5	20～30	20～30	—	10～20	20～30
贵阳	4.5	50～60	≤10	20～30	10～15	15～25

注:据原西南综合勘察院资料。

表 3.5　红黏土的化学成分

地区		深度 /m	化 学 成 分 /%						
			SiO_2	Fe_2O_3	Al_2O_3	CaO	MgO	MnO_2	有机质
贵阳	1	3.0	46.9	16.0	22.2	痕迹	1.83	0.12	—
	2	4.0	48.5	12.2	23.2	痕迹	1.56	0.06	—
	3	6.0	40.8	17.7	25.5	痕迹	1.83	0.49	—
贵州省	都匀	—	68.9	9.6	13.4	1.7	8.8	—	—
	普定	—	33.5	12.7	36.4	0.8	0.7	—	—
	遵义	—	54.0	10.4	15.5	0.9	1.1	—	—
昆明	12	1.5	28.6	17.6	40.5	1.1	0.53	—	0.69
	13	2.5	43.4	12.9	29.1	0.89	1.40	—	0.43

注:据原西南综合勘察院资料。

红黏土粒径组成较均匀,呈高分散性,黏粒含量很高,一般为 60% ~ 70%,云南个旧白沙冲和贵阳的红黏土,其黏粒含量可高达 85%。

红黏土的一般物理力学特征如下所示:

① 天然含水量高。一般为 40% ~ 60%,甚至可高达 90%;饱和度一般大于 90%,甚至坚硬红黏土也处于饱和状态。

② 密度小。天然孔隙比一般为 1.4 ~ 1.7,有的高达 2.0,具有大孔隙性。

③ 塑性界限高。液限大于 50%,一般为 60% ~ 80%;塑限一般为 40% ~ 60%,可高达90%;塑性指数常为 20 ~ 50。

④ 红黏土表层一般处于坚硬或硬塑状态,此时的天然含水量虽高,但塑限也很高。

⑤ 常有较高的强度和较低的压缩性。固结快剪时,内摩擦角为 8° ~ 18°,内聚力 c 为40 ~ 90 kPa;载荷试验比例极限为 200 ~ 300 kPa;压缩系数 a_{2-3} 为 0.1 ~ 0.4 MPa^{-1},变形模量 $E_0 = 10 ~ 30$ MPa,最高可达 50 MPa;

⑥ 无湿陷性。原状土浸水后膨胀量很小,但失水后收缩剧烈,原状土体积收缩率可达25%,扰动土可达 40% ~ 50%。

红黏土的上述物理力学特征和由此决定的特殊工程性质,主要在于生成环境及相应的组成物质和坚固的粒间连接特性。

红黏土的高孔隙性来源于其颗粒组成的高分散性,黏粒含量多,且组成这些细小黏粒的铁铝硅氧化物在高湿条件下很快失水,而相互凝聚胶结,从而较好地保存了絮状结构的结果。

红黏土的天然含水量很高,同样由于它的高分散性,黏粒表面能吸附大量的水分子。在土中孔隙被结合水,主要是强结合水所充填,这种结合水受土颗粒的吸附力大,分子排列极密,不但不能从一个土颗粒移向另一土颗粒,而且黏滞性大,抗剪强度高,由可塑状态转为半固体状态时塑限含水量高。由于红黏土分布地区地表温度高,又处于明显的地壳上升阶段,那些分布于山坡、山岭或坡脚地势较高地段的红黏土,其地表水和地下水排泄条件好,土虽处于饱和状态,但天然含水量也只接近于塑限,故常处于硬塑或半坚硬状态。

红黏土具有高强度性是由多种因素决定的。从矿物组成而言,多水高岭石与高岭石的性质基本相同,其结晶格架活动性差,当被水浸湿后,晶格间距改变极少,与水结合的能力也就很弱;而三水铝土矿、赤铁矿、石英及胶体二氧化硅等铁铝硅氧化物,也都是不溶于水的矿物,它们的性质比多水高岭石更稳定。从黏性土的结构而言,稳定颗粒之间的连接是相互胶结的,特别是在风化后期,有些氧化物的胶体颗粒会变成结晶的铁铝硅氧化物,它们是抗水的,不可逆的,其粒间连接强度更大。从黏土颗粒周围吸附的阳离子来看,因主要为 F^{2+} 和 Al^{3+},它们的水化程度也很弱,其外围的结合水膜很薄,这就增加了粒间的连接强度。

上述红黏土的组成成分、粒间连接和含水特性,也是它虽呈现高孔隙性和大孔隙性的特征,但又不具有浸水湿陷性的主要原因。

红黏土的一般物理力学特征,说明它具有压缩性低而强度高的良好工程性能,但作为建筑物地基中的红黏土,由于地形、地貌、气候等外部环境的不同,红黏土的物理力学特征指标变化范围却很大。据统计资料表明,贵州省几个地区红黏土的物理力学指标,天然含水量的变化范围为 25%～88%,天然孔隙比为 0.7～2.4,液限为 36%～125%,塑性指数为 18～75,液性指数为 0.45～1.4,内摩擦角为 2°～31°,黏聚力为 10～140 kPa,变形模量为 4～35.8 MPa。因其物理力学指标变化如此之大,地基承载力必有显著的差别,这是在研究红黏土的工程性质和解决工程实际问题要特别注意的地方,决不能把不同地层中红黏土的工程性质视为一成不变的,必须根据红黏土地基的具体情况和特点,正确设计,确保地基的稳定性。

3. 红黏土地基的特点

(1) 红黏土层厚度分布不均。其厚度变化与地形、地貌和下卧基岩的起伏变化状态、风化深度有关,处于古岩溶面或风化面上的红黏土层,在水平方向相距不过 1 m,厚度一般可相差 5～8 m。同一建筑物地基厚度的不均匀性,会使基础产生不均匀的差异沉降,差异值较大时,将会使建筑物的上部结构产生裂缝,影响甚至危及建筑物的安全使用。为此,在岩土工程勘察时,要研究地形、地貌特征,甚至场地的地貌划分及微地貌的变化情况,查明基岩岩性、分布、埋藏深度及起伏情况。在设计时应按变形计算地基,以便合理地利用地基强度。

在结构措施上,适当加强上部结构刚度,以提高建筑物对不均匀沉降的适应能力。

(2) 红黏土层沿深度方向自上向下,含水量增加,土质由硬变软。含水量增加的原因:一方面是地表水在向下渗滤过程中,靠近地表部分易受蒸发,愈往下愈易集聚保存下来;另一方面可能直接受下部基岩裂隙水的补给和毛细作用的影响;特别是位于四周高起的盆地中间低洼地带及基岩(石灰岩)表面溶沟、溶槽中的红黏土,因易于积水,土的含水量大,其物理状态自上向下,可由坚硬、硬塑变为可塑,以至流塑状态。物理状态由硬变软,红黏土的强度也随深度递减,针对地基强度变化的这一特征,设计时为了有效地利用红黏土作为天然地基,在无冻胀地区、无特殊的地质地貌条件和特殊使用要求情况下,基础宜尽量浅埋,把上层坚硬或硬塑状态的土层作为地基的持力层。这种设计,既可充分利用承载力较高的表层土,又便于施工,减少开挖工程数量,节省基础工时。当溶沟、溶槽上覆盖土层较薄,且为持力层时,需根据具体情况,分别采取换土回填(用片石混凝土或混凝土)、梁板结构、桩基础等多种措施,使建筑物不至出现不均匀沉降现象。

(3) 红黏土地区的岩溶现象较发达。因地表水和地下水的运动而引起的冲蚀和潜蚀作用,致使下伏岩溶上的红黏土层中常有土洞存在。

（4）因红黏土具有较小的吸水膨胀性，但失水收缩性大，裂隙发育。坚硬或硬塑状态下的红黏土，在接近地表或边坡地带，土体内存在许多光滑的裂隙面，破坏了土体的整体性和连续性，土体的强度远小于土块的强度，当基础埋深过浅、外侧地面倾斜或有临空面的情况时，这种裂隙土体对地基的稳定性有很大的影响。

4. 确定红黏土地基承载力的一般方法

（1）规范查表法。当基础宽度小于 3 m，埋置深度小于 0.5 m 时，红黏土地基承载力的基本值，可根据土的含水比 $\alpha_w = \dfrac{w}{w_L}$ 和液塑比 $I_r = \dfrac{w_L}{w_p}$，见表 3.6。

表 3.6　红黏土承载力基本值 /kPa

土的名称	第二指标 I_r	第一指标 α_w					
		0.5	0.6	0.7	0.8	0.9	1.0
红黏土	≤1.7	380	270	210	180	150	140
	≥2.3	280	200	160	130	110	100
次生红黏土	—	250	190	150	130	110	100

注：I_r 的变异系数的折算系数 ξ 为 0.4。

在上述规定的适用条件下，从表 3.6 可以看出：当 I_r 一定时，红黏土承载力的基本值随 α_w 增加而减小；当 α_w 一定时，此基本值随 I_r 增大而减小。表 3.6 中涉及两个参数 α_w 和 I_r，其依据为第一，从定性方面来看，处于饱和状态的红黏土的液限 w_L 反映了由组成成分所决定的红黏土的固有性质，而天然含水量 w 反映了由于红黏土所处环境条件的变化而具有不同的密度和状态，二者直接影响红黏土的力学指标，根据研究资料，也说明了它们与红黏土的力学指标之间存在着较好的相关关系；第二，根据室内试验资料的统计分析，通过两种关系的对比，说明了 α_w 和液性指数 I_L 对红黏土强度的影响基本一致，故可用 α_w 取代 I_L；第三，液塑比 I_r 是表现土的特征指标之一，对其他土类，I_r 波动不大，但对红黏土其波动范围常达 1.4～2.3，故按 I_r 分档，再以 α_w 某一区间统计承载力值，呈现较好的规律性，故可选作参数。

（2）现场载荷试验法。静力载荷试验是确定红黏土地基承载力的主要方法，其结果也常是其他方法的比较鉴别标准。红黏土地基载荷试验的加荷等级、稳定标准和资料整理等与一般土质地基相同，应需特别注意的是承压板的尺寸与具体建筑物基础尺寸的关系，应充分估计到由于承压板尺寸小于基础尺寸，而出现加荷后影响深度较小的局限性。红黏土地基的承载力取值一般为比例界限压力 p_0，此值具有较大的安全系数；当采用破坏荷载除以安全系数 1.5 时，据有关单位的统计资料说明：对硬塑土层，该值相当于按固结快剪强度指标算得的 $p_{1/4}$；对可塑、软塑土层而言，该值相当于按 0.75 倍固结快剪指标算得的 $p_{1/4}$，经与变形验算结果比较，这种取值标准足以满足要求。

（3）查用地区的经验数值。红黏土地基的承载力受地区不同的影响较大，貌似均一的红黏土，由于所处地区的不同，其承载力会有一定的、甚至较大的差别。表 3.7 给出了贵州地区的资料，其中 E_s 为室内土的压缩模量，$E_载$ 为用载荷试验求得的土的变形模量。表 3.7 是根据室内土工试验指标，应用理论计算公式和野外荷载试验结果，并结合已有建筑经验综合分析提出的。在缺乏资料时,表 3.7 可供粗略估计红黏土地基的承载力及变形指标。

表 3.7　红黏土力学指标的经验数值

土的状态	地基承载力 /kPa	E_s/ MPa	$E_{载}$/ MPa	$K = \dfrac{E_{载}}{E_s}$
坚　　硬	$300 \sim 350$	$11 \sim 13$	$21 \sim 25$	$2.0 \sim 2.2$
硬　　塑	$220 \sim 300$	$7 \sim 11$	$14 \sim 21$	$1.8 \sim 2.0$
可　　塑	$120 \sim 220$	$5 \sim 7$	$8 \sim 14$	$1.2 \sim 1.8$
软　　塑	$80 \sim 120$	$2.5 \sim 5$	$3 \sim 8$	$1.0 \sim 1.2$

5. 关于红黏土地基变形量计算问题

正如红黏土地基特点中所述,红黏土一般有强度高而压缩性低的工程特征,对于一般建筑物而言,地基承载力往往由地基强度控制,而不考虑地基变形,但由于地形和岩面起伏,往往造成同一建筑地基上各部分红黏土层厚度和性质很不均匀,所形成过大的差异沉降往往是置于天然地基上的建筑物产生裂缝的主要原因。在这种情况下,按变形计算地基对于合理地利用地基强度,正确反映上部结构使用功能的要求,具有特别重要的意义,特别是对于 5 层以上的,或重要的建筑物,应按变形计算地基。

不同规范对总沉降量的计算有其特殊规定,此处不做详述,仅就建筑地基基础设计规范(GB50007－2002)关于总沉降量计算公式中所用的压缩模量加以说明。该压缩模量是指基底以下各计算土层所对应的压缩模量,而红黏土地基随深度的增加含水量加大,土的物理状态由硬变软,压缩模量亦逐渐变小。因此,计算总沉降量时,要选择不同含水量所对应的压缩模量值。若能取得不同深度处的原状土,用试验求出该土样的压缩模量值,将可得出较精确的计算结果。

关于红黏土地基压缩层的计算深度,我国有关单位曾在 4 个载荷试验中,测定了压板中心下各层土的竖向变形,结果表明,地基的绝大部分变形集中在压板下较小的深度范围内,且沿深度的衰减比正应力 σ_z 的衰减快,在一般建筑实际荷载范围($\leqslant p_0$)内有:深度 $0 \sim 0.5b$(b 为基础宽度)范围内,占总变形量的 50% 以上;$0 \sim 1b$ 范围内,占总变形量的 80% 以上;$0 \sim 2b$ 范围内,占总变形量的 92% 以上。可见,对于方形和矩形基础,其压缩层计算深度可近似地取基础宽度的 2 倍,而无需根据附加应力和自重应力的比值来确定。

3.2.3　膨胀土地基

膨胀土是指土中含有大量的强亲水性黏土矿物成分,具有吸水膨胀和失水收缩两种变形特性的高塑性黏性土。它分布于世界上 60 多个国家,我国已有 20 多个省区发现有膨胀土,如云南、广西、四川、贵州、河北、河南、陕西等,尤以云南和广西的膨胀土胀缩性明显。膨胀土属于特殊土,如果不充分认识到它的土质特性,并对膨胀土地区的建筑物采取必要的工程措施,就会造成结构物的破坏和开裂、建筑场地的崩塌、滑坡和地裂等。

1. 土的胀缩特性指标

(1)自由膨胀率 δ_{ef}(%)。自由膨胀率 δ_{ef} 指的是人工制备土在水中的体积增量与原体积之比,用百分数表示,按下式计算,即

$$\delta_{ef} = \frac{V_w - V_0}{V_0} \times 100\%$$ (3.15)

式中　　V_w——土样在水中膨胀稳定后的体积（mL）；

　　　　V_0——土样原有体积（mL）。

在制备土样时，需先取有代表性的风干土约 100 g，碾细后过 0.5 mm 筛，将过筛的试样拌匀，再在 105～110 ℃下烘至恒重，冷却至室温后，再按膨胀土地区建筑技术规范（GBJ112－87）中有关规定进行试验。

自由膨胀率反映了黏性土在无结构力影响下的膨胀潜势，是判别膨胀土的综合指标，因不能反映原状土的膨胀变形，故不能用来评价地基的膨胀量。

（2）膨胀率 δ_{ep}（%）。膨胀率 δ_{ep} 指的是在一定压力下，试样浸水膨胀后的高度增量与原高度之比，用百分数表示，按下式计算，即

$$\delta_{ep} = \frac{h_w - h_0}{h_0} \times 100\%$$ (3.16)

式中　　h_w——试样浸水膨胀稳定后的高度（mm）；

　　　　h_0——试样的原始高度（mm）。

试验时，用环刀切取有代表性的原状土样，按压缩试验的要求，用所要求的压力，先进行常规压缩试验，待下沉稳定后，按规范（GBJ112－87）中有关规定进行浸水试验。不难看出，膨胀率取决于所施加压力的大小和浸水前土样的压密固结程度。如图 3.7 所示，膨胀率随着垂直压力的增大而减小，并逐渐由膨胀转为压密。当用于查明地基胀缩等级时，按规范垂直荷载应采用 50 kPa，而在计算地基变形时，需考虑基底附加压力和土的自重压力分布的实际情况。

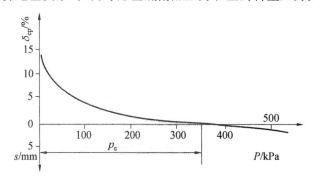

图 3.7　膨胀率 δ_{ep} 与荷重 p 的关系及膨胀力 p_e

（3）膨胀力 p_e。膨胀力 p_e 指的是原状土样在体积不变时，由于浸水膨胀产生的最大内应力。它分室内和现场两类测定方法。前者又有两种：一种是图解法，即将同一土样切取 3～4 个试样，分别在不同垂直压力 p 作用下，测出相应的膨胀率 δ_{ep}，绘制 $\delta_{ep}－p$ 曲线，该曲线与 p 轴的交点，即为所求的膨胀力 p_e；另一种是加压平衡法，即用同种压缩仪，当试样浸水饱和后，用逐渐增加垂直压力的办法，阻止试样产生膨胀，使试样高度保持不变，若试样在某一垂直压力作用下开始下沉，此时的垂直压力便是所求的膨胀力 p_e。后者测定膨胀力的试坑结构和试验装置与一般载荷试验基本相同，其操作程序与上述加压平衡法相同。用图解法测定的膨胀力，易受土的不均质性、仪器设备及操作等误差的干扰，且在绘制 $\delta_{ep}－p$ 曲线时存在着人为的误差；而加压平衡法是由一个试样在同一台仪器上进行直接测定，产生误差的因素较少，其结果较精确，唯试验费时较多。

目前,测定土的膨胀力,是在将环刀内的试样经过充分浸水饱和,并控制试样体积不变的条件下进行的,而实际的工程建筑物已坐落在膨胀土地基后再浸水,地基土层不能实现自上而下的完全饱和状态;且建筑物对地基的要求,一般也是允许有一定的变形量。所以,用前述方法所测得的膨胀力,作为地基设计的依据,其值总是偏于安全的。

(4)土的收缩率 δ_s 及收缩系数 λ_s。土的收缩率亦称线收缩率,是指原状土样在干燥失水过程中,收缩的高度与原始高度之比,用百分数表示,按下式计算,即

$$\delta_s = \frac{h_0 - h}{h_0} \times 100\% \qquad (3.17)$$

式中 h—— 试样失水收缩后的高度(mm);

h_0—— 试样原始高度(mm)。

图 3.8 示出了 δ_s 与试样含水量 w 之间的关系曲线。不难看出,在土体开始失水的 AB 段,因土体处于饱和状态,其收缩体积等于干燥蒸发时的失水体积,故 δ_s 与 w 成线性关系,AB 为直线;当土体干燥到一定程度时,土的结构对其收缩有阻碍作用,土体便从饱和状态变为非饱和状态,土体的收缩体积将小于失水体积,故 BC 段为曲线;到达 C 点后,若继续蒸发,土体的收缩甚微,CD 又近似地变为直线,$\delta_s - w$ 曲线的 3 种线形组合,是黏性土的共同特点。

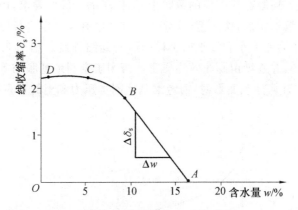

图 3.8   含水量 w 与线收缩率 δ_s 关系曲线

收缩系数 λ_s 是指原状土样在直线 AB 收缩阶段,含水量减少 1% 时的收缩率,按下式计算,即

$$\lambda_s = \frac{\Delta\delta_s}{\Delta w} \qquad (3.18)$$

式中 Δw——AB 直线段上任意两点含水量之差;

$\Delta\delta_s$——AB 直线段上与 Δw 变化范围相应两点的收缩率之差。

2.膨胀土的工程判别

膨胀土的判别是解决膨胀土地区工程问题的前提,工程实践中的判别方法既要准确,又要简单易行,先初判,再通过试验指标验证,进行综合判别。只有确认了膨胀土及胀缩等级,才能根据工程情况有针对性地采取有效措施,避免因膨胀土给工程造成的危害。目前,国内外学者对膨胀土提出了多种判别方法,下面主要介绍我国当前在工程中普遍采用的方法。

我国膨胀土地区建筑技术规范(GBJ112—87)指出,具有下列工程地质特征的场地,且自由膨胀率大于或等于 40% 的土,应判定为膨胀土:

① 裂隙发育,常有光滑面和擦痕,有的裂隙中充填着灰白、灰绿色黏土,在自然条件下呈坚硬或半坚硬状态。

② 多出露于二级或二级以上阶地、山前和盆地边缘丘陵地带,地形平缓,无明显自然陡坎。

③ 常见浅层塑性滑坡、地裂,新开挖坑(槽)壁易发生坍塌等。

④ 建筑物裂缝随气候变化而张开或闭合。

该规范还指出,按自由膨胀率 δ_{ef} 的变化范围,膨胀土的膨胀潜势可分为弱、中、强 3 类,习惯上称为弱膨胀土、中膨胀土和强膨胀土,见表 3.8。

表 3.8　膨胀土的膨胀潜势类别

自由膨胀率 δ_{ef} /%	膨胀潜势
$40 \leqslant \delta_{ef} < 65$	弱
$65 \leqslant \delta_{ef} < 90$	中
$\delta_{ef} \geqslant 90$	强

对上述判别特征和分类说明如下:

① 初判的依据是场地的工程地质特征。它既便于进行膨胀土的宏观工程判别,又是该种土内在本质的表现。直观方面的裂隙特点一目了然,旱季出现的地表裂隙,可长数米至数百米,宽数厘米至数十厘米,深度亦可达数米;无论地裂或建筑物的裂缝,均可随膨胀土湿度(含水量)变化而增大或减小,甚至闭合。

② 自由膨胀率 δ_{ef} 充分反映了土胀缩性的内在因素,如土的矿物成分和土的粒径组成。土的固体部分是由矿物组成的,绝大多数土的矿物成分为无机矿物,无机矿物又可分为原生矿物和次生矿物,前者如石英、长石、云母等,其颗粒较粗,是构成砂石粒组的主要成分;后者的非溶性次生矿物,如蒙脱石、伊利石和高岭石。蒙脱石常由火山灰或火山岩在碱性溶液条件下风化形成,颗粒极为细小,为细黏粒或胶粒,其比表面积大,且其结晶的晶胞两面均为氧原子,同性相斥,其连接作用只能来自很弱的范德华力,故结晶格架的活动性很大,容易被具有氢键的极性水分子所分开,特别是蒙脱石的同晶置换相当普遍,从而在晶体结构的铝片中有部分 Al^{3+} 被 Mg^{2+} 等低价阳离子代替,使每层晶胞表面具有更多的负电荷,晶胞之间可吸收大量的、甚至可达固体部分 6 ~ 7 倍的水,蒙脱石的表面作用强,具有很强的亲水性。至于高岭石和伊利石,因其晶体结构单元,或同晶置换的作用或比表面积均不同于蒙脱石,它们的亲水性都小于蒙脱石,以高岭石为最小,伊利石居中。自由膨胀率 δ_{ef} 采用风干、碾细的过筛土,能充分吸水,充分反映在无结构力影响下土的内在因素决定土的膨胀性能。表 3.9 统计说明,以蒙脱石为主的膨胀土,其 δ_{ef} 值大;而以伊利石为主的膨胀土,其 δ_{ef} 较小;以高岭石为主的黏性土,其 δ_{ef} 值远小于 40%,已不属于膨胀土。

表3.9　土的自由膨胀率 δ_{ef} 与矿物成分和液限 w_L 的关系

地　区	土　类	$\delta_{ef}/\%$		$w_L/\%$		黏土矿物成分
		最小～最大值	平均值	最小～最大值	平均值	
邯　郸	膨胀土	45～128	80	36～68	51	蒙脱石为主,含少量伊利石、高岭石
平顶山	膨胀土	43～110	62	37～72	50	蒙脱石为主,含伊利石、高岭石
蒙　自	膨胀土	54～135	81	40～97	73	蒙脱石、伊利石为主,含高岭石
郧　县	膨胀土	40～65	48	36～50	43	伊利石为主,含少量蒙脱石、高岭石
陕　西	膨胀土	30～65	45	26～41	36	伊利石为主,含蒙脱石、少量高岭石
吉　林	黏　土	0～7	1.8	37～45	40	高岭石为主,含伊利石、少量蒙脱石

（3）根据我国不同地区大量土样的试验统计资料表明,自由膨胀率与天然状态下原状土样的膨胀率、膨胀力之间均具有较好的规律性,自由膨胀率大者,其膨胀率和膨胀力也接近成正比例关系增加。这就说明了自由膨胀率可以间接地反映膨胀率和膨胀力指标,但在概念上值得注意的是,对于某一指定的膨胀土试样,在浸水过程中,膨胀量逐渐增加,直到最大值时,相应的膨胀内力则随之减小,直到完全消失,这种膨胀内力和膨胀量之间的相互消长关系,指的是一个土样在其试验过程中的膨胀量和膨胀内力之间的关系,并非不同土样的自由膨胀率和膨胀力之间的关系。

（4）液限指的是土由流动状态转为可塑状态时的界限含水量。显然,土中的黏粒、亲水性矿物或有机质等胶体物质含量愈多,土的液限就愈大。实验已经证明,具有强烈胀缩性的蒙脱石的液限可达160%以上,而胀缩性较差的高岭石的液限则只有60%左右。据此,有些国家的地基规范规定:当液限大于45%时,要注意查明土的胀缩性。这里既说明了用自由膨胀率δ_{ef}判别出的膨胀土的液限值较大,同时也提醒我们,不能反过来单凭液限值来判定膨胀土,如淤泥的液限很大,而自由膨胀率却很小,它不是膨胀土。

（5）按膨胀潜势人为的对膨胀土进行分类,将有助于对膨胀土胀缩性的认识,并能在工程上有针对性地采取不同的加强措施。

目前,国内有的勘察设计单位在探讨用土的线胀缩率$\delta_{es}(\delta_{es}=\delta_{ep}+\delta_s)$来判别膨胀土,国内外也有用间接指标来进行判别。

根据上述判别和分析,并对我国几个典型地区膨胀土特性指标的统计,膨胀土的一般特征为

① 属高塑性黏性土。黏粒含量多达35%～85%,其中胶粒含量占30%～40%;液限一般为40%～50%,云南蒙自的膨胀土液限可高达73%;塑性指数多在22～35之间。

② 自由膨胀率大于40%,亦有高达100%。

③ 天然含水量常接近或略小于塑限,不同季节变化幅度为3%～6%,常呈硬塑或软塑状态。

④ 天然孔隙比常在0.5～0.8之间,云南的膨胀土可大至在0.7～1.20之间,且随土体含

水量的增减而变化,吸水时膨胀,孔隙比加大;失水时收缩,孔隙比减小。

(5)强度和压缩性随含水量的改变而显著变化。在天然条件下处于硬塑或坚硬状态时,强度较高,压缩性较低;失水干缩时,裂隙发育,由于裂隙结构面的存在,又可使土体失稳,降低承载力;大量吸水时,土体强度会突然降低,压缩性显著增高。

3. 膨胀土地基变形量计算

膨胀土地基的变形量,可按下列 3 种情况分别计算:当地表下 1 m 处地基土的天然含水量等于或接近最小值时,或地面有覆盖且无蒸发可能时,以及建筑物在使用期间经常有水浸湿的地基,可按膨胀变形量计算;当地表下 1 m 处地基土的天然含水量大于 1.2 倍塑限含水量时,或直接受高温作用的地基,可按收缩变形量计算;其他情况下可按胀缩变形量计算。

(1)地基土膨胀变形量应按下式计算,如图 3.9 所示。

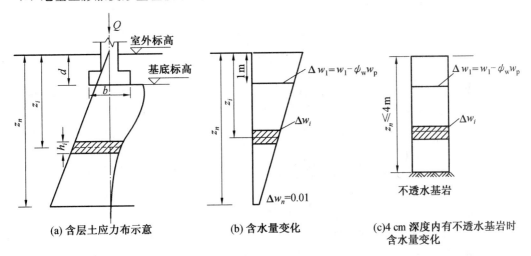

(a) 含层土应力布示意　　(b) 含水量变化　　(c)4 cm 深度内有不透水基岩时含水量变化

图 3.9　膨胀土地基变形计算示意

$$s_e = \psi_e \sum_{i=1}^{n} \delta_{epi} h_i \tag{3.19}$$

式中　s_e——地基土的膨胀变形量(mm);

ψ_e——计算膨胀变形量的经验系数,宜根据当地经验资料确定。若无经验资料可依据时,3 层及 3 层以下建筑物,可采用 0.6;

δ_{epi}——基础底面以下第 i 层土在该层土的平均自重压力和平均附加压力之和作用下的膨胀率,由室内试验确定。

h_i——第 i 层土的计算厚度(mm);

n——自基础底面至计算深度内所划分的土层数;计算深度 z_n 应根据大气影响深度确定。

(2)地基土的收缩变形量,应按下式计算,即

$$s_s = \psi_s \sum_{i=1}^{n} \lambda_{si} \Delta w_i h_i \tag{3.20}$$

式中　s_s——地基土的收缩变形量(mm);

ψ_s——计算收缩变形量的经验系数,应根据当地经验确定;若无可依据经验资料时,3 层及 3 层以下建筑物,可采用 0.8;

λ_{si}——第 i 层土的收缩系数,应由室内试验确定;

h_i——第 i 层土的计算厚度;

n——自基础底面至计算深度内所划分的土层数。计算深度可取大气影响深度;当有热源时,应按热源影响深度确定;在计算深度内有稳定地下水位时,可计算至水位以上 3 m;

Δw_i——地基土在收缩过程中,第 i 层土可能发生的含水量变化的平均值(以小数表示)。

地表以下 1 m 处含水量变化值,按式(3.21)计算;各土层含水量变化的平均值随深度呈倒梯形规律分布;计算深度处的含水量变化值 $\Delta w_n = 0.01$;第 i 层土含水量变化值的平均值 Δw_i 按式(3.22)计算;在地表下 4 m 土层深度内存在不透水基岩时,可假定含水量变化值为常数,如图 3.9(c) 所示,按 Δw_1 计算,即

$$\Delta w_1 = w_1 - \psi_w w_p \tag{3.21}$$

$$\Delta w_i = \Delta w_1 - (\Delta w_1 - 0.01) \frac{z_1 - 1}{z_n - 1} \tag{3.22}$$

式中　w_1、w_p——分别表示地表下 1 m 处土的天然含水量和塑限含水量(以小数表示);

ψ_w——土的湿度系数;

z_i——第 i 层土的深度(m);

z_n——计算深度(m)。

(3) 地基土的胀缩变形量,应按下式计算,即

$$s_{es} = \psi \sum_{i=1}^{n} (\delta_{epi} + \lambda_{si} \Delta w_i) h_i \tag{3.23}$$

式中　s_{es}——地基土的胀缩变形量(mm);

ψ——计算胀缩变形量的经验系数,可取 0.7。

下面说明膨胀土地基变形量计算中的几个问题:

(1) 膨胀土的湿度系数 ψ_w,应根据当地 10 年以上土的含水量变化及有关气象资料统计求出;无资料时可按下式计算,即

$$\psi_w = 1.152 - 0.726\alpha - 0.001\ 07c \tag{3.24}$$

式中　α——当地 9 月至次年 2 月的蒸发力之和与全年蒸发力之比值。我国部分地区的蒸发力及降雨量,可按规范(GBJ112－87)的附录二采用。如成都 1 月至 12 月的蒸发力(和 降雨量)(单位为 mm) 依次为 17.5(5.1),21.4 (11.3),43.6(21.8),59.7(51.3),91.0(88.3),94.3(119.8),107.7(229.4),102.1(365.5),56.0 (113.7),37.5(48.0),21.7(16.5),15.7(6.4),则 9 月至次年 2 月蒸发力之和为 169.8 mm,全年蒸发力为 668.2 mm,故 α 为 0.254;

c——全年中干燥度大于 1.0 的月份的蒸发力与降雨量差值之总和(mm)。干燥度为蒸发力与降雨量之比值。成都全年中 1,2,3,4,5,11,12 各月的干燥度大于 1.0,可算得 c 值为 69.9 mm。

以 α 和 c 值代入式(3.24),可得成都土的湿度系数为 0.893。

(2) 大气影响深度,指的是在自然条件作用下,由降水、蒸发、地温等因素引起的土的升降变形的有效深度。应由各气候区土的深层观测或含水量观测及地温观测资料确定;无此资料

时,可依据土的湿度系数 ψ_w,由规范(GBJ112-87)有关表格查找,如当 ψ_w 为 0.6,0.7,0.8,0.9 时,大气影响深度依次为 5.0 m,4.0 m,3.5 m,3.0 m。大气影响急剧层深度值为大气影响深度乘以 0.45。

（3）膨胀土地基的膨胀变形量应取基础上某点的最大膨胀上升量;收缩变形量应取基础上某点的最大收缩下沉量;胀缩变形量应取基础上某点的最大膨胀上升量和最大收缩下沉量之和。有关变形差、局部倾斜及建筑物的地基容许变形值等可查规范(GBJ112-87)中有关规定。

（4）根据地基的膨胀、收缩变形对低层砖混结构房屋的影响程度,膨胀土地基的胀缩等级按地基分级变形量分为 3 级:15 mm $\leqslant s_c <$ 35 mm 时为 Ⅰ 级;35 mm $\leqslant s_c <$ 70 mm 时为 Ⅱ 级; $s_c \geqslant$ 70 mm 时为 Ⅲ 级。计算 s_c 时应区别情况,按式(3.19)～(3.23)计算,而在计算膨胀率 δ_{ep} 时采用压力为 50 kPa。

4. 地基承载力的确定

膨胀土地基的承载力,可按图 3.10 所示的方法确定:

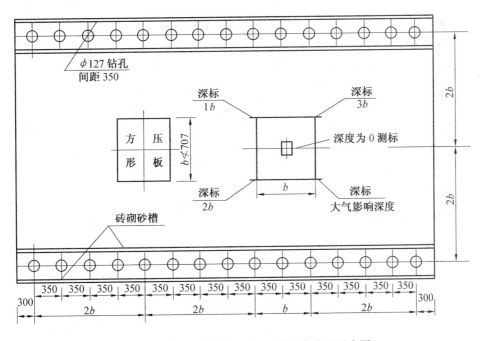

图 3.10　现场浸水载荷试验试坑及设备布置示意图

（1）现场浸水载荷试验。现场浸水载荷试验需先在现场选择一块有代表性的地段布置试验场地,有关试坑和试验设备的布置如图 3.10 所示。按一般载荷试验的方法分级加荷至设计荷载,待最后一级荷载达到稳定标准后,可在砂沟内浸水,浸水水面不应高于承压板底面,浸水期间应每 3 d 或 3 d 以上观测一次膨胀变形,膨胀变形相对稳定的标准为连续两个观测周期内其变形量不应大于 0.1 mm/3 d,且浸水时间不应少于两周;浸水膨胀变形达到相对稳定后,应停止浸水,并继续分级加荷直至达到破坏;最后,绘制各级荷载作用下的变形和压力曲线如图3.11 所示。地基承载力应取破坏荷载的一半作为基本值,在特殊情况下,可按地基设计要求的变形值在 p-s 曲线上选取所对应的荷载作为地基承载力的基本值,所得到的承载力可与下

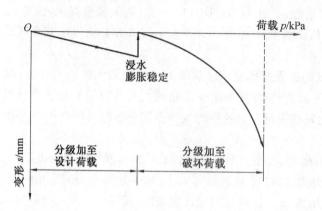

图 3.11　浸水载荷试验 $p-s$ 关系示意

述(2)中计算的承载力进行对比。

(2)采用室内饱和三轴不排水试验确定土的抗剪强度参数 c,φ,再按我国现行地基基础设计规范有关公式计算地基的承载力。但需注意,若试验中发生浸水后试件沿裂隙面破坏的情况,此时所得的抗剪强度指标太低,便不能用该指标来计算承载力。

(3)已有大量试验资料的地区,可制定承载力表;无资料的地区,可按规范(GBJ112－87)中的有关表格所列数据采用见表 3.10。

表 3.10　膨胀土地基承载力的基本值 /kPa

含水比	孔隙比		
	0.6	0.9	1.1
＜0.5	350	280	200
0.5～0.6	300	220	170
0.6～0.7	250	200	150

5.地基稳定性验算

位于坡地场地上的建筑物,膨胀土地基的稳定性应按下列情况进行验算。稳定安全系数可取 1.2：

(1)土质均匀,且无节理面时,按圆弧滑动法验算。

(2)土层较薄,层间存在软弱层时,取软弱层面为滑动面进行验算。

(3)层状构造的膨胀土,如层面与坡面斜交,且交角小于 45° 时,验算层面的稳定性。

6.膨胀土地基基础埋置深度

不同专业对其建筑物的基础埋置深度有不同的要求,下面将介绍的是工业与民用建筑膨胀土地基按规范(GBJ112－87)对基础埋置深度的有关规定。该规范对基础的埋深要求综合考虑场地类型、膨胀土地基胀缩等级、大气影响急剧层深度、建筑物的结构类型和用途、作用在地基上的荷载大小、相邻建筑物基础的相互影响等。其最小埋置深度不应小于 1.0 m;平坦场地上的砖混结构房屋,以基础埋深为主要防治措施时,基础埋深应取大气影响急剧层深度,或通过变形计算确定;以宽散水为主要防治措施,散水宽度在 Ⅰ 级膨胀土地基上为 2.0 m,在 Ⅱ 级膨胀土地基上为 3.0 m 时,建筑物基础埋深可为 1.0 m;当坡地坡角小于 14°,基础外边缘至坡肩的水平距离大于或等于 5.0 m 时,考虑到斜坡地基承载力及土体的稳定和大气影响深度,基础埋深可按图 3.12 及式(3.25)确定。

$$d = 0.45d_a + h(1 - 0.2\cot\beta) - 0.2\alpha + 0.2 \tag{3.25}$$

式中　　d—— 基础埋置深度(m);

　　　　d_a—— 大气影响深度(m);

　　　　h—— 设计斜坡高度(m);

　　　　β—— 斜坡坡角度数(°);

　　　　α—— 基础外边缘至坡肩的水平距离(m)。

　　当采用桩基础时,桩尖应锚固在非膨胀土层中或伸入大气影响急剧层以下的土层中,其伸入长度应满足下列要求:

　　(1)按膨胀变形计算,即

$$l_a \geqslant \frac{v_e - Q_1}{U[f_s]} \tag{3.26}$$

　　(2)按收缩变形计算,即

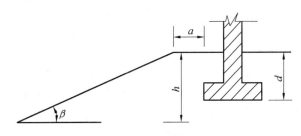

图 3.12　坡地上基础埋深计算示意

$$l_a \geqslant \frac{Q_1 - A_p[f_p]}{U[f_s]} \tag{3.27}$$

　　(3)按胀缩变形计算时,其伸入长度取上述二式中的较大值。

式中　　l_a—— 桩锚固在非膨胀土层内的长度(m);

　　　　v_e—— 在大气影响急剧层内桩侧土的胀切力(kN),由现场浸水试桩试验确定,试桩数不少于 3 根,取其最大值;

　　　　$[f_s]$—— 桩侧与土的容许摩擦力(kPa);

　　　　$[f_p]$—— 桩端单位面积的容许承载力(kPa);

　　　　A_p—— 桩端截面积(m²);

　　　　U—— 桩身周长(m);

　　　　Q_1—— 作用于单桩桩顶的竖向荷载(kN)。

7.膨胀土地区工程建设措施简介

　　新中国成立以来,我国的土建工程蓬勃发展,取得了在膨胀土地区修建铁路、公路、民用建筑和市政工程等各专业的设计和施工经验。与此同时,对膨胀土的工程性质及对工程建筑物的影响,也进行了大量的试验研究,召开了多次全国性的膨胀土地基设计和膨胀土工程工作会议和研讨会,制订了《膨胀土地区建筑技术规范》(GBJ112—87),取得了较好的设计实践经验和科研成果。同时也应注意到,这些经验和成果是付出了较多的人力、物力和财力代价,如我国铁路每年需耗资上亿元进行膨胀土地区铁路工程的整治;房屋开裂、下沉和倒塌破坏的也不少;在施工过程中返工现象亦常存在。为此,下面将扼要介绍膨胀土地区工程建设的几点措施,尽管内容不全面,但仍有学习和实用意义。

　　(1)在膨胀土地区岩土工程勘察工作中,要特别重视现场调查和访问工作。设计地区的有工程或类似工程的现状和成败经验,对设计和施工有重要的参考价值。如稳定边坡的坡率和最大高度,挡护结构的类型,原结构的破坏分析等;久居当地的人们对膨胀土的宏观现象,哪些地方"不能动土",甚至历史上祖辈们的建筑失败教训,都能给今天的工程技术人员一定的启示。

(2)根据各专业的要求,选择好建筑场地,尽量避开膨胀性和收缩性较高的地段。在铁路和公路工程设计中,必须通过高胀缩性地段时,应尽量减小填挖高度,甚至宁可增加桥隧长度,而减少路基工程;对工业和民用建筑而言,应选排水畅通、地面坡度较小(小于14°)或平坦、有可能采用分级低挡墙治理和胀缩性较弱的地段,避开地形复杂、地裂、冲沟、滑坡、溶沟溶槽和地下水变化剧烈的不良地段。

(3)在十分重视膨胀土地基的同时,还必须注意边坡的治理,充分考虑水平方向的胀缩性和胀缩力,通常采取加强地面排水系统、设置挡护结构等综合治理措施。在胀缩性较强的地段,当采用护坡保护坡体内含水量稳定的措施时,务必确保坡顶一定范围内排水系统(如天沟)的可靠性。一旦天沟开裂,地面水浸入坡体,护坡就要受力,水平方向胀缩变形将会引起护坡的开裂,从而起不到封闭作用,出现塌滑现象。有的地区因地制宜选用框架护坡,或在框架内种草皮的方案,在一定程度上保持了坡体含水量的稳定,又在框架内容许含水量适当的变化,使膨胀力自由释放,坡面部分自由胀缩也收到了良好的效果,这就是常说的"不封闭"的办法。总之,要根据当地的气候、气象、土性等具体条件,借鉴已有的经验,合理而有效地选用治理措施。

(4)膨胀土地基处理,可采用换土、土性改良和砂石垫层等方法。确定处理方法时,应根据土的胀缩等级、地方材料供应情况及施工工艺等进行技术经济等综合比较。换土法常用于承载力不够或变形量过大的地基,可用非膨胀土或砂夹石进行换填,砂石比例需通过试验确定,一般情况可用2∶8～3∶7,换土深度需根据计算确定,铁路路基换填深度可深达1.2 m,房建工程一般换填深度较小,但不应小于砂石垫层所要求的厚度;无论用哪种土性改良方案都应经过试验确定;一般交通涵和市政工程中的污水、雨水、自来水管、煤气管道的基坑或沟槽中的地基,有时因难以保证基底表面完全处于无水状态施工,或考虑土的胀缩性而需要一层弹性缓冲层,往往在基底加一层砂夹石垫层,该层的厚度一般不宜小于30 cm。

(5)防止基坑或沟槽泡水和曝晒是膨胀土地基基础施工质量保证的关键。为此,必须做好排水工作,如疏干施工场地;挖好地面排水系统;引走水池或管网等流失的施工用水;认真截堵过水沟渠中的水;当地下水位高于基坑底部时,坑内必须挖排水沟和集水井,并及时抽水,保持在干燥状况下施工,不排除坑内积水而强行用人力开挖的方法,是一种严重违规的野蛮行为,带水砌筑基础将会造成基础工程、甚至整个建筑物的质量隐患。此外,基坑开挖后,还必须防止曝晒,减少基坑暴露时间,防止坑壁开裂坍塌,危及人身安全。特别是在市政工程施工中,常有污水、雨水、自来水、煤气、通信等多种管道从道路下通过,因沟槽长,施工时务必集中力量,分段开挖,分段及时作好垫层、底板,并安设管道,在保证夯实密度的前提条件下,及时回填,防止基底胀缩,避免混凝土管道出现开裂现象,确保管道施工质量。

总之,膨胀土地区工程的设计和施工,必须根据膨胀土的特性和不同专业对工程的要求,充分考虑该地区的气候特点,地形、地貌条件和土中水分可能的变化情况,因地制宜地采取各种有效的设计和施工措施。

3.3　软弱地基处理

3.3.1　软弱地基的类型及处理原则

　　软弱土一般指土质疏松、压缩性高、抗剪强度低的软土、松散砂土和未经处理的填土。持力层主要由软弱土组成的地基称为软弱地基。

　　软土一般是在静水或缓慢流水环境中沉积,天然含水量高、孔隙比大、压缩性高、透水性低且灵敏度高的黏性土和粉土。当软土由生物化学作用形成,含有机质,天然孔隙比大于 1.5 时为淤泥;天然孔隙比小于 1.5 而大于 1.0 时为淤泥质土。我国软土主要分布在河流入海处,地质成因极为复杂。上海、广州等地为三角洲沉积,温州、宁波地区为滨海相沉积,闽江口平原为溺湖相沉积。

　　松散饱和的粉细砂、粉土,当埋藏不深时,在地震荷载或其他动荷载作用下,趋于密实,导致土体中孔隙水压力骤然上升,土的有效应力迅速降低使土体液化,地基发生喷砂冒水现象,造成建筑物不均匀下沉或损坏。砂土的透水性大,少含黏粒的细、粉砂的透水性也比较大,这对地基处理是有利的。一般来说,松散砂土经过处理后常具有一定承载能力和抗液化能力,可以作为地基的良好持力层。

　　人工填土一般分为 3 类,即素填土、杂填土和冲填土。素填土是由碎石、砂土、粉土、黏性土组成的填土,其中含有少量杂质;杂填土是由建筑垃圾、工业废料、生活垃圾等杂物组成;冲填土则是由水力冲填泥砂形成的填土。一般填土地基都要进行处理,特别是杂填土地基,由于生活垃圾和有机质的存在,腐烂后有沼气产生,对这样的填土地基,既要消除过大沉降和不均匀沉降,又要消除沼气对人类的危害。对于冲填土地基,应特别重视颗粒组成的影响,对于含黏土颗粒较多的冲填土地基,应考虑欠固结的影响。

　　随着我国经济建设的迅猛发展,建筑规模空前巨大,越来越多的工程采用天然地基已难以满足承载力和变形的要求,而必须对地基进行人工处理,以获得较高的地基承载能力,较小的地基沉降或较小的差异变形,消除地基液化或湿陷性影响,从而满足建(构)筑物对地基的要求。

　　地基处理的方法很多,特别是近几年来地基处理的技术有了较大的提高,理论水平、施工技术、施工材料均有长足的进步。对于地基处理方法的分类,不同的学者有不同的见解,从地基处理的原理、地基处理的目的、地基处理的性质、地基处理的时效、动机等不同角度出发,对地基处理方法的分类结果将是不同的。这里的分类是根据地基处理的加固原理,并考虑到便于对加固后地基承载力的分析而归类汇总提出的(如图 3.13)。实际对地基处理方法的严格分类是不现实的,因为不少地基处理方法具有多种不同的作用。例如,振冲法既具有置换作用又具有挤密作用,桩土又构成复合地基。此外,某些地基处理方法的加固机理和计算方法目前尚不完全明确,仍需进一步探讨。因此图 3.13 中给出的分类,仅供参考。

　　地基问题处理的恰当与否,直接关系到整个工程的质量、投资和进度,因此,选择一个合理的地基处理方案是非常重要的。任何一种地基处理方法都有其适用范围和局限性,没有一种方法是万能的。工程地质条件千变万化,具体工程情况复杂多变,不同的工程对地基的要求亦不相同,而且施工机具和施工材料等条件也会因部门、地区的不同而有较大差别。因此,对一

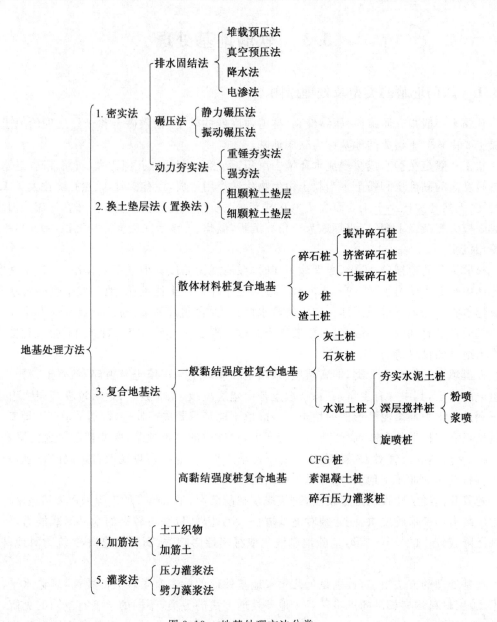

图 3.13　地基处理方法分类

个具体工程,在进行地基处理方案的确定时,一定要从地基条件、处理要求、处理范围、工程进度、工程费用、材料和机具来源、环保要求等方面综合考虑,力求做到技术上可靠,经济上合理,既能满足施工进度的要求,又能注意节约能源和环境保护,安全适用,确保质量。建议采用图3.14 所示的地基处理规划程序进行地基处理方案的选择、设计和施工。

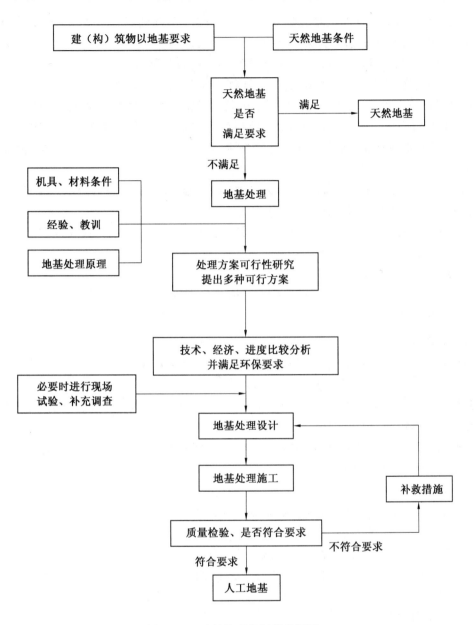

图 3.14 地基处理规划程序框图

3.3.2 换土垫层法

换土垫层法又称置换法,是将基础底面下一定范围内的软弱土层挖去,然后分层换填强度较高的砂、碎石、素土、灰土及其他性能稳定和无侵蚀性的材料,并夯实(或振实)到要求的密实度。

1. 换土垫层法的加固原理

换土垫层法是一种古老传统的地基处理方法,在我国应用广泛,积累了丰富的经验。垫层的实质就是将基础下软弱的土层挖掉换填上物理力学性质好的材料,以减少建筑物的沉降,提高地基的强度。应力传递的试验表明,对于条形基础,1倍基础宽的深度以上的沉降占建筑物总沉降的 50% 以上,1倍基础宽深度处的附加应力衰减 50% 以上。所以换土垫层法处理的重点就是基础下 1 倍基础宽深的范围。换土垫层的作用如下所示:

(1)提高地基承载力。以强度较高的材料置换基底下的软弱土层,使得地基承载力提高。同时通过应力扩散,使垫层下的软弱下卧层的附加应力大大减少,达到允许范围之内。

(2)减少沉降量。用模量高的垫层代替模量低的软弱土,必然使沉降量减少。而应力扩散的结果,使垫层下软弱下卧层的附加应力减少,进一步减少软弱下卧层的沉降,因此使得总沉降量显著减少。

(3)加速软弱土层的排水固结。用无黏性土做垫层,使得软弱下卧层增加了排水通道,加速了软土的固结,从而提高了软土的抗剪强度。

(4)防止冻胀。在季节性冻土地区,采用粗颗粒垫层材料,不易产生毛细管水上升现象,可防止浅层土结冰而造成的冻胀。

(5)消除膨胀土的胀缩作用。

(6)对于湿陷性黄土,设置不透水垫层可防止地表水下渗到湿陷性黄土层,造成湿陷,所以垫层可起隔水作用。

2. 垫层的设计

虽然换土垫层的材料不同,但从垫层地基的强度和变形而言,其特性基本相似,因而在介绍以下垫层设计时以砂垫层设计为主,其他垫层类同。

垫层设计的基本原则是:既要有足够的厚度置换可能受剪破坏的软弱土层,又要求有足够的宽度,以防止砂垫层向两侧挤出。

砂垫层的厚度一般根据垫层底面处土的自重压力和附加压力之和不大于同一标高处软弱土层的承载力特征值,按下式确定,即

$$p_z + p_{cz} \leqslant f_{az} \tag{3.28}$$

式中　　p_z——软弱下卧层顶面处的附加压力标准值;

　　　　p_{cz}——软弱下卧层顶面处土的自重压力标准值;

　　　　f_{az}——软弱下卧层顶面处经深度修正后的地基承载力特征值。

软弱下卧层顶面(即砂垫层底面)处的附加压力标准值可按简化的压力扩散角法求得,即假定压力按某一角度如图 3.15 所示 θ 向下扩散,在此角度范围内,压力在水平面上均匀分布,其应力按下式计算,即

条形基础:　　　　　　$p_z = \dfrac{b(p - p_c)}{b + 2z\tan\theta}$ 　　　　　　(3.29)

矩形基础:　　　　　　$p_z = \dfrac{bl(p - p_c)}{(b + 2z\tan\theta)(l + 2z\tan\theta)}$ 　　　　　　(3.30)

式中　　b——矩形基础和条形基础底面宽度;

　　　　l——矩形基础底面的长度;

　　　　p——基础底面压力标准值;

　　　　p_c——基础底面处土的自重压力标准值;

　　　　z——基础底面下垫层的厚度;

　　　　θ——垫层的压力扩散角,可按表 3.11 选取。

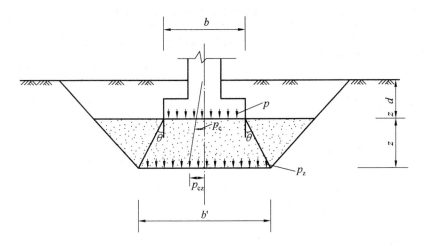

图 3.15　垫层设计原理

表 3.11　（垫层）压力扩散角 $\theta/°$

z/b	换填材料		上下层压缩模量比			
	碎石土、砾砂、 粗中砂、石屑	粉质黏土和粉土 （$8 < I_p < 14$）	1	3	5	10
0.25	20	6	(4)	6	10	20
$\geqslant 0.5$	30	23	(12)	23	25	30

注：① Es_1 和 Es_2 分别为上下层土的压缩模量。

②$z < 0.25b$ 时，一般取 $\theta = 0°$，必要时，宜由试验确定；$0.25b < z < 0.5b$ 时，θ 可内插求得。

③括号内数值仅供内插用。

砂垫层的厚度一般不宜大于 3 m，太厚，施工较困难；太薄（< 0.5 m），则垫层的作用不显著。

砂垫层的宽度除满足压力扩散要求外，还要根据垫层侧面土的强度来确定，防止垫层向两边挤动。如果垫层宽度不足，四周侧面土质又比较软弱时，垫层就有可能部分挤入侧面软弱土中，使基础沉降增大。关于宽度计算，目前缺少可靠的理论依据，在实践中按各地经验确定。

常用的经验方法是扩散角法，以条形基础为例，砂垫层底宽 b' 应为

$$b' \geqslant b + 2z\tan\theta \tag{3.31}$$

垫层顶面每边超出底边宽度不小于 30 cm 或从垫层底面两侧向上按，当地开挖基坑经验的要求放宽。

灰土垫层的宽度一般可取 $b' = b + 2.5z$。

土垫层的宽度，当 $z \leqslant 2$ m 时，$b' = b + \dfrac{2}{3}z$ 且 $b' \geqslant b + 0.6$；当 $z > 2$ m 时，$b' \geqslant b + 1.4$；对于湿陷性黄土，$b' = b + 2z\tan\theta + c$，$c$ 宜为 20 cm，并且每边超出基础底不应小于垫层厚度的一半。

垫层的承载力应由试验确定。一般重要工程通过现场载荷试验确定；一般工程可按标准贯入试验、静力触探试验、取土试验等方法确定。当无资料时，可参照表 3.12 取值。

表 3.12 垫层承载力和边坡坡度允许值

施工方法	填土类别	压实系数 λ_c	承载力标准值 f_k/kPa	边坡坡度允许值（高宽比）	
				坡高在 8 m 以内	坡高 8～15 m
碾压法	碎石、卵石	0.94～0.97	200～300	1:1.5～1:1.25	1:1.75～1:1.50
	砂夹石（其中碎石、卵石占全重 30%～50%）		200～250	1:1.5～1:1.25	1:1.75～1:1.50
	土夹石（其中碎石、卵石占全重 30%～50%）		150～200	1:1.5～1:1.25	1:2.00～1:1.50
	粉质黏土、粉土（$3 < I_P < 14$）		130～180	1:1.75～1:1.50	1:2.25～1:1.75
	灰土	0.93～0.95	200～500		
重锤夯实	土或灰土		150～200		

注：① 压实系数较小的垫层，承载力标准值取低值，反之取高值。

② 重锤夯实土的承载力标准值取低值，灰土取高值。

垫层沉降计算由两部分组成，即垫层的沉降和软弱下卧层的沉降。由于垫层模量远大于软弱下卧层的模量，因此，一般情况下，软弱下卧层的沉降量占整个地基沉降量的大部分。重要工程可按《建筑地基基础设计规范》中的变形计算方法进行建筑物的沉降计算，以保证垫层加固效果及建筑物的安全使用。

3. 垫层的施工和质量检验

（1）砂、石垫层材料。砂、石垫层材料，宜采用不均匀系数 ≥10 的级配良好、质地坚硬的材料，以中、粗砂为好，可掺入一定数量的碎（卵）石，但要分布均匀。垫层含泥量 ≤5%，不得含有草根、垃圾等有机物杂质。一般碎（卵）石的最大粒径宜不大于 50 mm。垫层铺设厚度每层一般为 15～20 cm。

（2）灰土垫层材料。灰土垫层所用石灰要求其 CaO＋MgO 总量在 80% 左右。灰土比一般为 2:8 或 3:7（体积比）。生石灰宜达国家三等石灰标准，施工时使用熟石灰，要求过筛，最大粒径不得大于 5 mm，熟石灰中不得夹有未熟化的生石灰块，也不得含有过多水分。石灰贮存时间不宜超过 3 个月。土料采用黏性土，黏粒含量越多，越易和石灰发生反应，灰土强度越高。土料中的有机物含量不得超过 8%，土料要过筛，最大颗粒粒径不得大于 15 mm。

（3）土垫层材料。土垫层的土料以黏性土为主，土料应过筛，有机含量不得超过 5%，不得含有冻土和膨胀土。施工时土的含水量应接近最优含水量，一般控制在 $w_{op} \pm 2\%$ 范围内。一般分层厚度为 20～50 cm。

（4）垫层的施工要点。垫层施工前应先验槽，浮土皮清除，边坡必须稳定。如发现孔、洞、沟、穴或软弱土层，应挖出后填实。

施工时，应将垫层材料充分拌和均匀，对于土垫层要控制含水量在最优含水量附近。要分层铺设，每层都要保证夯实或振实。分层厚度要根据施工机具和能量选用，不得过厚。

垫层底面宜铺设在同一标高上，如深度不同时，基坑地基土面应挖成踏步或斜坡搭接，各分层搭接位置应错开 0.5～1.0 m 的距离。施工应按先深后浅的顺序进行。

（5）垫层的质量检验。按照《建筑地基处理技术规范》对土、灰土和砂垫层进行质量检验，可用环刀在每层表面下 2/3 厚度处取样检测其干密度。环刀容积不小于 200 cm³。检验点数量,对大基坑每 50 ~ 100 m² 不应少于 1 个检验点;对基槽每 10 ~ 20 m 不应少于 1 个点;每个独立柱基不应少于 1 个点。每层检验合格后方能铺设下一层填料。

3.3.3　振冲法

利用振动和水冲加固土体的方法称为振冲法。该方法适用于处理砂土、粉土、黏性土、素填土和杂填土等地基,不加填料的振冲法适用于处理黏粒含量不大于 10% 的中、粗砂。

1. 振冲法的加固原理

在砂性土地基中,振冲器的振动力在饱和砂土中传播振动加速度,使振冲器周围一定范围内的砂土产生振动液化。液化后的土颗粒在重力和上覆土压力作用下及填料的挤压力作用下重新排列,使孔隙减小而成为密实的地基。因此挤密后的地基承载力和变形模量均得到提高;由于砂土预先经历了人工振动液化,使得砂土的抗震能力提高。这种地基的加固作用主要为振冲挤密。

在黏性土(特别是饱和软黏土)地基中,由于土的渗透性较小,在振动力作用下土中水不易排出,所以振冲桩的作用主要是起到了置换作用。桩与桩间土构成复合地基共同承担上部荷载。复合地基比原有地基承载力高、压缩性小,同时振冲桩具有良好的排水作用,加快了地基土的固结。这种加固作用称为振冲置换。

2. 振冲桩的设计

振冲桩的设计主要是确定桩距、桩长和加固范围。

(1)桩距的确定。振冲桩的间距应根据荷载大小和土层情况,并结合所采用的振冲器功率大小综合考虑。桩距一般在 1.3 ~ 3.0 m,桩端未达到相对硬层的短桩和在荷载大或黏性土层中宜用小间距。加固后的复合地基承载力宜按现场载荷试验确定,对于小型工程的黏性土地基,复合地基承载力可按下式计算,即

$$f_{sp,k} = [1 + m(n-1)]f_{s,k} \tag{3.32}$$

式中　　$f_{sp,k}$——复合地基承载力标准值(kPa);

　　　　$f_{s,k}$——桩间土承载力标准值,取加固后的值(kPa);

　　　　m——桩土面积置换率,$m = \dfrac{d^2}{d_e^2}$,d 为桩身直径,d_e 为等效影响圆直径;等边三角形布

　　　　桩:$d_e = 1.05s$,正方形布桩:$d_e = 1.13s$,矩形布桩:$d_e = 1.13\sqrt{s_1 s_2}$,s,s_1,s_2 分别为桩间距、纵间距和横间距。

　　　　n——桩土应力比,无实测资料时取 2 ~ 4,原土强度低取大值,原土强度高取小值。

振冲桩处理后地基的变形计算按《建筑地基基础设计规范》有关规定计算。复合地基的压缩模量可按下式计算,即

$$E_{sp} = [1 + m(n-1)]E_s \tag{3.33}$$

式中　　E_{sp}——复合地基压缩模量;

　　　　E_s——桩间土压缩模量。

(2)桩长的确定。桩长的确定与相对硬层的埋藏深度有关。如果相对硬层埋深不大,宜将桩伸至相对硬层。如果相对硬层埋深较大,只能做贯穿部分软弱土层的桩,此时桩长的确定

取决于建筑物的容许变形值。一般桩长不宜小于 4 m。在可液化地基中,桩长应满足抗震处理要求。

（3）加固范围的确定。振冲桩处理范围应根据建筑物的重要性和场地条件确定,通常都大于基底面积。当用于多层和高层建筑时,宜在基础外缘扩大 1～2 排桩。对于条形或独立基础外扩 1 排桩;对液化场地,基础外缘扩大 2～3 排桩。

3. 振冲法的施工和质量检验

（1）桩体材料。振冲法使用的回填材料为含泥量不大的碎石、卵石、矿渣或其他性能稳定的硬质材料,禁止使用易风化的石料。填料粒径和振冲器功率有关,一般在 2～10 cm 之间。在软土中施工宜采用较大粒径的碎石或卵石填料。

（2）施工要点。振冲法施工的一个关键是合理选择振冲器,并合理控制水量和留振时间。振冲器功率的选择和设计荷载的大小、原土强度的高低、设计桩长等因素有关,同时亦与场地周围环境有关,在防振要求高的建筑物附近施工,宜采用功率较小的振冲器。施工时出口水压为 400～600 kPa,水量为 20～30 m³/h。留振时间是指振冲器在地基中某一深度处停下振动的时间,一般为 30～60 s。土体是否振密可由"密实电流"控制。所谓密实电流就是当桩体振密时,潜水电机所显示的电流值,一般为空振时电流 + 25～30 A。

不加填料的振冲法处理中、粗砂地基时,宜使用大功率振冲器,并宜在施工前做现场施工试验。

（3）质量检验。施工时质量控制的关键是填料量、密实电流和留振时间 3 要素。要有施工记录,发现遗漏或不符合要求的桩或振冲点,应补做或采取有效的补救措施。

施工结束后,砂土地基宜间隔 2 周、黏性土间隔 3～4 周、粉土间隔 2～3 周进行质量检验。检测方法可用单桩载荷试验,每 200～400 根随机抽取 1 根进行,但总数不得少于 3 根。对粉土和砂土地基,还可用标准贯入、静力触探等试验对桩间土进行处理前后的对比检验。对于大型、重要的工程,应进行复合地基载荷试验,进行质量、处理效果检验,也可采用单桩或多桩复合地基载荷试验。检测点数量为 3～4 组。

对于不加填料的振冲法处理砂土地基,检验可用标准贯入、动力触探试验或其他方法。检验点位于振冲点围成的单元形心处,数量从 100～200 个振冲点中选取 1 个,总数不少于 3 个。

3.3.4　深层搅拌法

深层搅拌法是利用水泥、石灰等材料作为固化剂的主剂,通过特制的深层搅拌机械,在地基深处就地将软土和固化剂强制搅拌,利用固化剂和软土之间所产生的一系列物理、化学反应,使软土硬结成具有整体性、水稳定性和足够强度的水泥（或石灰）土的一种地基处理方法。根据上部结构的要求,可在软土中形成柱状、壁状和格栅状等不同形式的加固体,这些加固体与天然地基形成复合地基,共同承担上部荷载。下面主要讨论用水泥为固化剂的深层搅拌桩。

依据所掺入的固化剂的状态可分为湿法（或称深层搅拌法）和干法（或称粉喷搅拌法）。最常用的固化剂为水泥,又称为水泥土搅拌桩。这种方法适用于淤泥、淤泥质土、粉土、饱和黄土、素填土和黏性土。当用于泥炭土、塑性指数大于 25 的黏土及地下水具有腐蚀性时,必须通过试验确定其适用性。当地基土天然含水量小于 30%、大于 70% 时不宜采用干法。

1. 水泥土搅拌桩的加固原理

（1）水泥的固化作用。水泥与土强制搅拌形成水泥土桩，水泥产生固化作用，使桩体具有较高的强度。水泥的固化作用，由于土质的不同，其机理也有差别。用于砂性土时，水泥的固化作用类同于建筑上常用的水泥砂浆，具有很高的强度，固化时间也相对较短。

当水泥与饱和软土搅拌后，首先发生水泥的水解和水化反应，生成水泥水化物并形成凝胶体，将土颗粒或土团凝结在一起形成稳定的结构。同时在水化过程中，水泥生成的钙离子与土颗粒表面的钠离子或钾离子交换，生成稳定的钙离子结构，从而提高了土的强度。

（2）复合地基的应力传递作用。水泥土桩强度比天然土体的强度要高几倍甚至几十倍，变形模量也是如此。将水泥土桩和桩间土形成复合地基可有效地提高地基承载力和减少地基上建筑物的沉降。

水泥土搅拌法不仅在地基处理中使用，它还可以用于基坑支护工程。在基坑支护中，可将水泥土搅拌成格栅式和天然土形成重力式挡土墙，挡土墙上有压顶梁以增加整体性。水泥土格栅式挡墙设计计算方法采用重力式挡土墙设计计算方法。

水泥土的渗透系数比天然土的渗透系数小几个数量级，水泥土具有很好的防渗水性能。近几年被广泛用于基坑开挖工程和其他工程的防渗帷幕由相互搭接的水泥土桩组成。

2. 水泥土搅拌桩的设计

作为复合地基，水泥土搅拌桩的设计主要包括桩长、固化剂的掺入比及置换率的确定。

搅拌桩的桩长应根据上部结构对承载力和变形的要求确定，一般要穿透软弱土层到达强度相对较高的土层；为提高抗滑稳定性而设置的搅拌桩，其桩长要根据危险滑弧的位置决定。湿法水泥土搅拌桩的加固深度不宜大于 20 m，干法不宜大于 15 m。

搅拌桩的固化剂一般为 425 号普通硅酸盐水泥，水泥掺入量一般应为被加固湿土重的 12% ～ 20%，湿法的水泥浆水灰比可选用 0.45 ～ 0.55。外加剂可根据工程的需要和土质条件选用早强剂、缓凝剂、减水剂及节省水泥的其他材料，但应避免污染环境，并应有试验依据。

搅拌桩的桩径一般为 50 cm，桩距一般为 $3d$，即 3 倍桩径。搅拌桩的置换率要根据设计荷载的大小，按下式经过试算确定，即

$$f_{sp,k} = m \frac{R_k}{A_p} + \beta(1-m)f_{s,k} \tag{3.34}$$

式中　$f_{sp,k}$—— 复合地基承载力标准值（kPa）；

　　　m—— 面积置换率；

　　　A_p 为桩身横截面面积（m²）；

　　　R_k—— 单桩竖向承载力标准值（kN）；

　　　β—— 桩间土承载力折减系数。当桩端土的承载力大于桩侧土的承载力时，可取 0.1 ～ 0.4，差值大时取低值；当桩端土的承载力小于或等于桩侧土的承载力时可取 0.5 ～ 1.0，差值大或有褥垫层时取高值；

　　　$f_{s,k}$—— 桩间土承载力标准值（kPa）。

当水泥土强度标准值大于 500 kPa 时，R_k 值可按下列公式估算，并取其中小值，即

$$R_k = \eta f_{cu} A_p \tag{3.35}$$

$$R_k = \bar{q}_s U_p l + \alpha A_p q_p \tag{3.36}$$

式中　　f_{cu}——与搅拌桩身水泥配方相同的室内加固土试块(边长为 70.7 mm 的立方体,也可采用边长为 50 mm 的立方体)在标准养护条件下,90 d 龄期的无侧限抗压强度平均值(kPa);

　　　　η——桩身强度折减系数,干法可取 $0.2 \sim 0.33$,湿法可取 $0.25 \sim 0.33$;

　　　　U_p——桩的周长(m);

　　　　$\bar{q}_s$——桩周土的平均摩阻力。对淤泥可取 $4 \sim 7$ kPa;对淤泥质土可取 $6 \sim 12$ kPa;对黏性土可取 $10 \sim 15$ kPa;

　　　　l——桩长(m);

　　　　q_p——桩端土的承载力标准值(kPa);

　　　　α——桩端土承载力折减系数,可取 $0 \sim 0.5$。

经试算取得合适的置换率后,桩的布置可采用正方形或等边三角形,其总桩数可按下式计算,即

$$n = \frac{mA}{A_p} \tag{3.37}$$

式中　　n——总桩数;

　　　　A——基础底面积(m^2)。

竖向承载的水泥土搅拌桩复合地基,在基础和桩顶之间要设置褥垫层,其厚度可取 $200 \sim 300$ mm,材料可选用中粗砂、碎石或级配砂石,最大粒径不宜大于 30 mm。

当搅拌桩处理范围以下存在软弱下卧层时,应按《建筑地基基础设计规范》进行下卧层地基强度的验算。

3. 水泥土搅拌桩的施工和质量检验

(1)水泥土搅拌桩的施工。水泥土搅拌桩的施工工艺视施工设备不同而略有差异,但其主要步骤如下:

① 深层搅拌机就位;

② 预搅下沉;

③ 喷浆(喷粉)搅拌提升;

④ 重复搅拌下沉;

⑤ 重复喷浆(喷粉)搅拌提升至孔口;

⑥ 关闭搅拌机械。

步骤 ④ ~ ⑥ 可视工程情况进行取舍,有时还需要多重复,要求边搅边喷两次,重复搅拌两次。预搅下沉时,也可采用喷浆(或喷粉)的施工工艺,但必须确保全桩长上下重复搅拌一次。

基础底面以上宜预留 500 mm 厚的土层,搅拌桩施工到地面,开挖基坑时,应将上部质量较差的桩段挖去。

搅拌桩的成桩质量的好坏主要和水泥质量、钻杆提升及下降速度、转速、复喷的深度和次数及钻杆的垂直度、钻井深度和喷浆(灰)深度等因素有关。在大面积施工前,应进行工艺性试验。根据设计要求,通过试验确定适用该场地的各种操作技术参数。对于桩体是否均匀的一个非常重要的因素就是搅拌叶片的形状,这一点应特别重视。

（2）质量检验。施工过程中要随时检查施工记录，对每根桩进行质量评定，对于不合格的桩要采取补强或加强邻桩等措施予以补救。

搅拌桩成桩后的 7 d 内用轻便触探器钻取桩身加固土样，观察搅拌均匀程度；同时根据轻便触探击数用对比法判断桩身强度。检验桩的数量应不少于已完成桩数的 2%，也可抽取 5%～20% 的桩采用动测法进行质量检验。

成桩 28 d 后可在桩头取芯取得水泥土试样（$\Phi > 100$ mm）作无侧限抗压强度试验，检查量为总桩数的 1%，且不少于 3 根。沿桩身钻芯取样进行无侧限抗压强度试验，检查成桩均匀性和沿桩长的桩身强度，一般宜取总桩数的 0.5%，且一个场地不少于 3 根。

水泥土搅拌桩应采取单桩或多桩复合地基载荷试验检验其承载力。载荷试验应在成桩 28 d 后进行，若固化剂中掺有早强剂，可适当提前。同等条件下每个场地不得少于 3 组。

3.4　岩石地基

3.4.1　岩石地基承载力的分析

当地基建于岩体时，不要认为岩石比土坚硬、承载力大而不认真对待，因为岩体内存在的节理、裂隙和其他缺陷会大大降低其承载力，也会产生很大沉降量。例如，一种页岩的单轴抗压强度为 50 MPa，对含有节理裂隙的页岩进行现场测试时，其承载力仅为 6 MPa，沉降量达到 22 cm。因此，对岩石地基承载力也必须加以认真分析。

根据工程具体情况，岩石地基基础有如图 3.16 所示的几种类型。

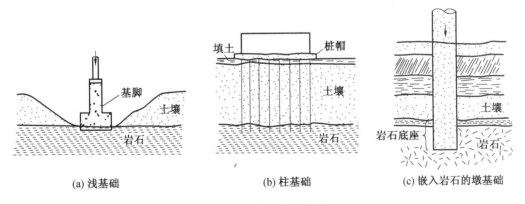

(a) 浅基础　　　　(b) 柱基础　　　　(c) 嵌入岩石的墩基础

图 3.16　岩石基础类型

对于图 3.16(a) 的岩石地基应是有足够承载力的完整基岩，根据工程性质和荷载大小，必要时应对地基进行钻孔或现场承载力测试，以判断地基承载力。图 3.16(b) 是端支撑桩基础，由于土体承载力不满足要求，桩应该打到岩石承压层上。若覆盖层软弱或桩很短，桩入岩石深度至少 1 m。但对于坚硬岩石，难以将桩打入岩石，应采用钻孔灌注桩。浇注在钻孔中的桩，在风化岩石和覆盖层结合处，可能产生很大侧阻力，其性质和打入黏土中的摩擦桩一样。就地浇注桩可以用钻入基岩面以下一定深度的办法插入岩石，此时桩周黏结力和桩端阻力都可发挥出来。支撑在软岩层上的桩若承载力不够，也可以用扩底桩。要求很大承载力时，可用墩柱传递到岩基上如图 3.16(c) 所示。为了获得满意的接触和支撑条件，墩入岩层深层几米或更深,形成一个岩石底座。荷载由端支撑和桩周黏结力共同承担。

为了解地基承载力,图 3.17 绘出了完整岩体的地基在施加荷载时的破坏发展过程。图 3.17(a) 是当加到一定荷载时开始出现裂缝,继续加荷裂缝会扩展或交汇,最后开裂成很多片状和楔形块,并在荷载进一步增加时被压碎如图 3.17(b) 所示。由于剪胀,使地基内破碎岩石的区域向外扩展,最后产生辐射状的裂缝网,有的裂缝可能最终扩展到地基表面,如图 3.17(c) 所示。图 3.17(d)、(e) 是地基的冲压破坏和剪切破坏,此时地基会出现较大沉陷和剪切变形。岩石地基承载力还与地基应力有关。图 3.18 是由模型试验得出的地基应力。由图 3.18 可知,不管岩体内节理如何分布,应力集中主要在地基下面,只要该处岩石破坏,地基就丧失承载力。

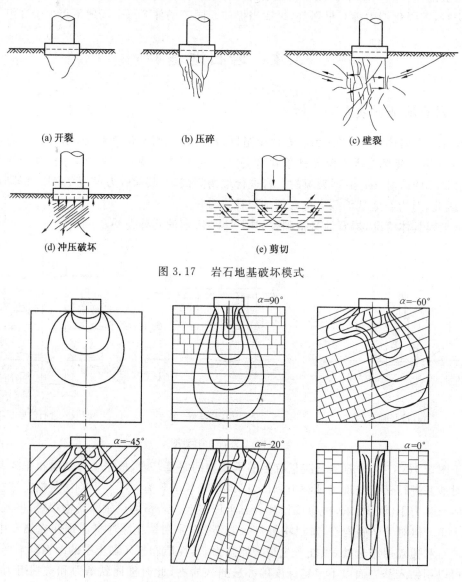

图 3.17　岩石地基破坏模式

图 3.18　由模型试验求得的等应力线(压力泡)
(α 是铅直方向到节理面的夹角,以逆时针为正)

3.4.2　岩石地基承载力及沉降的计算方法

由图 3.17 的岩石地基破坏模式可知,条形地基下破裂的岩石的侧向变形会受到约束,地基可分为 A 区和 B 区,如图 3.19 所示。B 区向 A 区提供的侧压力是岩体的单轴抗压强度 q_u,若岩体内摩擦角为 φ,则岩石地基承载力 q_f 为

$$q_f = q_u(N_\varphi + 1) \tag{3.38}$$

式中　$N_\varphi = \tan^2\left(45° + \dfrac{\varphi}{2}\right) = \dfrac{1 + \sin\varphi}{1 - \sin\varphi}$。

由此可见,岩石地基承载力的最大值为 q_f,最小值为 q_u。有时层状岩石地基周围可能出现张开的铅直节理,此时地基承载力应由具体情况而定。例如图 3.20 给出了圆形地基的示意图。此时地基承载力 q_f 为

$$q_f = \frac{1}{N_\varphi - 1}\left[N_\varphi \left(\frac{S}{B}\right)^{\frac{N_\varphi - 1}{N_\varphi}} - 1\right]q_u \tag{3.39}$$

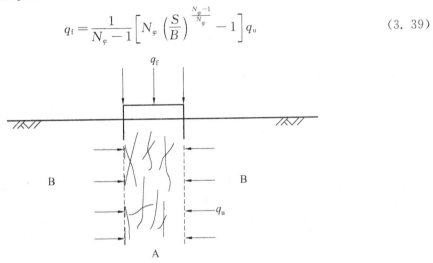

图 3.19　岩石地基承载力

由此可知,确定地基承载力要预先求得 q_u 和 φ,这需要做现场试验。但在进行地基承载力设计时,很难由现场试验求出 q_u 和 φ。设计时可采用室内岩石试验求岩石地基承载力。例如,《建筑地基基础设计规范》(GB50007—2002)对完整、较完整和较破碎岩石地基承载力特征值 f_a 按下式计算,即

$$f_a = \psi_r f_{rk} \tag{3.40}$$

式中　f_{rk}——岩石饱和单轴抗压强度标准值(MPa);

　　　ψ_r——折减系数。对完整岩体可取 0.5;对较完整岩体可取 0.2～0.5;对较破碎岩体可取 0.1～0.2。

岩石地基的沉降量也是一项重要指标,在地基承载力作用下岩石地基的沉降应控制在允许范围内。因此,在现场测试地基承载力时,同时测定地基沉降量。采用计算分析法确定其沉降量有两种方法,即数值分析法和弹性理论分析法。这样得出的结果虽是近似值,但在工程设计中也有重要作用。例如,对于圆形刚性基础如图 3.21 所示,在地基表面 A 点的沉降由弹性理论为

$$\delta_r = \frac{Q(1 - \mu^2)}{\pi R E}\arcsin\frac{R}{r} \tag{3.41}$$

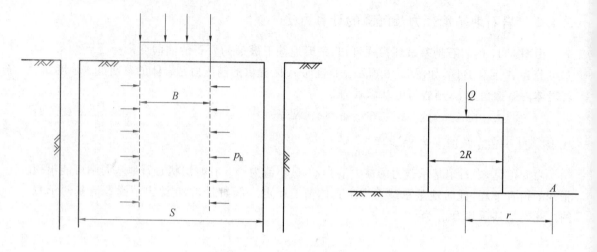

图 3.20　地基内有张开铅直节理的情况

B-地基直径;S-节理间距

图 3.21　圆形刚性基础

当 $r=R$ 时,刚性基础下的沉降量为

$$\delta_r = \frac{Q(1-\mu^2)}{2RE} \tag{3.42}$$

式中　　Q——作用于基础上的荷载;

　　　　R——圆形基础的半径;

　　　　E 和 μ——岩石地基的弹性模量和泊松比。

【例 3.4】　图 3.21 的圆形基础为软质砂岩岩体,$q_u = 0.8$ MPa,$\varphi = 34°$,$E = 1.25 \times 10^3$ MPa,$\mu = 0.35$,$R = 0.5$ m,允许沉降为 5 mm。求此地基承载力及能否满足沉降要求。

【解】

$$N_\varphi = \tan^2\left(45° + \frac{\varphi}{2}\right) = \tan^2\left(45° + \frac{34°}{2}\right) = 3.53$$

$$q_i/\text{MPa} = (N_\varphi + 1)q_u = (35.3 + 1) \times 0.8 = 3.62$$

$$Q/\text{MN} = q_f A = 3.62\pi \times 0.5^2 = 2.84$$

由式(3.42)得

$$\delta_r/\text{mm} = \frac{Q(1-\mu^2)}{2RE} = \frac{2.84 \times (1-0.35^2)}{2 \times 0.5 \times 1.25 \times 10^3} = 1.99 \times 10^{-3}\text{m} < 5$$

因此,地基承载力和沉降均满足要求。

3.4.3　岩石地基加固方法

如果岩石地基沉降量和地基承载力不能满足要求,则应加固地基,以提高其承载力和地基刚度。目前常用的岩石地基加固方法有注浆加固和锚固。

对于节理裂隙发育特别是岩体内存在张开节理或空洞的情况下,应采用注浆加固岩体。用浆液充填岩体内的空隙部分,浆液凝固后又能增强岩体强度和刚度。注浆浆液材料有两大类:一类是水泥,除一般水泥外,还有超级磨细度的微粒水泥,采用这种水泥,可节约材料,降低造价,保证质量;一类是化学材料,如水玻璃、环氧树脂、聚酯素等。但多数化学材料对地下水有污染,因此,有些国家规定除水玻璃外,其余一律禁止使用。这两类浆材各有优缺点,水泥浆材结石体强度高、价格低,易配制且操作容易,缺点是普通水泥颗粒大,难以注入直径或宽度小于 0.2 mm 的孔隙中;化学浆液可注性好,能注入细微裂隙中,但一般有毒性且价格昂贵。实际应用时,应根据工程情况进行选用。注浆中应注意以下问题:

(1) 选用合适的注浆方法。常用的注浆方法有充填注浆、渗透注浆、挤密注浆、劈裂注浆、电动化学注浆等。

(2) 确定正确的注浆压力。注浆压力是浆液在地层中扩散的动力,直接影响注浆效果。要根据地层条件、注浆方法、浆材及工程目的等具体情况选定。一般而言,化学注浆比水泥注浆时的注浆压力要小得多;浅部比深部注浆压力小;渗透系数大的比渗透系数小的地层注浆压力小,地层表面浅部注浆压力只有 0.2～0.5 MPa。

(3) 浆液扩散与凝胶时间。注浆时还应随时了解浆液是否扩散到预定范围内及凝固时间。几种典型浆液的凝胶时间为:单液水泥浆为 1～1 100 min;水泥—水玻璃为几秒到几十分钟;水玻璃为瞬间到几十分钟。

(4) 做好注浆施工监控与注浆效果检测。锚固是通过锚杆或预应力锚索将不稳定岩体加固,以便在岩体上修建各种基础工程。另外,岩石地基加固还可采用桩基础加固。

3.4.4 嵌岩桩基设计

图 3.16(b)、(c) 是嵌入岩石的桩基础,在此以图 3.22 的情况讨论这种桩基的设计计算理论和方法。

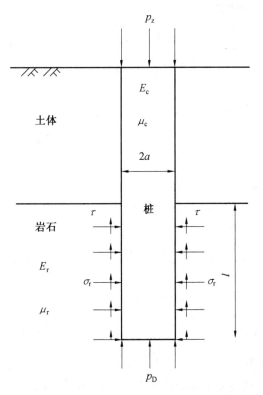

图 3.22　嵌入岩石的桩基

这种桩基的设计算理论如下所示:

① 设计目的。确定最佳长度 l，使桩基底部的应力 p_D 最小。

② 工程状况。土体薄而且承载力不能满足工程要求，必须使桩基嵌入岩石内。

③ 为安全起见不考虑土体对桩的作用。

④ 圆柱形桩，半径为 α。

其设计计算方法如下所示：

(1) 设计计算步骤。

① 确定桩周允许剪应力 τ_i 和桩端允许承载力 q_i。

② 已知条件：桩面承载应力 p_z，桩的 E_c、μ_c，岩石的 E_r、μ_r，桩的半径 a，桩面总压力 $F_z = \pi \alpha^2 p_z$，岩石与桩周的摩擦系数 f。

③ 先不计 p_D，按下式算出插入岩石中的最大长度 l_{max}。

$$l_{max} = \frac{F_z}{2\pi\alpha\tau_i}$$

④ 选择一个值 l_1，且 $l_1 < l_{max}$，按下式计算，即

$$\frac{p_D}{p_z} = \exp\left\{ -\left[\frac{2\mu_c f \dfrac{l_1}{a}}{1 - \mu_c + (1 + \mu_r)\dfrac{E_c}{E_r}} \right] \right\} \tag{3.43}$$

⑤ 计算 $p_D = \dfrac{F_z}{\pi\alpha^2}\left(\dfrac{p_D}{p_z}\right)$。

⑥ 将上式的 p_D 与 q_f 相比较。

⑦ 计算 $\tau = \left(1 - \dfrac{p_D}{p_z}\right)\dfrac{F_z}{2\pi\alpha l_1}$，并与 τ_f 相比较。

⑧ 若 $\tau = \tau_f$，$p_D \leqslant q_f$，则 l_1 为所求的值，否则重新用 l_2 重复以上计算，直到满足要求。

(2) 算例。

【例 3.5】 已知：$E_r/E_c = 0.5$，$\mu_r = \mu_c = 0.25$，$q_f = 2$ MPa，$\tau_f = 0.15$ MPa，混凝土的单轴抗压强度 $\sigma_c = 10$ MPa，$F_z = 20$ MN，$f = \tan 40°$。 试设计嵌入岩石的最佳长度 l（取 $a = 1.5$ m）。

【解】

① 计算 $l_{max}/\text{m} = \dfrac{F_z}{2\pi\alpha\tau_f} = \dfrac{20}{2\pi \times 1.5 \times 0.15} = 14.15$

② 取 $l_1 = 10$ m 时，

$$\frac{p_D}{p_z} = \exp\left\{ -\frac{2 \times 0.25 \times \tan 40°}{1 - 0.25 + (1 + 0.25) \times 2} \times \frac{10}{1.5} \right\} = e^{-0.129 \times \frac{10}{1.5}} = 0.423$$

③ $p_D/\text{MPa} = \dfrac{20}{\pi\,1.5^2} \times 0.423 = 2.83 \times 0.423 = 1.2$

④ $\tau/\text{MPa} = (1 - 0.423) \times \dfrac{20}{2\pi \times 1.5^2 \times 10} = 0.12$，$\sigma = \dfrac{F_z}{\pi a^2} = 2.8 < 10$

所以，$p_D < q_f$，$\tau < \tau_f$，故取 $l = 10$ m，$a = 1.5$ m。

(3) 岩石地基允许承载力 q_f 的确定仍用第 3.4.2 节的方法。

(4) 桩周边岩石允许抗剪强度 τ_f 的确定。

设岩石黏结力为 c、内摩擦角为 φ，单轴抗压强度为 q_u，则

$$\tau_f = \frac{q_u a}{2\tan\left(45+\dfrac{\varphi}{2}\right)} = ca \tag{3.44}$$

其中 a 值一般取为 $0.3 \sim 0.9$。由此得出的 τ_f 应小于混凝土和岩石二者的黏结力。

(5) 关于式 (3.43)，即 $\dfrac{p_D}{p_z}=\exp\left\{-\left[\dfrac{2\mu_c f \dfrac{l_1}{a}}{1-\mu_c+(1+\mu_r)\dfrac{E_c}{E_r}}\right]\right\}$ 的推导如下如图 3.23 所示。

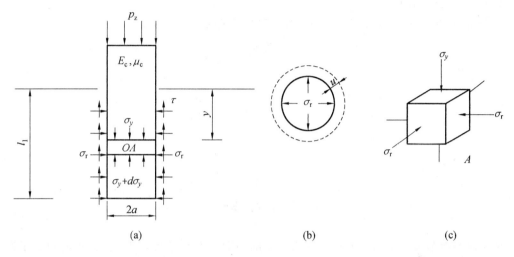

(a)　　　　　　　　　　(b)　　　　　　　　　　(c)

图 3.23　推导式 (3.43) 的简图

y 方向平衡条件，即

$$d\sigma_y \pi a^2 + \tau \cdot 2\pi a \, dy = 0 \tag{3.45}$$

桩的径向应变 ε_r 为

$$E\varepsilon_r = \sigma_r - \mu_c \sigma_r - \mu_c \sigma_y \tag{3.46}$$

$$\varepsilon_r = \frac{-\mathrm{d}u_c}{\mathrm{d}r} \tag{3.47}$$

将式 (3.47) 代入式 (3.46) 并从 0 积分到 a，桩的表面向外位移 u_c 为

$$u_c = \frac{-(1-\mu_c)}{E_c}a\sigma_r + \frac{\mu_c}{E_c}a\sigma_y \tag{3.48}$$

对于岩石而言，表面 $r=a$ 处的径向压力类似于无限厚空心圆柱体内的均压力，其位移 u_r 为

$$u_r = \sigma_r \frac{(1+\mu_r)a}{E_r} \tag{3.49}$$

按变形协调条件 $u_c = u_r$，则可由式 (3.48) 和式 (3.49) 得到

$$\sigma_r = \frac{\mu_c}{1-\mu_c+(1+\mu_r)\dfrac{E_c}{E_r}}\sigma_y \tag{3.50}$$

若桩与岩石间无黏结但有摩擦力，其系数 $f = \tan\varphi_j$

$$\tau = f\sigma_r \tag{3.51}$$

将式 (3.50) 代入式 (3.51) 再代入式 (3.45)，则得

$$\sigma_y = A\exp\left\{-\left[\frac{2\mu_c f}{1-\mu_c+(1+\mu_r)\dfrac{E_c}{E_r}}\cdot\frac{y}{a}\right]\right\} \tag{3.52}$$

当 $y=0$ 时，$\sigma_y=p_z$，所以，$A=p_z$；当 $y=l_1$ 时，$\sigma_y=p_D$，因而由式(3.52)即得式(3.43)。

① 推导式(3.48)：由式(3.47)和(3.46)得

$$u_c = \int_0^a -\varepsilon_r \mathrm{d}r = \int_0^a -\left[\frac{\sigma_r}{E_c}-\frac{\mu_c}{E_c}(\sigma_r+\sigma_y)\right]\mathrm{d}r$$

积分上式即得式(3.48)。

② 推导式(3.52)：将式(3.50)代入式(3.51)再代入式(3.45)得

$$\frac{\mathrm{d}\sigma_y}{\mathrm{d}y}+\frac{2fm}{a}\sigma_y=0$$

$$m=\frac{\mu_c}{1-\mu_c+(1+\mu_r)\dfrac{E_c}{E_r}}$$

$$\sigma_y = A\mathrm{e}^{-\int\frac{2fm}{a}\mathrm{d}y}=A\mathrm{e}^{-\frac{2fm}{a}y}$$

将 m 代入上式即得式(3.52)。

本章小结

建筑物的地基是岩土工程的一个极为重要的内容。本章从地基的强度、变形和稳定性出发，阐明了两大类型的地基工程。一类是土质地基，此处介绍了一般土质地基、特殊土质地基和软弱地基处理；另一类为岩石地基。前者重点介绍了对特殊土的认识和对特殊土质地基的设计和施工，后者强调了工程技术人员必须改变对岩石地基的一些不正确看法，从理论上深入地掌握岩石地基的设计和施工方法。

由于地基的千变万化，对软弱土质地基的处理既要重视设计，更要重视施工和检查、监理，后者往往是地基加固成败的关键。地基处理属于隐蔽工程，有的不法承包商往往弄虚作假，偷工减料，造成了工程质量隐患。这一方面的教训在我国近几年的工程建设中并非没有发生过，个别甚至相当严重。要彻底改变这一状况，工程技术人员必须牢固地树立质量意识，加强检查、监理力度，并在竣工后按规范要求的项目进行必要的试验，只有这样，方可确保地基处理的工程质量。

复习思考题

1. 影响地基承载力的因素有哪些？

2. 有甲、乙两个基础位于同一土层上，基础埋深相同，基底附加压力相等，甲基础底面积大于乙基础底面积，试比较哪个基础的沉降大？哪个基础的地基承载力大？

3. 黄土湿陷性的判定原则是什么？对于湿陷性黄土地基应采取哪些设计措施？

4. 试述太沙基公式(3.1)中右边 3 项的含义。

提示：可参考"土力学"教材。

5. 为何说"红黏土地基属于特殊地基"？

6.红黏土是如何形成的? 主要矿物成分有哪些?

7.红黏土有高孔隙和大孔隙性的特征,为何不具有浸水湿陷性?

8.根据你的体会,你认为红黏土地基可能有哪些特点? 为什么红黏土地基特别强调按变形计算地基?

9.自由膨胀率和膨胀率在概念上有何不同? 在用途上又有何不同?

10.试述确定膨胀力的方法。

11.我国规范(GBJ112—87)规定膨胀土的工程判别标准是什么?

12.试比较两种黏土矿物蒙脱石和高岭石的亲水性。它们的亲水性为何差别很大? 这种差别对膨胀土自由膨胀率有何影响?

13.膨胀土地基变形量按哪 3 种情况计算? 计算公式如何?

14.你认为在膨胀土沟槽施工中,应十分重视什么问题?

15.振冲法的适用土质条件是什么? 加固机理如何?

16.水泥土搅拌法有哪些适用土层? 有几种应用?

17.你认为从施工的角度来研究,要如何才能保证地基处理(或称为地基加固)的质量? 加固后的地基的质量如何去验证和评价?

18.岩石地基基础类型有哪几种,地基破坏模式有哪些?

19.确定岩石地基承载力时应考虑哪些因素?

20.圆形刚性地基置于软质页岩上,岩石饱和单轴抗压强度 $q_{ur}=5.20$ MPa,折减系数 $\psi_r=0.31$。地基弹性模量 $E=0.66\times10^3$ MPa,$\mu=0.35$,$R=0.5$ m,地基允许沉降为 4 mm。求此地基承载力及能否满足沉降要求。

第4章 基坑工程

基坑工程按其施工开挖方法,可分为两类:无支护放坡开挖基坑和有支护开挖基坑。无支护放坡开挖基坑是一种开挖面积大于实际基础面积、具有合理边坡的基坑。有支护开挖基坑是在建筑物和构筑物密集、施工场地受到限制的区域,先在基坑周围设置挡土结构,然后进行开挖,必要时挡土结构之间采用支撑或锚拉以减小挡土结构的内力和位移。这种方法多用于深基坑开挖。

深基坑的开挖,大面积挖土卸载,使基坑坑底和四周土体应力状态发生变化,极易使坑内外土体发生位移。支护系统被用来控制这一过程发生,保证坑壁和坑底稳定。

由于地下水的存在,给基坑开挖和基础施工带来困难,必须采用截渗或排水措施,保证在地下渗透水流作用下,基坑不发生土体管涌、流砂和坑底突涌等现象。

本章主要介绍深基坑坑壁土压力特点,支护系统结构类型与设计计算方法,深基坑开挖与支护施工及排水措施等内容。

4.1 基坑护壁结构土压力的特点

土压力是土与支护结构之间相互作用的结果。土压力的大小和分布,传统的计算理论只考虑几种极限状态,即主动状态、被动状态与静止状态,用朗肯和库伦等理论计算。对于无支撑(锚拉)的基坑支护(如板桩、地下连续墙等),其支护结构背面上的土压力可按主动土压力计算;对于有支撑、锚拉的情况,由于支护结构的位移受到支撑力、锚固力的制约,其背面上的土压力将有可能未进入到主动状态,而处于静止土压力与主动土压力之间的状态。对于被动状态,存在同样情况。

图 4.1 是一有支撑板桩支护的基坑开挖土压力发展阶段图,可看出土压力随开挖支护状态而改变的过程。

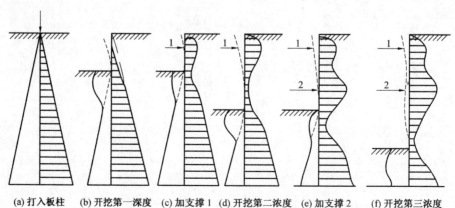

(a) 打入板桩　(b) 开挖第一深度　(c) 加支撑 1　(d) 开挖第二深度　(e) 加支撑 2　(f) 开挖第三深度

图 4.1　基坑开挖土压力发展阶段

（1）打入板桩,在板桩两侧产生一定的侧向压力。由于板桩的挤压作用,土压力系数可能略大于静止土压力系数 K_0。

（2）开挖第一深度,卸除了上面一段一侧的土压力;板桩变形,其后侧的土压力减少,一般有可能进入到主动状态。

（3）设置支撑 1,使板桩的变形有一定的恢复,土压力加大,分布形式改变。

（4）继续开挖至第二深度,板桩将引起新的侧向变形,土压力分布亦随之改变。

（5）设置支撑 2,并楔紧支撑 1,形成新的土压力分布图式。

（6）继续开挖至第三深度,板桩随之向坑内侧位移,主动区土体亦向坑内移动,土压力有一定减小。若继续增加或减少支撑的预加轴力及增大支撑 2 以下板桩的开挖暴露范围和暴露时间,则土压力也会有新的改变。

目前,支护结构稳定性计算一般用极限状态理论,即朗肯或库伦土压力理论公式。当坑壁为黏性土层时,

$$\sigma_a = \left(q + \sum \gamma_i h_i\right) K_a - 2c\sqrt{K_a} \tag{4.1}$$

$$\sigma_p = \left(q + \sum \gamma_i h_i\right) K_p + 2c\sqrt{K_p} \tag{4.2}$$

式中　σ_a——计算点处的主动土压力强度(kPa);

σ_p——计算点处的被动土压力强度(kPa);

q——地面均布荷载(kPa);

γ_i——计算点以上各层土的重度(kN/m³);

h_i——计算点以上各层土的厚度(m);

K_a——计算点处的主动土压力系数,$K_a = \tan^2\left(45° - \dfrac{\varphi_0}{2}\right)$;

K_p——计算点处的被动土压力系数,$K_p = \tan^2\left(45° + \dfrac{\varphi_0}{2}\right)$;

φ_0——计算点处土的内摩擦角(°);

c——计算点处土的黏聚力(kPa)。

由于黏性土的土压力比砂土的土压力复杂,计算中可采取近似方法,略去土的黏聚力,而适当增加内摩擦角,由 φ_0 提离到 φ,表 4.1 所示数值供参考。如采用增加内摩擦角的方法,黏性土的土压力公式可简化为

$$\sigma_a = \left(q + \sum \gamma_i h_i\right) \tan^2\left(45° - \frac{\varphi}{2}\right) \tag{4.3}$$

$$\sigma_p = \left(q + \sum \gamma_i h_i\right) \tan^2\left(45° + \frac{\varphi}{2}\right) \tag{4.4}$$

当为砂砾土层时,黏聚力 $c = 0$,其土压力公式为

$$\sigma_a = \left(q + \sum \gamma_i h_i\right) \tan^2\left(45° - \frac{\varphi_0}{2}\right) \tag{4.5}$$

$$\sigma_p = \left(q + \sum \gamma_i h_i\right) \tan^2\left(45° + \frac{\varphi_0}{2}\right) \tag{4.6}$$

表 4.1　内摩擦角由 φ_0 提高到 φ 值

土质	稍湿的		很湿的		饱和的		重度 $\gamma/(kN \cdot m^{-3})$		
	φ_0	φ	φ_0	φ	φ_0	φ	稍湿的	很湿的	饱和的
软的黏土及粉质黏土	24°	40°	22°	27°	20°	20°	15	17	18
塑性的黏土及粉质黏土	27°	40°	26°	30°	25°	25°	16	17	19
半硬的黏土及粉质黏土	30°	45°	26°	30°	25°	25°	18	18	19
硬黏土	30°	50°	32°	38°	33°	33°	19	19	20
淤泥	16°	35°	14°	20°	15°	15°	16	17	18
腐殖土	35°	40°	35°	35°	33°	33°	15	16	17

支护结构土压力,还可以用有限元法进行分析计算,按工程规定的边界容许位移来确定土压力分布。

根据 Terzaghi 对柏林地铁砂土挖方支撑压力量测结果的分析,土压力分布受到横撑压力的影响较大。总体看来,土压力分布曲线接近于抛物线。Terzaghi 根据库伦主动土压力理论提出了有支撑支护体系的土压力计算图式,如图 4.2 所示。其后,Terzaghi 和 Peck 用库伦(或朗肯)主动土压力系数的一部分为依据,给出了具有支撑的支护结构土压力分布图式,如图 4.3 所示。Teshcbotarioff 的研究认为,具有支撑的支护结构侧向土压力有如图 4.4 所示的分布。这些分布图式被用来计算板桩支撑。

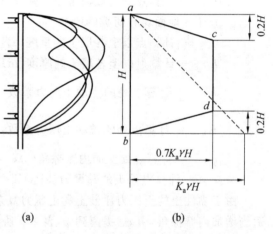

图 4.2　柏林地铁开挖支撑的实测

我国目前多采用朗肯土压力理论公式计算支护结构上的土压力,也有按变形限制程度来取用土压力值的做法。具体计算可参阅有关规范。

在基坑开挖深度范围内有地下水时,作用在墙背上的侧压力有土压力和水压力两部分。水压力一般呈三角形分布如图 4.5 所示;在有残余水压力时,可按梯形分布进行计算。

对砂土和粉土等无黏性土用水土分算的原则计算,作用于支护结构上的侧压力等于土压力与静水压力之和,静水压力按全水头取用。对黏性土宜根据工程经验,一般按水土合算原则计算,在黏性土孔隙比 e 较大或水平向渗透系数较大对,也可采用水土分算的方法进行。

作用在支护结构上的力还有邻近建筑物荷载、地面堆载、车辆机械动载等引起的土压力增值,其计算方法可参考有关书籍。

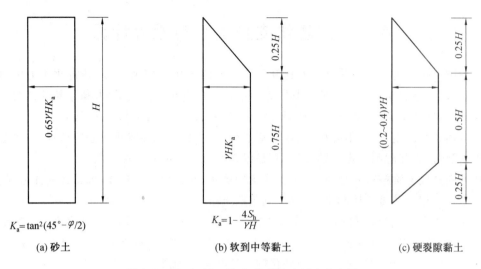

$$K_a = \tan^2(45° - \varphi/2)$$

(a) 砂土

$$K_a = 1 - \frac{4S_h}{\gamma H}$$

(b) 软到中等黏土

(c) 硬裂隙黏土

图 4.3　Terzaghi－Peck 提出的土压力分布图

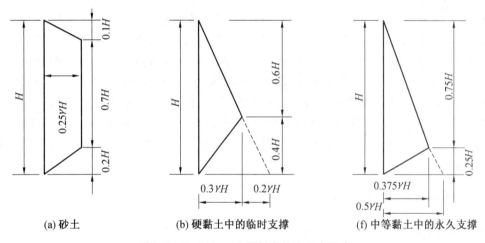

(a) 砂土

(b) 硬黏土中的临时支撑

(f) 中等黏土中的永久支撑

图 4.4　Teshcbotarioff 提出的土压力图式

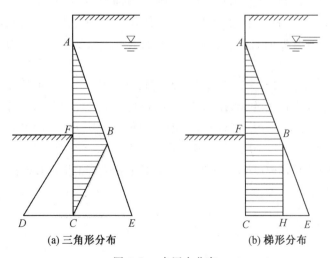

(a) 三角形分布

(b) 梯形分布

图 4.5　水压力分布

4.2 深基坑支护类型与设计计算

深基坑支护结构主要承受基坑开挖卸荷所产生的土压力和水压力,并将此压力传递到支撑或土锚,它是稳定基坑的一种施工临时挡墙结构。深基坑支护的类型,按结构型式可分为板桩挡墙、柱列式挡墙、自立式水泥土挡墙、地下连续墙、组合式挡墙和沉井(箱)等。

板桩挡墙系由钢板桩、钢管桩、钢筋混凝土板桩、主桩横挡板等组成竖直墙体,支挡基坑四周的土水等荷载,并起到一定的防渗作用,是维持基坑稳定的临时结构物。

柱列式挡墙又称桩排式地下墙,属板式支护体系,它是把单个桩体,如钻孔灌注桩、挖孔桩及其他混合式桩等并排连接起来,形成的坑壁挡土结构。

自立式水泥土挡墙是利用一种特殊的搅拌头或钻头,钻进地基至一定深度后,喷出固化剂,使其沿着钻孔深度与地基土强行拌和而成的加固土桩体,固化剂通常采用水泥或石灰,可用浆体或粉体,或高压水泥浆(或其他硬化剂),这些桩体构成自立式挡土墙。

地下连续墙是用专门的挖槽机械,在地面下沿着深基坑周边的导墙分段挖槽,并就地吊放钢筋网(笼)浇筑混凝土,形成一个单元的墙段,然后又连续开挖浇筑混凝土,从而形成地下连续墙。它既可以承担侧壁的土压力和水压力,在开挖时起挡土、防渗和对邻近建筑物的支护作用,同时又可将上部结构的荷载传到地基持力层,作为地下建筑和基础的一个组成部分。

组合式支护是指在同一基坑中,根据建筑物结构特点和要求开挖的深度不同,结合地质条件和周边环境条件,采用钻孔桩、沉管桩、搅拌桩、旋喷桩等组合成复合式支护结构。

沉井是一种垂直的筒形结构物,通常用混凝土或钢筋混凝土制成,施工时从井筒中间挖土,使筒失去支撑而下沉,直到设计高度为止,然后封底。整个井筒在施工时作为支撑护壁,又是永久的深基础。

4.2.1 板桩墙的设计计算

1. 无支撑(锚拉)板桩计算(静力平衡法)

无支撑(锚拉)板桩墙体在不同打入深度时有不同的变形情况,如图 4.6(a) 所示,① 为打入深度 t 时,其上端向左倾斜较小,下端 B 处没有位移。② 为打入深度为最小深度 t_{min} 时,其上端向左倾斜较大,下端 B 向右产生位移。说明如果打入深度小于 t_{min},则板桩将丧失稳定向左倾倒。

上述板桩的稳定完全靠埋深 DB 部分两侧的被动土压力维持,如图 4.6(b) 所示,板桩右侧,受 $(h+t)$ 深的主动土压力作用,使其绕 C 点向左转动,而左侧从 D 点至 B 点即产生了被动土压力。二者互相抵消,成为图 4.6(c) 所示的画线部分的压力图。从板桩变形或从力的平衡来看,B 点又必然产生向左的土压力,其值将等于右侧 $(h+t)$ 深度的被动土压力和左侧 t 深度的主动土压力之差[即 $\gamma(h+t)K_p - \gamma t K_a$],经分析和简化,可得图 4.6(d)。图 4.6(d) 中 t 和 b 可用下列平衡方程求得

$$\sum H = 0 \tag{4.7}$$

则

$$\Delta AFK - \Delta KBT + \Delta GTW = 0$$

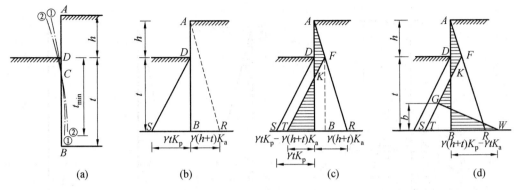

图 4.6　无锚板桩土压力图

因此，

$$\frac{1}{2}\gamma (h+t)^2 K_a - \frac{1}{2}\gamma t^2 K_p + \frac{1}{2}b\left[\gamma t K_p - \gamma(h+t)K_a + \gamma(h+t)K_p - \gamma t K_a\right] = 0$$

即

$$\gamma (h+t)^2 K_a - \gamma t^2 K_p + b(\gamma K_p - \gamma K_a)(h+2t) = 0$$

$$b = \frac{t^2 K_p - (h+t)^2 K_a}{(K_p - K_a)(h+2t)}$$

$$\sum M_B = 0 \tag{4.8}$$

则

$$\frac{1}{6}\gamma K_a(h+t)^3 - \frac{1}{6}\gamma K_p t^3 + \frac{1}{6}\gamma b^2(K_p - K_a)(h+2t) = 0$$

$$\gamma K_a(h+t)^3 - \gamma K_p t^3 + \gamma b^2(K_p - K_a)(h+2t) = 0 \tag{4.9}$$

式中符号同前。

通过试算求出 t 值。无支撑（锚拉）板桩实际插入深度为$(1.10 \sim 1.20)t$，即桩长应为$L = h + (1.10 \sim 1.20)t$。

根据已确定的外荷载，求出危险断面的最大弯矩 M_{max} 并算出板桩断面模量 W，确定横截面积。

较浅的基坑，板桩可以不加支撑，而仅依靠入土部分的土压力来维持板桩的稳定。但基坑开挖较深时，则需根据开挖深度、板桩的材料和施工要求，设置一道或几道支撑，当基坑特别宽大或者基坑内不允许被水平横撑阻拦时，可采用拉锚代替支撑。

2. 单支撑（锚拉）板桩计算

单支撑（锚拉）板桩不同于无支撑（锚拉）板桩在于其顶端附近设有一支撑（或拉锚），于支撑（锚拉）点处视板桩无水平移动而形成一铰接简支点，板桩入土部分的变位形态与入土深度相关。当板桩入土深度较浅时，在墙后主动土压力作用下，板桩墙下端可能会向着主动土压力作用方向有少量位移或转动，此时墙前产生被动土压力将平衡墙后主动土压力如图 4.7 所示，墙下端可视作简支。而在图 4.8 中，板桩入土深度较深时，板桩墙的底端向右倾斜，促使右侧也产生被动土压力。墙前后均出现被动土压力，形成嵌固弯矩，板桩墙下端可视为弹性嵌固支撑。

（1）单支撑（锚拉）浅埋板桩计算（自由端法）。假定板桩上端为简支，下端为自由支撑，这种板桩相当于单跨简支梁。作用在墙后的土压力为主动土压力，作用在墙前的土压力为被动

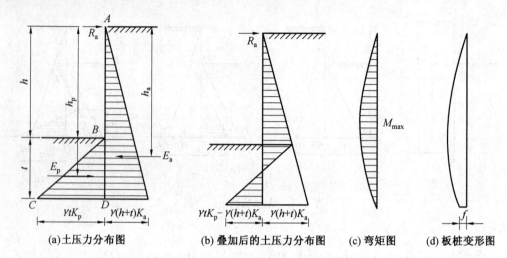

图 4.7　单撑浅埋板桩的计算简图

土压力,如图 4.7 所示。

主动土压力最大强度为

$$\sigma_a = \gamma(h+t)K_a \tag{4.10}$$

被动土压力最大强度为

$$\sigma_p = \gamma t K_p \tag{4.11}$$

主动土压力为

$$E_a = \frac{1}{2}\gamma(h+t)^2 K_a \tag{4.12}$$

被动土压力为

$$E_p = \frac{1}{2}\gamma t^2 K_p \tag{4.13}$$

式中符号同前。其他如图 4.7 所示。

为使板桩保持稳定,作用在板桩上的力 R_a、E_a、E_p 必须平衡,对 A 点取矩应等于零。由 $\sum M_A = 0$,有

$$E_a h_a - E_p h_p = 0$$

$$E_a \cdot \frac{2}{3}(h+t) - E_p\left(h + \frac{2}{3}t\right) = 0$$

则

$$t = \frac{(3E_p - 2E_a)h}{2(E_a - E_p)} \tag{4.14}$$

又由 $\sum x = 0$,则可求得作用在 A 点的支撑反力 R_a 为

$$R_a = E_a - E_p \tag{4.15}$$

根据求得的入土深度 t 和支撑反力 R_a,可计算并绘出板桩内力图,依此求得剪力为零的点,该点截面处的弯矩即为板桩最大弯矩 M_{max},据此最大弯矩选择板桩截面。由于 E_a 和 E_p 均为 t 的函数,所以先要假定 t 值,然后按式(4.12)进行试算。板桩入土深度主要取决于桩前被动土压力,而被动土压力只有挡土体出现较大变形时才会产生,因此计算时,被动土压力只取其一部分,安全系数多取为 2。

（2）单支撑（锚拉）深埋板桩计算（等值梁法）。单支撑（锚拉）深埋板桩,将其视为上端简支、下端固定支撑,变形曲线有一反弯点,认为该点弯矩值为零。于是可把挡土结构划分为两段假想梁,上部为简支梁,下部为一次超静定结构,其弯矩图保持不变（如图 4.8 所示）。ac 梁即为 ab 梁上 ac 段的等值梁。为简化计算,常用土压力等于零点的位置代替反弯点位置。其计算步骤如下:

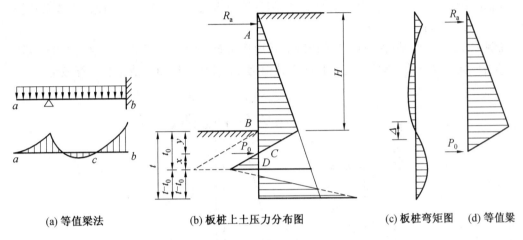

(a) 等值梁法　　　　(b) 板桩上土压力分布图　　　　(c) 板桩弯矩图　(d) 等值梁

图 4.8　用等值梁法计算单撑板桩简图

① 计算作用于板桩上的土压力强度,并绘出土压力分布图。计算土压力强度时,应考虑板桩墙与土间的摩擦作用,将板桩墙前和墙后的被动土压力分别乘以修正系数（为安全起见,对主动土压力则不折减）,见表 4.2。

表 4.2　钢板桩的被动土压力修正系数

土的内摩擦角	40°	35°	30°	25°	20°	15°	10°
K（墙前）	2.3	2.0	1.8	1.7	1.6	1.4	1.2
K'（墙后）	0.35	0.4	0.47	0.55	0.64	0.75	1.0

② 计算板桩墙上土压力强度等于零的点离挖土面的距离 y,在 y 处板桩墙前的被动土压力等于板桩墙后的主动土压力,即

$$\gamma K K_p y = \gamma K_a (H + y)$$

即

$$\gamma K K_p y = \sigma_b + \gamma K_a y$$

则

$$y = \frac{\sigma_b}{\gamma(K K_p - K_a)} \tag{4.16}$$

式中　σ_b——挖土面处板桩墙后的主动土压力强度值。

③ 按简支梁 AC 计算等值梁的最大弯矩 M_{max} 和两个支点的反力 R_a 和 P_0。

④ 计算板桩墙的最小入土深度为

$$t_0 = y + x \tag{4.17}$$

x 可根据 P_0 和墙前被动土压力对板桩底端 D 点的力矩相等求得

$$x = \sqrt{\frac{6P_0}{\gamma(KK_p - K_a)}} \tag{4.18}$$

板桩下端的实际埋深应位于 x 之下,所需实际板桩的入土深度为

$$t = (1.1 \sim 1.2)t_0 \tag{4.19}$$

用等值梁法计算板桩是偏于安全的,实际计算时常将最大弯矩予以折减,折减系数据经验为 $0.6 \sim 0.8$ 之间,一般取为 0.74。

【例 4.1】　一深基坑工程,其坑壁剖面及地质资料如图 4.9 所示。采用人工降水措施,钢板桩支护,坑内单支撑,钢板桩抗弯强度设计值为 $240\ \mathrm{MPa}$,试用等值梁法计算板桩。

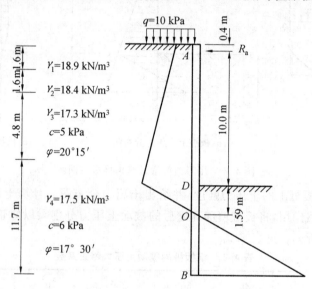

图 4.9　坑壁及地质剖面资料

【解】　由已知条件,并取 1 m 宽板桩进行计算:

(1) 土压力计算。

γ、φ、c 按 19.7 m 范围内加权平均值计算得

$$\gamma_{平均} = 17.6\ \mathrm{kN/m^3}$$

$$\varphi_{平均} = 18°30'$$

$$c_{平均} = 6.3\ \mathrm{kPa}$$

略去 c 值,查表 4.1,得 $\varphi_{平均} \approx 22°$,则

$$K_a = \tan^2\left(45° - \frac{22°}{2}\right) = 0.455$$

$$K_p = \tan^2\left(45° + \frac{22°}{2}\right) = 2.18$$

考虑墙土间摩擦力作用,查表 4.2,取 $K = 1.65$,则

$$KK_p = 1.65 \times 2.18 = 3.60$$

$$\sigma_{af}/(\mathrm{kN \cdot m^{-2}}) = 10 \times 0.455 = 4.6$$

$$\sigma_{ad}/(\mathrm{kN \cdot m^{-2}}) = (10 + 17.6 \times 10.4) \times 0.455 = 87.8$$

（2）土压力零点位置计算，则

$$y/\mathrm{m} = \frac{\sigma_a}{\gamma(KK_p - K_a)} = \frac{87.8}{17.6(3.6 - 0.455)} = 1.59$$

（3）支撑反力计算，则

由 $\sum M_o = 0$，

$$\frac{87.8 \times 1.59^2}{3} + \frac{(4.6 + 87.8) \times 10.4}{2} \times \left(\frac{10.4}{2} + 1.59\right) = R_a(10 + 1.59)$$

解出 $R_a = 223 \ \mathrm{kN/m}$

由 $\sum H = 0$，

$$223 + P_0 = \frac{4.6 + 87.8}{2} \times 10.4 + \frac{87.8 \times 1.59}{2}$$

解出　　　　$P_0/(\mathrm{kN \cdot m^{-2}}) = 480.5 + 69.8 - 223 = 328$

（4）板桩入土深度计算，则

$$t_0/\mathrm{m} = y + \sqrt{\frac{6P_0}{\gamma(KK_p - K_a)}} = 1.59 + \sqrt{\frac{6 \times 328}{17.6(3.6 - 0.455)}} = 7.57$$

实际入土深度 $t/\mathrm{m} = (1.1 \sim 1.2)t_0 = (1.1 \sim 1.2) \times 7.57 = 8.3 \sim 9.1$

选用 20 m 长桩，入土深度为 9.6 m。

（5）最大弯矩计算。

先求剪力 $Q = 0$ 的位置 x 值，再求该点 $M_{\max}$，由 $\sum Q = 0$，有

$$R_a - 4.6x - \frac{x^2}{2 \times 10.4}(87.8 - 4.6) = 0$$

$$x = 6.9 \ \mathrm{m}（距板桩顶）$$

$$M_{\max}/(\mathrm{kN \cdot m}) = 223(6.9 - 0.4) - \frac{4.6 \times 6.9^2}{2} - \frac{87.8 - 4.6}{6 \times 10.4} = 903$$

设计板桩时，最大弯矩折减系数取为 0.74，则板桩所需截面模量 $W/\mathrm{cm^3} = \dfrac{0.74 \times 903 \times 10^4}{2400} = 2790$，如选用"拉森"$V$ 型，$W = 3000 \ \mathrm{cm^3} > 2790 \ \mathrm{cm^3}$ 即可。

3. 多支撑（锚拉）板桩计算

支撑（锚杆）层数和间距的布置，影响板桩、横撑、围檩的截面尺寸和支护结构的材料用量，可采用以下布置：

（1）等弯矩布置。将支撑布置成使板桩各跨的最大弯矩相等，充分发挥板桩的抗弯强度，可使板桩材料用量最省。其计算步骤如下所示：

① 根据工程的实际情况，估选一种型号的板桩，计算其截面模量 W；

② 根据其允许抵抗弯矩，计算板桩悬臂部分的最大允许跨度 h，即

$$f = \frac{M_{\max}}{W} = \frac{\frac{1}{6}\gamma K_a h^3}{W}$$

$$h = \sqrt[3]{\frac{6fW}{\gamma K_a}} \qquad\qquad (4.20)$$

式中　　f——板桩的抗弯强度设计值(kPa);

　　　　γ——板桩墙后土的重度(kN/m³);

　　　　K_a——主动土压力系数。

③ 计算板桩下部各层支撑的跨度(即支撑的间距),把板桩视作一个承受三角形荷载的连续梁,各支点近似地假定为不转动,即把每跨看作两端固定,可按一般力学原理计算各支点最大弯矩都等于 $M_{\max}$ 时各跨的跨度,如图 4.10 所示。

④ 如果算出的支撑层数过多或过少,可重新选择板桩型号,按以上步骤进行。

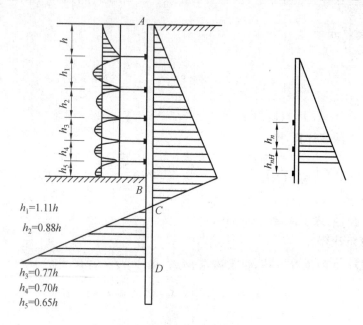

$h_1=1.11h$
$h_2=0.88h$
$h_3=0.77h$
$h_4=0.70h$
$h_5=0.65h$

图 4.10　支撑的等弯矩布置

(2) 等反力布置。这种布置是使各层围檩和横撑所受的力都相等,使支撑系统简化。计算支撑的间距时,把板桩视作承受三角形荷载的连续梁,解之即得到各跨的跨度,如图 4.11 所示。这样,除顶部支撑压力为 $0.15p$ 外,其他支撑承受的压力均为 p,其值为 $(n-1)p+0.15p=\dfrac{1}{2}\gamma K_a H^2$,即

$$p=\frac{\gamma K_a H^2}{2(n-1+0.15)} \tag{4.21}$$

式中　　n——支撑(锚杆)层数。

通常按第一跨的最大弯矩进行截面选择。

以上两种支撑布置方法是较理想的,实际施工中可能由于各种原因不能按上述方法布置支撑,此时,则将板桩视作承受三角形荷载的连续梁,用力矩分配法计算板桩的弯矩和反力,用来验算板桩截面和选择支撑规格。

板桩入土深度计算:

用等值梁法计算多支撑(锚拉)板桩,计算步骤同单支撑(锚拉)板桩如图 4.12 所示。

(1) 绘出土压力分布图。

(2) 计算板桩墙上土压力强度等于零点离挖土面的距离 y 值。

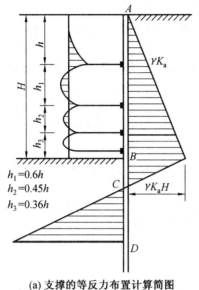 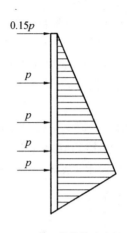

(a) 支撑的等反力布置计算简图　　　　　(b) 三角形荷载的连续梁

图 4.11　支撑的等反力布置

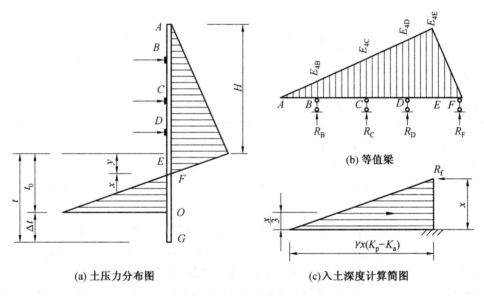

(a) 土压力分布图　　　　　　　　　(b) 等值梁　　　　　　　(c) 入土深度计算简图

图 4.12　等值梁法计算多层支撑板桩计算简图

（3）按多跨连续梁 AF，用力矩分配法计算各支点和跨中的弯矩，从中求出最大弯矩 M_{max}，以验算板桩截面，并可求各支点反力 R_B，R_C，R_D，R_F，即作用在支撑上的荷载。

根据 R_F 和墙前被动土压力对板桩底端 O 的力矩相等原理，可求得 x 值，而 $t_0 = y + x$，入土深度为 $t = (1.1 \sim 1.2)t_0$。

4.2.2　地下连续墙的设计计算

地下连续墙的设计计算，可用板桩墙的计算方法进行。对多支撑（锚拉）地下连续墙，还可用山肩邦男近似解法，其基本假定如下：

（1）在黏性土层中，挡土结构作为底端自由的有限长弹性体。

（2）挡土结构背侧土压力，在开挖面以上取为三角形，在开挖面以下取为矩形，以抵消开挖面一侧的静止土压力。

（3）开挖面以下土的横向抵抗反力取为被动土压力，其中 $\xi+f$ 为被动土压力减去静止土压力后的数值。

（4）横撑设置后即作为不动支点。

（5）下道横撑设置后，认为上道横撑的轴力保持不变，且下道横撑点以上的挡土结构仍保持原来的位置。

（6）开挖面以下挡土结构弯矩 $M=0$ 的那点假想为一个铰，而且忽略此铰以下的挡土结构对此铰以上挡土结构的剪力传递。

近似解法只需应用两个静力平衡方程式，$\sum y=0$ 和 $\sum M_A=0$，即挡土结构前后侧合力为零和挡土结构底端自由。

由 $\sum y=0$，得

$$N_K=\frac{1}{2}\eta h_{0K}^2+\eta h_{0K}x_m-\sum_{i=1}^{K-1}N_i-\zeta x_m-\frac{1}{2}\xi x_m^2 \qquad (4.22)$$

根据 $\sum M_A=0$ 和式（4.22），得

$$\frac{1}{3}\xi x_m^3-\frac{1}{2}(\eta h_{0K}-\zeta-\xi h_{KK})x_m^2-(\eta h_{0K}-\zeta)h_{KK}x_m-$$
$$\left[\sum_{i=1}^{K-1}N_i h_{iK}-h_{KK}\sum_{i=1}^{K-1}N_i+\frac{1}{2}\eta h_{0K}^2\left(h_{KK}-\frac{1}{3}h_{0K}\right)\right]=0 \qquad (4.23)$$

近似解法的计算步骤如下（图 4.13）：

（1）在第一次开挖中，式（4.22）和式（4.23）的下标 $K=l$，而且 N_i 取为零，从式（4.23）中求出 x_m，然后代入式（4.22）求得 N_i。

（2）在第二次开挖中，式（4.22）和式（4.23）的下标 $K=2$，而且 N_i 中 N_1 已知，N_K 即为 N_2，从式（4.23）求出 x_m，然后代入式（4.22）求得 N_2；以此类推求得各道横撑轴力后，求得挡土结构内力。

拉锚是将一种新型受拉杆件的一端（锚固段）固定在开挖基坑的稳定地层中，另一端与工程构筑物相连结（钢板桩、挖孔桩、灌注桩及地下连续墙等），用以承受由于土压力、水压力等施加于构筑物的推力，从而利用地层的锚固力，维持构筑物（或土层）的稳定。

深基坑支护体系包括支护（围护）结构和支撑（锚拉）系统。按材料分类，支撑系统有钢支撑和钢筋混凝土支撑两类；按受力形式分为单跨压杆式、多跨压杆式、双向多跨压杆式、水平框架式等。钢支撑结构是一种单跨或多跨压弯杆件，按钢结构设计方法计算钢支撑的内力。钢筋混凝土支撑按水平封闭框架结构设计，计算封闭框架在最不利荷载作用下，产生的最不利内力组合和最大水平位移。

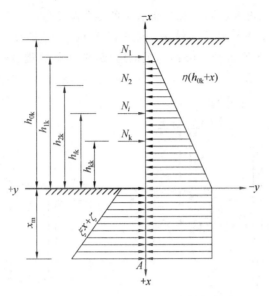

图 4.13 山肩邦男近似解法计算简图

4.2.3 支护结构稳定计算

支护结构入土深度不仅要保证自身的稳定,还要保证基坑不会出现隆起和管涌现象。

(1)基底的隆起验算。

① 地基稳定验算法。计算墙体极限弯矩的抗隆起法认为开挖底面以下的墙体能起到帮助抵抗基底土体隆起作用,并假定土体沿墙体底面滑动,认为墙体底面以下的滑动面为一圆弧,如图 4.14 所示。产生滑动的力为土体重量 γH 及地表超载 q,抵抗滑动的力则为滑动面上的土体抗剪强度。经分析计算:

滑动力矩为
$$M_s = \frac{1}{2}(\gamma H + q)D^2 \tag{4.24}$$

抗滑力为
$$M_r = K_a \tan\varphi \left[\left(\frac{1}{2}\gamma H^2 + qH \right)D + \frac{1}{2}q_f D^2 + \frac{2}{3}\gamma D^3 \right] +$$
$$\tan\varphi \left(\frac{\pi}{4}q_f D^2 + \frac{4}{3}\gamma D^3 \right) + c(HD + \pi D^2) + M_h \tag{4.25}$$

式中 D——入土深度(m);

H——基坑开挖深度(m);

q——地表超载(kN/m²);

$\gamma \, , c \, , \varphi$——分别为土体重度(kN/m³),黏聚力(kPa)及内摩擦角(°),对分层土采用加权平均值;

M_h——基坑底面处墙体的极限抵抗弯矩,可采用该处的墙体设计弯矩(kN·m);

q_f——$q_f = \gamma H + q$;

K_a——主动土压力系数。

则
$$K_s = \frac{M_r}{M_s} \tag{4.26}$$

要求 $K_s \geqslant 1.2 \sim 1.3$;如要达到严格控制地表沉降的要求,则 $K_s \geqslant 1.5 \sim 2.0$。

此法较适用于中等强度和较软弱黏性土层中的地下墙工程。

②地基强度验算法。地基强度验算法一般采用 Terzaghi—Peck 图式,如图 4.15 所示。假定土的内摩擦角 $\varphi=0$。滑动面为圆筒面与平面组成,考虑基坑宽度的影响,基坑抗涌土的安全系教为

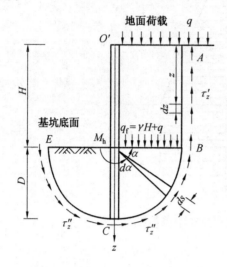

图 4.14　地基稳定验算法

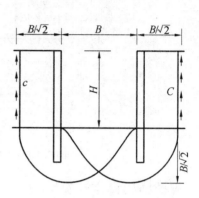

图 4.15　地基强度验算法

$$K=\frac{5.7c}{\gamma H-\dfrac{\sqrt{2}\,cH}{B}}\geqslant 1.4 \qquad (4.27)$$

式中　　γ——土的天然重度(kN/m^3);

　　　　c——土的黏聚力(kPa);

　　　　B——基坑的宽度(m);

　　　　H——基坑的深度(m)。

上式适用于黏性土。若坑底面以下距离 D 处有硬土层时,只要将 $\dfrac{B}{\sqrt{2}}$ 用 D 代替即可$\left(D<\dfrac{B}{\sqrt{2}}\right)$。

(2)基底抗管涌验算。当地下水由高处向低处渗流如图 4.16 所示,其向上渗流力(动水压力)j 大于土层的浮重度 γ',坑底将产生管涌现象。为避免管涌,要求 $\gamma'\geqslant Kj$。K 为抗管涌安全系数,一般 K 取值为 $1.5\sim 2.0$。计算时近似地按紧贴板桩的最短路线计及最大渗透力为

$$j=i\gamma_w=\frac{h'}{h'+2t}\gamma_w \qquad (4.28)$$

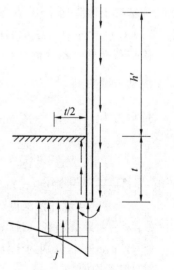

图 4.16　基地管涌计算简图

式中　　i——水力梯度;

　　　　t——板桩的入土深度(m);

　　　　h'——地下水位至坑底的距离(m);

　　　　γ_w——地下水重度(kN/m^3)。

不发生管涌的条件为

$$\gamma' \geqslant K \frac{h'}{h' + 2t} \gamma_w \tag{4.29}$$

即

$$t \geqslant \frac{Kh'\gamma_w - \gamma'h'}{2\gamma'} \tag{4.30}$$

如坑底以上为透水性好的土层,因地下水流经此层土的水头损失很小,略去不计,则不产生管涌的条件为

$$t \geqslant \frac{Kh'\gamma_w}{2\gamma'} \tag{4.31}$$

确定板桩入土深度时,也应满足上述条件。

4.3　深基坑开挖

深基坑开挖,应认真研究整个建筑工程地质和水文地质、气象资料,编制施工组织设计。基坑开挖工程施工组织设计内容包括开挖机械的选定,开挖程序,机械和运输车辆行驶路线,地面和坑内排水措施,冬季、雨季、汛期施工措施等。基坑开挖前,必须对邻近建筑物、构筑物、地下管线进行调查,摸清其位置、埋设标高、基础及上部结构形式,并反映在基础开挖施工平面图上。

深基坑开挖一般分为无支护放坡开挖和有支护开挖两种方式。

无支护放坡开挖较经济,无支撑施工,施工主体工程作业空间宽余,工期短。适合于基坑四周无邻近建筑物设施,有空旷处可供放坡的场地,适用于硬塑、可塑黏土和良好的砂性土。对于软弱地基不宜挖深过大,且要对地基进行加固。

放坡开挖应选择合理的坡度和恰当的排水措施,以保证开挖过程中边坡稳定性。开挖的斜面高度应考虑施工安全和便于作业。当达不到这两个要求时,可采用分段开挖,分段之间应设置平台。为防止大面积边坡面强度降低,有时需要对坡面采取保护措施,如砂浆抹面等。

有支护开挖,是在场地狭小、周围建筑物密集、地下埋设物多的情况下,先设置挡土支护结构,然后沿支结构内侧垂直向下开挖,需要对支护结构采取支撑或锚拉措施的,则边支撑(锚系)边开挖。

不设置内支撑的支护开挖有挡墙支护、挡墙加土锚支护、重力式挡墙支护等。由于不设内支撑,有较宽阔工作面,土方开挖和主体工程施工不受干扰,在开挖深度较浅、地质条件较好、周围环境保护要求较低的地基,可考虑选用。

设置内支撑的支护开挖,是用钢筋混凝土或装配式钢支撑,与支护结构组成支护体系,维护基坑稳定的种开挖方式,适合于软弱地基。

对于开挖面积较大,基坑支撑作业较复杂、困难,施工场地紧张的基坑,可于基坑中间先开挖,基坑支护沟内侧先留土堤,待部分主体工程施工后,将斜撑支在主体工程结构上,开挖靠近支护结构内侧土体。这就是"中心岛"开挖法。

对于深度很大的多层地下室基坑开挖,可先施工地下连续墙作为地下室的边墙或基坑的支护结构,同时建筑物内部的有关位置浇筑或打下中间支撑柱,然后向下开挖至第一层地下室底面标高,并浇筑该层梁板面工程和该层内的柱子或墙板结构,则成为地下连续墙的支撑。然后逐层向下开挖并浇筑地下室;与此同时向上逐层进行地面以上各层结构的施工,直到工程结

束。这种开挖施工方式被称为"逆作法"。

合理的开挖顺序及施工参数是确保基坑稳定和控制基坑变形符合设计要求的关键,各种地层的基开挖施工均应满足以下基本要求:

(1) 有支护基坑要分层开挖,层数为 $n+1$,n 为基坑内所设支撑的道数。每挖一层及时加好一道支撑或设一道锚杆。

(2) 对设内支撑的基坑,在每层土开挖中,同时开挖的部分,在位置及深度上,要以保持对称为原则,防止坑支护结构承受偏载。

(3) 确定支撑及围檩或拉锚的质量要求,特别是加工及安装的允许偏心值,并在施工管理中,加强对支撑构件、拉锚构件的生产及安装质量的监管措施。

(4) 规定施工场地、土方、材料、设备的堆放地及堆放量,限定基坑旁边的超载。

(5) 确保排水、堵水及降水措施,严防支护墙体发生水土流失而导致基坑失稳。

(6) 合理确定地基加固的范围、质量要求及检验方法。

(7) 配备满足出土数量和时间要求的开挖设备、运输车辆、道路及堆场条件。

(8) 提出监测设计,落实按监测信息指导施工和防止事故的条件。

根据国内有流变性软土地区基坑开挖经验,人们认识到基坑开挖支撑施工过程中的每个分步开挖的空间几何尺寸和挡墙开挖部分的无支撑暴露时间,与基坑支护墙体和坑周地层位移有明显的相关性,这里反映了基坑开挖中时空效应的规律性。选择基坑分层、分步、对称、平衡开挖和支撑的顺序,并确定各工序的时限是必要的。在施工组织设计中定出如下的施工参数:

N_i —— 开挖分层的层数;

n_i —— 每层分步的数量;

T_{ci} —— 分步开挖的时间限制;

T_{si} —— 分步开挖后完成支撑的时间限制;

P_i —— 支撑预加轴力(采用钢支撑时);

B、h —— 贴靠挡土墙的支撑土堤每步开挖的宽度和高度;

T_r —— 每步开挖所暴露的部分墙体,在开挖卸载后无支撑暴露时间。

关于开挖机具,有支护基坑的机械开挖常采用抓斗挖土机如图 4.17 所示,对于大型基坑也可采用正向铲、反向铲等,并辅以推土机等机械设备。

抓斗挖土机可用来挖砂土、粉质黏土及水下淤泥,因而开挖沉井中的水下土方最为合适。抓斗挖士机一般以吊机或双筒卷扬机操作,用吊机操作时,吊车应放在稳固基础上,由于刚度差的井壁周围可能沉陷,吊车至少离开井壁 $2 \sim 5$ m,而且井壁支护设计时应考虑到荷载的传递。用卷扬机操作时,常在坑顶装设临时吊架。

正向铲挖土机如图 4.18 所示,具有强制性和较大的灵活性,可以直接开挖较坚硬的土和经爆破后的岩石、冻土等;可开挖大型基坑,还可以装卸颗粒材料。正向铲开挖停车平面以上的土,在开挖基坑时要通过坡道或大型吊车将其吊入坑内开挖。

反向铲挖土机如图 4.19 所示的强制力和灵活性不如正向铲,只能开挖砂土、粉质黏土、粉土等较松散土层,它是开挖停车平面以下的土。因此,它可以挖湿土,坑内仅设简易排水即可。坑壁支护结构计算时,应考虑反向铲挖土机的传力。

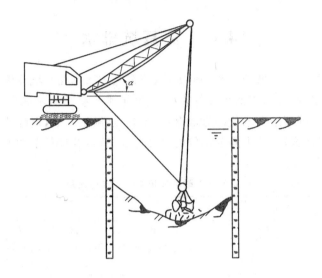

图 4.17　抓斗挖土机

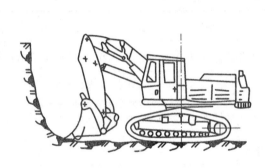

图 4.18　正向铲

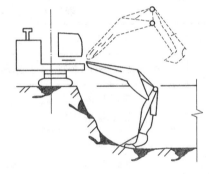

图 4.19　反向铲

拉铲(索铲),如图4.20所示的强制性较差,只能开挖砂土与粉质黏土等软土,坑内仅设简易排水即可开挖湿土,可用于大型基坑和沟渠的开挖。拉铲大多用作将土弃在土堆上,也可以卸到运输工具上。与反铲比较,它挖土和卸土半径较大,但开挖基坑的精确性较差。

采用上述机械挖土时,基坑必须有满足机具工作的足够尺寸,且在设计标高以上和坑壁支护以内各留一层土体用人工或其他可靠的方法开挖清理,以防止破坏基底原土和损伤坑壁支护。

土方运输工具有自卸汽车、拖拉机拖车、窄轨铁路翻斗车,此外,还可用皮带运输机、索铲挖土机等调运土方。

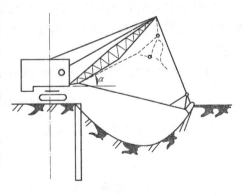

图 4.20　拉铲

4.4　深基坑排水

深基坑排水常用人工降低地下水位的方法进行,其方法是在基坑开挖前,预先在基坑四周埋设一定数量的滤水管(井),用抽水设备抽水,使地下水位降落到坑底以下,同时在基坑开挖时仍不断抽水。人工降低地下水位的方法有:轻型井点、喷射井点、电渗井点、管井井点及深井泵等,可根据土的渗透系数、要求降低水位的深度、工程特点及设备条件等,选择人工降水的方法,参见表 4.3 和表 4.4。

表 4.3　渗透系数和降水方法的关系

井点分类	渗透系数 /(cm·s⁻¹)	土层类别
轻型井点	$10^{-6} \sim 10^{-3}$	砂质粉土、黏质粉砂、粉砂,含薄层粉砂的粉质黏土
喷射井点	$10^{-6} \sim 10^{-3}$	砂质粉土、黏质粉砂、粉砂,含薄层粉砂的粉质黏土
电渗井点	$< 10^{-6}$	黏土、粉质黏土
深井井点	$> 10^{-4}$	砂质粉土、粉砂,含薄层粉砂的粉质黏土

表 4.4　挖土深度和降水方法的关系

挖土深度 /m	土名			
	粉质黏土、粉土、粉砂	细砂、中砂	粗砂、砾石	大砾石、粗卵石(含有砂粒)
< 5	单层井点 (真空法、电渗法)	单层普通井点	1. 井点 2. 表面排水 3. 用离心泵自竖井内抽水	
1 ~ 12	多层井点、喷射井点	多层井点		
12 ~ 20	(真空法、电渗法)	喷射井点		
> 20		深井或管井		

降低地下水位的设计计算是按水井理论进行的。水井根据井底是否达到不透水层,分为完整井与非完整井;根据地下水有无压力,分为承压井与无压井,其中以无压完整井理论较为完善。

(1)单井涌水量如图 4.21 所示,无压完整井涌水量计算公式为

$$Q = 1.366 \frac{k(H^2 - h^2)}{\lg R - \lg r} \tag{4.32}$$

有压完整井涌水量计算公式为

$$Q = 2.73 \frac{kM(H - h)}{\lg R - \lg r} \tag{4.33}$$

式中　　H——无压完整井含水层厚度(m);有压完整井承压水头高度,由含水层底板算起(m);

M——有压完整井含水层厚度(m);

h——井中水位深度(m);

k——渗透系数(cm/s);

R—— 影响半径(m);

r—— 井半径(m)。

（2）影响半径 R。影响半径 R 是指水位降落漏斗曲线稳定时的影响半径。确定井的影响半径，可用经验公式计算，常用的公式为

$$R = 575\sqrt{Hk} \qquad (4.34)$$

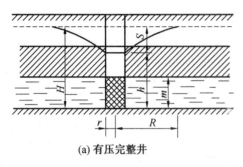
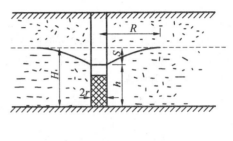

(a) 有压完整井　　　　　　　　　(b) 无压完整井

图 4.21　单井涌水量计算图

式中　S—— 原地下水位到井内的距离(m);

H—— 含水层厚度(m);

k—— 土的渗透系数(cm/s)。

（3）井点系统涌水量。井点系统是由许多井点同时抽水，各个单井水位降落漏斗彼此相干扰，其涌水量就减少，所以总涌水量不等于各个单井涌水量之和。井点系统总涌水量，根据群井相互作用的原理，无压完整井总涌水量为

$$Q = 1.366k \frac{H^2 - h^2}{\lg R - \frac{1}{n}\lg(x_1, x_2, \cdots, x_n)} \qquad (4.35)$$

式中　$x_1, x_2, \cdots, x_n$—— 各井至群井重心距离(m);

n—— 群井个数;

H—— 含水层厚度(m);

h—— 群井重心处渗流水头(m);

R—— 群井的影响半径(m);

有压完整井的总涌水量为

$$Q = kM \frac{H - h}{0.37[\lg R - \frac{1}{n}\lg(x_1 x_2 \cdots x_n)]} \qquad (4.36)$$

式中　H—— 承压水头高度(m);

M—— 含水层厚度(m);

其他同上式中的符号。

（4）井点系统设计（图 4.22），对于井点系统设计，应考虑如下内容：

① 单根井点管进水量为

$$q/(\mathrm{m}^3 \cdot \mathrm{d}^{-1}) = \pi dl v \qquad (4.37)$$

式中　d—— 滤管外径(m);

l—— 滤管工作长度(m);

v—— 允许流速,$v = 19.6\sqrt{k}$,k 为土的渗透系数(m/d)。

② 井点管数目为

$$n = \frac{Q}{q}(Q 为总涌水量) \tag{4.38}$$

③ 井点管深度,对轻型井点为

$$H \geqslant H_1 + h + il \tag{4.39}$$

式中　H_i—— 从井点埋设面至坑底距离(m);

h—— 地下水位降至坑底以下距离,一般取 $0.5 \sim 1.0$ m;

i—— 水力坡降;

L—— 井点管中心至基坑中心的水平距离(m)。

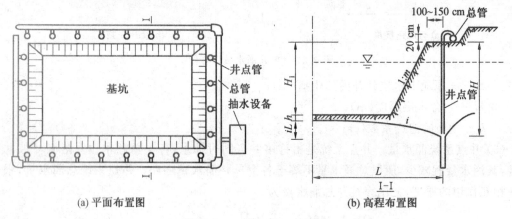

(a) 平面布置图　　　　　　　　　　　　　(b) 高程布置图

图 4.22　环状井点布置简图

④ 井点管间距为

$$a = \frac{井点环圈周长 C}{n}$$

核算地下水位是否满足降低到规定标高,即 $S' = H - h'$ 是否满足要求:

$$h' = H^2 - \sqrt{\frac{Q}{1.366k}(\lg R - \frac{1}{n}\lg x_1 x_2 \cdots x)} \tag{4.40}$$

式中　h'—— 滤管外壁或坑底任意点的动力水位高度;

$x_1, x_2, \cdots, x_n$—— 所核算的滤管外壁或坑底任意点至各井点管的水平距离。核算滤管外壁处的 $x_1, x_2, \cdots, x_n$ 时改用滤管半径 r_0 代入计算。

最后对抽水设备进行选择。

深基坑排水除使用人工降低地下水位方法外,有时也采用集水井降水(明排法),即在基坑开挖至地下水位时,在基坑周围内基础范围以外开挖排水沟或者在基坑外开挖排水沟,在一定距离设置集水井,地下水沿排水沟流入集水井,然后用水泵将水抽走。集水井法如图 4.23 所示采用的主要是离心泵,若抽水量较小,也可用活塞泵或隔膜泵。

集水井法由于设备简单,使用较广,但当地下水位较高而又为细砂、粉砂时,集水井法往往会发生流砂现象,难以施工,此时必须采用前述人工降低地下水位方法。

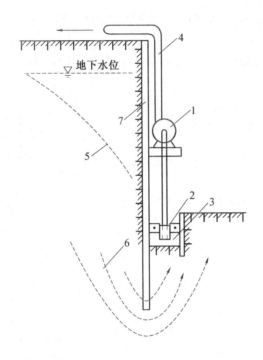

图 4.23　集水井法示意图

1－水泵；2－排水沟；3－集水井；4－压力水管；5－降落曲线；6－水流曲线；7－板桩

本章小结

本章介绍了深基坑坑壁土压力特点，支护类型与结构计算、稳定计算，施工开挖和排水措施，较为系统地阐述了深基坑工程设计理论和施工规律。

深基坑支护结构上的土压力是土与结构之间相互作用的结果，它与结构变位有关。目前大多采用朗肯、库伦理论公式计算支护结构上的土压力，有的则对有支撑（锚拉）的支护结构的土压力系数进行适当调整，还有的用 Terzaghi－Peck 等土压力模式对支撑（锚拉）承受的土压力进行计算，也有用有限元计算，并用离心模型试验进行对比分析。对深基坑支护结构上的土压力分布及大小进行更深入的研究很有必要。

考虑深基坑支护结构类型，应根据地质情况、周围环境要求、工程功能、当地常用施工工艺设备以及经济技术条件综合考虑，因地制宜地选择。《我国基坑工程围护结构类型的选择方案》表可作选性参考见表 4.5。

各种不同的支护结构，其内力计算方法也很多。尽管地下墙与板桩在实际工程中已有了无数成功的实例，但在计算理论方面还无大家公认较为完善的计算方法。归纳起来，大致如《地下墙板内力计算分类》见表 4.6。

表 4.5　我国基坑工程围护结构类型的选择方案

开挖深度 /m	我国沿海软土地区软弱土层、地下水位较高情况	我国西北、西南、华南、华北及东北地区地质条件较好、地下水位较低情况
≤6 (一层地下室)	方案1:搅拌桩(格构式)挡土墙 方案2:灌注桩后加搅拌桩或旋喷桩止水,设一道支撑 方案3:环境允许,打设钢板桩或预制混凝土板桩,设1~2道支撑 方案4:对于狭长的排管工程采用主柱横挡板或打设钢板桩加设支撑	方案1:场地允许可放坡开挖 方案2:以挖孔灌注桩或钻孔灌注桩做成悬臂式挡土墙,需要时也可设一道拉锚或锚杆 方案3:土层适宜打桩,同时环境又允许打桩,可打设钢板桩
6~11 (二层地下室)	方案1:灌注桩后加搅拌桩或旋喷桩止水,设1~2道支撑 方案2:对于要求围护结构作永久结构时,则可采用设支撑的地下连续墙 方案3:环境允许,可打设钢板桩,设2~3道支撑 方案4:可应用SMW1法 方案5:对于较长的排管工程采用打设钢板桩,设3~4道支撑或灌注桩后加必要的降水帷幕,设3~4道支撑	方案1:挖孔灌注桩或钻孔灌注桩加锚杆或内支撑 方案2:钢板桩支护并设数道拉锚 方案3:较陡的放坡开挖,坡面用喷锚混凝土及锚杆支护,亦可用土钉墙
11~14 (三层地下室)	方案1:灌注桩后加搅拌桩或旋喷桩止水,设3~4道支撑 方案2:对于环境要求高的,或要求维护结构兼作永久结构时,采用设支撑的地下连续墙,可逆筑法、半逆筑法施工 方案3:可应用SMW1法 方案4:对于特种地下构筑物,在一定条件下可采用沉井(箱)	方案1:挖孔灌注桩或钻孔灌注桩加锚杆或内支撑 方案2:局部地区地质条件差,环境要求高的可采用地下连续墙作临时围护结构亦可兼做永久结构,采用顺筑法或逆筑法、半逆筑法施工 方案3:可应用SMW1法
>14 (四层以上地下室或特种结构)	方案1:有支撑的地下连续墙作临时围护结构亦可兼做主体结构,采用顺筑法或逆筑法、半逆筑法施工 方案2:对于特殊地下构筑物,在特殊情况下可采用沉井(箱)	方案1:在有经验、有工程实例前提下,可采用挖孔灌注桩或钻孔灌注桩加锚杆或内支撑 方案2:采用地下连续墙作临时围护结构亦可兼做永久结构,采用顺筑法或逆筑法、半逆筑法施工 方案3:可应用SMW1法

注:摘自刘建航、侯学渊主编《基坑工程手册》,中国建筑工业幽版社,1997。

表 4.6　地下墙板内力计算分类

类别名	基本假定	计算方法
塑性法	墙前土体处于塑性平衡状态,将墙体视作简支或连续梁	弹性线法,自由端法,等值梁法,连续梁法
弹性法	墙后土体处于弹性平衡状态,将墙板视作弹性地基中的梁	张有龄法,m 法
弹塑性法	墙前土体在变形较大的地面至某一深度处,地基处于塑性平衡,在塑性区一下为弹性区,将墙板作为弹性地基中的梁	山肩法
近似法	假设支撑为刚性支点,墙板为简支或连续梁	连续梁近似法,假象支点法
有限单元法	充分考虑墙板与支撑的刚度及墙板与土体的共同作用	弹性地基杆系,薄壳有限元法

　　降水使原有地下水位降落,由于固结使土层附加荷载增加,本来由于基坑开挖卸载造成坑周沉降雪上加霜,在进行人工降水的同时,要考虑降水对环境的影响,并要采取防范措施。主要办法有:尽可能合理使用井点降水、设置隔水帷幕(深层搅拌桩隔水墙、砂浆防渗板桩、树根桩隔水帷幕)等,还可在保护区边缘设置回灌水系统,用人工方法不断补给水,以维持一定的地下水水位。

复习思考题

　　1.支护结构上土压力有什么特点? 目前工程界怎样计算土压力?
　　2.某规范对有内支撑的支护结构主动土压力计算规定如下,说明其合理性(K_a 系主动土压力系数,K_0 系静止土压力系数,H 为基坑开挖深度)。计算主动土压力时,当支护结构容许产生一定程度的变形,取 $K=K_a$;当基槽外侧距槽边$(0.5\sim1.0)H$ 范围内存在相邻结构或设施的基础,且埋深不大时,取 $K=\frac{1}{2}(K_p+K_a)$;当基槽外侧距槽边 $0.5H$ 范围内存在相邻结构或设施的基础且埋深不大时,取 $K=K_0$;当基槽外侧一定距离范围内虽存在有相邻结构或设施的基础,但其埋深均大于支护结构墙基埋深时,取 $K=K_a$。
　　3.本章介绍的无支撑(锚拉)板桩、单撑浅埋板桩、单撑深埋板桩,其上土压力分布有什么不同? 说明原因。
　　4.说明下列答案是否正确:
　　(1) 如图 4.8 所示,ab 为一根梁,一端为简支,另一端固定,变形曲线反弯点在 c,认为该点弯矩值为零。如在 c 点切断 ab 梁,并于 c 点置一自由支撑形成 ac 梁,则 ac 梁上的弯矩图将保持不变。则等值梁是指:
　　① 此 ac 梁即为 ab 梁上 ac 段的等值梁;(　　)
　　② 此 ac 梁即为 ab 梁的等值梁。(　　)
　　(2) 如图 4.12 所示,用等值梁法计算多层支撑板桩,绘出土压力分布图,计算板桩上土压力强度等于零点离挖土面距离 y 值后:
　　① 将 AF 视为多跨连续梁计算板桩 M_{max},以决定板桩截面;(　　)

②将 AO 视为多跨连续梁计算板桩 M_{max}，以决定板桩截面；(　　)

③求出作用在支撑上的荷载后，根据 R_f 和墙前被动土压力对板桩 F 点的力矩相等的原理，可求得 x 值，而 $t_0 = y + x_0$，入土深度 $t_0 = (1.1 \sim 1.2)t_0$；(　　)

④求出作用在支撑上的荷载后，根据 R_f 和墙前被动土压力对板桩 O 点的力矩相等的原理，可求得 x 值，而 $t_0 = y + x_0$，入土深度 $t_0 = (1.1 \sim 1.2)t_0$。(　　)

5. 用地基稳定验算法和地基强度验算法如何进行基坑稳定验算？适用条件如何？若基坑产生较明显的隆起，对于软土，基坑周边可能会出现什么现象？你认为怎样控制基坑隆起？

6. 管涌是怎样产生的？在相同支护条件下，砂土地基和黏性土地基，发生管涌的可能性如何？

7. 什么是无压完整井？什么是有压完整井？它们的总涌水量如何求得？

8. 基坑降水措施有哪些？各自适用范围如何？井点降水对周围环境有何影响？如何控制？

9. 基坑开挖有哪些方法？其适用条件如何？

习　题

4.1　某深基坑工程，坑深 6.3 m，地面超载为均布荷载 20 kPa，地质情况如图所示，采用 $\varphi1\,000@1\,100$ 悬臂钻孔灌注排桩支护。求桩的入土深度、最大弯矩及作用位置。

4.2　某基坑工程，坑深 7.3 m，地质资料如图，采用 $\varphi800@1\,000$ 钻孔灌注桩加单层支撑支护，地面荷载为条形荷载 20 kN/m²，宽 6 m，距基坑边 1.0 m，试用等值梁法求桩入土深度、最大弯矩及作用点。

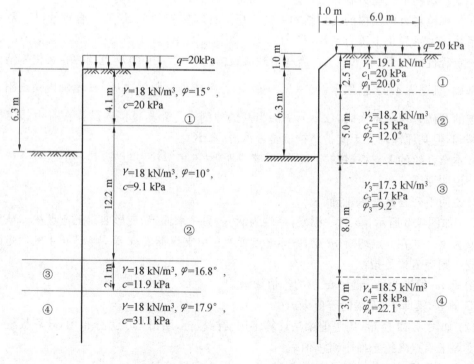

习题 4.1 图　　　　　　　　　习题 4.2 图

4.3　一深基坑工程,基坑挖深 10 m,已知地质资料如图,地面附加荷载 $q=30\ \text{kN/m}^2$,采用井点降水,选用拉森 V 型钢板桩支护,截面系数 $W=3\ 000\ \text{cm}^3/\text{m}$,$[f]=200\ \text{MPa}$,试计算板桩入土深度、最大弯矩值及作用点(按等弯矩法布置各层支撑间距)。

4.4　基坑工程平面如图,地基土渗透系数 $k=0.002\ \text{m/s}$,拟用井点降水,无压完整井井群,井点管埋在地下水位下 10 m,共 22 根,要求整个基坑降水 3.5 m,且降水漏斗曲线应在基坑底面以下 0.5 m,求总涌水量。

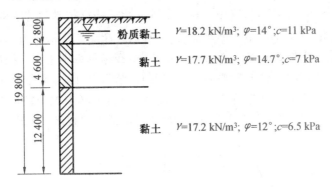

习题 4.3 图

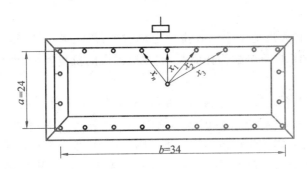

习题 4.4 图

第5章 岩土边坡工程

岩土边坡工程是岩土工程的重要组成部分。边坡的工作状况直接或间接地影响工程建筑物的稳定、耐久和安全。本章共有5节,分别讲述了锚杆、抗滑桩、挡土结构、支护结构和岩石边坡工程5个方面的内容。首先,较深入和全面地介绍了锚杆技术和抗滑桩,它们在岩土工程中得到了广泛的应用,也是本章学习的重点之一;然后介绍了常规的重力式挡土墙和一些新型的支挡结构;工程技术人员普遍关心的岩石边坡工程,在本章也做了深入浅出的介绍。关于边坡的支护,它是保证边坡耐久性的重要因素,支护的方法很多,除本章介绍的内容外,还需在实际工作中加以补充和完善。特别是进入21世纪的今天,还必须把边坡的支护类型与城市环保、美化等工程结合起来,这一点不仅是业主的要求,也是工程技术人员应该想到的。

5.1 锚 杆

5.1.1 概述

锚杆技术指的是在天然地层中钻孔至稳定地层中,插入锚拉杆,然后在孔中灌注水泥砂浆,置于稳定地层中的锚杆部分称为锚固段,利用锚固段的抗拔能力,维持土体或岩体的边坡(或地基)稳定。

图5.1为锚杆示意图。锚杆由锚拉杆、锚固体和锚头3部分组成,图5.1(a)表示锚固体置于滑动面后的稳定土层中,图5.1(b)表示锚固体置于稳定岩层中,均在锚拉杆外端用锚头与挡墙的墙板结构相连,以便将墙板结构所承受的土压力、水压力通过锚头传给锚拉杆,并经由锚固段最终传给锚固体周围的地层。可见,具有抗拔能力的锚固体(段)是力传递的关键部位,也是锚杆技术的关键,其抗拔能力的大小是锚杆技术研究的核心,其准确性则是采用锚杆技术的成败关键。

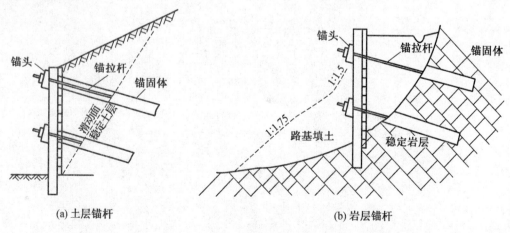

(a) 土层锚杆　　　　　　　　(b) 岩层锚杆

图5.1 锚杆示意图

　　锚拉杆常用钢拉杆,如各种直径的单根钢筋、钢管、钢丝束、钢绞线等,一般用螺纹钢筋;锚固体为拉杆底端部分在压力下灌有水泥砂浆的圆柱形锚体,按钻孔直径分为大锚杆($\varphi=100\sim150$ mm)、小锚杆($\varphi=32\sim50$ mm);锚头有螺母锚头和锚具锚头两种。

　　锚杆技术是建筑工程中的一项实用新技术,在国内外得到了广泛的应用。它不仅可作为临时支护,也可作为永久承拉构件。被锚固的地层不仅有岩石,还有松散土层,如砂卵石、中粗砂及黏土。我国早在 1962 年在安徽梅山水库修建溢洪道消力池加固工程中就采用了灌浆锚杆,1966 年在成昆铁路修建中多处采用了锚杆挡墙,1975 年在北京西直门地铁施工中采用了土层锚杆支护,这些仅仅是锚杆技术在松软岩层或土层内维持结构物稳定的几个例子。下面还将介绍应用锚杆技术的几个具体实例。图 5.2 为路肩式岩层灌浆锚杆,所在工点为一傍山沿沟铁路线,线路右侧为片麻岩构成的陡山坡,构造节理发育,表层 $1.0\sim2.0$ m 风化严重,该工点用一般风枪钻孔,孔径为 $\varphi=40\sim49$ mm,锚杆为 $\varphi=25$ mm16Mn 钢拉杆,长 $4\sim5$ m,与重力式路肩挡墙比较,节省圬工 80%,劳动力 50%,造价 40%。图 5.3 为某车站路堑边坡喷锚加固,路堑边坡高 $40\sim56$ m,受多组倾向于铁路的节理切割,形成宽 35 m、高 16 m、厚 5 m 左右的楔形体,路堑竣工后堑体局部下错,后采用大锚杆,钻孔 $\not\subset 110\sim\not\subset 130$ mm,锚杆 $\not\subset 32$ mm,长 $6\sim10$ m,纵距 3 m,锚入稳定地层,坡面用小锚杆挂铁丝网喷射混凝土,小锚杆 $\not\subset 22$ mm,长 2 m,喷 C14 混凝土 $0.15\sim0.20$ m 厚,整治后效果良好。图 5.4 为某车站挡墙基础锚杆加固,该基础位于坚硬岩石陡坡地段,为满足抗倾覆稳定的要求,采用小锚杆(直径 $\not\subset 25$ mm,纵距 1.0 m,上下距离 1.0 m)打入稳定地层,降低了基础开挖和墙身的工程量。图 5.5 为成昆铁路为整治成都狮子山滑坡,部分采用的竖向预应力锚杆挡墙示意图,锚杆采用单根 $\not\subset 22$ mm16Mn 钢筋,间距 1.0 m,底端锚入泥质页岩 $3.5\sim5.0$ m,顶端穿过浆砌片石墙身,并设螺丝端杆锚具,此型挡墙利用张拉锚杆的弹性反作用力,对墙身产生竖向压力,借以增加墙身稳定,比较适合于地基为岩层和土压力较大的工点。

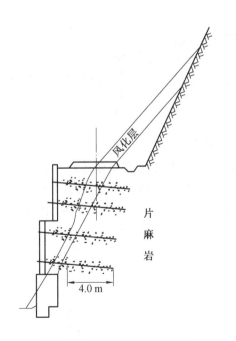

图 5.2　路肩式岩层灌浆锚杆

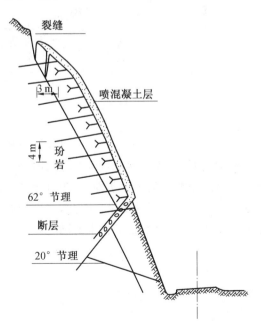

图 5.3　某车站路堑边坡喷锚加固

锚杆技术的应用非常广泛,房建工程中也已相当普遍地使用这一新技术。除此以外,它还有许多特殊用途。图 5.6 分别示意了利用锚杆的抗拔力来维持烟囱、天线塔、飞机库和奥林匹克体育馆塑料屋顶的稳定,不仅能达到省工、省料、造价低廉的目的,甚至能解决一般工程措施难以克服的困难。

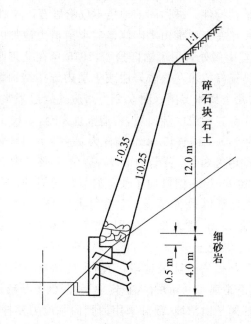

图 5.4 某车站挡墙基础锚杆加固

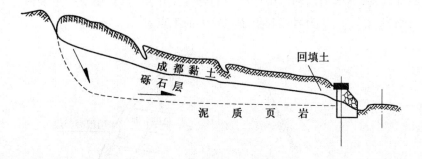

图 5.5 竖向预应力锚杆挡墙

然而,锚杆作为一项新技术,其设计理论落后于实践,在很多方面主要是凭经验取得成功的。有时甚至相同的工程条件,由于机械设备或施工工艺组织方面的不同,也会从经济效益和可靠程度上得出不同的结论。因此,在应用锚杆技术时,必须重视和严格执行现场检测,按规定进行验收,并在改进施工技术的同时,大力开展理论、试验等研究工作。

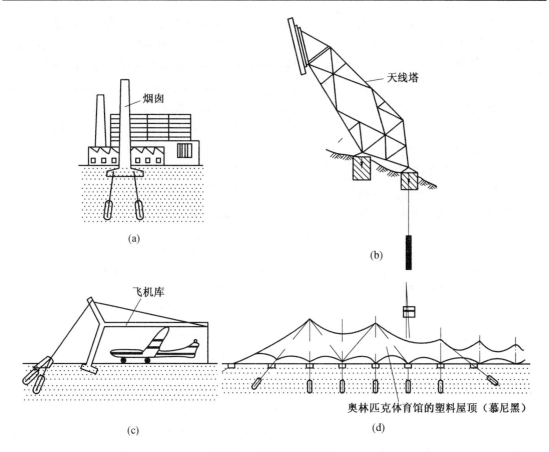

图 5.6 锚杆的特殊用途

5.1.2 锚杆计算

1. 锚杆破坏形式和承载力分析

锚杆的破坏形式通常有 4 种:锚拉杆被拉断;拉筋(锚拉杆)从筋浆界面处脱出;锚固体从浆土界面处脱出;连锚带土一起拔出。前 3 种指的是单根锚杆的抗拔力(即承载力)问题,属于锚杆的强度破坏问题;第 4 种即破坏面在土体内部的破坏形式,属于锚杆与土总体稳定性破坏问题。

当拉筋的极限拉力 T_g 大于或等于锚杆的设计拉力时,不会出现第 1 种破坏形式,此时要求拉筋有一定的抗拉强度和截面尺寸,保证足够的承拉能力而不被拉断,这一条件在设计中一般易于满足。要想不出现第 2 种破坏形式,锚固段水泥砂浆对拉筋应有足够的握裹力 T_1,确保砂浆和拉筋在锚杆受拉时始终共同工作,拉筋不至被拔出,此时要求锚固段有足够的长度、截面尺寸和砂浆对拉筋的平均握裹力。至于第 3 种情况,主要取决于地层对锚固体的极限摩阻力 T_2(或黏着力)的大小。深入分析可知,锚固段周边可能破坏的情况又有 3 种:一是水泥砂浆周围的岩(土)层发生剪切破坏,这种情况只有当岩(土)层的强度小于砂浆与岩(土)层接触面的强度时才会发生;二是沿孔壁发生剪切破坏,即水泥砂浆与孔壁接触面间的黏着力不够,应该是施工工艺问题;三是接触面内部砂浆体的剪切破坏,这是砂浆的质量或标号问题。总之,锚固体从浆土面脱出的情况较复杂。

　　由单根锚杆的破坏形式和影响因素分析,显然,单根锚杆的承载力(或极限抗拔力)T_u 主要由拉杆的极限拉力 T_g、拉杆与锚固体之间的极限握裹力 T_1、锚固体与岩(土)之间的极限抗拔力 T_2 三者确定。从 T_1 和 T_2 来比较,在完整的硬质岩层中的灌浆锚杆,一般 $T_2 > T_1$,故 T_u 由 T_1 决定;在土体或软弱岩层(极限抗压强度 $\leqslant$ 30 MPa)中,一般 $T_2 < T_1$,故 T_u 由 T_2 决定;无论岩层还是土层,设计时总易满足 T_g 不小于上述两种情况中的较小值。

　　锚杆的总体稳定性破坏可分为整体稳定性破坏和深部破裂面稳定性破坏两种情况,如图5.7 所示。当整体失稳时,由于土体的滑动面在支护结构以下,故可按土坡稳定性计算方法进行验算;当出现深部破裂面稳定性问题时,因滑动面贯穿锚杆等支护结构,在稳定性验算时,需考虑锚杆的拉力,或当滑动土体处于极限平衡时锚杆所能承受的最大拉力 T_{hmax},单根锚杆的设计拉力 T_h 必须小于总体稳定性验算时锚杆所能承受的最大拉力 T_{hmax}。

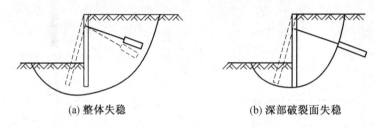

　　　　(a) 整体失稳　　　　　　　　　　　　(b) 深部破裂面失稳

图 5.7　　土层锚杆的失稳情况

2. 灌浆锚杆的抗拔力(承载力)计算

　　(1) 钢筋的极限拉力 T_g 为

$$T_g = \sigma_g A_g \tag{5.1}$$

式中　　σ_g —— 钢筋的极限拉力(kN/m^2);

　　　　A_g —— 钢筋的横截面积(m^2)。

　　(2) 锚固段的水泥砂浆对锚拉杆(如钢筋)的极限握裹力为

$$T_1 = \pi d L_e u \tag{5.2}$$

式中　　d —— 钢筋的直径(m);

　　　　L_e —— 锚固段长度(m);

　　　　u —— 水泥砂浆对钢筋的平均握裹力(kPa)。

　　根据现有试验资料,在设计时 u 值一般可取砂浆标准抗压强度的 1/10 ~ 1/5,灌浆锚杆要求砂浆标号为 300 号,灰砂比为 1:1,水灰比为 0.4 ~ 0.45。可见,砂浆的质量控制很重要,直接影响上述平均握裹力。

　　【例 5.1】　某灌浆锚杆钢筋直径 d = 32 mm,锚固长度 L_e = 80 cm,采用 M30 砂浆,试计算水泥砂浆对钢锚杆的极限握裹力 T_1。

　　【解】　取水泥砂浆对钢锚杆的平均握裹力为砂浆标准抗压强度的 1/6,即

$$u/\text{MPa} = 30 \times \frac{1}{6} = 5$$

$$T_1/\text{kN} = \pi d L_e u = \pi \times 0.032 \times 0.8 \times 5\ 000$$

　　(3) 锚固段与岩(土)间的极限抗拔力 T_2。

　　下面两个公式可用来计算 T_2,即

$$T_2 = \pi D_1 L_e \tau \tag{5.3}$$

$$T_2 = \pi D_1 \int_{y_1}^{y_2} \tau_y \mathrm{d}y + \pi D_2 \int_{y_2}^{y_3} \tau_y \mathrm{d}y + Aq \tag{5.4}$$

式中　D_l、D_2——锚固体的直径和锚固体扩孔部分的直径；

　　　L_e——锚固段长度；

　　　τ，τ_y——锚固段周边的抗剪强度；

　　　q——锚固体扩孔部分的抗压强度；

　　　A——锚固体扩孔部分的受压面积。

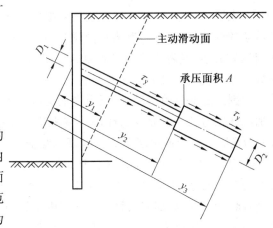

图 5.8　土锚杆极限扰拔力计算图

　　式(5.3)可用来计算岩锚或无扩孔部分的土锚，其中 $\tau(\tau_y)$ 随土的物理力学性质(土的内摩擦角、内聚力等)、灌浆材料和灌浆压力等而变化。在设计时一般可按经验在锚固段全长范围内取一平均值计算。表 5.1 和表 5.2 分别为日本锚杆协会和我国铁道部科学研究院提出的锚固段周边的抗剪强度值，在施工设计时可供参考。

表 5.1　各种土层的抗剪强度 τ_y 值

土　层　的　种　类			τ_y 值 /MPa
砂　土	N	10	0.10～0.14
		20	0.18～0.22
		30	0.23～0.27
		40	0.29～0.35
		50	0.36～0.40
砂　砾	N	10	0.10～0.20
		20	0.17～0.25
		30	0.25～0.35
		40	0.35～0.45
		50	0.45～0.70
黏性土			1.0c
岩石		硬质岩	1.20～2.50
		软质岩	1.00～1.50
		风化岩	0.60～1.00
		泥岩	0.60～1.20

注：N——标准贯入试验值；c——内聚力

表 5.2　各种土层的抗剪强度 τ_y 值

锚固体部位的土层	τ_y 值 /MPa
薄层灰岩加页岩	0.40～0.60
细砂岩、粉砂质泥岩	0.20～0.40
风化砂页岩、炭质页岩	0.15～0.20
粉砂土	0.06～0.13
软黏土	0.02～0.03

式(5.4)用于有扩孔部分的土锚,前 2 项为锚固体周围表面的总摩阻力,第 3 项为锚固体受压面的总抗压力,各 y 值详见图 5.8,该式采用的 τ_y 表示锚杆周围对应于深度 y 处的抗剪强度。

在土层锚杆中,对锚固段周边抗剪强度 τ(或 τ_y)可作如下分析:由于土层的抗剪强度常低于砂浆的抗剪强度,且当灌浆质量较好时,也低于土层和砂浆接触面处的抗剪强度,以致锚固体周边的破坏,或者说孔壁对砂浆的摩阻力,常取决于沿接触面外围(孔壁附近)土层的抗剪强度。土层抗剪强度的表达式为 $\tau = c + \sigma \tan \varphi$,显然,式中 c、φ 取决于锚固区土层的性质,σ 为孔壁周围的法向压力,该法向压力受地层压力和灌浆压力两方面的影响。对于在灌浆过程中未加特殊压力的一般灌浆锚杆,σ 主要取决于地层压力。上式可改写成 $\tau = c + K_0 \gamma h \tan \varphi$,式中 h 为锚固段以上的地层覆盖厚度,K_0 为锚固段孔壁的土压力系数,该值可能接近于 1 或略小于 1;对于采取高压工艺的灌浆锚杆,K_0 将大于 1。高压灌浆工艺是增大锚固段与周边土抗剪强度的有效措施,值得注意的是该工艺一般不宜用于松软地层,若在松软地层中进行高压灌浆,由此所产生的局部应力将逐渐向周围扩散而减小,故 K_0 的增大是有限度的,为此,在松软地层中采取高压灌浆的同时,一般还采用扩孔法,以增大锚杆的抗拔能力。

在实际工作中,单根锚杆的抗拔力需通过抗拔试验来最终确定。在抗拔试验前可先根据表 5.1 和表 5.2 中所给的经验数据进行计算,并取 T_u 为上述 3 种抗拔力的最小值,即 $T_{u计} = \min [T_g, T_1, T_2]$。

5.1.3　锚杆的稳定性验算

锚杆深部破裂面稳定性的验算可采用联邦德国 Kranz 简易计算法,其要点如下:

(1)首先确定支护结构(桩板墙等)下端的假想支撑点(铰点)b。设 b 点离基坑底的距离为 x,为减少计算次数,可根据土的内摩擦角 φ,参考表 5.3 确定。

表 5.3　x 值参考表

φ	$\dfrac{x}{H}$
20°	0.240
25°	0.150
30°	0.075
35°	0.025
37.5°	0

(2)由锚固段中心点 c 与 b 连一直线,并假定 bc 为滑动线,再由 c 向上作垂直线至地面 d,视 cd 为假想的代替墙,则得土块 $abcd$,如图 5.9(a)所示,将此土块视为可能被拔出的连土带锚的块体。

(3)取 $abcd$ 块体为自由体,其上的作用力有:土块的自重与其上作用的荷载和 G,大小、方向和作用线均已知;假想滑线的反力 Q,方向和作用点已知;挡土墙(桩)上的主动土压力 E_a 和假想墙 cd 上的主动土压力 E_1,大小、方向和作用点均知;锚杆拉力 T_{max},方向和作用点已知。

(4)当 $abcd$ 土块处于平衡状态时,以 E_1、G、E_a 和 Q 作力多边形,如图 5.9(b)所示,该多

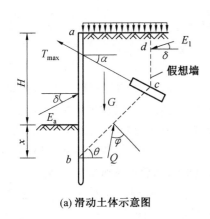

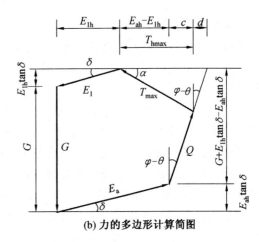

(a) 滑动土体示意图　　　　　　　　　(b) 力的多边形计算简图

图 5.9　土层锚杆深部破裂面的稳定性计算简图

边形应封闭,便可得出锚杆所能承受的最大拉力 T_{max} 和其水平分力 T_{hmax}。

(5) T_{hmax} 与锚杆的设计(或实际)水平力 T_h 之比值 K_s 称为锚杆的稳定安全系数,当 $K_s = \dfrac{T_{hmax}}{T_h} \geqslant 1.5$ 时,则深部破坏不会出现。

利用作用在分离体 $abcd$ 上力的平衡方程式同样可求出 T_{max} 和 T_{hmax}。下面直接从力多边形各分力的几何关系和平衡关系,导出 T_{hmax} 的计算公式,由图 5.9(b) 可得:

$$T_{hmax} = E_{ah} - E_{1h} + c$$

$$c + d = (G + E_{1h} \tan \delta) \tan(\varphi - \theta)$$

$$d = T_{hmax} \tan(\varphi - \theta)$$

所以,$T_{hmax} = E_{ah} - E_{1h} + (G + E_{1h} \tan \delta - E_{ah} \tan \delta) \tan(\varphi - \theta) - T_{hmax} \tan \alpha \tan(\varphi - \theta)$

$$T_{hmax} = \frac{E_{ah} - E_{1h} + [G + (E_{1h} - E_{ah}) \tan \delta] \tan(\varphi - \theta)}{1 + \tan \alpha \tan(\varphi - \theta)} \tag{5.5}$$

式中　G——深部破裂面范围内(即土块 $abcd$)土体重量及其上作用的荷载;

　　　E_{ah}——作用在挡土墙或基坑支护上主动土压力的水平分力,$E_{ah} = E_a \cos \delta$;

　　　E_{1h}——作用在假想墙 cd 面上主动土压力 E_1 的水平分力,$E_{1h} = E_1 \cos \delta$;

　　　Q——滑面 bc 上反力的合力,与滑动面 bc 的法线成 φ 角;

　　　φ——土的内摩擦角;

　　　δ——支护结构墙(桩)背与土之间的外摩擦角;

　　　θ——深部破裂面 bc 与水平面间的夹角;

　　　α——锚杆的倾角。

5.1.4　锚杆试验与检验

目前,国内外在应用锚杆技术时,无不重视锚杆的现场试验与检测工作,必须在技术上和质量控制程序上进行验收确认。理由是在计算锚杆的抗拔力时,尚无完善的计算方法;所用的参数往往与现场的实测值不符;除锚拉杆的极限抗拉强度不受长度影响外,锚固体的极限抗拔力 T_1 和 T_2 均受锚固长度 L_e 的影响,抗拔试验也是进一步确定锚固长度的需要。试验项目包括极限抗拔试验、性能试验和验收试验。

1. 极限抗拔试验

极限抗拔试验应选在有代表性的土（岩）层中进行，其任务是判断锚杆能否实现设计所需的抗拔能力。试验锚杆的材料、几何尺寸、施工工艺等应与工程实际所使用的锚杆——施工锚杆相同，数量一般为 2～3 根。

试验设备视加载情况而定，如土锚杆多采用穿心式千斤顶，对岩锚杆和竖直土锚杆，也可用千斤顶作加载设备，并设计反力装置，用百分表作量测设备。试验方法以实现渐加荷载为原则，实行分级加载，每级加载为极限荷载的 1/10～1/5，或设计荷载的 20%～30%，加载后每 5～10 min 读数一次。稳定标准为连续三次累积位移量小于 0.1 mm。卸载时荷载分级为加载时的 2～4 倍，每次卸载后 10～30 min 记录其变位值，全部卸完后再读数 2～3 次。

根据记录整理出各级拉力 T 和所对应的变位值 s，绘出拉力—变位曲线（$T-s$ 曲线），在此曲线上定出破坏点的位置，求出极限抗拔力 T_u，再除以安全系数 K 便可得锚杆的允许使用荷载，或称为允许承载力 T_0。

下面介绍我国铁道部科学研究院在不同地层条件下进行的部分锚杆抗拔试验。图 5.10 是砂岩岩层中锚杆极限抗拔力的试验结果。有关情况为：钻孔孔径 160 mm，锚杆为 $\varphi 25$SiMnV 热轧螺纹钢筋，抗拉屈服强度为 550 MPa，为量测应力、应变沿轴向的分布情况，在试验锚杆上贴有电阻应变片，用电子位移传感器量测钢束的位移，可以测出自由段钢筋的弹性伸长，锚固段钢筋和砂浆之间的滑移量，以及千斤顶反力使岩体发生的压缩位移。试验得出，锚杆的应力进入锚固段后随深度而减小（图 5.10 中未示出应变分布曲线），说明钢筋所受的拉力已逐渐向砂浆及周围岩层传递。图 5.10(a) 表明，当锚固段长 4.0 m，锚杆拉筋为 $3\varphi 25$ 钢丝束时，拉拔时锚杆钢筋已达屈服强度，其屈服拉力为 81.21t。图 5.10(b) 表明，当锚固段长 0.5 m 时，钢筋从水泥砂浆中拔出，极限抗拔力为 458.6 kN。铁科院此批岩层锚杆试验和过去在岩层中所进行的抗拔试验结论相同，即对锚固段小于 2.0 m 的锚杆，岩锚极限抗拔力取决于水泥砂浆对钢筋的握裹力；当砂浆的强度大于 30 MPa，且锚固长度大于 2.0 m 时，岩锚的极限抗拔力取决于钢筋的屈服强度。

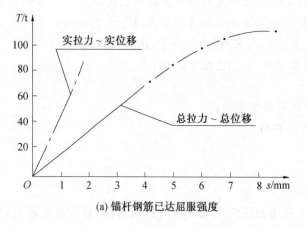 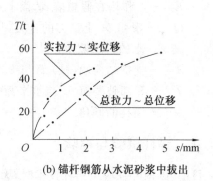

(a) 锚杆钢筋已达屈服强度　　(b) 锚杆钢筋从水泥砂浆中拔出

图 5.10　岩层锚杆拉力—变位曲线示意图

图 5.11 为不同土层的锚杆拉力和变位之间的关系。明显看出，地区不同和土层不同，其极限抗拔力相差很大。铁科院还作了土层锚杆的应力与应变关系试验，得出了在风化层中钢筋在孔内应力传递深度约 7～9 m，比在岩层中的传递深度大 3～4 倍，在松散层中的传递深

度更大。

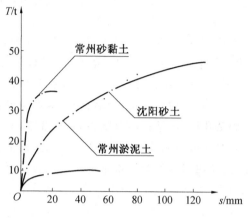

图 5.11　土层锚杆拉力 — 变位曲线示意图

2. 性能试验

性能试验又称抗拉试验,应在锚杆验收之前和施工锚杆的工作面上进行。一方面核定施工锚杆是否已达到极限抗拔试验所预定的锚杆的承载力,另一方面该型试验要求求出锚杆的荷载 — 变位曲线,该曲线是确定锚杆的验收标准。试验样本数量一般取 3 根,所用锚杆的材料、几何尺寸、构造、施工工艺与施工用的锚杆完全相同,张拉方法与极限抗拔试验相同,但荷载并不加到使锚杆破坏,按设计荷载的 0.25、0.50、0.75、1.00、1.20、1.33 倍逐级加载。

3. 验收试验

验收试验是用较简单的方法对所有未作张拉试验的施工锚杆进行确认,检验锚杆的承载力是否达到设计要求,并对锚杆的拉杆施加一定的预应力。在土层锚杆中,加荷的方式亦可用穿心式千斤顶在原位进行,分级加荷对临时锚杆依次为设计荷载的 0.25、0.50、0.75、1.00 和 1.20 倍,对永久锚杆加到 1.5 倍,然后卸至某一荷载值(由设计指定),接着将锚头的螺栓紧固,此时便对锚杆施加了一定的预应力。每次加载后量测锚头的变位值,将结果绘成如图 5.12 所示的荷载 — 变位图,将此图与性能试验曲线对照,确认每根锚杆的安全性。如果验收试验锚杆的总变位量不超过性能诚验的总变位量,即认为此根锚杆为合格锚杆,否则为不合格锚杆,其承载力要降低使用或采取补救措施。

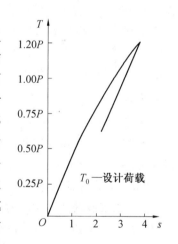

图 5.12　验收试验荷载 — 变位图

5.1.5　锚杆的施工要点

锚杆的施工质量是锚杆技术成败的关键。锚杆应属于隐蔽工程,隐蔽工程的各个施工工序都应严格控制,特别是永久性锚杆,应该按检查程序进行检查和验收。

1. 成孔

成孔质量是确保锚杆质量的关键。孔径不宜太小,常随成孔方法而定,一般为锚拉杆直径的 3～4 倍,且不宜小于 d(锚拉杆直径)＋50 mm;孔壁要求顺直,不得有塌陷和松动现象,成孔时不得用膨润土循环泥浆护壁,以免在孔壁上形成泥皮,降低锚杆的承载力。成孔时一般都用钻孔设备钻孔,在较完整的岩层中钻大孔径的孔,常可采用 YQ－100 型潜孔钻机,其冲击钻可用一字型、十字型或工字型钻头,而钻小孔径(＜50 mm)孔时可采用风枪(凿岩机);在中等风化的岩层中钻孔,国内常采用 100 型地质钻机,旋转钻头;对严重风化的岩层或土层,国外一般采用履带式行走全液压万能钻孔机,可钻孔径范围为 50～320 mm,国内使用的有螺旋式、冲击式、旋转冲击式、或改装的普通地质钻孔机;在黄土地区可采用洛阳铲形成锚杆孔穴,孔径亦可达 70～80 mm。成孔工艺应用较多的为压水钻进法,它的最大优点是可将钻孔过程中的钻孔、出碴、清孔等工序一次完成,而不留残土,也不易塌孔,可适用于各种软硬土层,但施工现场积水较多,需规划好排水系统;当土层中无地下水时,亦可采用螺旋钻孔,干作业法成孔。一般先成孔,清除残土,然后插入拉杆,钻出的孔洞用空气压缩机风管冲洗孔穴,将孔内孔壁残留废土清除干净。

2. 安放锚拉杆

首先要检查钢拉杆的材质和规格,除锈后制作成中间无节点的通常拉杆。当钢绞线涂有油脂时,其锚固段必须仔细地加以清除,以免影响与锚固体的黏结力。其次,拉杆表面上应设置一定数量的定位器,其间距在锚固段内为 2 m 左右,在非锚固段为 4～5 m,藉以确保拉杆置于钻孔中心,在插入过程中不致使非锚固段产生过大的挠度和搅动孔壁,使拉杆有足够厚度的水泥砂浆保护层。还有,为保证拉杆的非锚固段能自由伸缩,可在非锚固段和锚固段的分界面处设置堵浆器;或在非锚固段不灌注水泥砂浆,而填以干砂、碎石或贫混凝土,或在锚杆的全长上都灌注水泥砂浆,但在非锚固段的拉杆上涂以润滑油脂,或套以空心塑料管。最后,在灌浆前将钻管口封闭,接上压浆管便可注浆,浇注锚固体。

3. 灌浆

灌浆是锚杆施工中的一个关键工序,需注意下述几点:

(1)灌浆材料可用水泥浆、水泥砂浆或混凝土,一般多用水泥浆、普通水泥。当地下水有腐蚀性时,宜用防酸水泥。常用水灰比为 0.4～0.5,灰砂比为 1:1,为增加流动度,可掺外加剂,如掺 0.3% 的木质素磺酸钙。

(2)水泥浆液的塑性流动时间应在 22 s 以下,可用时间为 30～60 min。为加快凝固,提高早期强度,可掺速凝剂,但使用时要拌均匀,整个浇注过程须在 4 min 内结束。

(3)水泥浆液需事先试验,满足抗压强度大于 22 MPa 的要求。

(4)灌浆压力一般为 0.4～0.6 MPa,操作人员需根据具体情况选定或适当调整,如靠近地表面的土层锚杆,灌浆压力不可过大,以免出现地面隆起现象,或影响附近原有建筑物或管道的正常使用。此时,一般可按每米覆土厚的灌浆压力 0.22 MPa 考虑。

(5)灌浆方法有。一次灌浆法和二次灌浆法两种。前者是用压浆泵将水泥浆经导管(胶皮管)压入拉杆管内,再由距孔底 150 mm 的拉杆管端注入孔内,待浆液回流到孔口时,用水泥袋纸捣入孔内,再用湿黏土封堵孔口,并严密捣实,然后进行补灌,稳压数分钟后即告完成。后者是先灌注锚固段,当灌注的水泥浆具有一定强度后,对锚固段进行张拉,然后再灌注非锚固段,可用贫水泥浆在不加压力条件下进行灌注。对于垂直或倾斜度大的孔,也可用人工填塞捣实的方法。

5.2　抗滑桩

5.2.1　抗滑桩在整治滑坡中的应用

　　滑坡是山区工程建设中经常遇到的一种自然灾害。大的滑坡灾害的发生可造成交通中断,河流堵塞,甚至摧毁厂矿及掩埋村庄,造成极大的生命和财产损失,因此,滑坡的防治具有重要的意义。图 5.13 所示为典型滑坡的构造图。

　　由于滑坡的危害性,因此工程的选址一般应尽量避绕滑坡地带。但由于受客观条件限制或未能事先探明等原因,在实际工程中仍会经常遇到滑坡问题,此时,则应采取有效的措施对其进行整治。

　　设置抗滑支挡结构,阻止坡体的滑动,这是目前工程中应用最广,最为有效的方法,其结构型式有多种类型,如抗滑挡墙、抗滑桩、抗滑锚索桩等,其中以抗滑桩的应用最为广泛。

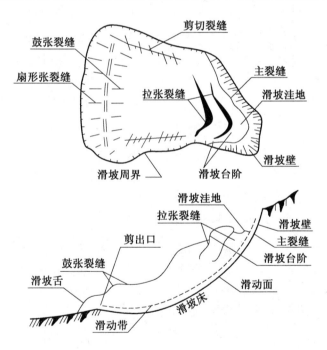

图 5.13　滑坡构造图

　　抗滑桩法防治滑坡的基本原理是在滑坡中的适当位置设置一系列桩,桩穿过滑面进入下部稳定滑床,利用锚固段阻止坡体的滑动。图 5.13、5.14、5.15 分别为滑坡构造、抗滑桩和用抗滑桩整治滑坡示意图。

　　抗滑桩按施工方法可分为打入桩、钻(挖)孔灌注桩,其中以挖孔桩最为常用;按材料可分为:木桩、钢桩、混凝土或钢筋混凝土桩等;按截面形式,则有矩形桩、管形桩、圆形桩等。其结构形式也是多样的,如各自独立设置的排式单桩、将各桩上部以承台连接的承台式桩及做成排

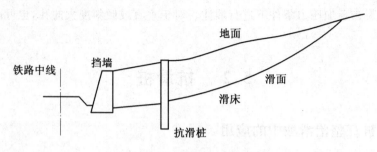

图 5.14　抗滑桩示意图

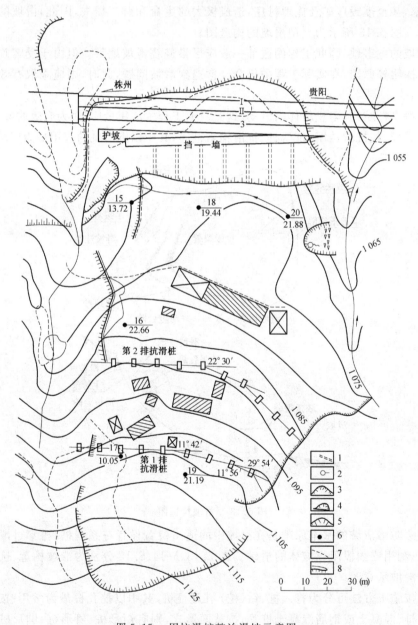

图 5.15　用抗滑桩整治滑坡示意图

1—支撑渗沟;2—泉水;3—主滑坡;4—滑坡;5—坍塌;6—钻孔;7—土石分界线;8—裂缝

架形式的排架桩等,也可根据需要做成其他形式。

与其他工程措施相比,抗滑桩具有以下突出的优点:

(1) 抗滑能力强,尤其适用于滑坡推力大、滑动带深的滑坡。

(2) 桩位灵活,可设置在滑坡中最利抗滑的部位。

(3) 开挖量小,不易恶化滑坡状态。

(4) 圬工量小,节省材料,设备简单,施工方便。

在我国,抗滑桩自 50 年代修建宝成铁路时开始用于整治滑坡,目前在铁路、公路、水电、建筑、冶金、煤炭等领域都有广泛的应用。

5.2.2　抗滑桩的设计

使用抗滑桩的基本条件是:滑坡具有明显的滑动面,滑动面以上为非流塑性土体,能够被桩稳住;滑面以下土体为较完整的岩石或密实土层,可提供足够的锚固力。此外,应经济、合理、施工方便。

其设计步骤如下:

(1) 通过地质调查,掌握滑坡的原因、性质、范围及厚度,分析其所处状态及发展趋势。

(2) 计算滑坡推力及在桩身的分布形式。

将滑坡范围内滑动方向和滑动速度基本一致的滑体部分视为一个计算单元,并在其中选择一个或几个顺滑坡主轴方向的地质纵断面为代表计算下滑力,每根桩所受的力为桩距范围内的滑坡推力。具体计算时可采用各种条分法,如传递系数法等,详见第 6 章。

滑坡推力在桩身的具体分布形式较为复杂,与滑坡类型、地层情况等因素有关。在设计计算时,如滑体土是黏性土、土夹石等黏聚力较大的地层,则可简化为矩形分布形式;若为砂、砾等非黏性土,则可采用三角分布;介于两者之间时,可假定为梯形分布。

(3) 根据地形、地质情况及施工条件等确定桩的位置及布置范围。

抗滑桩一般宜布置在滑坡的下部,这是因为下部滑动面较缓,下滑力较小。桩一般布置为一排,布置方向滑体滑动方向垂直或接近垂直;对大型、复杂或纵向较长、下滑力较大的滑坡,可布置为二、三排;当下滑力特别大时,则可将桩按梅花形交错布置。

(4) 根据滑坡推力的大小、地形及地层性质,一桩间距、桩截面尺寸、极长及锚固深度。

① 桩间距。合适的桩间距应保证土体不从桩间挤出。因此,当滑体完整、密实或下滑力较小时,桩间距可取大些,反则取小些,常用的间距为 6～10 m。此外,也可按桩身抗剪强度来确定。

② 柱截面尺寸。多为矩形和圆形,采用矩形时一般使正面一边较短,侧面一边较长,边长一般为 2～4 m。

③ 桩长及锚固深度。抗滑桩一般自地面起,至滑面以下一定深度(即锚固深度)止。有时,当滑体土性较好时,为节省材料,桩可自地面以下一定深度开始。

桩的锚固深度应保证能够提供足够的抵抗力。实际设计时,要求抗滑桩传递到滑动面以下地层的侧壁压不大于地层酌侧向容许抗压强度,但锚固长度过大,则锚固作用的增加不再显著。根据工程经验,若地层为层或软岩,锚固长度一般取 1/3～1/2 桩长;对完整坚硬的岩石,则取 1/4 桩长。

5.2.3 抗滑桩的计算模型

1. 悬臂桩法与地基系数法

现有的计算方法一般将土层视为弹性地基,并符合 Winkler 假定,将抗滑桩作为弹性地基梁进行计算。据对滑面以上桩前土体作用处理方法的不同,抗滑桩的计算方法可分为两种:第一种为悬臂桩法,计算时滑面以上桩身所受滑坡推力及桩前土体的剩余抗滑力(即桩前土体处于稳定状态时所能提供的最大阻力)为设计荷载,如果若剩余抗滑力大于被动土压力,则以被动土压力代替剩余抗滑力,进而计算出锚固段的桩侧力、桩的位移及内力,其计算模式相当于下部锚固的悬臂结构,故有此称,如图 5.16(b) 所示。该法计算简便,在实际设计中广为采用。第二种方法为地基系数法,计算时将滑面以上桩身所受的滑坡推力作为已知载荷,而将整个桩作为弹性地基梁计算,如图 5.16(c) 所示。采用该法时,要求所求得的桩前抗力小于或等于其余抗滑力及被动土压力,否则应采用剩余抗滑力或被动土压力,下面的介绍均以悬臂桩法为例。

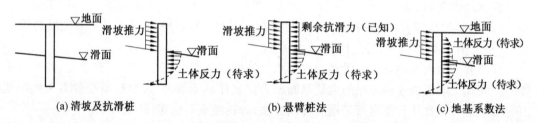

图 5.16 悬臂桩法与地基系数法的计算模型

2. 桩侧土的弹性抗力

按 Winkler 假定,地表以下 y 处地层对桩的抗力为

$$\sigma_y = K B_p x_y \tag{5.6}$$

式中 K—— 地基系数,或称弹性抗力系数,与深度有关,其计算公式为

$$K = m (y_0 + y)^n \tag{5.7}$$

式中 m 为地基系数随深度变化的比例系数。当 $n=0$ 时,K 为常数,不随深度变化,其相应的计算方法称为"K"法,适用于硬质岩层及未扰动的硬黏土等;当 $n=1$ 且 $y_0=0$ 时,则

$$K = my \tag{5.8}$$

表明 K 沿深度呈三角形分布,相应的方法称为"m"法,适用于硬塑到半坚硬的砂黏土、碎石土等。

B_p—— 桩的计算宽度,这是因为桩侧土的抗力分布范围超过桩的宽度,可按下式计算,即

$$\left.\begin{array}{l} B_p = B + 1 \quad (矩形桩) \\ B_p = 0.9(d+1) \quad (圆形桩) \end{array}\right\} \tag{5.9}$$

x_y—— 桩在深度 y 处的水平位移值。

3. 刚性桩与弹性桩

当桩的刚度远大于土体对桩的约束时,在计算桩身内力时,可忽略桩的变形,而将桩视为刚体,即刚性桩,这样的简化对计算结果的影响不大。反之,则需考虑桩身变形的影响,即将桩作为弹性桩。以"m"法为例,可按下列准则进行判断。

$$\alpha h_2 \leqslant 2.5 \text{ 时，为刚性桩}$$
$$\alpha h_2 > 2.5 \text{ 时，为弹性桩} \tag{5.10}$$

其中，h_2 为滑面以下桩的长度，α 为桩的变形系数，且有

$$\alpha = \sqrt[5]{\frac{m B_p}{EI}} \tag{5.11}$$

4. 桩底支撑条件

抗滑桩的顶端一般为自由支撑，而底端则按约束程度的不同分为自由支撑、铰支撑及固定支撑，如图 5.17 所示。

（1）自由支撑。滑动面以下 AB 段，地层为土体或松软破碎岩石时，桩底端有明显的移动和转动，可认为是自由支撑，即 $Q_B = M_B = 0$。

（2）铰支撑。桩底岩层完整，但桩嵌入此层不深时，可以认为是铰支撑，即 $x_B = M_B = 0$。

（3）固定支撑。桩底岩层完整，坚硬而嵌入较深时，按固定端处理，即 $x_B = \varphi_B = 0$。

下面以悬臂桩法为例，介绍抗滑桩的计算方法。显然，对悬臂桩法，桩在滑面以上所受的荷载是已知的，桩在这一段的变形及内力容易求得，故

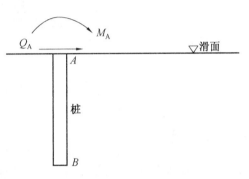

图 5.17　桩底边界条件

以下主要介绍滑面以下桩的计算。桩侧土的反力计算采用"m"法。

5.2.4　刚性桩

其计算模式如图 5.18 所示。在滑坡推力作用下，桩将以某点为中心发生转动，设转角为 P，则滑面以下了处的水平位移为

$$x = (y_0 - y)\varphi \tag{5.12}$$

"m"法，桩侧反力为

$$\sigma_y = (A + my)(y_0 - y)\varphi \quad (y < y_0 \text{ 时})$$
$$\sigma_y = (A' + my)(y_0 - y)\varphi \quad (y \geqslant y_0 \text{ 时}) \tag{5.13}$$

式中　A 及 A' 分别为桩前土、桩后土在滑面处的弹性抗力系数。y_0、φ 由桩的平衡方程及底端边界条件求得。以底端自由支撑为例，则由

$$\sum Q = 0$$
$$\sum M = 0 \tag{5.14}$$

得

$$Q_A = \frac{1}{2} B_p A \varphi y_0^2 - \frac{1}{2} B_p A' \varphi (h_2 - y_0)2 + \frac{1}{6} B_p m \varphi h_2^2 (3 y_0 - h_2)$$
$$M_A + Q_A h_2 = \frac{1}{6} B_p A \varphi y_0^2 (3 y_0 - 2 h_2) - \frac{1}{6} B_p A' \varphi (h_2 - y_0)3 + \frac{1}{12} B_p m \varphi h_2^3 (2 y_0 - h_2)$$
$$\tag{5.15}$$

这里注意到，当桩产生位移时，底端下的土同样也对桩产生抗力（图 5.18 中虚框所围部

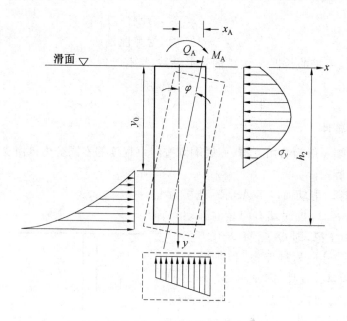

图 5.18　刚性桩计算图式

分),并形成弯矩,但与桩侧土抗力的弯矩相比,其值较小,一般可略去不计,这样做对最终计算结果不会产生很大影响,却使得计算大大简化。下文计算中亦同。

由式(5.15)可解得 y_0 及 φ。当 $A = A'$ 时,y_0 及 φ 的计算式可直接写为

$$\left.\begin{aligned}
y_0 &= \frac{h[2A(2Q_A h_2 + 3M_A) + mh(3Q_A h_2 + 4M_A)]}{2[3A(Q_A h_2 + 2M_A) + mh(2Q_A h_2 + 3M_A)]} \\
\varphi &= \frac{12[3A(2Q_A h_2 + 3M_A) + mh(3Q_A h_2 + 4M_A)]}{B_p h_2^3[6A(A + mh_2) + m^2 h_2^2]}
\end{aligned}\right\} \quad (5.16)$$

桩截面的剪力为

$$\left.\begin{aligned}
Q_y &= Q_A - \frac{1}{2} B_p A \varphi y(2y_0 - y) - \frac{1}{6} B_p m \varphi y^2(3y_0 - 2y) \quad (y < y_0 \text{ 时}) \\
Q_y &= Q_A - \frac{1}{6} B_p m \varphi y^2(3y_0 - 2y) - \frac{1}{2} B_p A \varphi y_0^2 + \frac{1}{2} B_p A' \varphi^{(y} - y_0)2 \quad (y \geqslant y_0 \text{ 时})
\end{aligned}\right\}$$

$$(5.17)$$

弯矩为

$$\left.\begin{aligned}
M_y &= M_A + Q_A y - \frac{1}{6} B_p A \varphi y^2(3y_0 - y) - \frac{1}{12} B_p m \varphi y^3(2y_0 - y) \quad (y < y_0 \text{ 时}) \\
M_y &= M_A + Q_A y - \frac{1}{6} B_p A \varphi y_0^2(3y - y_0) + \frac{1}{6} B_p A \varphi^{(y} - y_0)3 - \frac{1}{12} B_p m \varphi y^3(2y_0 - y) \\
&\quad (y \geqslant y_0 \text{ 时})
\end{aligned}\right\}$$

$$(5.18)$$

容易证明,当 $A = A'$ 时,式(5.17)及(5.18)中的两式是相同的。

当底端为铰支撑或固定支撑时,也同样可建立其相应的计算公式。

5.2.5　弹性桩(计算图式如图 5.19 所示)

1. 基本法

将桩视为弹性地基梁,则其挠曲微分方程为

$$EI\frac{\mathrm{d}^4 x_y}{\mathrm{d}y^4} + P_y = 0 \tag{5.19}$$

其中 P_y 为土体对桩的水平抗力,并有

$$P_y = \sigma_y B_p = K x_y B_p = m y x_y B_p \tag{5.20}$$

由此可得

$$\frac{\mathrm{d}^4 x_y}{\mathrm{d}y^4} + \frac{mB_p}{EI} y x_y = \frac{\mathrm{d}^4 x_y}{\mathrm{d}y^4} + \alpha^5 y x_y = 0 \tag{5.21a}$$

或写成

$$\frac{\mathrm{d}^4 x_y}{\mathrm{d}(\alpha y)^4} + \alpha y x_y = 0 \tag{5.21b}$$

求解上式,可得到

$$\left.\begin{aligned}
x_y &= x_A A_1 + \frac{\varphi_A}{\alpha}B_1 + \frac{M_A}{\alpha^2 EI}C_1 + \frac{Q_A}{\alpha^3 EI}D_1 \\
\varphi_y &= \alpha\left(x_A A_2 + \frac{\varphi_A}{\alpha}B_2 + \frac{M_A}{\alpha^2 EI}C_2 + \frac{Q_A}{\alpha^3 EI}D_2\right) \\
M_y &= \alpha^2 EI\left(x_A A_3 + \frac{\varphi_A}{\alpha}B_3 + \frac{M_A}{\alpha^2 EI}C_3 + \frac{Q_A}{\alpha^3 EI}D_3\right) \\
Q_y &= \alpha^3 EI\left(x_A A_4 + \frac{\varphi_A}{\alpha}B_4 + \frac{M_A}{\alpha^2 EI}C_4 + \frac{Q_A}{\alpha^3 EI}D_4\right) \\
\sigma_y &= m y x_y
\end{aligned}\right\} \tag{5.22}$$

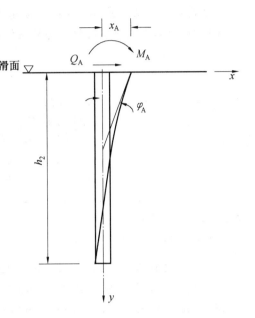

图 5.19　弹性桩计算图式

由式(5.21b)可知,系数 A_i、B_i、C_i、D_i 是 αy 的函数。若设

$$G = \begin{vmatrix} A_1 & A_2 & A_3 & A_4 \\ B_1 & B_2 & B_3 & B_4 \\ C_1 & C_2 & C_3 & C_4 \\ D_1 & D_2 & D_3 & D_4 \end{vmatrix} \tag{5.23}$$

则有

$$G_{ij} = Q + \sum_{k=1}^{\infty}(-1)^k \frac{(5k+i-5)!!}{(5k+i-j)!}(\alpha y)^{(5k+i-j)} \tag{5.24}$$

且

$$\left.\begin{aligned}
Q &= \frac{1}{(i-j)!}(\alpha y)^{i-1}, i > j \text{ 时} \\
Q &= 1, i = j \text{ 时} \\
Q &= 0, i < j \text{ 时}
\end{aligned}\right\} \tag{5.25}$$

式中"!!"为连乘号。根据上式,可将上述系数汇算出来,并制成表格供查阅(如我国铁路工

程技术规范的有关表格)。实际上,在目前计算机已非常普及的情况下,编程直接计算更为方便。

注意到式(5.22)中,M_A、Q_A 为顶端弯矩及剪力,是已知的,而顶端水平位移 x_A 及转角 φ_A 是未知待定的,应由桩底的两个边界条件确定。例如,当桩底端为自由支撑时,有

$$\begin{cases} Q_y \mid_{y=h_2} = 0 \\ M_y \mid_{y=h_2} = 0 \end{cases}$$

将式(5.22)中 Q_y、M_y 的表达式代入上式,可解得

$$\left.\begin{aligned} x_A &= \frac{M_A}{\alpha^2 EI}\left(\frac{B_3 C_4 - B_4 C_3}{A_3 B_4 - B_3 A_4}\right) + \frac{Q_A}{\alpha^3 EI}\left(\frac{B_3 D_4 - B_4 D_3}{A_3 B_4 - B_3 A_4}\right) \\ \varphi_A &= \frac{M_A}{\alpha EI}\left(\frac{C_3 A_4 - C_4 A_3}{A_3 B_4 - B_3 A_4}\right) + \frac{Q_A}{\alpha^2 EI}\left(\frac{A_2 D_1 - A_1 D_2}{A_3 B_4 - B_3 A_4}\right) \end{aligned}\right\} \tag{5.26}$$

上式中的系数 A_i、B_i、C_i、D_i,显然应为 αh_2 的函数。同理,我们可求得底端为固定、铰支撑时 x_A 及 φ_A 的计算式。

2. 无量纲法

由以上过程可以看出,无论抗滑桩底端支撑条件如何,我们最终希望得到的是桩身位移 x_y、转角 φ_y、弯矩 M_y、剪力 Q_y 与桩顶端弯矩 M_A、剪力 Q_A 之间的关系。根据计算假定,土体抗力、桩顶端荷载、桩身变形及内力之间应为线性关系。因此,根据量纲分析原理(也可直接推导),桩身变形及内力与桩顶端荷载之间的关系可写为

$$\left.\begin{aligned} x_y &= \frac{M_A}{\alpha^2 EI} b_x + \frac{Q_A}{\alpha^3 EI} a_x \\ \varphi_y &= \frac{M_A}{\alpha EI} b_\varphi + \frac{Q_A}{\alpha^2 EI} a_\varphi \\ M_y &= M_A b_M + \frac{Q_A}{\alpha} a_Q \\ Q_y &= \alpha M_A b_Q + Q_A a_Q \\ \sigma_y &= m y x_y \end{aligned}\right\} \tag{5.27}$$

上式中 $a_x, b_x, \cdots, a_\varphi, b_\varphi$ 均为无量纲系数,故该法称为无量纲法。而且,这些系数均有明确的物理意义,例如 $\frac{a_x}{\alpha^3 EI}$ 为 $M_A=0, Q_A=1$ 时桩身的位移 x_y,$\frac{b_x}{\alpha^2 EI}$ 为 $M_A=1, Q_A=0$ 时的位移 x_y。无量纲法适用于弹性抗力系数 K 随深度的各种变化情况,如 $K=m(y_0+y)^n$,当 $n=0,1,2,\cdots$ 时的各种情况。当 $K=my$ 时,可按下述方法确定无量纲系数。

仍以底端自由支撑为例,式(5.26)可写为

$$\left.\begin{aligned} x_A &= \frac{M_A}{\alpha^2 EI} b_{xA} + \frac{Q_A}{\alpha^3 EI} a_{xA} \\ \varphi_A &= \frac{M_A}{\alpha EI} b_{\varphi A} + \frac{Q_A}{\alpha^2 EI} a_{\varphi A} \end{aligned}\right\} \tag{5.28}$$

式中

$$a_{xA} = \left(\frac{B_3 D_4 - B_4 D_3}{A_3 B_4 - B_3 A_4} \right)$$

$$a_{\varphi A} = \left(\frac{A_2 D_1 - A_1 D_2}{A_3 B_4 - B_3 A_4} \right)$$

$$b_{xA} = \left(\frac{B_3 C_4 - B_4 C_3}{A_3 B_4 - B_3 A_4} \right)$$

$$b_{\varphi A} = \left(\frac{C_3 A_4 - C_4 A_3}{A_3 B_4 - B_3 A_4} \right)$$

(5.29)

式(5.29)中,系数 A_i、B_i、C_i、D_i 显然应是 ah_2 的函数,因此,a_{xA}、$a_{\varphi A}$、b_{xA}、$b_{\varphi A}$ 也是 ah_2 的函数。而且,根据功的互等定理,还应有 $a_{\varphi A} = b_{xA}$。

将式(5.28)代入式(5.22),整理后得到

$$a_x = A_1 a_{xA} - B_1 b_{xA} + D_1$$

$$b_x = A_1 a_{\varphi A} - B_1 b_{\varphi A} + C_1$$

$$a_\varphi = A_2 a_{xA} - B_2 b_{xA} + D_2$$

$$b_\varphi = A_2 a_{\varphi A} - B_2 b_{\varphi A} + C_2$$

$$a_M = A_3 a_{xA} - B_3 b_{xA} + D_3$$

$$b_M = A_3 a_{\varphi A} - B_3 b_{\varphi A} + C_3$$

$$a_Q = A_4 a_{xA} - B_4 b_{xA} + D_4$$

$$b_Q = A_4 a_{\varphi A} - B_4 b_{\varphi A} + C_4$$

(5.30)

注意到式(5.30)中的系数为 ay 的函数,因此,a_x、b_x,…,a_φ,b_φ 应为 ay 及 ah_2 的函数。

3. 弹性抗力系数在计算中的处理方法

在上述计算公式的推导过程中,假设桩顶端在滑动面处,弹性抗力系数计算公式 $K = my$,y 坐标的原点也选在滑动面处,即该处的 $K = 0$。但实际上,滑动面上部尚有土层及滑体,因此,滑动面处的实际埋深不为 0,相应的抗力系数 K 亦不为 0。为使上述计算公式适用,应按下述方法进行处理,如图 5.20 所示。

(1)将地基系数的变化图形向上延伸至 a 点,该处的 $K = 0$。延伸的高度为

$$h'_1 = \frac{A h_2}{K_{h_2} - A}$$

(5.31)

(2)确定虚拟点 a 的位移 x_a、转角 φ_a、弯矩 M_a、剪力 Q_a,它们应使桩顶端(滑动面处)原条件为

$$M \big|_{y=0} = M_A, Q \big|_{y=0} = Q_A$$

及桩底端的边界条件(以底端自由支撑为例)

$$M \big|_{y=h_2} = 0, Q \big|_{y=h_2} = 0$$

得到满足。因此,对基本法,应有

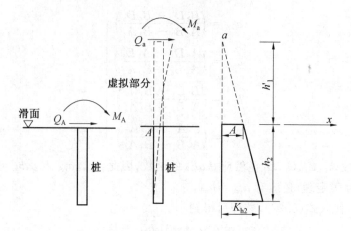

图 5.20　弹性抗力系数在计算中的处理方法

$$
\left.
\begin{aligned}
&\alpha^2 EI\left(x_a A_3^A + \frac{\varphi_a}{\alpha}B_3^A + \frac{M_a}{\alpha^2 EI}C_3^A + \frac{Q_a}{\alpha^3 EI}D_3^A\right) = M_A \\[4pt]
&\alpha^3 EI\left(x_a A_4^A + \frac{\varphi_a}{\alpha}B_4^A + \frac{M_a}{\alpha^2 EI}C_4^A + \frac{Q_a}{\alpha^3 EI}D_4^A\right) = Q_A \\[4pt]
&x_a A_3^{h_2} + \frac{\varphi_a}{\alpha}B_3^{h_2} + \frac{M_a}{\alpha^2 EI}C_3^{h_2} + \frac{Q_a}{\alpha^3 EI}D_3^{h_2} = 0 \\[4pt]
&x_a A_4^{h_2} + \frac{\varphi_a}{\alpha}B_4^{h_2} + \frac{M_a}{\alpha^2 EI}C_4^{h_2} + \frac{Q_a}{\alpha^3 EI}D_4^{h_2} = 0
\end{aligned}
\right\}
\tag{5.32}
$$

上式中系数的上标 A、h_2 分别表示在桩顶端（滑面处）及桩底端的计算值。上式联立求解，可得到 x_a、φ_a、M_a、Q_a，再以 a 点作为桩顶，即可利用上述公式计算桩身的位移及内力等。

对无量纲法，则应有

$$
\left.
\begin{aligned}
M_a b_M^A + \frac{Q_a}{\alpha}a_M^A = M_A \\[4pt]
\alpha M_a b_Q^A + Q_a a_Q^A = Q_A
\end{aligned}
\right\}
\tag{5.33}
$$

由上式联立求解，求得 M_a、Q_a 后，即可计算桩身位移及内力。

【**例 5.2**】　某滑坡滑面以上的滑体为风化极严重的砂砾岩、泥岩，已成土体，表面为黄土覆盖；滑床为风化较严重的砂砾岩、页岩和泥岩。其物理力学指标为：滑体 $\gamma_1 = 18\ \mathrm{kN/m^3}$，$\varphi_1 = 29°$，$c_l = 0$；滑床 $\gamma_2 = 20.2\ \mathrm{kN/m^3}$，$\varphi_2 = 41°$，$c_2 = 0$；滑面处的地基抗力系数 $A = A' = 72\ 100\ \mathrm{kN/m^3}$，滑床的 $m = 38\ 000\ \mathrm{kN/m^4}$。

现选定抗滑桩的截面为 $b \times a = 2\ \mathrm{m} \times 3\ \mathrm{m}$ 的矩形，桩长 18 m，桩间距 $L = 6\ \mathrm{m}$，采用 C20 混凝土，其弹性模量 $E_h = 26.5 \times 103\ \mathrm{kN/m^2}$，抗滑桩处滑面以上土厚 $h_1 = 9\ \mathrm{m}$，滑面以下桩的长度 $h_2 = 9\ \mathrm{m}$。现已计算出作用在桩上的水平推力 $E_H = 1\ 080\ \mathrm{kN/m}$，桩前剩余抗滑力 $E_R = 162\ \mathrm{kN/m}$，试计算桩侧土的抗力及桩的内力。

【**解**】

(1) 荷载计算。

① 作用在桩前的荷载（单位宽度上），被动土压力为

$$
E_p/(\mathrm{kN \cdot m^{-1}}) = \frac{1}{2}\gamma_1 h_1^2 \tan^2\left(45° + \frac{\varphi_1}{2}\right) = \frac{1}{2} \times 18 \times 9^2 \times \tan^2\left(45° + \frac{29°}{2}\right) = 2\ 101.0
$$

因此,被动土压力 $E_p >$ 剩余抗滑力 $E_R = 162$ kN/m,故桩前土的抗力取为 162 kN/m。

② 作用在单桩上的荷载,抗滑桩间距 $L = 6$ m,设作用在桩上的水平推力及剩余抗滑力均按矩形分布,则有

水平推力分布荷载为 $q_H/(\text{kN} \cdot \text{m}^{-1}) = \dfrac{T_H}{h_1} = \dfrac{E_H L}{h_1} = \dfrac{1\ 080 \times 6}{9} = 720$

剩余抗滑力分布荷载为 $q_R/(\text{kN} \cdot \text{m}^{-1}) = \dfrac{T_R}{h_1} = \dfrac{E_R L}{h_1} = \dfrac{162 \times 6}{9} = 108$

故最终作用在单桩上的分布荷载 $q/(\text{kN} \cdot \text{m}^{-1}) = q_H + q_H = 720 - 108 = 612$

在滑面处,有

$$M_A = \frac{1}{2} q h_1^2 = \frac{1}{2} \times 612 \times 9^2 = 24\ 786$$

$$Q_A/\text{kN} = q h_1 = 612 \times 9 = 5\ 508$$

(2) 计算变形系数 α。

已知 $m = 38\ 000$ kN/m⁴,对矩形截面,计算宽度为

$$B_p/\text{m} = b + l = 2 + 1 = 3$$

$$EI/(\text{kN} \cdot \text{m}^2) = 0.8 E_h I = 0.8 \times 26.5 \times 10^6 \times \frac{1}{12} \times 12 \times 3^3 = 95.4 \times 10^6$$

$$\alpha/\text{m}^{-1} = \sqrt[5]{\frac{mB_p}{EI}} = \sqrt[5]{\frac{38\ 000 \times 3}{95.4 \times 10^6}} = 0.26$$

其计算深度 $ah_2 = 0.26 \times 9 = 2.34 < 2.5$,可按刚性桩计算,但为说明弹性桩的计算方法及进行对比分析,以下分别按刚性桩法、基本法、无量纲法计算。

(3) 刚性桩法。

① 计算 y_0 及 φ,由式(5.16)有

$$y_0/\text{m} = \frac{h[2A(2Q_A h_2 + 3M_A) + mh(3Q_A h_2 + 4M_A)]}{2[3A(Q_A h_2 + 2M_A) + mh(2Q_A h_2 + 3M_A)]} =$$

$$\frac{9 \times [2 \times 72\ 100 \times (2 \times 5\ 508 \times 9 + 3 \times 24\ 786) + 38\ 000 \times 9 \times (3 \times 5\ 508 \times 9 + 4 \times 24\ 786)]}{2 \times [3 \times 72\ 100 \times (5\ 508 \times 9 + 2 \times 24\ 786) + 38\ 000 \times 9 \times (2 \times 5\ 508 \times 9 + 3 \times 24\ 786)]} =$$

6.116

$$\varphi/\text{rad} = \frac{12[3A(Q_A h_2 + 2M_A) + mh(2Q_A h_2 + 3M_A)]}{B_p h_2^3 [6A(A + mh_2) + m^2 h_2^2]} =$$

$$\frac{12 \times [3 \times 72\ 100 \times (5\ 508 \times 9 + 2 \times 24\ 786) + 38\ 000 \times 9 \times (2 \times 5\ 508 \times 9 + 3 \times 24\ 786)]}{3 \times 9^3 \times [6 \times 72\ 100 \times (72\ 100 + 38\ 000 \times 9) + 38\ 000^2 \times 9^2]} =$$

0.001 5

② 计算 σ_y、Q_y、M_y,由式(5.17)及式(5.18)有

$$\sigma_y = (y_0 - y)(A + my)\varphi = (6.116 - y)(72\ 100 + 38\ 000y) \times 0.001\ 5 =$$
$$661.445 + 240.462y - 57y^2$$

$$Q_y = Q_A - \frac{1}{2} B_p A \varphi y(2y_0 - y) - \frac{1}{6} B_p m \varphi y^2 (3y_0 - 2y) =$$

$$5\ 508 - \frac{1}{2} \times 3 \times 72\ 100 \times 0.001\ 5y \times (2 \times 6.116 - y) -$$

$$\frac{1}{6} \times 3 \times 3\ 800 \times 0.001\ 5y^2 \times (3 \times 6.116 - 2y) =$$

$$5\ 508 - 1\ 984.336y - 360.693y^2 + 57y^3$$

$$M_y = M_A + Q_A y - \frac{1}{6}B_p A\varphi y^2(3y_0 - y) - \frac{1}{12}B_p m\varphi y^3(2y_0 - y) =$$

$$24\ 786 + 5\ 508y - \frac{1}{6} \times 3 \times 72\ 100 \times 0.001\ 5y^2 \times (3 \times 6.116 - y) -$$

$$\frac{1}{12} \times 3 \times 3\ 800 \times 0.001\ 5y^3 \times (2 \times 6.116 - 2y) =$$

$$24\ 786 + 5\ 508y - 992.168y^2 - 120.231y^3 + 14.25y^4$$

由上述公式可计算出各截面的 σ_y、Q_y、M_y。表 5.4 所列为计算结果,其分布形式如图 5.21 所示。

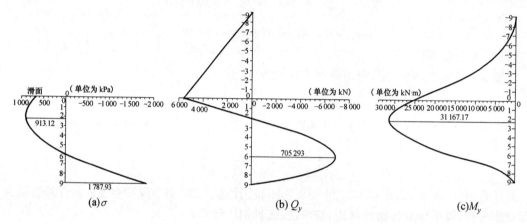

图 5.21　刚性桩法计算结果

③ 桩侧土强度校核,参考基础工程教材中桩基础部分或其他文献资料。

(4)基本法。

① 求虚拟点的位置,即

$$K_h/(\text{kN} \cdot \text{m}^{-3}) = A + mh_2 = 72\ 100 + 38\ 000 \times 9 = 414\ 100$$

$$h'_1/\text{m} = \frac{Ah_2}{K_h - A} = \frac{72\ 100 \times 9}{414\ 100 - 72\ 100} = 1.897$$

② 计算虚拟点处的 x_a、φ_a、Q_a、M_a。

由前述可知,虚拟点处的 x_a、φ_a、Q_a、M_a 应使桩在滑面处及底端的边界条件得到满足,其中,根据已知条件,桩的底端可认为是自由支撑。因此,上述各量应满足式(5.32)。其中,在滑面处:$y' = h_1' = 1.897$ m,$\alpha y' = 0.26 \times 1.897 = 0.493$;在桩底:$y' = h_1' + h_2 = 1.897 + 9 = 10.897$ m,$\alpha y' = 0.26 \times 10.897 = 2.833$。由计算得到式中的 A_3^A,B_3^A,…,$C_{4^2}^{h_2}$,$D_{4^2}^{h_2}$ 等,可得

$$\begin{cases} \alpha^2 EI\left[x_a(-0.02008) + \dfrac{\varphi_a}{\alpha}(-0.00496) + \dfrac{M_a}{\alpha^2 EI} \times 0.99927 + \dfrac{Q_a}{\alpha^3 EI} \times 0.49380\right] = 24786 \\[2mm] \alpha^3 EI\left[x_a(-0.12195) + \dfrac{\varphi_a}{\alpha}(-0.04015) + \dfrac{M_a}{\alpha^2 EI} \times (0.00744) + \dfrac{Q_a}{\alpha^3 EI} \times 0.99902\right] = 5508 \\[2mm] x_a(-3.18810) + \dfrac{\varphi_a}{\alpha}(-4.93990) + \dfrac{M_a}{\alpha^2 EI} \times (-3.36869) + \dfrac{Q_a}{\alpha^3 EI} \times 0.02898 = 0 \\[2mm] x_a(-2.30140) + \dfrac{\varphi_a}{\alpha}(-6.17278) + \dfrac{M_a}{\alpha^2 EI} \times (-7.31310) + \dfrac{Q_a}{\alpha^3 EI} \times (-4.78817) = 0 \end{cases}$$

解得

$x_a = 0.017\ 179\ 8$ m$,\varphi_a = -0.003\ 180\ 8$ rad$,M_a = 11\ 006.258$ kN $\cdot$ m$,Q_a = 8\ 236.829$ kN

为计算桩的内力,将式(5.22)中的 x_A、φ_A、Q_A、M_A 代之以 x_a、φ_a、Q_a、M_a,得到

$$
\begin{cases}
x_y = 0.017\ 179\ 8A_1 - \dfrac{0.003\ 180\ 81}{\alpha}B_1 + \dfrac{11\ 006.258}{\alpha^2 EI}C_1 + \dfrac{8\ 236.829}{\alpha^3 EI}D_1 \\[2mm]
\varphi_y = \alpha\left(0.017\ 179\ 8A_2 - \dfrac{0.003\ 180\ 81}{\alpha}B_2 + \dfrac{11\ 006.258}{\alpha^2 EI}C_2 + \dfrac{8\ 236.829}{\alpha^3 EI}D_2\right) \\[2mm]
M_y = \alpha^2 EI\left(0.017\ 179\ 8A_3 - \dfrac{0.003\ 180\ 81}{\alpha}B_3 + \dfrac{11\ 006.258}{\alpha^2 EI}C_3 + \dfrac{8\ 236.829}{\alpha^3 EI}D_3\right) \\[2mm]
Q_y = \alpha^3 EI\left(0.017\ 179\ 8A_4 - \dfrac{0.003\ 180\ 81}{\alpha}B_4 + \dfrac{11\ 006.258}{\alpha^2 EI}C_4 + \dfrac{8\ 236.829}{\alpha^3 EI}D_4\right) \\[2mm]
\sigma_y = my\left(0.017\ 179\ 8A_1 - \dfrac{0.003\ 180\ 81}{\alpha}B_1 + \dfrac{11\ 006.258}{\alpha^2 EI}C_1 + \dfrac{8\ 236.829}{\alpha^3 EI}D_1\right)
\end{cases}
$$

式中的系数 A_1,B_1,$\cdots$,C_4,D_4 是 $ay' = \alpha(h_1' + y)$ 的函数,可以通过查表或计算得到。各截面 σ_y、Q_y、M_y 的计算结果见表 5.5 及图 5.22。

表 5.5　基本法计算结果

$y/$m	$\sigma_y/$kPa	$Q_y/$kN	$M_y/($kN $\cdot$ m$)$
0.000	825.3	5 508.0	24 786.0
1.000	965.5	2 777.4	28 963.6
2.000	946.7	−126.0	30 284.5
3.000	806.0	−2 781.2	28 795.6
4.000	575.7	−4 872.8	24 910.9
5.000	279.6	−6 170.2	19 315.4
6.000	−70.1	−6 497.3	12 894.2
7.000	−472.9	−5 696.8	6 696.4
8.000	−937.4	−3 598.2	1 932.8
9.000	−1 475.6	1.60	0.0
最大值	$\sigma_{y\max} = -1\ 475.6$	$Q_{y\max} = -6\ 517.14$	$M_{y\max} = 30\ 287.27$
最大值位置	$y_{\sigma\max} = 9.0$	$y_{Q\max} = 5.811$	$y_{M\max} = 1.956$

(5) 无量纲法。与基本法相似,首先应确定虚拟点处的 Q_a、M_a。为确定式(5.33)中 a_M^A、b_M^A、a_Q^A、b_Q^A,应取 $ah = a(h_1' + h_2) = 0.26 \times (1.897 + 9) = 2.833$,$ay' = ah_1' = 0.26 \times 1.897 = 0.493$,通过计算可得

$$
\begin{cases}
M_a \times 0.971\ 51 + \dfrac{Q_a}{\alpha} \times 0.445\ 37 = 24\ 786 \\[2mm]
\alpha M_a(-0.157\ 22) + Q_a \times 0.723\ 39 = 5\ 508
\end{cases}
$$

解之得

$$M_a/(\text{kN} \cdot \text{m}^{-1}) = 11\ 006.258,\ Q_a/\text{kN} = 8\ 236.829$$

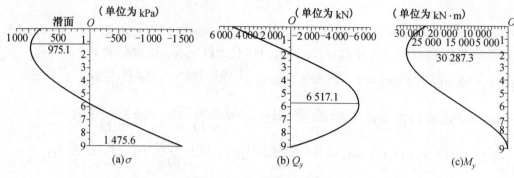

图 5.22　基本法的计算结果

因此有

$$
\begin{cases}
x_y = \dfrac{11\,006.258}{\alpha^2 EI}b_x + \dfrac{8\,236.829}{\alpha^3 EI}a_x \\[2mm]
\varphi_y = \dfrac{11\,006.258}{\alpha EI}b_\varphi + \dfrac{8\,236.829}{\alpha^2 EI}a_\varphi \\[2mm]
M_y = 11\,006.258 b_M + \dfrac{8\,236.829}{\alpha}a_M \\[2mm]
Q_y = 11\,006.258\alpha b_Q + 8\,236.829 a_Q \\[2mm]
\sigma_y = my\left(\dfrac{11\,006.258}{\alpha^2 EI}b_x + \dfrac{8\,236.829}{\alpha^3 EI}a_x\right)
\end{cases}
$$

式中的系数 $a_x, b_x, a_\varphi, b_\varphi\cdots$ 是 $\alpha y = \alpha(h_1' + h_2)$ 及 $\alpha y' = \alpha(h_1' + y)$ 的函数,可通过查表或计算得到。由上式得到的各截面的 σ_y, Q_y, M_y 等与"基本法"的计算结果完全相同。

5.3　挡土结构

随着我国经济建设的飞速发展,需要修建大量的土木工程,为保证各项工程的实施与安全,大量的挡土结构在公路、铁路、水利、港口、矿山、工业与民用建筑的土木工程中得到了广泛应用。挡土墙按断面的几何形状及受力特点,常见的型式有:重力式、悬臂式、扶壁式、锚杆式、锚碇板式、土钉墙、加筋土挡墙、桩板式及地下连续墙等。各种挡土墙都有其特点及适用范围,在处理实际挡土工程时,岩土工程师们必须能对可能提供的一系列挡土体系的可行性做出评价,选取合适的挡土结构型式,做到安全、经济、可行。下面介绍重力式挡土墙、锚杆挡墙与锚钉墙,锚碇板挡墙、加筋土挡墙、桩板式挡墙的有关知识。

5.3.1　重力式挡土墙

重力式挡土墙是以挡土墙自身重力来维持其在水土压力等作用下的稳定。它是我国目前常用的一种挡土结构型式,重力式挡土墙可用砖、石、素混凝土、硅块等建成,其优点是就地取材、结构简单、施工方便、经济效果好。所以,它广泛应用于我国铁路、公路、水利、矿山等工程;其缺点是工程量大,地基沉降大,它适合于挡土墙高度在 $5 \sim 6$ m 的小型工程。

1.重力式挡土墙的稳定性

重力式挡土墙是靠其自身的重力来维持稳定的,稳定性破坏通常有两种形式,一种是在主动土压力作用下外倾,对此应进行抗倾覆稳定性验算;另一种是在土压力作用下沿基底外移,需进行沿基底的滑动稳定性验算。

(1) 抗倾覆稳定验算。如图 5.23 所示,在抗倾覆稳定验算时,以墙趾 O 点为转动中心,其抗倾覆力矩与倾覆力矩之比为抗倾覆稳定安全系数 K_t 应满足下式要求,即

$$K_t = \frac{抗倾覆力矩}{倾覆力矩} = \frac{Gx_0 + E_{ay}x_f}{E_{ax}h} \geqslant 1.5 \tag{5.34}$$

式中　　K_t——抗倾覆稳定安全系数;

　　　　G——挡土墙每延米自重(kN/m)。

　　　　E_{ax}、E_{ay}——主动土压力 E_a 的水平和竖直分量(kN/m);

　　　　x_0, x_f, h——分别为 G、E_{ay}、E_{ax} 对 O 点的力臂(m)。

(2) 抗滑稳定验算。图 5.23 表示一水平基底的挡土墙,设在挡土墙自重 G 和主动土压力 E_a 作用下,可能沿基底面发生滑动,其抗滑稳定安全系数 K_s 应符合下式要求

$$K_t = \frac{抗滑力}{滑动力} = \frac{(G + E_{ay})\mu}{E_{ax}} \geqslant 1.3 \tag{5.35}$$

式中　　K_s——抗滑稳定安全系数;

　　　　μ——基底摩擦系数,由试验测定或参考经验资料。

在挡土墙的稳定性验算时,作用在墙上的墙身自重、土压力、基底反力为基本荷载。此外,若墙的排水不良,填土积水需计算水压力,填土表面堆载及地震区还应计入相应的荷载。

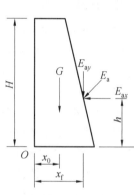

图 5.23　挡土墙稳定性验算简图

2. 增加挡土墙稳定性的措施

(1) 增加抗滑稳定的措施。

① 将挡土墙基底做成逆坡,利用滑动面上部分反力抗滑。

② 在挡墙底部增设凸榫基础(防滑键),以增大抗滑力。

③ 在挡土墙基底铺砂或碎石垫层以提高 μ 值,增大抗滑力。

(2) 增加抗倾覆稳定的方法。

① 将墙背做成仰斜,可减小土压力,但施工不方便。

② 做卸荷台,如图 5.24 所示,它位于挡土墙竖直墙背土。卸荷台以上的土压力不能传递到卸荷台以下,土压力呈两个小三角形,因而减小了总土压力,减小了倾覆力矩。

③ 伸长墙前趾,加大稳定力矩力臂。该措施混凝土用量增加不多,但需增加钢筋用量。

3. 墙背地下水对挡土墙稳定性的影响

挡土墙建成使用时,如遇暴雨,有大量雨水经墙后填土下渗,结果使填土的内摩擦角减小,重度增大,土的抗剪强度降低,土压力增大,同时墙后积水,增加动水压力或静水压力,对墙的稳定性产生不利影响。在一定条件下,或因水压力过大,或因地基软化而导致挡土墙破坏。挡土墙破坏大部

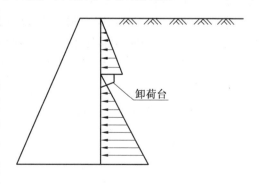

图 5.24　有卸荷台的挡墙验算简图

分是因为无排水措施或排水不良而造成的,因此挡土墙设计中必须设置排水。

为使墙后积水易排出,通常在挡土墙的下部设置泄水孔。当墙高 $H > 12$ m时,可在墙的中部加一排泄水孔,一般泄水孔直径为 $50 \sim 100$ mm,间距为 $2 \sim 3$ m。为了减小动水力对挡土墙的影响,应增密泄水孔,加大泄水孔尺寸或增设纵向排水措施。泄水孔入口处,应用易渗的粗粒材料做成反滤层,并在泄水孔入口下方铺设黏土夯实层,防止积水渗入地基不利于墙的稳定。同时,墙前亦应做散水、排水沟或黏土夯实层,避免墙前水渗入地基。在具体操作时,应按有关设计规范、施工规范及设计文件办理,万不能出现泄水孔不漏水而浆缝渗水的现象。

5.3.2　锚杆挡土墙与锚钉墙

1. 锚杆挡土墙

锚杆挡土墙是由钢筋混凝土面板及锚杆组成的支挡结构物。面板起支护边坡土体并把土的侧压力传递给锚杆,锚杆通过其锚固在稳定土层中的锚固段所提供的拉力来保证挡土墙的稳定,而一般挡土墙是靠自重来保持其稳定。锚杆挡土墙可作为山边的支挡结构物,也可用于地下工程的临时支撑。对于开挖工程,它可避免内支撑,以扩大工作面而有利于施工,目前,锚杆在我国已得到广泛应用。

锚杆挡土墙按其钢筋混凝土面板的不同,可分为柱板式和板壁式两种型式。柱板式挡墙如图 5.25 所示是锚杆连接在肋柱上,肋柱间加挡土板;肋柱与锚杆内力计算方法是:每根肋柱承受相邻两跨锚杆挡墙中线至中线之间墙上的土压力,假定锚杆与肋柱连接处为铰支点,把肋柱视为支撑在锚杆和地基上的单跨简支梁或多跨连续梁。锚杆视为轴心受拉构件。挡土板按两端支撑在肋柱上的简支梁计算。肋柱和挡土板应按《钢筋混凝土结构设计规范》(GBJ10 — 89)设计。板壁式挡墙是由钢筋混凝土面板和锚杆组成。锚杆与壁板的内力计算,实际是壁板在土压力作用下,受锚杆和壁板底端地基约束的无梁板。

(1)锚杆的布置与长度确定。锚杆的间距应根据地层情况、钢材截面所能承受的拉力等进行经济比较后确定。间距太大,将增加肋柱应力;间距太小,锚杆之间可能相互影响,产生"群锚效应"。一般锚杆之间的水平距离不小于 1.5 m,垂直距离不小于 2 m。

锚杆倾角:一般采用水平向下 $10° \sim 45°$ 之间的数值。从有效利用锚杆抗拔力的观点,倾角越小越好,但实际上锚杆的设置方向与可锚固土层位置、挡土结构位置及施工条件等有关。

锚杆层数取决于土压力分布大小,除能取得合理的平衡以外,应考虑建筑物允许变形量和施工条件等综合因素。

锚杆长度:包括有效锚固段和非锚固段两部分。非锚固段(或称自由段)的长度(L_0)按建筑物与稳定土层之间的实际距离而定,即按图 5.26 中的几何关系计算;有效锚固段长度应根据锚固段地层抗拔力的需要而定。锚固段长度可按下式计算,即

$$L_e = \frac{TK}{\pi D \tau \cos \alpha} \tag{5.36}$$

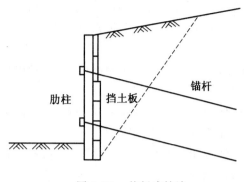

图 5.25　柱板式挡墙

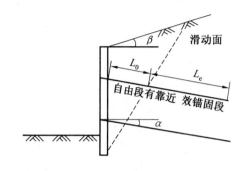

图 5.26　锚杆长度计算简图

式中　　L_e—— 锚固长度(m)；

　　　　T—— 支护结构传递给锚杆的水平力；

　　　　α—— 锚杆倾角；

　　　　D—— 锚固体直径；

　　　　τ—— 锚固体周边土的抗剪强度(kPa)；

　　　　K—— 安全系数,一般取 2.5。

　　一般灌浆锚杆在灌浆过程中未加特殊压力,土体抗剪强度可按下式计算,即

$$\tau = c + K_0 \gamma h \tan \varphi \tag{5.37}$$

式中　　c—— 锚固区土层的黏聚力(kPa)；

　　　　φ—— 土的内摩擦角(°)；

　　　　h—— 锚固段中部土层厚度(m)；

　　　　K_0—— 锚固段孔壁的土压力系数,一般取 0.5 ~ 1.0。

　　(2) 锚杆的稳定性验算。有关锚杆的稳定性验算,可参阅本教材第 5.1 节；对于多层锚杆的稳定性验算,请参阅《基坑工程手册》。

2. 锚钉墙

　　(1) 土钉墙。土钉墙是由设置在土体中的土钉体,被加固的土体和喷射混凝土面板组成,三者形成一个类似重力式墙的土挡土墙,如图 5.27 所示,以此来抵抗墙后传来的土压力。这种土挡土墙称为土钉墙。

　　① 土钉支护的加固机理。土钉墙的加固机理表现在以下几个方面：

　　a. 土钉对复合土体起着箍束骨架作用,从而提高了原位土体强度。由模拟试验表明,土钉墙在超载作用下的变形特征,表现力持续的渐进性破坏,而素土表现为脆性破坏,土钉对土体的加强作用可用强度提高系数 K_R 表示,$K_R = \dfrac{F_n}{F_R}$,其中 F_n 表示土钉复合体的三轴抗压强度,F_R 表示原状结构土的强度。土钉设置密度越大,强度提高的幅度相对越大。

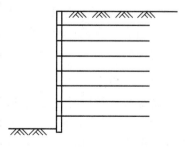

图 5.27　土钉墙

　　b. 土钉与土体间的相互作用。土钉与土体间的摩擦力发挥,主要是由土钉与土间的相对

位移而产生。由于土压力作用,在土钉墙内存在着潜在滑动面,并将土体分为主动区和被动区,当复合土体开裂域扩大并连成片时,摩擦力仅由开裂域后的稳定复合体提供。因此,应对土钉做极限抗拔试验,为最后设计提供可靠数据。

② 土钉墙的稳定性分析。土钉墙的稳定性分析是土钉墙设计的一项重要内容,包括内部稳定性分析与外部稳定性分析。

a. 内部稳定性分析方法有很多种,根据其基本原理可分为极限平衡分析法和有限元法,但大多数采用极限平衡法。具体的分析方法参见程良奎等编《岩土加固实用技术》一书。

b. 外部稳定分析在原位土钉墙自身稳定与黏结整体作用得到保证的条件下,可按重力式挡土墙计算。内容包括土钉墙抗倾覆稳定、抗滑稳定和地基强度验算。

(2)锚钉墙。锚钉墙支护技术有着比单纯锚杆支护或土钉支护更广泛的适用范围,它可结合锚杆深部加固和土钉浅部加固的优点来对基坑边坡进行加固处理,如图 5.28 所示。工程实践中,锚钉联合加固支护的形式各异,大体可归纳为以下两种:

① 强锚弱钉支护体系。该体系以锚杆为基坑边坡的主要加固手段,抑制基坑边坡的整体剪切失稳破坏,然后辅以土钉支护,抑制基坑边坡局部破坏。

② 强钉弱锚支护体系。即以土钉为基坑边坡的主要加固手段,形成土钉墙,然后辅以锚杆支护,限制土钉墙及墙后土体的位移。对强钉弱锚支护体系,可借助土钉墙外部稳定分析方法,并考虑锚杆拉力作用进行滑动和倾覆稳定性验算。对强锚弱钉支护,主要以锚杆挡墙设计计算,并考虑土钉喷层支护对锚杆间局部土体的加强作用。

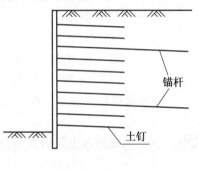

图 5.28　锚钉墙

5.3.3　锚碇板挡墙

锚碇板挡墙是由墙面板、钢拉杆及锚碇板和填料组成,如图 5.29 所示。钢拉杆外端与墙面板相连,内端与锚碇板相连,它与锚杆挡墙的区别是它不是靠钢拉杆与填料间摩阻力来提供抗拔力,而是由锚碇板提供。它是一种适合于填土的轻型支挡结构。

锚碇板挡墙的分类与锚杆挡墙相似,也分为肋柱式和壁板式两种,其组成及肋柱、拉杆、挡土板、壁板的内力计算与锚杆挡墙相同,这里不再阐述。下面介绍锚碇板的内力计算、抗拔力和锚碇板稳定性验算。

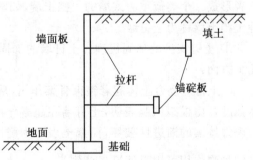

图 5.29　锚碇板挡墙

1. 锚碇板

锚碇板通常采用方形钢筋混凝土板,也可采用矩形板,其面积不小于 $0.5 \ \mathrm{m}^2$,一般选用 $1 \ \mathrm{m} \times 1 \ \mathrm{m}$。锚碇板预制时应预留拉杆孔。

(1)锚碇板的内力计算。锚碇板承受拉杆传递的拉力,其拉力等于肋柱在此支点的反力,该拉力通过锚碇板中心。假定锚碇板在竖直面所受水平压力是均匀分布的,一般简化计算视锚碇板为中心有支点的单向受弯构件。其内力计算简图如图 5.30 所示,锚碇板按中心有支点单向受力配筋计算,但应双向配筋。

【例 5.3】　假设某锚碇板所受拉杆拉力 $T=100$ kN,选定锚碇板面积为 $b^2=(1\times1)$ m^2,试计算锚碇板内力。

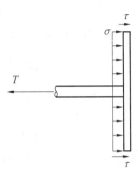

【解】　锚碇板板面的压力 $\sigma/(\text{kN}\cdot\text{m}^2)=\dfrac{T}{A}=100$

则锚碇板按单向悬臂板计算其内力为

$$Q_{max}/\text{kN}=\frac{T}{2}=50$$

$$M_{max}/\text{kN}\cdot\text{m}=\sigma\times\frac{b^2}{2}\times\frac{b}{4}=100\times\frac{1}{8}=12.5$$

图 5.30　锚碇板内力计算简图

(2) 锚碇板的抗拔力。锚碇板的面积应根据拉力设计值除以锚碇板单位面积抗拔力设计值确定,而锚碇板单位面积抗拔力设计值与锚碇板埋深、锚碇板周围土体的应力应变有关。应由试验确定,如无试验资料,可选用下列数据:

埋深 5～10 m 时,$p'=0.39\sim0.45$ MPa

埋深 3～5 m 时,$p'=0.3\sim0.36$ MPa

当锚碇板埋深小于 3 m 时,锚碇板的稳定由板前被动土压力控制,锚碇板抗拔力设计值为

$$p=\frac{\gamma h^2}{2}(K_p-K_a)B \tag{5.38}$$

式中　p—— 单块锚碇板抗拔力设计值;

γ—— 填料重度(kN/m^3);

h—— 锚碇板埋深(m),其埋深一般不小于 2.5 m;

B—— 锚碇板宽度;

K_a,K_p—— 库伦土压力理论主动、被动土压力系数。

2. 锚碇板挡墙稳定验算

锚碇板挡墙稳定性包括局部稳定和整体稳定。局部稳定是指锚碇板前方土体中产生大片连续塑性区,导致锚碇板与周围土体发生相对位移,如图 5.31(a) 所示。产生破坏的原因是拉杆拉力大而锚碇板的面积较小,以致单位面积上压力强度超过极限抗拔力所致,此时应该增大锚碇板面积相埋深,以提高极限抗拔力,满足局部稳定要求。

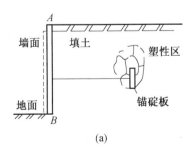
(a)

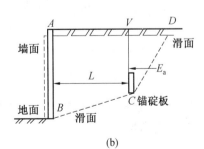
(b)

图 5.31　两种不同的极限状态

整体稳定性是指锚碇板与其前方土体沿某个与外部贯通的滑动面发生破坏,如图 5.31(b)。产生原因是拉杆长度过短,以致 BC 面上的抗滑力小于 VC 面上主动土压力 E_a 产生的滑动力。整体稳定性的验算就是使抗滑力与滑动力之比的滑动安全系数尺。大于某一给定的值。在实际设计时,要先假定拉杆长度,然后进行抗滑稳定验算。

5.3.4　加筋土挡墙

加筋土挡墙如图 5.32 所示,由墙面板、拉筋和填料 3 部分组成。其工作原理是依靠填料与拉筋间的摩擦力,来平衡墙面板上所承受的土压力;并以加筋和填料形成的复合结构来抵抗拉筋尾部填料所产生的土压力,从而保证加筋土挡墙的稳定性。

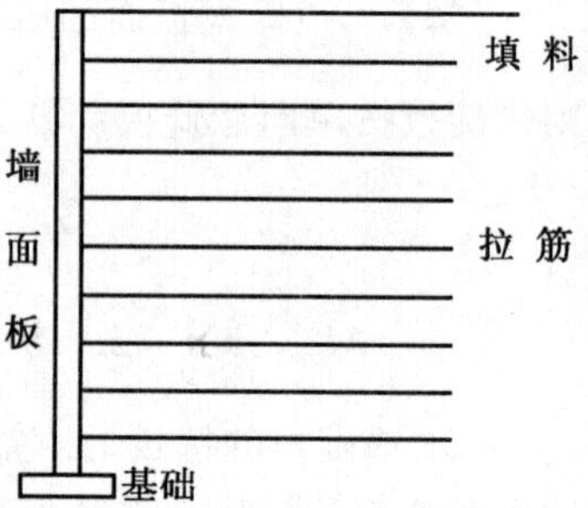

加筋土挡墙一般应用于填土工程,在公路、铁路、煤矿工程中应用较多。对于 8 度以上地震区和具有腐蚀的环境中不宜使用,对于浸水条件下应用应慎重。

图 5.32　加筋土挡墙构造图

从加筋土挡墙的工作原理可以看到,加筋土挡墙设计主要包括其内部稳定与外部稳定验算。

1. 内部稳定性计算

内部破坏有两种形式:一是墙后填土所产生的水平力在加筋中产生的拉力超过土与筋之间的摩阻力,导致加筋被拔出或筋与土之间产生很大的相对滑动而引起破坏;二是加筋中的拉力过大,超过加筋的抗拉强度导致加筋被拉断而引起破坏,因此,加筋土挡墙的内部稳定计算包括加筋的拉力计算与抗拔稳定性计算两个主要内容。

(1)加筋的拉力计算。加筋的拉力计算有多种方法,现仅介绍朗金法。朗金法假定填土中应力符合朗金原理,即 $\sigma_V = \sigma_1$,$\sigma_H = \sigma_3$。由于只考虑局部平衡,所以,一个结点加筋所受的拉力应等于填土的侧压力,即

$$T_i = \sigma_V K_i S_x S_y \tag{5.39}$$

式中　　σ_V—— 加筋带上的正应力(kPa);

S_x,S_y—— 加筋节点的水平及竖向间距(m);

K_i—— 土压力系数,按式(5.40)取值。

$$K_i = \begin{cases} K_0\left(1 - \dfrac{h_i}{6}\right) + K_a \dfrac{h_i}{6} & \text{当 } h_i \leqslant 6 \text{ m 时} \\ K_a & \text{当 } h_i > 6 \text{ m 时} \end{cases} \tag{5.40}$$

式中　　$K_0 = 1 - \sin \varphi$；

$K_a = \tan^2\left(45° - \dfrac{\varphi}{2}\right)$；

h_i—— 加筋埋置深度。

设计时应满足

$$[T_i] \geqslant T_i \tag{5.41}$$

如不满足要求,可减小节点间距 S_x、S_y 重算,反之,在 S_x、S_y 一定时,可根据拉筋的设计拉力 $T_{di} = K T_i$(K 为安全系数,一般取 1.5)计算拉筋截面面积。

① 钢板拉筋。钢板作拉筋时,可由下式计算拉筋截面,即

$$A \geqslant \frac{T_{di}}{f} \tag{5.42}$$

式中　　T_{di}——拉筋设计拉力;

　　　　f——钢板抗拉强度设计值。

② 钢筋混凝土拉筋。钢筋混凝土拉筋,应按中心受拉构件计算,即

$$A_s \geqslant \frac{T_{di}}{f_y} \tag{5.43}$$

按式(5.43)计算求得钢筋直径应增加 2 mm,作为预留腐蚀量。为防止钢筋混凝土拉筋被压裂,拉筋内应布置 $\varphi 4$ 的防裂铁丝。

(2) 加筋带的抗拔稳定性验算。

① 破裂面的假定。关于破裂面的确定,目前在理论上并不成熟。在实际工作中一般采用 $0.3H$ 简化型,如图 5.33 所示。加筋体分为滑动区(主动区)和稳定区,在滑动区内的拉筋长度为无效长度 L_f;在稳定区内拉筋长度 L_a 为有效长度。

② 拉筋长度计算。拉筋的长度应保证在设计拉力下不被拔出,拉筋总长包括无效长度段和有效长度段。

a. 拉筋无效长度为拉筋在滑动区内长度,按 $0.3H$ 简化法确定其值:

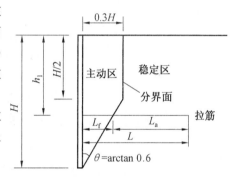

图 5.33　$0.3H$ 简化破裂面

$$当 h \leqslant \frac{H}{2} 时, L_{fi} = 0.3H \tag{5.44}$$

$$当 h > \frac{H}{2} 时, L_{fi} = 0.6(H - h_i) \tag{5.45}$$

b. 拉筋有效长度应根据拉筋土的有效摩阻力与相应拉筋设计拉力相平衡而求得,可按下式计算,即

$$L_{ai} = \frac{T_{di}}{2b\mu\sigma_{vi}} \tag{5.46}$$

式中　　b——拉筋宽度(m);

　　　　μ——填料与拉筋之间的摩擦系数,由试验确定;

　　　　σ_{vi}——第 i 层拉筋上的正应力(kPa)。

③ 拉筋抗拔稳定验算。

a. 全墙抗拔稳定系数,按下式计算,即

$$K_b = \frac{\sum F_i}{\sum T_i} \geqslant 2 \tag{5.47}$$

式中　　$\sum F_i$——各层拉筋所产生的摩擦力总和;

　　　　$\sum T_i$——各层拉筋承担的水平拉力总和。

b. 单块钢筋混凝土拉筋板条的稳定安全系数,一般工程不小于 1.5,对于重要工程不小于 2。

2. 外部稳定验算

将加筋土挡墙视为整体墙,按一般重力式挡墙的设计方法,进行其抗滑稳定、抗倾覆稳定和地基承载力验算。由于加筋土挡墙体积庞大的特性,所以抗倾覆、抗滑动稳定不足而破坏的情况很少发生,一般情况下可不验算。

5.3.5　桩板式挡墙

桩板式支护结构是工字钢桩衬板支护结构的简称,一般为临时性支撑护壁结构,适用于土质较好、地下水位较低的基坑。

桩板式支护结构是由工字钢桩、衬板、围檩、横撑(或拉锚)、角撑、中间桩、水平及垂直连系杆件等组成,如图 5.34 所示。

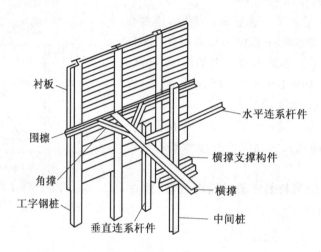

图 5.34　桩板墙支护结构

工字钢桩间距一般采用 0.8 m、1.0 m、1.2 m、1.5 m、1.6 m,间距过小则增加钢桩数量,过大则衬板厚度增加,设计时应做综合技术经济比较。

衬板是直接承受侧向水、土压力的构件,多用木板,厚度 6 cm 左右为宜,也可用钢筋混凝土预制薄板。衬板长度依工字钢间距而定,厚度由计算确定。

1. 桩板土压力计算

由于影响土压力分布的因素很多,要精确计算土压力是相当困难的,目前,国内外仍采用库伦公式或朗金公式为基本计算公式。

桩板式挡墙的工字钢是按一定间距布置的,基底以下为不连续结构,在计算土压力时要考虑这种情况,如图 5.35 所示。

设工字钢间距为 l,入土深度为 t,基底以上以 l 为宽度计算桩上的主动土压力;基底以下以 b 为宽度计算主动土压力,计算桩前被动土压力时,要考虑如图 5.35(c)所示桩前整个破坏楔体块,因此,所求得的被动土压力要乘以土体抗力增加系数 m。该系数为被工字钢顶起土块的总体积与正对着桩面被顶起土块的体积比,即

$$m = \frac{bF + 2F\dfrac{t}{3}}{bF} = 1 + \frac{2t}{3b} \tag{5.48}$$

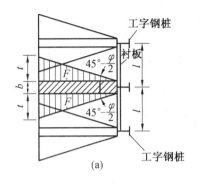
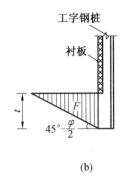
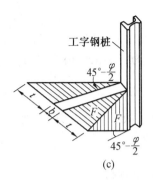

图 5.35　桩板式支护土压力计算图

桩板式支护结构的工字钢所承受的土压力如图 5.36 所示。

计算时可近似略去土的黏聚力 c 的影响,而采用适当提高内摩擦角的方法,据此计算土压力值如下:

主动土压力在坑顶 A 处为 $\qquad p_{a1} = ql K_a$

主动土压力在坑底 D 偏上为 $\quad p_{a2}' = (q + \gamma h) l K_a$

主动土压力在坑底 D 稍下为 $\quad p_{a2}'' = (q + \gamma h) b K_a$

主动土压力在桩下端 B 处为 $\quad p_{a3} = [q + \gamma(h+t)] b K_a$

被动土压力在桩下端 B 处为 $\quad p_p = \gamma t m b K_p$

$$(5.49)$$

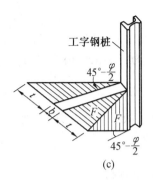

图 5.36　桩板土压力分布

式中　K_a —— 主动土压力系数,$K_a = \tan^2\left(45° - \dfrac{\varphi_0}{2}\right)$;

　　　K_p —— 被动土压力系数,$K_p = \tan^2\left(45° + \dfrac{\varphi}{2}\right)$;

　　　q —— 地面均布荷载(kPa);

　　　γ —— 土的重度(kN/m³);

　　　h —— 基坑深度(m);

　　　φ —— 土的内摩擦角细的修正值;

　　　l —— 工字钢桩间距(m);

　　　t —— 工字钢桩入土深度(m);

　　　b —— 工字钢桩翼缘宽度(m);

　　　m —— 土体抗力增加系数。

2. 悬臂桩板式结构计算

悬臂桩板式结构,工字钢桩入土深度和最大弯矩的计算,通常按以下步骤进行:

(1) 确定入土深度 t 值(图 5.36)。首先假定入土深度和工字钢桩型号,以 B 点为转动中心,各力对 B 点取矩,按抗倾覆安全系数为 2,即 $\sum M_{B抗} = 2\sum M_{B倾}$,列出方程求得 t 值。

由 $\sum M_{B抗} = 2\sum M_{B倾}$ 可得

$$p_{a1} h\left(\frac{h}{2} + t\right) + (p_{a2}' - p_{a1})\frac{h}{2}\left(\frac{h}{3} + t\right) + p_{a2}''\frac{t^2}{2} + (p_{a3} - p_{a2}'')\frac{t^2}{6} - \frac{p_p}{12}t^2 = 0$$

将上式展开整理得

$$\left(\frac{p_{\mathrm{p}}}{12}-\frac{p_{\mathrm{a3}}}{6}-\frac{p_{\mathrm{a2}}''}{3}\right)t^2-\frac{p_{\mathrm{a1}}+p_{\mathrm{a2}}'}{2}ht-\left(\frac{p_{\mathrm{a2}}'}{6}+\frac{p_{\mathrm{a1}}}{3}\right)h^2=0 \qquad (5.50)$$

解式(5.50),可求得 t 值。

为了确保桩板式挡墙的稳定性,工字钢桩实际入土深度不应小于计算入土深度的 1.15 倍。

(2)计算工字钢桩最大弯矩。由图 5.36 可以看出,工字钢桩最大弯矩产生于 DB 段的某一截面处,即剪力 $Q=0$ 处。由 $Q_{\mathrm{DB}}=0$,可求出 $M_{\max}$ 截面位置,即

$$Q_{\mathrm{DB}}=\frac{p_{\mathrm{a1}}+p_{\mathrm{a2}}'}{2}h+p_{\mathrm{a2}}''x+\frac{p_{\mathrm{a3}}-p_{\mathrm{a2}}''}{2t}x^2-\frac{p_{\mathrm{p}}}{2t}x^2=0$$

展开整理得

$$\frac{p_{\mathrm{p}}-p_{\mathrm{a3}}+p_{\mathrm{a2}}''}{2t}x^2-p_{\mathrm{a2}}''x-\frac{p_{\mathrm{a1}}+p_{\mathrm{a2}}'}{2}h=0 \qquad (5.51)$$

解式(5.51)求出 x 值,根据确定的最大弯矩截面位置,计算最大弯矩 $M_x=M_{\max}$。

$$M_{\max}=p_{\mathrm{a1}}h\left(\frac{h}{2}+x\right)+(p_{\mathrm{a2}}'-p_{\mathrm{a1}})\frac{h}{2}\left(\frac{h}{3}+x\right)+\frac{p_{\mathrm{a2}}''x^2}{2}+\frac{(p_{\mathrm{a3}}-p_{\mathrm{a2}}'')x^3}{6t}+\frac{p_{\mathrm{p}}x^3}{6t}=$$

$$\frac{p_{\mathrm{a3}}-p_{\mathrm{a2}}''-p_{\mathrm{p}}}{6t}x^3+\frac{p_{\mathrm{a2}}''x^2}{2}+\frac{p_{\mathrm{a1}}+p_{\mathrm{a2}}'}{2}hx+\left(\frac{p_{\mathrm{a2}}'}{6}+\frac{P_{\mathrm{a1}}}{3}\right)h^2 \qquad (5.52)$$

(3)核算工字钢桩截面强度。根据计算的最大弯矩 $M_{\max}$ 算出截面的最大应力,是否满足钢结构设计规范要求。

5.4　支护结构

5.4.1　浆砌片石与干砌片石护坡

对于高速公路路堤边坡、桥台、铁路边坡坡面,土石坝坝面,河岸、海岸坡面等自然或人工边坡面,为防止雨水冲刷,风力、生物活动等对边坡表面的侵蚀破坏,需对这些边坡进行人工护坡,护坡根据需要可采用草皮、土工织物、混凝土薄块、片石等多种形式。最常用最古老的方法是采用片石护坡,其优点在于可就地取材、结构简单、施工方便、技术要求低。片石护坡根据缝之间是否用砂浆可分为浆砌片石护坡与干砌片石护坡两种。

浆砌片石护坡是指用片石通过砂浆铺缝砌筑而成的护坡形式;由于片石缝间铺设了砂浆,使各块片石连成了整体,且具有防止护坡坡面雨水进入片石下土体的作用,较干砌片石护坡具有更好的整体性,能更好地防止坡面的局部破坏。它适合于坡面土质较差及某些有特殊要求坡面的护坡。干砌片石护坡是指将片石整齐地摆放在边坡的表面,缝隙之间不填筑砂浆的护坡形式;片石与片石之间是存在缝隙的,坡面片石没有整体强度,不能阻止坡面水进入片石下土体。它适合于坡面土质较好的压实黏性土,片石下要先铺设一层粗砂作为反滤层。

片石护坡不像挡土结构具有抵抗土压力的作用,它只对坡面具有保护作用。因此,它适合于具有一定坡度、且边坡本身就能保持其整体与局部稳定的边坡护坡。

5.4.2　锚杆框架支护

锚杆框架支护由锚杆、钢筋网、喷射混凝土和钢框架组成,可分为刚性钢框架和可缩性钢框架锚喷网联合支护。钢框架系由型钢加工成所需形状,用整安装或杆件拼装而成,近年来,有应用钢筋组焊成格构式钢筋桁架的钢框架。

　　锚杆框架支护适用于浅埋、偏压和自稳时间很短的 Ⅳ、Ⅴ 类围岩及用锚杆、喷射混凝土难以施工的未胶结的土夹石、砂层等松散地层,还可用于断层、有大面积涌水情况、膨胀性岩体和有严重湿陷性黄土等地层。

　　其技术要点:

　　(1) 当围岩变形量小或只允许其有小变形时,可设计成刚性钢框架锚杆支护。围岩变形量大时,宜设计成可缩性钢框架锚杆支护。

　　(2) 钢框架与锚喷网联合支护时,应考虑共同受力的特点。当锚喷支护未做成,或已做成但尚未发挥作用,则应单独考虑按钢框架受力来设计。

　　(3) 钢框架间距一般为 0.6~1.2 m,纵向连接应设置不小于 $\varphi 22$ 的钢拉杆。钢框架的立柱应埋入地坪以下一定深度,以增加抵抗侧压力的稳定性。

　　(4) 采用钢管做框架时,管中应注满混凝土,标号不低于 C20 号。

　　(5) 钢框架与围岩或喷射混凝土面,一定要设计成有钢块楔牢、焊死的结构;框架一定要与锚杆、钢筋网焊连;框架背空隙一定要求喷射混凝土饱满,以保证共同受力。

　　(6) 框架覆盖的喷射混凝土的厚度,应不小于 40 mm。

5.4.3　锚杆挂网喷浆支护

　　锚杆挂网喷浆支护是由土层中的锚杆、围岩或基坑边坡面层的钢丝网和喷射混凝土组成,钢丝的直径一般为声 6 左右,网格为 15 cm×15 cm、15 cm×20 cm、20 cm×20 cm 的方格网;钢丝网的作用是防止喷射混凝土收缩开裂,提高喷射混凝土的整体性、受力均匀性,提高其抵抗震动和冲切破坏的能力,防止边坡局部坍落。

　　其技术和施工要点如下所示:

　　(1) 钢丝网应根据被支护边坡面的起伏形状铺设。宜在喷射一层混凝土之后铺设,间隙不小于 3~5 cm,钢丝网保护层不小于 3 cm。

　　(2) 钢丝网应与锚杆或专为架设的锚钉连接焊牢。锚钉锚固深度不得小于 20 cm。牢固程度以喷射混凝土时不产生颤动为原则。

　　(3) 开始喷浆时,应减少喷头至受喷面之间的距离,并调整喷射角度,使钢丝网背阴面也能塞满混凝土。

　　(4) 喷射过程中,要随时注意清除脱落于钢丝网上的混凝土,以保证喷射混凝土的质量。

5.5　岩石边坡工程

5.5.1　岩石边坡工程勘探

　　在铁路、公路等基础建设中,往往需要在岩体中开挖出各类边坡,这些边坡简称为岩石边坡。开挖边坡的安全稳定性是人们最为关心的问题。在进行边坡设计前要进行工程勘探,以便为设计提供正确数据。

　　1. 勘察的目的、任务

　　(1) 勘察的目的。

　　① 查明边坡的工程地质条件,提出边坡稳定性计算参数。

　　② 分析边坡的稳定性,预测因工程活动引起的边坡稳定性的变化。

③ 确定人工边坡的最优开挖坡形和坡角(坡率)。

④ 提出潜在不稳定边坡的整治与加固措施和监测方案。

(2) 勘察任务。

勘察应查明下列问题:

① 地貌和形态、发育阶段和微地貌特征;当存在滑坡、崩塌、泥石流等不良地质现象时,查明其范围和性质。

② 构成边坡岩体的种类、成因、性质和分布。当有软弱层时,应着重查明其性状和分布。在覆盖层地区,应查明其厚度及下伏基岩面的形态与坡度。

③ 查明岩体内结构面的类型、产状、间距、延伸性、张开度、粗糙度、充填及胶结情况,组合关系和主要结构面产状与坡面的关系等。

④ 地下水的类型、水位、水量、水压、补给和动态变化,岩层的透水性及地下水在地表的出露情况。

⑤ 地区的气象条件(特别是雨期、暴雨量),坡面植被,岩石风化程度,水对坡面、坡脚的冲刷情况和地震烈度,判明上述因素对坡体稳定性的影响。

⑥ 岩体内各岩石材料的物理力学性质和软弱结构面的抗剪强度。

2. 勘察阶段的划分

边坡工程勘察是否需要分阶段进行,视工程的实际情况而定。通常,边坡的勘察多与建(构)筑物的初步勘察一并进行,进行详细勘察的边坡多限于有疑问或已发生变形破坏的边坡。对于坡长大于 300 m、坡高大于 30 m 的大型边坡或地质条件复杂的边坡,勘察需按以下阶段进行:

(1) 初步勘察包括搜集已有的地质资料,进行工程地质测绘,必要时可进行少量的勘探和室内试验,初步评价边坡的稳定。

(2) 详细勘察应对不稳定的边坡及相邻地段进行详细工程地质测绘、勘探、试验和观测,通过分析计算做出稳定性评价。对人工边坡提出最优开挖坡角,对可能失稳的边坡提出防护处理措施。

(3) 施工勘察应配合施工开挖进行地质编录,核对、补充前阶段的勘察资料,进行施工安全预报,必要时修正或重新设计边坡并提出处理措施。

3. 边坡工程地质测绘

测绘是在充分搜集和详细研究已有资料(包括区域地质资料)的基础上进行的。除一般的测绘内容外,应侧重与边坡稳定有关的内容,如边坡的坡形与坡角、软弱层产状与分布,结构面优势方位与坡面的关系,不良地质现象的成因、性质,当地治理边坡的经验等。测绘范围应包括可能对边坡稳定有影响的所有地段。

在有大面积岩石露头的地区,测绘、测线按垂直于主要构造线或坡面走向布置,测线间距 100 ~ 300 m 一条,当地质条件复杂时应缩小测线间距。每个地质构造不同的区段均应有测线。观测点间距视地质条件而定。对于断层破碎带等重要地质界线应进行追索。在露头不好的地区,采用露头全面标绘法。

岩质边坡带理调查是一项重要且繁重的工作。调查方法通常采用测线法或分块法。采用前者时每条测线长 10 ~ 30 m,采用后者时每测区面积约 25 m²。详细记录与测线相交或测区内的每条节理性状(长度小于 2 m 的节理可略去不计)。每一节理组均应取样。

除平面图外,工程地质剖面图是边坡稳定分析的重要条件。剖面的方向多取平行于坡面倾向的方向,其长度一般应大于自坡底至坡顶的长度,剖面的数量不宜少于 2 ~ 3 条,同时,按需要可绘制平行坡面走向的剖面。

4. 勘探与取样

勘探线应垂直于边坡走向布置,勘探点间距不宜大于 50 m,当遇有软弱层或不利结构面宜适当加密。各构造区段均应有勘探点控制。为确定重要结构面的方位、性状,宜采用与结构面成 30° ~ 60° 的钻孔,孔数不少于 3 个。勘探点深度应穿越潜在滑面并深入稳定层内 2 ~ 3 m,坡脚处应达到地形剖面的最低点。钻孔应仔细设计,明确所要探查的主要问题,并尽量考虑一孔多用。为提高重要地质界面处的岩芯采取率,有条件时,宜采用双层或 3 层岩芯管。

重点地段可布置少量的探洞、探井或大口径钻孔,以取得直观地质资料和进行原位试验。探洞宜垂直坡面走向布置并略向坡外倾斜。当重要地质界线处有薄覆盖层时,宜布登探槽。

物探可用于探查边坡的覆盖层厚度,岩石风化层,软弱层性质、厚度及地下水位等资料,常与其他勘探方法配合使用。

边坡的主要岩土层及软弱层均应取样,每层的样品不应少于 6 件(组)。有条件时,软弱层宜连续取样。

取得以上勘探资料后,则可进行开挖边坡的稳定性分析。为以后分析方便,表 5.6 总结了岩石边坡破坏的几种类型。

表 5.6　岩石边坡破坏类型

破坏类型	示意图	特　　征
平面破坏		一个滑动平面和一个滑动块体
		一个滑动平面和一条张裂隙
	主要结构面的走向、倾向与坡面的基本一致,结构面的倾角小于坡角且大于其摩擦角	若干滑动平面和横节理
		 一个主要滑动平面和主动、被动两端动块体
撰形破坏	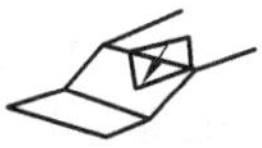	两组结构面的交线倾向坡面,交线的倾角小于坡角且大于其摩擦角
曲线形破坏		节理很发育的破碎岩体发生旋转破坏,破坏面是圆弧或非圆弧曲线
倾倒破坏		岩体被陡倾结构面分割成一系列岩柱,当为软岩时,岩柱产生坡面弯曲;当为硬岩时,岩柱可再正交节理切割岩块、向坡面倾倒

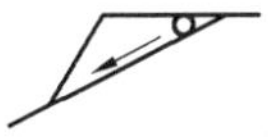

5.5.2　开挖岩石边坡稳定性分析

边坡稳定性分析方法有定性分析和定量分析。定性分析是在大量收集边坡及所在地区的地质资料的基础上,综合考虑影响边坡稳定的各种因素,通过工程地质类比法或图解分析法对边坡的稳定状况和发展趋势做出估计和预测。

工程地质类比法是将已有的开挖边坡或人工边坡的研究经验(包括稳定的或破坏的),用于新研究边坡的稳定性分析,如坡角或计算参数的取值、边坡的处理措施等。类比法具有经验性和地区性的特点,应用时必须全面分析已有边坡与新研究边坡两者之间的地貌、地层岩性、结构、水文地质、自然环境、变形主导因素及发育阶段等方面的相似性和差异性,同时还应考虑工程的规模、类型及对边坡的特殊要求等。

根据经验,存在下列条件时对边坡的稳定性不利:

(1) 边坡及其邻近地段已有滑坡、崩塌、陷穴等不良的现象存在。

(2) 岩质边坡中有页岩、泥岩、片岩等易风化、软化岩层或软硬交互的不利岩层组合。

(3) 土质边坡中网状裂隙发育、有软弱夹层,或边坡由膨胀土(或岩)构成。

(4) 软弱结构面与坡面倾向一致或交角小于 $45°$,且结构面倾角小于坡角,或基岩面倾向坡外且倾角较大。

(5) 地层渗透性差异大,地下水在弱透水层或基岩面上积聚流动;断层及裂隙中有承压水出露。

(6) 坡上有水体漏水,水流冲刷坡脚或因河水位急剧升降引起岸坡内动水力的强烈作用。

(7) 边坡处于强震区或邻近地段采用大爆破施工。

采用工程地质类比法选取的经验值(如坡角、计算参数等)仅能用于地质条件简单的中、小型边坡。

图解法包括赤平极射投影、实体比例投影与摩擦圆等方法。图解法用于岩质边坡的稳定分析,可快速、直观地分辨出控制边坡的主要和次要结构面,确定出边坡结构的稳定类型,判定不稳定块体的形状、规模及滑动方向。对用图解法判定为不稳定的边坡,需进一步用计算加以验证。

边坡稳定性定量分析需按结构构造区段及不同坡向分别进行。在二维分析中,根据单位长度区段的岩体地质剖面,确定其可能的破坏类型,并考虑所受的各种荷载(如重力、水作用力、地震或爆破振动力等),选定适当的参数进行计算。定量分析的方法主要有极限平衡法、有限元法和概率法 3 种。本节仅根据表 5.6 中平面破坏的前两种类型介绍极限平衡法的基本原理。此时认为边坡沿某滑面失稳,将滑体视为刚体,不考虑其变形。所有沿滑面方向的力分为抗滑力和滑动力,二者之比称为稳定系数 F_s,若 $F_s < 1$,边坡失稳;若 $F_s = 1$,边坡处于临界状态;若 $F_s > l$,边坡稳定。简单平面型破坏包括无张裂隙破坏与坡顶(或坡面)有张裂隙破坏两种。

(1) 无张裂隙破坏如图 5.37 所示。

① 单宽滑体体积为

$$V_{ABC} = \frac{H^2 \sin(\alpha - \beta)}{2\sin\alpha\sin\beta}$$

② 单宽滑体重量为

$$W = \frac{\gamma H^2 \sin(\alpha - \beta)}{2 \sin \alpha \sin \beta}$$

③ 稳定系数。

抗滑力为　　$F_r = W \cos \beta \tan \varphi + c \dfrac{H}{\sin \beta}$

滑动力为　　$F_d = W \sin \beta$

所以　$F_s = F_r / F_d = \dfrac{2c \sin \alpha}{\gamma H \sin(\alpha - \beta) \sin \beta} + \dfrac{\tan \alpha}{\tan \beta}$

$$(5.53)$$

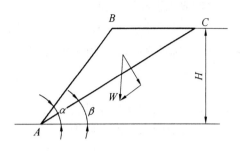

图 5.37　无张裂隙简单平面破坏

式中　γ—— 岩石的天然重度(kN/m^3)；

　　　φ—— 结构面的内摩擦角(°)；

　　　c—— 结构面的黏聚力(kPa)；

其余符号参见图 5.37。

④ 将式(5.53)对 β 求导,并令其为 0,可得临界滑面倾角 $\beta_{cr} = 0.5(\alpha + \beta)$。当 $F_s = 1$ 且令 $\beta = \beta_{cr}$ 时,临界坡高 H_{cr} 为

$$H_{cr} = \frac{2c \sin \alpha \cos \varphi}{\gamma [1 - \cos(\alpha - \varphi)]} \tag{5.54}$$

当 $\alpha = 90°$ 时,

$$H_{cr} = \frac{4c}{\gamma} \tan\left(45° + \frac{\varphi}{2}\right) \tag{5.55}$$

(2) 坡顶(或坡面)有张裂隙破坏如图 5.38 所示。

① 单宽滑体重量。

当张裂隙位于坡顶时,

$$W = \frac{1}{2} \gamma H^2 \left\{ [1 - (z/H)^2] \cot \beta - \cot \alpha \right\} \tag{5.56}$$

当张裂隙位于坡面时,

$$W = \frac{1}{2} \gamma H^2 \left\{ [1 - (z/H)^2] \cot \beta (\cot \beta \tan \alpha - 1) \right\}$$

$$(5.57)$$

② 稳定系数为

$$F_s = \frac{cA + (W \cos \beta - U - V \sin \beta) \tan \varphi}{W \sin \beta + V \cos \beta} \tag{5.58}$$

式中　A—— 单宽滑体面积,$A = (H - z)/\sin \beta$；

　　　U——$U = \dfrac{1}{2} \gamma_w z_w (H - z)/\sin \beta$；

　　　V——$V = \dfrac{1}{2} \gamma_w z_w^2$,$\gamma_w$ 为水的重度。

图 5.38　有张裂隙简单平面破坏

其余符号参见图 5.38。

③ 临界张裂隙位置为

$$b_{cr} = H(\sqrt{\cot \beta \cot \alpha} - \cot \alpha) \tag{5.59}$$

④ 临界张裂隙深度为

$$z_{cr} = H(1 - \sqrt{\cot \beta \cot \alpha}) \tag{5.60}$$

⑤ 平均临界坡角 α_{cr} 的经验公式为

$$\alpha_{cr} = \beta + \frac{9\,420\,(c/\gamma H)^{4/3}}{\beta - \varphi [1 - 0.1\,(D/H)^2]} \tag{5.61}$$

式中　D—— 坡顶面后部最大年地下水位高度。

⑥ 平均临界坡高近似值为

$$H_{cr} = \frac{956c}{\gamma (\alpha - \beta)\{\beta - \varphi [1 - 0.1\,(D/H)^2]\}} \tag{5.62}$$

⑦ 考虑地震力时的稳定系数为

$$F_s = \frac{cA + (W\cos \beta - U - V\sin \beta - EW\sin \beta)\tan \varphi}{W\sin \beta + V\cos \beta + EW\cos \beta} \tag{5.63}$$

式中　E—— 水平地震系数。

5.5.3　岩石边坡的加固方法

　　边坡加固是针对不稳定边坡采取适当的加固措施,以提高其稳定性,防止因破坏而造成损失。在选择加固方案之前,应鉴别边坡的破坏模式,确定其不稳定程度及范围,论证加固方案的可行性。目前较为实用的方法是锚固法加固岩石边坡。

　　岩体强度受结构面控制,结构面的抗滑能力与结构面上的正应力大小密切相关。发挥边坡岩体自身强度的有效方法是通过预应力锚杆(锚索)来增加结构面的正应力,从而使可能失稳的岩体保持长期稳定。

　　(1) 锚杆(索)系统的设置。根据边坡的岩性、构造及软弱带的强度等条件确定出最可能破坏面的位置、形状,据此来考虑锚杆的方向和深度。图 5.39 为几种边坡破坏模式的锚固方案。锚杆拔出时,周围岩体破坏面形状与锚杆和结构面所成的角度有关,如图 5.40 所示。利用上述情况可粗略地对锚杆有效锚固段的定位,如图 5.41 所示。

　　(2) 锚固力。如图 5.42 所示,施加预应力锚杆作用力 T,滑体处于极限平衡时有

$$W\sin \beta + V\cos \beta - T\cos(\delta + \beta) = cA + (W\cos \beta - U - V\sin \beta)\tan \varphi + T\sin(\delta + \beta)\tan \varphi$$

则

$$T = \frac{W\sin \beta + V\cos \beta - cA - (W\cos \beta - U - V\sin \beta)\tan \varphi}{\cos(\delta + \beta) + \sin(\delta + \beta)\tan \varphi} \tag{5.64}$$

$$F_s = \frac{cA + (W\cos \beta - U - V\sin \beta)\tan \varphi + T\sin(\delta + \beta)\tan \varphi}{W\sin \beta + V\cos \beta - T\cos(\delta + \beta)} \tag{5.65}$$

式中　δ—— 锚杆的安装角。

其余符号同式(5.58)。

　　对于非预应力锚杆,只有滑体产生位移(或膨胀),锚杆的锚固力才能充分起作用。但即使这样也不能假定 c、U、V、T 都同时完全发挥。Hanna 提出的解决的办法是,针对每个参数分别确定安全系数。式(5.64) 变为

$$T = \frac{WF_w\sin \beta + VF_u\cos \beta - F_c cA - \left[WF_w\cos \beta + (U - V\sin \beta)F_u\right]\dfrac{\tan \varphi}{F_\varphi}}{\cos(\delta + \beta) + \sin(\delta + \beta)\dfrac{\tan \varphi}{F_\varphi}} \tag{5.66}$$

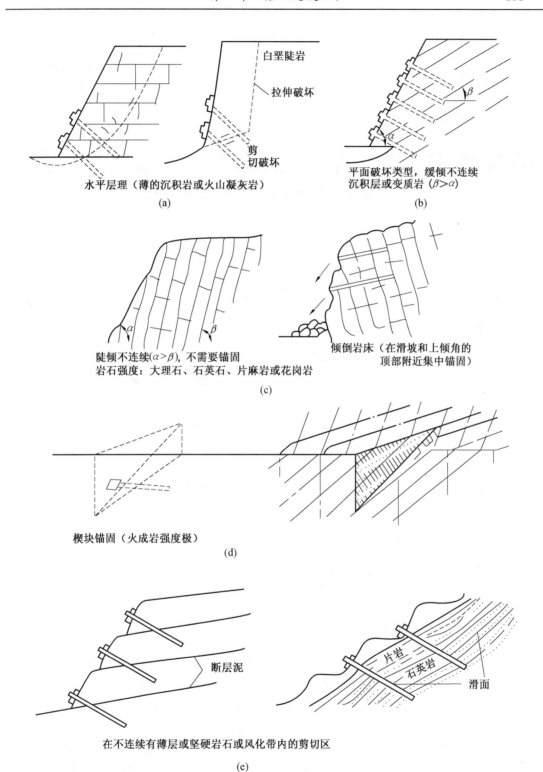

图 5.39　边坡的破坏模式与锚固系统示例

(a) 均匀岩体或结构面垂直的锚杆拔出时形成倒置破坏锥($\theta \approx 45°$)　　**(b) 与结构面平行或斜交的锚杆拔出时岩体破坏面形状**　　**(c) 与结构面平行或斜交的锚杆拔出时岩体破坏面形状**

图 5.40　与结构面成不同角度的锚杆拔出时岩体的破坏情况

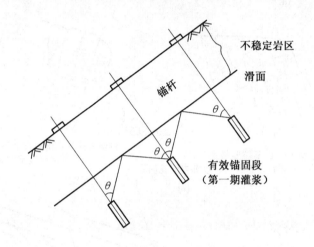

图 5.41　锚杆有效锚固段的定位

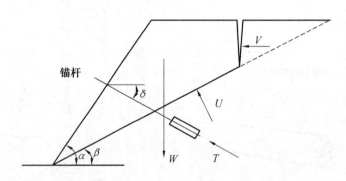

图 5.42　简单平面型破坏锚杆加固分析

根据 Londe 等的建议:自重 W 的安全系数 F_w 取 1,F_c 和 F_φ 一般取 1.5,F_u 可取高达 2。

当 T 值已定时,锚杆的最优方向可从式(5.65)求得。该式对 δ 求导后,当

$$\tan(\delta + \beta) = \tan \varphi \tag{5.67}$$

时求得 F_s 的最大值。δ 通常为水平向下 $10° \sim 45°$ 之间,为了便于灌浆,一般不宜小于 $10°$。

【例 5.4】　已勘探某岩石边坡内有一滑面 AB,边坡顶面张裂缝 BC 深 30 m,裂缝中的水位深 20 m,如图 5.43 所示。边坡后面有爆破振动作业,实测传到坡体水平振动加速度为 8.35 m/s²。坡体岩石容重 $\gamma = 27$ kN/m³。滑面内黏结力 $c = 550$ kPa,内摩擦角产 $\varphi = 49°$。问此边坡是否安全。

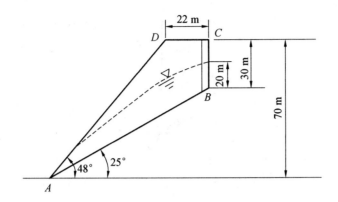

图 5.43　岩石边坡计算图

【解】　按式（5.56）计算滑体重量，即

$$W/\text{kN} = \frac{1}{2}\gamma H^2\left\{[1-(z/H)^2]\cot\beta - \cot\alpha\right\} = \frac{1}{2}\times 27\times 70^2\left\{[1-(\frac{30}{70})^2]\right.$$

$$\left.\cot 25° - \cot 48°\right\} = 56\ 267$$

（2）计算浮力 U 和裂隙中的静水压力，即

$$U/\text{kN} = \frac{1}{2}\gamma_\text{w}z_\text{w}\frac{H-Z}{\sin\beta} = \frac{1}{2}\times 10\times 20\frac{70-30}{\sin 25°} = 9\ 465$$

$$V/\text{kN} = \frac{1}{2}\gamma_\text{w}z_\text{w}^2 = \frac{1}{2}\times 10\times 20^2 = 2\ 000$$

（3）计算滑坡面 AB 的面积为

$$A/\text{m}^2 = \frac{H-Z}{\sin\beta} = \frac{70-30}{\sin 25°} = 94.65$$

（4）爆破振动水平力的地震系数为

$$E = 8.35/9.81 = 0.855$$

（5）稳定系数的计算，按照式（5.63）得

$$F_\text{s} = \frac{cA+(W\cos\beta-U-V\sin\beta-EW\sin\beta)\tan\varphi}{W\sin\beta+V\cos\beta+EW\cos\beta} =$$

$$\frac{550\times 94.63+(56\ 267\times\cos 25°-9\ 465-2\ 000\times\sin 25°-0.85\times 56\ 267\times\sin 25°)\tan 49°}{56\ 267\times\sin 25°+2\ 000\times\cos 25°+0.85\times 56\ 267\cos 25°} =$$

1.08

本题考虑了各种影响因素，其计算结果 $F_\text{s} = 1.08 > 1$，应该说此边坡是安全的。

【例 5.5】　如图 5.44 所示的岩石边坡，岩石容重 $\gamma = 25\ \text{kN/m}^3$，滑面 AB 材料的黏结力 $c = 100\ \text{kPa}$，内摩擦角 $\varphi = 28°$。坡顶部裂缝深 8 m，水值 5 m。稳定系数取 $F_\text{s} = 1.5$。问边坡能否满足 $F_\text{s} = 1.5$ 的要求，若不能满足要求，采用 10 根预应力锚杆加固时，每根锚杆的拉力 T_0 为多少？

【解】

$$A/\text{m} = \frac{H-Z}{\sin\beta} = \frac{40-8}{\sin 50°} = 42$$

$$U/\text{kN} = \frac{1}{2}\gamma_\text{w}z_\text{w}\frac{H-Z}{\sin\beta} = \frac{1}{2}\times 10\times 5\times 42 = 1\ 050$$

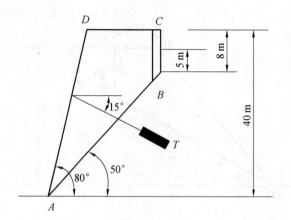

图 5.44　岩石边坡

$$V/\text{kN} = \frac{1}{2}\gamma_w z_w^2 = \frac{1}{2} \times 10 \times 25 = 125$$

$$W/\text{kN} = \frac{1}{2}\gamma H^2 \{[1-(z/H)^2]\cot\beta - \cot\alpha\} = \frac{1}{2} \times 25 \times 40^2 \{[1-(\frac{8}{40})^2]\cot 50° - \cot 80°\} = $$

$$1\ 258$$

$$F_s = \frac{cA + (W\cos\beta - U - V\sin\beta)\tan\varphi}{W\sin\beta + V\cos\beta} = $$

$$\frac{100 \times 42 + (12\ 584 \times \cos 50° - 1\ 050 - 125 \times \sin 50°)\tan 28°}{12\ 584 \times \sin 50° + 125 \times \cos 50°} = 0.81 < 1.5$$

令 $F_s = 1.5$，考虑锚杆锚固力 T，由式(5.65)得

$$1.5 = \frac{cA + (W\cos\beta - U - V\sin\beta)\tan\varphi + T\sin(\delta+\beta)\tan\varphi}{W\sin\beta + V\cos\beta - T\cos(\delta+\beta)} = $$

$$\frac{100 \times 42 + (12\ 584 \times \cos 50° - 1\ 050 - 125 \times \sin 50°)\tan 28° + T\sin 65°\tan 28°}{12\ 584 \times \sin 50° + 125 \times \cos 50° - T\cos 65°} = $$

$$\frac{7\ 892 + 0.842T}{9\ 720 - 0.423T}$$

解之得 $T = 5\ 971$ kN，每根锚杆拉力 $T_0 = \frac{T}{10} \approx 597$ kN。因坡面长 42 m，用 10 根锚杆时，间距为 4 m，间距过大，改取为 2 m，故应该用 $\frac{42}{2} + 1 = 22$ 根锚杆，此时，每根锚杆的拉力 $T_0 = 5\ 971/22 = 271$ kN。

本章小结

修建在坡顶或坡脚的工程建筑物，边坡的永久稳定是保证建筑物正常使用的前提条件。边坡的支挡和加固工程类型很多，本章介绍了几种常用的。从力学角度来分析，维持岩土体边坡稳定的方法：一是借助于挡墙的自重来平衡墙后岩土体传来的推力；二是在岩土体中"钉钉子"，如抗滑桩和锚杆，利用周围土体对锚固段的锚固力来维持土体的平衡，从而达到保证边坡稳定的目的；第三种办法就是改变土体的性质，通过外加材料而形成强度高、稳定性好的复合土体,这种办法的分析和验算比较复杂,有的机理还在研究中;对岩石边坡还有一些特殊的方法。在学习中,要掌握各种方法的基本原理,达到具有解决实际问题的初步能力的目的。在实际工作中,还要强调自然界和人为因素,强调岩土参数的准确性,因地制宜地选用上述方法,进行符合实际要求的设计计算,达到稳定边坡的目的。

复习思考题

1. 在锚杆技术中,力是如何传递的? 在岩土边坡工程中,利用锚杆技术稳定岩土体的关键是什么?

2. 单根锚杆的强度破坏有哪几种? 何谓锚杆与土总体稳定性破坏? 你能分析各种破坏形式在什么条件下出现的可能性最大?

3. 为什么说在土层锚杆中锚固段的极限抗拔力常由土层的抗剪强度来决定?

4. 根据德国 Kranz 简易计算法原理,绘出锚杆深部破裂面稳定性验算时的力多边形简图。

5. 在应用锚杆技术时,为何必须进行锚杆的现场试验和检测工作? 锚杆的现场试验工作如何分类?

6. 用抗滑桩治理滑坡具有哪些优点?

7. 作为抗滑桩的两种计算方法,悬臂桩法及地基系数法的主要异同点是什么?

8. 什么是桩的变形系数? 在计算时如何判断桩是"刚性的"还是"弹性的"?

9. 试说明为什么要引入虚拟桩顶口。如何确定其位置及该处的虚拟位移和荷载?

10. 抗滑桩一节中所介绍的"基本法"及"无量纲法"是否为等价的? 为什么?

11. 挡土墙有哪几类? 各自的特点和适用条件是什么?

12. 重力式挡墙设计中需进行哪些验算? 提高稳定性的措施有哪些?

13. 锚杆挡墙有何优点? 锚杆长度如何确定?

14. 锚碇板挡墙与锚杆挡墙的主要区别是什么?

15. 加筋土挡墙的内部稳定验算包括哪些内容?

16. 悬臂桩板式结构上的土压力及入土深度如何计算?

17. 支护结构有哪 3 种类型? 各自的适用范围是什么?

18. 挡土墙一般均需设置泄水孔,为什么? 泄水孔入口处为什么要设反滤层? 你认为泄水孔该不该有纵向坡度?

19. 何谓锚钉墙? 什么情况下采用强锚弱钉? 什么情况下又采用强钉弱锚?

20. 试绘出加筋带抗拔稳定性检算时关于破裂面的简化假定图。

21. 岩石边坡有哪几种破坏类型,各有何特征?

22. 按经验不利于岩石边坡稳定的条件有哪些?

23. 岩石边坡稳定性分析方法有哪些? 极限平衡法的原理是什么?

习　题

5.1　如图所示的挡土墙,墙自身砌体重度 $\gamma_H = 22$ kN/m^3,试验算该挡土墙的稳定性和地基承载力。

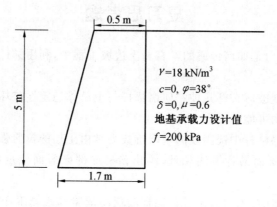

$\gamma = 18$ kN/m^3
$c = 0$, $\varphi = 38°$
$\delta = 0$, $\mu = 0.6$
地基承载力设计值
$f = 200$ kPa

习题 5.1 图

5.2　设计一悬臂桩板式挡土墙,土质为砂砾土,重度 $\gamma = 19$ kN/m^3,$\varphi = 30°$,$c = 0$。基坑开挖深度 $h = 2$ m,工字钢桩间距 $l = 1.0$ m,选用 28a 型工字钢,其翼缘宽度 $b = 122$ mm,安全系数 $K = 2$。

5.3　在[例 5.2]中,设滑面以下桩的长度 $h_z = 7$ m,其余条件不变。试分别按刚性桩法、基本法和无量纲法计算桩侧土的抗力及桩的内力。(建议编程计算)

5.4　在图 5.37 中,坡高 $H = 15$ m,$\beta = 40°$,$\alpha = 60°$,滑面 AC 上的黏结力 $c = 80$ kPa,内摩擦角 $\varphi = 31°$,岩体容重 $\gamma = 25$ kN/m^3,求此边坡的稳定系数 F_s。

5.5　已探明某岩石边坡的滑面为 AB,坡顶裂缝 BC 深 $z = 15$ m,裂缝内水深 $z_w = 10$ m,坡高 $H = 50$ m,坡角 $\alpha = 60°$,滑面倾角 $\beta = 28°$。岩石容重 $\gamma = 25$ kN/m^3,滑面黏结力 $c = 80$ kPa,内摩擦角 $\varphi = 26°$,问此边坡稳定系数能否达到 1.5。

5.6　在习题 5.2 中,若要使稳定系数达到 $F_s = 1.5$,用 20 根锚杆加固,锚杆与水平方向夹角为 15°,求平均每根锚杆的拉力 T_0 为多少?

第6章　滑坡治理

　　滑坡(Landslide)是指构成斜坡的岩土体在重力或其他自然因素作用下沿一定的软弱面做整体、缓慢、间歇向下滑动的现象。斜坡上的岩土体因内部地质条件的变化和外部环境影响的作用,引起原有平衡的失效而导致滑坡的发育和发展并危及建于其上或临近的建筑、财产和人类活动。我国是多山国家,交通线路通过崇山峻岭沟壑岸坡时,经常难以绕避滑坡地带,特别是西南地区的主要铁路干线如成昆铁路、南昆铁路等。传统上临江依山而筑的城镇世代相传有时也蔓延发展到滑坡体上,如长江中上游沿岸的大小城镇。因自然地质活动和人类生产行为而诱发的滑坡经常危及交通线路的正常运行和人民生命财产的安全。滑坡的整治、防护、监测、预报是岩土工程、工程地质、防灾减灾与防护工程的重要内容。如何通过工程技术措施防止和控制滑坡的危害性是滑坡研究的主要工作。区域滑坡调查和岩土工程勘察是在设计阶段尽量绕避滑坡的重要工作。对无法绕避或已建于滑坡之上的建筑设施,通过综合设计手段,采取重点监测防治结合的措施,尽量控制诱发滑坡的因素和滑坡产生的可能灾害。

6.1　滑坡的勘测

　　第5.2节中,为阐明抗滑桩的作用曾介绍过滑坡的平面和断面构造图,该图是通过滑坡勘浏得来的。滑坡勘测的目的是为滑坡分析和整治提供基本资料。主要有以下内容:

　　(1)确定滑坡面、滑动带(相邻深度两滑动面之间的薄层)、滑体及其他滑坡要素,如图6.1所示。

　　(2)确定滑体、滑动带和滑床的物质组成结构,并采取相应的岩土样品做相关的物理力学性质试验。

　　(3)确定地下水的分布和平衡情况。

　　滑坡勘测的常规手段主要是经验推测、地下勘探和土工试验。遥感技术和其他电声技术也可应用于大型滑坡和滑坡群(同一地区临近的多个滑坡的集合)的勘测调查。

图 6.1　滑坡要素

6.1.1　经验推测

　　经验推测是指基于以往对不同滑坡的分析对比而得出的经验,结合地面调查的信息,分析推测实地滑坡滑动面形状、滑体厚度、滑动性质,从而为必要时的地下勘探和土工试验提供充分的资料。相对于其他勘测手段,经验推测法具有费用较低、能适合地形条件困难地区的优点。

　　根据以往经验和岩土工程原理,常见滑动面有以下3种类型:

　　(1)均质土滑动面。对于基岩埋深很大,整个滑动面均发生在土体内部而未触及基岩。一一般来说,均质土滑面形状以圆形和弧形为主,这和一般边坡稳定分析原理是一样的,如图 6.2 (a)所示。

(2)碎石土滑动面。在基岩或稳定土层之上堆积的碎石土沿坡体下滑的滑动面,滑动画形状一般随下卧滑床形状呈折线型,如图 6.2(b)所示。

(3)基岩滑动面。如图 6.2(c)所示,上层基岩沿软弱带下滑时的滑动面,一般为直线。

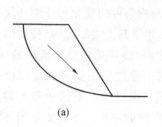 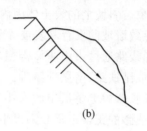 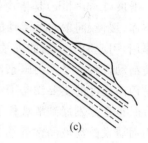

| (a) | (b) | (c) |

图 6.2　滑动面类型

6.1.2　地下勘探

常用地下勘探的方法有 3 种:钻探,物探和坑探。根据滑坡性质、地质条件、地形环境和工程需要,并结合地表调查的资料,确定合适的勘探方法。

钻探是一种常用的岩土工程勘测技术,它是使用钻机穿透地层、研究滑坡地质情况、推测滑坡几何要素的有效手段。钻探的目的是推测滑动面和基岩的位置,探测滑坡区域各土层的工程地质和水文地质情况,提供土工试验所需的岩土样品。合理的钻孔布置是确保优质钻探资料的前提。滑坡主轴线(主滑方向)上的钻孔应能保证钻探资料足以反映滑坡的整体特征,如图 6.3 所示。

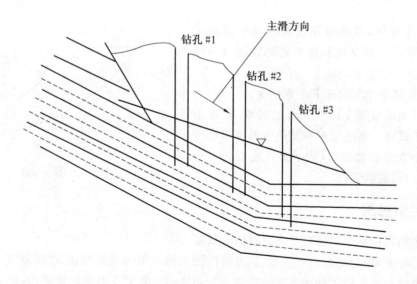

图 6.3　主轴线(滑坡主滑方向)断面钻孔布置

物探方法包括电测、声测方法和其他专门物探手段,如放射性勘探、重力勘探、磁力勘探、热测量法。电测手段有电阻率法和电阻应变法。电阻率法是测量电流通过不同地质条件的地层所产生的电阻率,从而推测滑动面、滑体等滑坡几何要素。电阻应变测试是通过粘贴在试件上的应变片测量应变和时间的关系曲线,从而推测滑坡发生或发展的情况。声探方法是应用地震研究中的弹性波反射原理来推测滑动面位置、滑体厚度、基岩埋深、不同上层的厚度和性质。震源的选择和测网的布置应根据滑坡范围和滑面埋深相应确定。对浅层滑坡,锤击产生的震源能量足以达到滑面并反射到滑体和地面以供量测。对滑面埋深大、滑动范围广的滑坡,宜采用爆破作业产生足够的震源能量。

坑探方法主要应用于滑动面埋深较浅,开挖安全能得到保证的滑坡研究,其他如峒探、井探也属此列。坑探通过人工开挖的方法推测滑动面和滑动范围,并采取土样。坑探可以直接观察滑坡的滑动面地质情况、滑体物质组成、滑床等要素,是深入研究和实地考察滑坡的有效手段。坑探进行前的各项防护措施和安全评估一定要认真实施,确立安全第一的原则。

6.1.3　土工试验

土工试验主要是为了获得滑坡稳定分析和滑坡防治措施的参数。常规的物理力学试验包括颗粒组成、三相指标、状态指标和抗剪强度。针对特定工程的不同需要,有时也会进行其他土工试验,如振动液化试验。所有土工试验应严格按照相应的行业或地区试验规程进行。土工试验结果直接用于滑坡分析与整治,所以采取有代表性的岩土样品至关重要。对滑体,滑面和滑床的代表性土样依据工程需要做相应的物理力学试验,其中尤以滑带土抗剪强度(c、φ 指标)的测定最为重要。

由于滑带土的实际工程状态取决于滑坡发育的程度和滑动历史,对滑带土抗剪强度的合理取值,是滑坡分析和防治首先要解决的问题。滑坡滑动使滑带土产生很大的剪切变形,由抗剪强度试验知道,土体的抗剪强度随着剪切变形的增大及被剪切土体的结构破坏有越过峰值强度 τ_{peak} 而逐渐降低至剩余强度 τ_r（residual）的现象,如图 6.4 所示。对于发育过程中的滑坡,其滑带土体的抗剪强度应采用剩余强度。对于未发生滑动

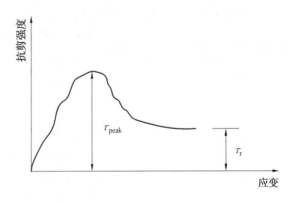

图 6.4　抗剪强度随应变发展曲线

的滑坡,工程师需要根据具体情况和实地考察取用介于峰值强度和剩余强度之间的抗剪强度作为滑坡稳定分析和整治的参数。

影响土体抗剪强度的因素很多,重要的包括含水量、试验方法和土体的物理状态等。含水量对黏性土抗剪强度的起决定性的作用,随着含水量的增加,土体抗剪强度急剧下降,由此说明了雨季诱发滑坡的普遍规律。考虑不利情况时的含水量而配置试验样品以得到分析设计参数也是非常重要的。试验方法也影响着抗剪强度的大小,常用测定滑带土体剩余抗剪强度的方法包括滑面重复剪切试验;重塑土多次直剪试验;环状剪力仪大变形剪切试验;三轴剪切试验;现场大型剪切试验。工程师应根据试验条件和实际情况尽量选择与滑动面滑动情况类似的试验方法,以便测取的强度指标能真实反映滑动带的实际性质。

6.1.4　遥感技术

　　遥感的基本原理是研究地层的性质、电磁波的性质和图像特征 3 者之间的关系。遥感图像是地表、地理情况最真实的反映。通过对各个时期的遥感图像的色和形(或数字化的文件)判读、分析、对比,结合地面调查的资料,即可推测滑坡(特别是大型滑坡和滑坡群)的演变过程。遥感图像包括卫星图片、航空像片等。随着我国自己卫星技术的发展应用和国际合作的深入开展,结合地理信息系统 GIS (Geographic Information System)和全球定位系统 GPS (Global Positioning System),遥感技术将会得到越来越广泛的应用。

6.2　滑坡的类型和稳定性分析

6.2.1　滑坡的类型

　　由于不同的自然环境、地层条件、地质年代、人类活动和其他因素的影响,自然界的滑坡是多种多样的。

　　显然,不同的分类依据形成不同的分类结果。不同行业及不同区域基于各自的工程需要、技术水平、历史传承,对滑坡分类侧重点也不同。目前国内外对于滑坡的分类,主要依据滑体的物质成分、滑面(滑带)的形状、滑动速度、岩土力学特征,滑体厚度、滑坡规模、发育程度等指标进行分类。表 6.1 列出了几种滑坡分类方法。

表 6.1　典型滑坡分类一览表

分类依据	滑坡分类	滑坡特征描述
滑体物质组成	黄土滑坡	
	黏性土滑坡	
	堆填土滑坡	人工填筑土
	堆积土滑坡	所有第四系堆积物
	破碎岩石滑坡	
	岩石滑坡	
滑体厚度	浅层滑坡	滑体厚度小于 6 m(有些规定 3 m)
	中层滑坡	滑体厚度 6~12 m(有些规定 3~15 m)
	厚(深)层滑坡	滑体厚度 20~50 m(有些规定 15~30 m)
	超厚(深)层滑坡	滑体厚度大于 50 m(有些规定 30 m)

续表 6.1

分类依据	滑坡分类	滑坡特征描述
主滑面成因类型	堆积面滑坡	堆积作用形成的软弱面,内部层面
	层面滑坡	沉积变质岩层面,喷出岩上下层接触面
	构造面滑坡	节理面、断层面,原生、构造面
	同生面滑坡	土质滑坡,不通过软弱面
滑体规模	小型滑坡	体积小于 3 万 m³
	中型滑坡	体积 3～50 万 m³
	大型滑坡	体积 50～300 万 m³
	巨型(超大型)滑坡	体积大于 300 万 m³
地形发育过程	幼年期滑坡	滑坡后部新鲜岩石,突发性,多成一块
	青年期滑坡	滑坡后部风化岩石,一定间歇性程度
	壮年期滑坡	滑坡后部混砾砂土,间歇性
	老年期滑坡	滑坡后部混巨砾砂土,连续性
岩体结构类型	块状岩体滑坡	岩浆岩滑坡,厚层岩滑坡
	层状岩体滑坡	薄层岩滑坡,层状岩滑坡
	碎裂岩体滑坡	碎裂岩滑坡
	松散岩体滑坡	黄土滑坡,黏性土滑坡,碎石土滑坡、
滑动时代分类	新滑坡	发生于河漫滩时期,具有现代活动性
	老滑坡	发生于河漫滩时期,目前暂时稳定
	古滑坡	发生在河流阶地侵蚀时期或稍后,目前稳定
	始滑坡	发生在当地现今水系形成之前,极稳定
滑动历史分类	首次滑坡	滑速高,滑体为完整的原始地层
	再次滑坡	滑速低,滑体为滑坡堆积物
区域地质条件和岩性	表层斜坡移动	
	泥质岩石滑坡	
	坚硬岩石滑坡	
	特殊类型滑坡	

对滑坡进行分类，主要有以下几点作用：

（1）便于滑坡工作者能以相通的术语互相交流。

（2）便于工程师根据滑坡类型援引往例进行滑坡稳定分析和防护整治工作。

（3）便于滑坡研究人员有针对性地进行深入广泛的研究。

（4）便于世界范围内滑坡编目工作的开展。

（5）便于行业或地区滑坡规程的编制和实施。

6.2.2　滑坡的稳定性分析

滑坡稳定性分析的目的是判断滑坡的稳定状态，为滑坡的整治提供稳定性分析资料。深入分析滑坡的成因，有助于正确进行滑坡稳定性分析并采取相应的工程对策。

（1）滑坡成因分析。滑坡的形成是诱发滑坡的外部环境和斜坡本身的内部条件共同作用的结果。滑坡形成的内部条件是滑坡发生的内因，外部环境是外因。一定的外部环境通过对斜坡原有平衡的作用，破坏了先前稳定，从而导致滑坡的产生。图 6.5 详细列举了滑坡产生的各种原因。

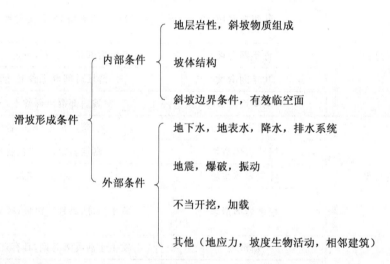

图 6.5　滑坡产生的各种原因

（2）滑坡稳定性分析。滑坡的稳定性分析包括定性判断和定量计算。

定性判断可以从以下几个方面进行：

①根据滑坡的地貌形态判断滑坡的稳定性。

②根据滑坡的工程地质类比来判断滑坡的稳定性。

③根据滑动前的各种迹象判断滑坡的稳定性。

定量计算的主要工作是确定下滑力和抗滑强度，可以有以下几种方法进行定量分析计算：

①常规土坡稳定计算方法。

②极限（极值）分析方法。

③数值计算方法。

常规土坡稳定计算方法是从最初的瑞典圆弧法发展起来的，以后逐渐扩展到其他形式的滑面，并发展了各种各样的条分法以考虑条间力的作用。一般土坡稳定计算是通过对抗滑因

素和下滑因素的分析来确定稳定安全系数 K。K 值的计算可以有多种形式,如式(6.1)及式(6.2)所示,即

$$K = \frac{抗滑力(矩)}{下滑力(矩)} \qquad (6.1)$$

1955 年,毕肖普(A. W. Bishop)非常明确地提出了一个土坡稳定安全系数的定义,其表现形式为

$$K = \frac{\tau_f}{\tau} \qquad (6.2)$$

式中　τ_f—— 沿整个滑面的平均抗剪强度;

　　　τ—— 滑面上的平均剪应力。

最简单的土坡稳定分析是均质无黏性土坡(黏聚力 $c = 0$)的稳定计算。经验表明,其滑面可按一直线考虑,如图 6.6 所示。其稳定安全系数可由式(6.3)计算,即

$$K = \frac{\tan \varphi}{\tan \beta} \qquad (6.3)$$

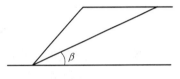

图 6.6　无黏性土坡稳定分析

式中　φ—— 砂性土内摩擦角;

　　　β—— 滑面倾角;

　　　K—— 稳定安全系数。

考虑地下水、地震力、裂隙水静水压力、黏聚力、条间力、最危险滑面等情况的土坡稳定分析可参考一般"土力学"教材或专业参考资料。

6.2.3　滑坡推力计算

滑坡推力是滑坡体向下滑动之力与抵抗滑动力之差。滑坡推力可用于评价判定滑坡的稳定性和为设计抗滑工程提供定量的指标。滑坡推力计算是在已知滑坡位置、可能的滑面形状及岩土体强度指标的基础上进行的。采用的方法一般是传递系数法,其滑动面是折线,如图6.7 所示。

计算时首先在滑动主轴方向的地质纵断面上,按照岩土性质及滑动面的产状将滑动土体划分为 n 个垂直条块,然后取单位宽度滑动土体的任一条块分离体做极限平衡状态下的静力分析,作用在第 i 条块上的基本力系如图 6.7 所示。

计算推力时作以下简化假定:

(1)滑坡体不可压缩并做整体下滑,不考虑条块之间挤压变形。

(2)条块之间只传递推力不传递拉力,不出现条块之间的拉裂。

(3)块间作用力(即推力)以集中力表示,它的作用线平行于前一块的滑面方向,作用在分界面的中点。

(4)顺滑坡主轴取单位长度(一般为 1.0 m)宽的岩土体作为计算的基本断面,不考虑条块两侧的摩擦力。

由图 6.7 可知,第 i 条块的剩余下滑力(即该部位的滑坡推力)E_i 可用下式计算,即

$$E_i = W_i \sin \alpha_i - W_i \cos \alpha_i \tan \varphi_i - c_i l_i + \psi_i E_{i-1} \qquad (6.4)$$

式中　E_i—— 第 i 块滑体剩余下滑力;

　　　E_{i-1}—— 第 $(i-1)$ 块滑体剩余下滑力;

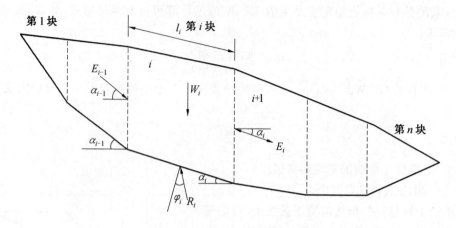

图 6.7　传递系数法计算滑坡推力

W_i—— 第 i 块滑体的重量；

R_i—— 第 i 块滑体滑床反力；

ψ_i—— 传递系数，$\psi_i = \cos(\alpha_{i-1} - \alpha_i) - \sin(\alpha_{i-1} - \alpha_i) \tan \varphi_i$；

c_i—— 第 i 块滑体滑面上岩土体的黏聚力；

l_i—— 第 i 块滑体的滑面长度；

φ_i—— 第 i 块滑体滑面上岩土体的内摩擦角；

α_i—— 第 i 块滑体滑面的倾角；

α_{i-1}—— 第 $(i-1)$ 块滑体滑面的倾角。

计算时从上往下逐块进行。按式(6.4)计算得到的推力可以用来判断滑坡体的稳定性。如果最后一块的 E_n 为正值，说明滑坡体是不稳定的；如果计算过程中某一块的 E_i 为负值或为零，则说明本块以上岩土体已能稳定，并且下一条块计算时按无上一条块推力考虑。

实际工程中计算滑坡体的稳定性时还要考虑一定的安全储备，选用的安全系数 K 应大于1.0。在推力计算中如何考虑安全系数目前认识上还不一致，一般采用加大自重下滑力，即 $KW_i \sin \alpha_i$ 来计算推力，从而式(6.4)变成

$$E_i = KW_i \sin \alpha_i - W_i \cos \alpha_i \tan \varphi_i - c_i l_i + \psi_i E_{i-1} \qquad (6.5)$$

式中，安全系数 K 一般取为 $1.05 \sim 1.25$，计算方法同前。

如果最后一块的 E_n 为正值，说明滑坡体在要求的安全系数下是不稳定的；如果 E_n 为负值或为零，说明滑坡体稳定，满足设计要求。另外，如果计算断面中有逆坡，倾角 α_i 为负值，则 $W_i \sin \alpha_i$ 也是负值，因而 $W_i \sin \alpha_i$ 变成了抗滑力。在计算滑坡推力时，$W_i \sin \alpha_i$ 项就不应再乘以安全系数。

【例 6.1】　某一堆积层滑坡体下卧基岩断面如图 6.8 所示。各分块重量及计算参数均已知，并列入表 6.2 中，外荷载 P(如车辆荷载)作用在第一块上，并已经包含在 W_1 中。试计算滑坡推力并判断其稳定性(安全系数 K 取 1.25)。

【解】　按式(6.4)、(6.5)对滑体从上到下逐块进行计算。计算临界状态下，即 $K=1.0$ 时的滑坡推力 E''_i，以及设计要求下，即 $K=1.25$ 时的滑坡推力 E_i，计算结果列于表 6.2 中。

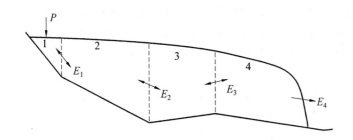

图 6.8 某一堆积层滑坡体下卧基岩断面

表 6.2 滑坡推力计算表

块号	W_i /kN	α_i	c_i /kPa	l_i /m	$c_i l_i$	φ_i	$\tan \varphi_i$	$W_i \cos \alpha_i$	$W_i \cos \alpha_i$ $\tan \varphi_i$	$W_i \sin \alpha_i$	$KW_i \sin \alpha_i$
	(1)	(2)	(3)	(4)	(5)	(6)	(7)	(8)	(9)	(10)	(11)
1	1 500	40	0	15°	0	15°	0.268	1 149.1	308.0	9 611.2	1 205.2
2	2 600	20	5.0	15°	75	15°	0.268	2 443.2	654.8	889.3	1111.6
3	1 600	−5	5.0	10°	50	15°	0.268	1 593.9	427.2	−139.4	—
4	2 000	10	5.0	17°	85	15°	0.268	1 969.6	527.9	347.3	434.1

块号	$\alpha_{i-1} - \alpha_i$ (°)	$\psi_i =$ $\cos(\alpha_{i-1} - \alpha_i) -$ $\sin(\alpha_{i-1} - \alpha_i) \tan \varphi_i$	$\psi_i E''_{i-1}$	E''_i	$\psi_i E_{i-1}$	E_i
	(12)	(13)	(14) = (13)×(15)	(15) = (10)+(14) −(9)−(5)	(16) = (13)×(17)	(17) = (11)+(16) −(9)−(5)
1				656.2		897.2
2	20°	0.848	556.5	716.0	760.8	1142.6
3	25°	0.793	567.8	−48.8	906.1	428.9
4	−15°	1.035		−265.6	443.9	265.1

本例计算结果表明,由于 $E''_4 = -265.6$ kN,故该滑坡具有一定的安全储备,但不能满足设计安全系数 $K = 1.25$ 的要求,此时 $E_4 = 265.1$ kN,该滑坡体是不稳定的,应采取相应的措施增加稳定性。

6.3 滑坡的整治措施

对于滑坡地带的建筑,一般首先考虑绕避原则。对于无法绕避的滑坡地区工程,经过技术经济比较,在经济合理及技术可能的情况下,即可对滑坡工程进行整治。滑坡整治可以从两个角度进行:一是直接整治滑坡,采取各种工程技术措施阻止滑坡的产生;二是采取工程技术措施,保护滑坡发生时可能受到危害的生命财产和各种重要国防交通、通信设施。

滑坡整治应根据滑坡的性质、规模、被保护对象的重要性、工程技术可行性而遵循以下主要原则:

(1)以防为主,尽量避开对于重要工程建设项目,如安全国防工程、交通通信、都市住宅等,应尽量避开。对于滑坡地带已建工程、难以绕避地区,应尽量避免破坏原有平衡,防止滑坡的产生。

(2)对症下药,综合防治不同类型的滑坡或不同地质环境中的滑坡,其形成条件和发育过程各不相同。深入研究分析滑坡产生的原因、类型、范围、地质特征、发展阶段,才能对症下药,提出合理的治理方案。同时,对于大型滑坡或滑坡群地带,形成滑坡的原因是多方面的,应有针对性地采取措施,进行综合防治。

(3)彻底根治,以绝后患对于直接威胁人民生命财产和重要工程的滑坡,原则上要彻底根治,以绝后患,避免滑坡反复,重复整治而造成巨大浪费。对于大型滑坡或滑坡群,若一次性根治的投资过大,则应一次规划,分期实施治理,保证滑坡整治的连续性。对于突发性滑坡,可采取应急措施,先行恢复正常生活和生产工作,待查明原因后再对症下药,彻底根治。其他滑坡整治原则包括:早下决心,及时处理;因地制宜,经济合理;方法简便,安全可靠。

滑坡整治有以下几个途径:

① 终止或减轻诱发滑坡的外部环境条件,如截流排水、卸荷减载、坡面防护。

② 改善边坡内部力学特征和物质结构,如土质改良。

③ 设置抗滑工程直接阻止滑坡的发展,如抗滑桩、挡土墙、预应力锚固等。

6.3.1　截流排水

截流排水主要是为了防止地表水、地下水及冲刷侵袭。

对于滑坡体外的地表水,采取拦截旁引的方法阻止滑坡体外的地表水流向滑坡体内。对于滑坡体内的地表水,采取防渗汇流、快速排走的方法减轻该部分地表水对滑坡的作用。常用的拦截排水工程有以下几种:

(1)外围截水沟。外围截水沟应设置在滑坡体(滑坡周界外侧)或老滑体后缘裂缝 5 m 以外,根据山坡的汇水面积、设计降雨量、设置外围截水沟,如图 6.9 所示。如果坡面汇水面积、地表径流的流速、流量较大,则可设置多条、多级外围截水沟以满足排水需要。

(2)内部排水沟。对于滑坡体内的地表水,除充分利用自然沟谷排水外,还可设置内部排水沟,以加快地表水向滑坡体外排出。排水主方向应和滑坡主轴方向一致,应尽量避免横切滑动方向。支沟方向与主轴方向斜交成 $30° \sim 45°$,内部排水沟平面多呈树枝状,一般设置在呈槽型的纵向谷地中间。当排水沟跨越地表裂缝时,应采用迭置式的沟槽以防地表水下渗。

(3)坡面夯实防渗。为了防止地表水下渗,对表土松散易渗的土体,应夯填坑洼和裂缝,并整平夯实,使落到地表的雨水能迅速向自然沟谷和排水沟汇集排走。在滑坡体表面应种植草皮减轻地表水对滑坡体的表面冲刷,必要时可设计护面。滑坡体内若有水田,应改为旱地耕种,最好停止种植潘动。

(4)盲沟。对于滑坡体外的地下水,可设置截水盲沟旁引排走。对滑坡体内的地下水,可设置排水孔、排水隧洞、支撑盲沟、或以灌浆阻水方法拦截导引。

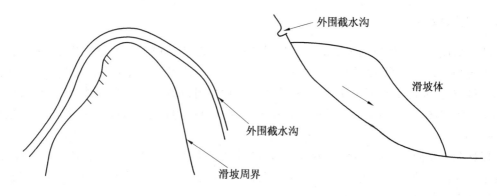

图 6.9　外围截水沟

　　盲沟（渗沟）可以用来排泄浅层地下水。支撑盲沟的布置应与主轴方向一致,适合排泄 10 m 以内的浅层地下水,兼具排水和支撑功能。截水盲沟一般设置在滑坡周界外侧 5 m 远,与地下水的流向垂直。每隔一定距离,设置相应检查井以便维修疏通。

　　(5)排水孔。对于深层地下水,可设置排水孔群以加速排泄。按钻孔布置形式,排水孔可以分为垂直排水孔、倾斜排水孔和放射状排水孔。排水隧洞主要用于其他排水措施不力的地带,可汇集不同层次和区域的地下水并集中排走。排水隧洞按其功能可分为体外截水隧洞和体内排水隧洞,并可与排水孔群联合设置以增加排水能力。灌浆阻水主要是通过帷幕灌浆拦截地下水或固结灌浆减轻地下水的侵袭。

6.3.2　卸荷减载

　　斜坡岩土体的平衡遭到破坏,即形成滑坡。卸荷减载是通过恢复坡体平衡达到阻滑的目的,具有施工简便、技术简单的特点。减重主要针对主滑部分,特别是滑体后缘。对于滑体前缘有阻滑作用的部分不能减重(在地形许可的情况下,应该加重反压增大抗滑能力)。

　　卸荷减重施工时应防止边坡歼挖引起新的失稳,避免上方土体平衡被破坏。卸荷后的新开挖边坡应及时平整防渗。对阻滑部分进行加重反压前,应采取措施排水并清除地表杂草松土,避免反压土体滞水。

　　卸荷减载或加重反压的设计可参照一般边坡设计原理。

6.3.3　坡面防护

　　江河湖海对岸坡的冲刷侵袭引起滑坡的情况相当普遍,对沿河而行的交通线路的危害特别严重,尤以雨季其间水位上涨为最。因此,如何减轻防止冲刷浪击对边坡的危害尤显重要。常用的治理方法有砌石护坡、挡水墙、丁坝工程等。

　　砌石护坡是选用抗风化和抗冲刷能力强的新鲜岩石作为浆砌片石贴在岸坡之上,以保护岸坡不被冲刷。护坡基础应置于基岩之上或深入河床冲刷线以下。砌体中应设置距离适当的泄水孔以排出岸坡内的地下水,避免砌体坍塌。

　　挡水墙可以起到防冲刷和抗滑动的作用。

　　丁字坝的作用是改变河流的方向,避免流水直接冲刷下游岸坡。

6.3.4　土质改良

滑坡的形成是坡体物质的抗滑能力不足以抵挡下滑趋势造成的。通过土质改良,增强滑动面岩土的物理力学性质,改善滑坡体内土体的结构,从而达到加大抗滑能力和减轻下滑状态的目的。目前,土质改良有两种途径:一种是加进某种材料以改变斜坡岩土体成分,如直接拌和法和压力灌浆法;另一种途径是采用某种技术改变土的结构状态,如热处理(焙烧法)、电化学(电渗)等。

直接拌和是将固化材料如沥青、水泥、石灰和其他化学固化剂掺入斜坡土体并拌和压实,使土胶结以提高土的强度和抗水性。其中沥青和水泥用于无黏性土的效果较好,而石灰粉煤灰多用于黏性土的改良。

灌浆法是把胶结材料的浆液通过钻孔压入岩土体的孔隙或裂隙中,待其凝固后增强岩土体强度和抗水性。灌浆方法与灌浆压力的选择尤为重要。在灌浆材料上最常见的灌浆是水泥灌浆,其他高分于化学材料灌浆有水玻璃灌浆、铬木素灌浆、丙凝灌浆、氰凝灌浆等。

6.3.5　支挡抗滑

支挡结构是整治滑坡最有效的措施之一,尤其广泛应用于山区交通线路工程中。按其形式和功用,支挡工程可分为抗滑桩、抗滑挡墙、锚固或预应力锚固结构。

抗滑桩是穿透滑体深入稳定滑床,利用锚固段桩身前后岩土体的弹性抗力平衡滑坡推力阻止滑动的一种桩柱。一般的抗滑桩整治工程都是由几根抗滑桩组成的桩群共同作用达到止滑目的的。抗滑桩工程对山坡破坏小,施工安全方便,省工省料。成孔形式多样,各种地形地质条件皆可适用。利用机械化施工,工期短。在机具难以展开的地方可以人工挖孔。

抗滑桩群可以布置成多种形式,如互相连接的桩排、互相间隔的桩排、下部间隔而顶部联结的桩排等。抗滑桩的选材、几何尺寸、布置形式、锚固深度的设计取决于滑坡的推力大小和滑坡特征,均需满足抗剪、抗弯、抗倾斜,防止土体从桩间或桩顶滑出等要求。

抗滑挡墙是借助挡墙本身重量产生的抗滑力,平衡滑体剩余下滑力的一种抗滑结构。按照建筑材料和结构形式可以分为抗滑片石垛、抗滑片石竹(铁)笼,浆砌石抗滑挡墙,混凝土或钢筋混凝土抗滑挡墙,空心抗滑挡墙(明峒)和沉井式抗滑挡墙。沉井群挡墙提供的阻滑力很大,但费用也要增加,结合大型工程进行的沉井群挡墙有时会成为整治滑坡最有力的措施。抗滑挡墙的设计除应考虑常规挡土墙的要求外,还应针对滑坡推力的大小和滑坡特征进行设计,可参考相关文献。

6.4　滑坡的监测

滑坡的监测是指通过对滑坡的动态观测,判断滑坡的发展发育阶段,并进行防灾减灾预报。滑坡的动态观测包括滑坡位移观测和滑坡水文地质观测。

滑坡位移观测可以对滑坡发育的不同阶段的位移进行分析,编制滑坡水平位移矢量图及累计水平位移矢量图,随时掌握滑坡的发展趋势。对经过整治的滑坡进行观测,可以检查整治效果,积累整治经验。位移观测主要通过布桩观测来进行。对大型滑坡或滑坡群,也可借助地理信息系统的地形数据进行综合判断。位移观测包括滑坡体整体变形和开裂变形。

观测网的布置可以有十字交叉网、放射网、三角网和任意方格网等。主要依据当地地形条件和滑坡特征选用。位移观测可以通过埋设观测桩和参照实地建筑物进行。用于长期观测网的观测桩一般可用就地灌注混凝土桩,桩顶外露 10 cm。观测桩包括置镜点和照准点桩、水准基点桩、位移观测桩。水准基点桩应设置在滑体周界外侧稳定土层中。

由于地下水和地表水对滑坡的影响至关重要,因此通过滑坡的水文地质观测,掌握地下水和地表水的变化规律,为滑坡的排水防渗工程设计提供依据尤显重要。水文地质观测的内容包括:滑坡地段自然沟壑、截排:水沟中的地表水流量随时间的变化情况,滑坡体内地下水位、水量、水温、气温等变化规律。水文地质观测资料应和位移观测资料一起作为综合分析的依据。

根据滑坡监测资料,用预测预报的方法,采取非工程措施,减轻预防滑坡可能产生的危害。滑坡预报包括可能性区域预报和滑坡点预报。可能性区域预报主要根据降雨和地震的情况预报滑坡可能发生的区域。滑坡发生时间预报分为中长期预报、短期预报和临滑预报。具体判别指标和程序可参考相关文献。

本章小结

本章介绍了滑坡的概念、成因,以及滑坡与人类活动的密切关系,综述了滑坡的勘测技术,滑坡的类型和稳定性分析,列举了滑坡的整治措施和滑坡监测原则。滑坡稳定性分析的具体算法,以及滑坡整治措施中支挡结构的设计请参考本书第 5 章"岩土边坡工程"中有关锚杆、抗滑桩及挡土结构的内容。

复习思考题

1.滑坡分析的目的及内容有哪些?

2.滑坡勘测有哪些手段? 各适用于什么条件?

3.如何对滑坡进行分类? 其分类依据有哪些? 为什么要对滑坡进行分类?

4.形成滑坡的内部、外部条件有哪些? 分析发生滑坡的实质性因素。

5.滑坡稳定性分析包括哪些方法? 稳定性分析的目的是什么?

6.本章所介绍的滑坡推力计算方法,其基本假定有哪些? 基本思路是什么?

7.简述滑坡整治的主要原则、主要措施及基本途径。

8.滑坡监测的目的是什么? 有哪些监测方法?

9.通过本章的学习及你掌握的力学原理,能否指出目前滑坡计算分析上的不足? 构思出你认为更为合理的稳定性分析方法及滑坡推力计算方法。

习 题

6.1 某一滑坡下卧稳定基岩,断面如图所示。滑体各块重量分别为 $W_1 = 700$ kN,$W_2 = 2\,400$ kN,$W_3 = 1\,500$ kN,$W_4 = 1\,800$ kN。外荷载 $P_1 = 900$ kN,$P_2 = 500$ kN,P_1、P_2 分别作用在第一块、第二块上,其作用线通过相应块的重心。滑面倾角 $\alpha_1 = 40°$,$\alpha_2 = 20°$,$\alpha_3 = -5°$,

$\alpha_4 = 10^\circ = 20^\circ$。滑面上内摩擦角 φ 均为 15°，黏聚力 c 为 5.0 kPa。滑块长度 $l_1 = 15$ m，$l_2 = 15$ m，$l_3 = 9$ m，$l_4 = 14$ m。试计算滑坡推力并判断其稳定性（安全系数 K 取 1.25）。

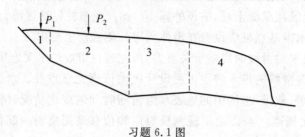

习题 6.1 图

第7章 地下洞室

本章介绍了地下洞室选址原则,影响围岩稳定的因素;着重介绍了深浅埋条件下松动压力的几种计算方法,还给出了弹性变形压力、塑性变形压力和塑性区半径的计算公式;讨论了锚杆支护、喷锚网支护和二次衬砌支护的几种地下洞室支护措施;最后讨论了高地应力区岩爆成因、分级及相应防治措施。

7.1 洞室的类型与位置选择

7.1.1 洞室的类型

地下洞室一般是指在岩土体中用人工方法开凿修建的地下空间,洞室类型有以下几点:

(1)地下洞室按使用功能分。

①军事工程。如地下军事指挥所、人员或装备掩蔽所、重要地下通信设备及战备电站等。

②地下交通工程。地下公路、铁路隧道或城市地铁、人行地道等。

③城市基础设施和共同沟。城市地下自来水厂,地下污水处理厂及便于安装和检修、设置动力电缆、通信电缆、给排水管道的共同沟(煤气管道及有爆炸危险的管道应单独设置)。

④地下采掘空间。各种矿体采掘后形成的洞穴。这类洞穴有些未被利用,或常被水、土淤填,也有用这类洞穴作为储藏核废料或其他物质等用途的。

⑤地下工厂或车间。如地下水电站、地下精加工车间等。

⑥地下仓储设备。地下油罐、粮仓、地下冷库等。

⑦地下民用设施。地下商场、旅馆、地下游乐场、地下医院、地下住宅等。

(2)地下洞室按断面形状分。

①圆形或椭圆形。

②直墙拱顶形。

③曲墙拱顶形。

④据洞室底板情况可分为平底式和仰拱式。

⑤其他形状,如矩形、方形,虽转角处应力集中较大,受力性能不好,但某些情况下仍被采用。

(3)按洞周所处的地质条件分。

①岩体地下洞室。包括人工洞和天然溶洞两种。

②土体地下洞室。包括黄土洞室和其他土层洞室。对于土坡地区某些人防地下室或沟管、坑道,洞室下部为岩石,上部为土体时,根据其洞周应力计算特点及防排水要求,也宜归纳为土中地下洞室进行设计。

(4)地下洞室按埋置深度分。

① 当 $H/B \geqslant a$ 时为深埋地下洞室。

② 当 $Hl/B < a$ 时为浅埋地下洞室。

上式中 H 为洞顶衬砌外缘至地面的垂直距离，B 为洞室衬砌外缘的跨度或圆洞的直径。

a 的取值，根据土压力理论计算约为 2.5。国内有些设计部门认为，对于坚硬完整的岩体，其值偏低，建议取为 $1.0 \sim 2.0$，但必须同时满足

$$H \geqslant (2.0 \sim 2.5)h_0 \tag{7.1}$$

式中　　h_0——洞顶岩体压力拱的计算高度。

7.1.2　岩体洞室位置的选择

（1）地质构造、地层特性的影响。同一断面尺寸、形状的洞室，在地质构造好、地应力小、坚硬的巨厚层岩体，因岩体稳定性好，地下洞室可以毋需支护或作一般支护即可长期稳定；相反，在地质构造差（如大断裂带）或原始地应力大或薄层破碎、含水、风化严重的岩体中，洞室支护上受到的围岩压力将特别大，而且可能在失稳或处理不当的情况下产生严重的塌方、变形或破坏。

（2）使用功能的考虑。地下洞室单位使用面积或使用空间的造价，一般均比相同条件的地面工程的费用高。人们花费很大代价建造的地下洞室，如果不能满足使用功能的要求，是完全不可思议的。各类地下洞室的功能要求不同，位置选择的侧重点也应有所不同。如城市重要机关的地下指挥所，地下洞室顶部应有足够的覆盖层厚度以满足防护的要求。洞口选择时应考虑两个以上不同方向的位置，洞口还不应设在原子冲击波可能作用的主要方向，不应设在低洼和毒剂不易消散的地方；城市地下商场、游乐场应选择靠近人流比较集中的市区；地下储库应根据所储物质的性质与其他建筑物保持一定的距离，防止可能遭受破坏时的相互影响；重要的地下洞室还应注意分散、隐蔽和伪装。

（3）注意收集有关设计、施工资料。技术决策人员除必须深入现场实地考察外，还必须注意收集有关资料。这些资料通常应包括拟建地区的地形、地质构造、地层岩性及物理力学性质试验资料，气象、水文、地震烈度资料及已建类似地下洞室的利用经验等掌握资料的重要性是不言而喻的，如某地下机加工车间，在选址定点后，施工过程中发现洞室底板标高低于十年一遇的洪水，有淹没的可能；又如某锅炉厂在扩建过程中，拟利用旧防空洞建为车间，未做仔细的地质与施工准备工作，造成洞室大塌方而被迫终止。

（4）地下洞室的性能、规模、特点和与地面建筑物的联系。这些情况对洞室位置的选择也起着制约的作用，如地下洞室的规模较大，在小的山丘下面就布置不下；一般地下工厂除地下部分外，还必须有一定的地面附属建筑与之配合，有的地下工厂可能不是一次建成，而是分两阶段或三阶段进行。在选址时除应考虑第一阶段地下工程的配套设施及能形成生产线外，还应考虑地下洞室以后扩建或另建地下洞室与之配套的可能。

（5）相邻隧道间距的考虑。在地下建筑规划、选点时，对相邻隧道间距的考虑具有重要的意义。若相邻隧道的间距过小，表明隧道间的岩体间壁过窄，不足以承受山体的压力，可能造成岩体失稳、塌方或破坏。若岩体间壁过宽，如为地下生产车间，则建筑平面布置不紧凑，生产线延长，成本增加；如为交通隧道，则增加洞口征地和过多地占用山体内的地下部分。因此，只要可能，一般总希望选择较小的隧道间距，这就有必要计算岩体间壁的最小允许宽度或在相应技术规范中规定相邻隧道的最小间距。

相邻隧道最小间距或岩体间壁最小宽度可采用如下的工程类比方法确定。

①《铁路工程技术规范》(隧道)推荐的岩体间壁最小宽度见表 7.1。

表 7.1　单线隧道岩体间壁最小宽度

围岩类别	Ⅵ	Ⅴ～Ⅳ	Ⅲ	Ⅱ	Ⅰ
间壁最小宽度	$(1.0～1.5)B$	$(2.0～2.5)B$	$(2.5～3.0)B$	$(3.0～5.0)B$	$>5.0B$

注：1. B 为隧道开挖断面宽度。

2. 遇隧道塌方，采用明挖法施工或采用特殊的施工方法(如加固地层法、盾构开挖法等)，表中数值可酌情增减。

② 除铁路隧道外，其他地下工程建议按表 7.2 确定洞室之间的最小间距。

表 7.2　不同围岩类别洞室间最小间距

围岩类别	完整岩体	裂隙发育的岩体	破碎岩体
洞室间最小间距	$(0.8～1.2)B$	$(1.2～2.0)B$	$(2.0～3.0)B$

(6)地下水情况的考虑。

①建在干燥或少水岩层中的地下建筑，一般于洞室衬砌内外都采取了一定的排水措施，所以，通常不计地下水的静水压力，但在洞室位置选择时，仍宜避开岩体破碎区，以减少雨季或异常情况下可能向洞室内部的渗漏。

②在富含地下水的岩层中修建一般有人地下洞室时，应做好洞内的防渗堵漏、防潮去湿和排水等工作。洞室衬砌上还应考虑外水压力的作用，外水压力等于洞室埋深处的水压乘以折减系数，折减系数为等于或小于 1 的数值，根据岩体的裂隙情况和排水措施情况而定。

(7)洞口位置与标高、洞轴线走向、洞室断面与长度等项选择。洞口宜选择在厚层、坚硬的陡坡(坡角不宜小于 45°)地段。洞口严禁选在有危岩崩塌、滑坡、泥石流威胁的地段；在区域地质构造应力大的地区，洞轴线宜与水平方向的最大主应力方向平行；洞轴线宜与岩层走向和主要节理走向呈大角度或不小于 40°的锐角相交，并宜沿山体脊线布置，避免在山垭、冲沟、山间洼地下部通过；洞体宜尽量避开断层、破碎带及较厚的软弱夹层，当不能避开时，宜于以垂直方式通过并做好加固、排水或加强支护等应急措施。如为地下工厂或电站，可把断面较大的主洞布置在好岩体中，用小断面的通道穿过断层等稳定性差的岩体的办法来解决。

(8)方案比较与论证。各项因素或指标都满意的尽善尽美方案是少有的，应根据上列各项内容综合考虑，提出 2 个或 3 个可行的洞室位置选择方案，进行对比分析，提出初步的意向性方案，必要时应进一步搜集有关资料和进行试验、研究，广泛地听取专家意见和可行性论证，最后做出决策。

7.1.3　土体洞室位置的选择

(1)土体强度和含水情况。这是洞址位置选择时应首先考虑的因素。如以黄土为例，在我国华北、西北、东北地区分布广泛，这些地区的老黄土，结构较紧密、厚度较大、强度较高、一般无湿陷性，是建洞的理想土层，其毛洞跨度为 3～4 m 时，可较长时间稳定，跨度小于 10 m 时，成洞条件一般较好。对于其他非黄土地区的土体洞室，应避免在有淤泥、软土、流砂及富含水的土层及有可能冲刷、淹没的地带选择洞址。

(2)对邻近建筑物影响的考虑。由于土体强度比岩体强度低，无论是采用明挖法还是暗挖法,在洞室施工过程中都难免不对洞周土体乃至地面产生扰动、变形。因此,选址时应尽量离开重要建筑物一定的距离,不可从高楼下直接穿过。

(3)施工方法的考虑。从工程地质条件、施工难易和建筑经济分析出发,总是强调要选择好的地址建洞,但在城市建设的某一特定的狭窄区域内,往往无选择的余地,即使施工难、投入多,也只有在指定的地点想办法,这时选址就变成选择施工方法。如一城市隧道必须从一建筑物旁穿过,可考虑用地下连续墙阻止土体的侧向变形,或用化学加固提高土体的强度,用盾构法推进以减少对土体的扰动,并在施工过程及竣工后一定时间内监测土体的变形和地面沉降等。

(4)洞口位置与洞轴线走向的选择。洞口是整个洞身的一个薄弱环节,不宜选在沟谷底部及可能有滑坡、坍塌或山洪冲蚀的地方。以黄土地区为例,图 7.1 为一沟源深远的冲沟,图中Ⅰ、Ⅱ表示上游发育阶段和下切阶段,Ⅲ、Ⅳ表示中下游冲沟发育的平衡阶段和休止阶段。Ⅰ、Ⅱ阶段的冲沟由于下蚀作用强烈、纵坡大(一般在 8%～10% 以上),边坡不稳定,不宜建洞;Ⅲ、Ⅳ阶段的冲沟,其下蚀作用已停止,纵坡小(一般小于 4%),除个别有侧向冲蚀的区段外,边坡一般稳定,宜于选择作为洞址。

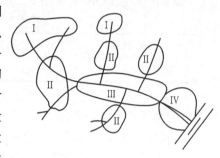

图 7.1　黄土冲沟区的选点

(5)方案比较与论证。与第 7.1.2 节中第(8)所述内容相同。

7.2　影响洞室稳定性的主要因素

洞室稳定性评价是地下工程选址、规划、设计和施工的重要依据。对人工洞来说,在工程地质勘察时期,主要是预估成洞后围岩的稳定性,为设计、施工提供资料。影响洞室稳定性的因素归纳起来可分为地质因素和工程因素两个方面。

7.2.1　地质因素

影响洞室稳定性的地质因素是岩土体赋存的内在因素,可分为岩体结构特征、岩体强度和地下水活动的影响 3 项基本因素。

(1)岩体结构特征。岩体的结构特征是围岩分级的一项主要因素,可分为整体状结构、块状结构、层状结构、碎裂结构和散体结构 5 类。

(2)岩体强度。岩体强度通常可用岩块饱和单轴抗压强度乘以因考虑节理裂隙存在的岩体完整性系数 K_v 来表示。

①岩石按饱和单轴抗压强度和划分其坚硬程度,见表 7.3。

②岩体按完整性系数划分其完整程度,见表 7.4。

表 7.3　岩石按饱和单轴抗压强度 f_t 划分的坚硬程度

f_t	>120	120~70	70~30	30~15	15~5	<5
坚硬程度	硬岩			软岩		
	极坚硬岩	坚硬岩	较坚硬岩	较软岩	软岩	极软岩

表 7.4　岩体按 β 划分的完整程度

β	>0.75	0.75~0.55	0.55~0.35	0.35~0.15	<0.15
完整程度	完整	较完整	较破碎	破碎	极破碎

（3）地下水活动的影响，地下水活动对洞周岩土体的影响有：

①增加洞周支护结构上的压力。

②使洞周岩土体强度降低，造成洞周岩土体变形或失稳破坏。

③长期作用可加速洞周岩石风化、溶蚀可溶性岩石；土体中的动水压力可造成施工中的洞室产生大规模塌方。

④已成地下洞室内可能产生渗漏泉涌。影响地下洞室的正常使用。

7.2.2　工程因素

影响洞室稳定性的工程因素是指岩土体在原始地形地貌的情况下后期人为形成的外在因素。这些因素可能有以下几个方面：

①由于设计的洞室断面形状不当或尺寸过大，产生的应力集中。

②由于施工方法不当，如不用光面爆破且炸药量过多或全断面开挖时没有及时支护。

③洞顶开挖时超挖形成集水，向洞内逐渐渗漏。

④地下冷库由于设计或施工不当，从而洞周岩土体发生冻胀，使支护结构发生变形或破坏。

⑤在已成洞室旁边开挖洞室，或在已成洞室下采煤（或挖洞），使已成洞室遭受破坏。

⑥洞周岩土体在地震、爆炸等振动作用下，因岩土抗剪强度降低而产生变形或破坏等。

综上所述，工程因素包括洞室的埋深、形状、跨度、轴向、间距及所选取的施工方法、围岩暴露时间、支护形式等项，并与使用期间有无地震、振动作用和相邻建筑的影响等有关。

7.3　围岩压力

7.3.1　围岩及地下洞室破坏类型

在岩体中开挖各类地下洞室时，会破坏岩体中原始地应力的平衡状态，岩体原始应力会重新分布达到新的平衡。达到新平衡状态时的应力称为岩体二次应力。实际上，因开挖作用在岩体中产生的扰动范围是有限的，因此，岩体二次应力的分布主要在此扰动范围内。习惯上把此范围内的岩体称为洞室的围岩，该范围以外的岩体仍称为原岩。图 7.2 是开挖一圆形洞室后，按弹性理论得出围岩约是 3~5 倍洞径。围岩边缘沿水平方向的切向应力与原岩垂直应力

的差小于 $\Delta\sigma < 5\%$。因此，围岩中是开挖扰动应力，即二次应力，而原岩中仍是原始应力。假设原岩垂直应力为 p，侧压力系数是 λ，即水平应力为 λp。可把围岩假想从原岩中分离出来，如图 7.2(b)所示。此时作用在围岩上的 p 和 λp 就是原始应力，由此来分析围岩的二次应力。

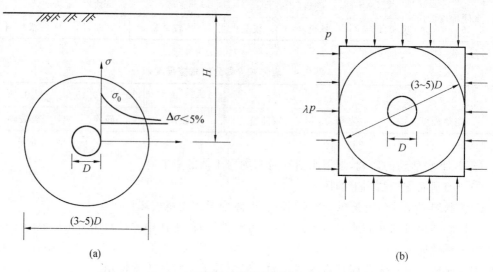

图 7.2　围岩与原岩

由图 7.2 可知，二次应力较原岩应力变化很显著，切向应力岛比原岩应力大得多。如果围岩本身强度高，能够承受二次应力的作用，开挖后的隧洞即使不支护也不会破坏。如果二次应力使围岩产生很大变形、甚至破坏，则隧洞在开挖时或开挖后就会发生破坏。为防止洞室破坏，必须加以支护。洞室破坏型式与岩体结构有关，图 7.3 是洞室破坏的几种类型。图 7.3(a)发生于散体结构岩体，破坏时在洞室上方形成塌落拱；图 7.3(b)发生于块状结构的岩体，一般是危险块体发生塌落式滑移；图 7.3(c)、(d)和(e)发生于碎裂结构的岩体，局部松散碎石滑移或发生落石破坏；图 7.3(f)、(g)、(h)和(i)是发生于层状结构岩体，破坏大多沿层面发生。对于整体结构岩体，在高地压下脆性岩体会发生岩爆，而软弱岩体会因过大围岩变形而发生破坏。

7.3.2　围岩压力分类

由图 7.3 可知，洞室开挖后围岩因二次地应力作用会发生变形甚至破坏，加支护结构以后，因变形受限及破坏岩体的自重都以荷载形式作用于支护结构。围岩压力是因开挖在围岩中产生的二次地应力使围岩发生变形、破坏而作用于洞室的支护结构上的压力。如果围岩强度高，开挖扰动产生的二次地应力不会使围岩产生较大变形或破坏，支护结构上的压力则很小，有时不用支护围岩也不会坍塌。因此，围岩破坏与否取决于围岩能否承受二次地应力的作用。不同的岩体开挖洞室后，会有不同的围岩压力。目前，根据岩体类型和围岩压力特征，把围岩压力分成松动压力、变形压力、冲击地压和膨胀压力。

（1）松动压力。因开挖引起围岩松动式塌落的岩体以重力形式作用于支护上的压力称为松动压力。这种压力直接表现为荷载形式，顶压大、侧压小。造成松动压力的因素很多，如围岩地质条件、岩体破碎程度、开挖施工方法等。通常由下述 3 种情况形成：

①在块状结构甚至整体结构的岩体中，可能出现个别松动掉块的岩石对支护结构造成落

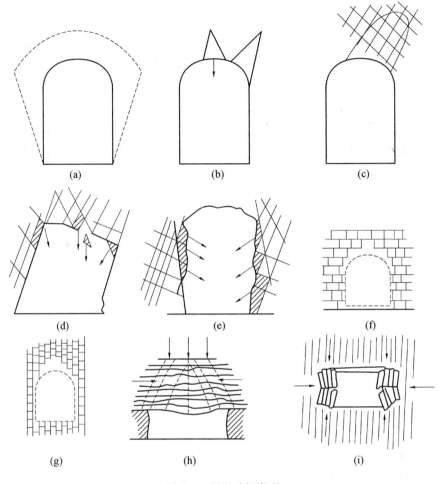

图 7.3　洞室破坏类型

石压力,如图 7.3(b)、(d)、(e)所示。

②在碎裂状结构岩体中,由于岩体节理发育,某些部位的岩体会沿弱面发生剪切破坏或拉坏,形成局部塌落的松动压力,如图 7.3(c)、(f)、(g)所示。

③在散体结构岩体中,由于岩体软弱破碎,洞室顶部和两侧片帮冒落对支护结构就会形成散体压力,如图 7.3(a)所示。

(2)变形压力。变形压力是围岩在二次应力作用下发生的变形受到支护的抑制作用而产生的压力。因此,变形压力除与围岩应力有关外,还与支护的施工方法、支护刚度等因素有关。按其成因有下列几种情况:

①弹性变形压力。当采用紧跟开挖面进行支护的施工方法时,由于开挖面的"空间效应"使支护受到一部分围岩的弹性变形作用而产生的压力称为弹性变形压力。

②塑性变形压力。在过大的二次应力作用下围岩发生塑性变形而使支护受到的压力称为塑性变形压力。

③流变压力。在流变性很显著的围岩中,一定的二次应力会使围岩发生随时间而增加的变形。这种变形会使围岩鼓出,引起很大的洞室收敛变形。由此变形在支护上产生的压力称

为流变压力,其特点是压力随时间变化。合理地设置支护会使流变压力最终趋于稳定,否则会随时间推移而使支护破坏。

(3)冲击地压。冲击地压又称为岩爆,它是围岩内积聚的大量弹性变形能突然释放时所产生的压力。在高地应力的脆性岩体中开挖地下洞室时容易产生此种压力。

(4)膨胀压力。在膨胀岩岩体中开挖地下洞室时,由于围岩遇水膨胀、崩解而引起的压力称为膨胀压力。膨胀岩吸水后因物理化学作用会发生体积膨胀、崩解而围岩发生很大变形。从现象上看,与流变压力有相似之处,即都是因变形而产生的压力,压力也随时间发展。但二者机理不同,前者是物理、化学作用引起的体积增大的变形,后者是力学作用产生的流变变形。影响围岩压力的因素也有地质因素和工程因素,如第 7.2 节所述。

7.3.3 围岩压力的计算

在此仅介绍松动压力和变形压力的一些计算方法。

1. 深埋地下洞室围岩的松动压力的计算

(1)铁路隧道的计算方法。

①垂直压力。根据单线铁路隧道施工坍方的调查统计资料,得出各类围岩坍方高度的平均值见表 7.5。经分析对比国内外有关围岩压力值,表 7.5 中各类围岩坍方平均高度即作为围岩垂直荷载高度,其垂直均布荷载按式(7.2)确定。

表 7.5　各类围岩坍方高度的平均值

围岩类别	Ⅵ	Ⅴ	Ⅳ	Ⅲ	Ⅱ	Ⅰ
统计坍方高度平均值(围岩垂直荷载高度)/m	0.6	1.2	2.3	4.7	10.0	19.0

$$q=0.45\times 2^{6-s}\gamma\omega \tag{7.2}$$

式中　q——围岩垂直压力(kPa);

　　　s——围岩类别,如 Ⅳ 类围岩,$s=4$;

　　　γ——围岩重度(kN/m³);

　　　$\omega=1+i(B-5)$——宽度影响系数,其中 B 为坑道宽度(m);

　　　i 为围岩压力增减率,当 $B<5$ m 时,取 $i=0.2$;$B>5$ m 时,取 $i=0.1$。

式(7.2)的适用条件如下:

a. $H/B<1.7$,H 为坑道高度,单位为 m。

b. 不产生显著偏压力及膨胀性压力的一般围岩。

c. 采用钻爆法施工的隧道。

② 水平压力。

水平压力计算公式为

$$e=\lambda q \tag{7.3}$$

式中　e——水平压力(kPa);

　　　q——垂直均布荷载(kPa);

　　　λ——侧压力系数,即水平压力与垂直压力的比值,见表 7.6。

表 7.6　各类围岩的 λ 值

围岩类别	VI	V	IV	III	II	I
λ	0	0	< 0.15	0.15 ~ 0.3	0.3 ~ 0.5	0.5 ~ 1.0

围岩水平压力(主动侧压力)的大小及分布与下述因素有关:

a. 与作用在侧壁岩(土)体上的上覆荷载(或应力)有关,即与坑道开挖后围岩压力的分布有关。

b. 坑道侧壁的松弛范围,主要取决于侧壁围岩的地质条件,如结构面的性质与组合等,另外也受到施工技术的影响。

c. 地质构造应力场的强度、方位及应力释放途径,这是产生较大侧压力的一个重要原因。

③ 围岩压力的分布图形。当拟定支护结构尺寸和类型时,除考虑围岩压力的大小外,还必须考虑围岩压力的分布(即荷载图式,如图 7.4 所示)对支护结构的影响,在某些情况下,支护结构设计受后者控制。在通用的隧道衬砌设计中,应按多种图式分布的围岩垂直压力进行验算,使之较符合实际情况。例如,可以采用两侧大、中间小的马鞍形,有一定程度偏载的梯形,局部集中和均匀分布等 4 种荷载图式,如图 7.4 所示。但各种非均匀分布的荷载在衬砌全宽上的总值,应与《隧道规范》规定的围岩垂直均布荷载的总值大致相等。

围岩水平主动侧压力的分布图式,通常简化为均匀分布。

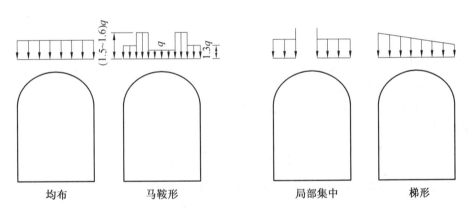

图 7.4　荷载图式

【例 7.1】　如图 7.5 所示,某隧道穿越 III 类围岩,净宽 7.4 m,净高 8.8 m,围岩容重 $\gamma = 21$ kN/m³,试确定围岩压力。

【解】　隧道高跨比 $H/B = 8.8/7.4 = 1.2 < 1.7$,故用式(7.3)计算围岩垂直压力 q。

$B = 7.4$ m > 5 m,取 $i = 0.1$, $\omega = 1 + 0.1(7.4 - 5) = 1.24$, $q = 0.45 \times 2^{(6-3)} \times 21 \times 1.24 = 94$ kN/m² $= 94$ kPa,由表 7.6,取 $\lambda = 0.25$,水平压力为

$$e/\text{kPa} = 0.25 \times 94 = 24$$

下面介绍两种将围岩假设为松散体的围岩压力计算方法。

(1) 以松散介质平衡理论为基础的计算方法。太沙基假设围岩为有一定凝聚力的松散介质,隧道开挖后,介质在垂直下沉时将由于侧压力的作用而产生一定的摩阻力。在隧道侧壁比较稳定时,仅有顶部的垂直压力,此垂直压力可根据隧道顶部介质的平衡条件求得,如图 7.6

所示,在距地面深为 y 处取一厚度为 dy 的水平条带单元,在各力的作用下,在垂直方向投影的平衡方程式为

$$2b(p_y + dp_y) + 2\tau dy - 2bp_y - 2b\gamma dy = 0 \tag{7.4}$$

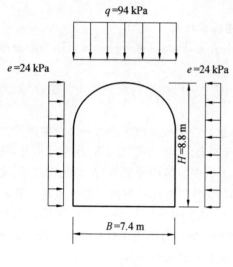

图 7.5   围岩压力图

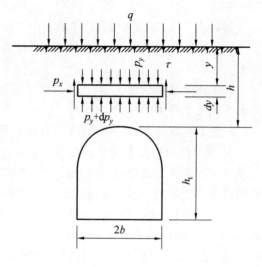

图 7.6   计算简图

式中摩阻力为

$$\tau = c + p_x \tan \varphi \tag{7.5}$$

式中 c—— 围岩凝聚力(kPa);

φ—— 围岩内摩擦角(°)

p_x—— 作用于单元上的侧压力,$p_x = \lambda p_y$。

化简后得

$$dp_y = \left(\gamma - \frac{c}{b} - \frac{\lambda \tan \varphi}{b} p_y\right) dy$$

用分离变量法进行积分,并引进边界条件 $y = 0$,$p_y = q$,得出洞顶岩层中任意点的垂直压力为

$$p_y = \frac{b\gamma - c}{\lambda \tan \varphi}(1 - e^{-\lambda \frac{y}{b} \tan \varphi}) + q e^{-\lambda \frac{y}{b} \tan \varphi} \tag{7.6}$$

当 $y = h$ 时,则 $p_y = p_v$,得到隧道顶部垂直压力的计算公式为

$$p_v = \frac{b\gamma - c}{\lambda \tan \varphi}(1 - e^{-\lambda \frac{h}{b} \tan \varphi}) + q e^{-\lambda \frac{h}{b} \tan \varphi} \tag{7.7}$$

式(7.7)对深埋或浅埋隧道均适用。当隧道为深埋时,令 $h \to \infty$,则 p_v 趋于定值,此时

$$p_v = \frac{b\gamma - c}{\lambda \tan \varphi} \tag{7.8}$$

若 $c = 0$,式(7.8) 变为

$$p_v = \frac{b\gamma}{\lambda \tan \varphi} \tag{7.9}$$

对于侧壁岩体不稳定的隧道,从墙底将产生一个与垂线成 $(45° - \frac{\varphi}{2})$ 角度的破裂面,因而,

侧壁出现侧向水平力作用。这时的围岩压力计算公式推导与上述过程相同,仅需将以上各式中的 b(坑道跨度的一半)代以拱顶处两破裂面的宽度的一半 B 即可,如图 7.7 所示。即

$$B = b + h_t \tan\left(45° - \frac{\varphi}{2}\right) \tag{7.10}$$

此时,由式(7.9)则得

$$p_v = \frac{B\gamma}{\lambda \tan\varphi} = \frac{\gamma}{\lambda \tan\varphi}\left[b + h_t \tan\left(45° - \frac{\varphi}{2}\right)\right] \tag{7.11}$$

式中　h_t—— 坑道开挖高度(m)。

根据太沙基的试验,认为砂性土的侧压力系数 $\lambda = 1$,则得到

$$p_v = \frac{B\gamma}{\tan\varphi} \tag{7.12}$$

或

$$p_v = \frac{\gamma}{\tan\varphi}\left[b + h_t \tan\left(45° - \frac{\varphi}{2}\right)\right] \tag{7.13}$$

水平侧压力按朗金公式计算,则侧壁任意点上的水平侧压力为

$$p_h = (p_v + \gamma dh_t) \tan^2\left(45° - \frac{\varphi}{2}\right) \tag{7.14}$$

亦即

$$p_h = e = a_1 q \tag{7.15}$$

式中　dh_t—— 坑道顶至计算点的高度(m);

　　　a_1—— 水平侧压力系数;

　　　q—— 作用在坑道侧壁上的垂直压力(kPa);

　　　φ—— 围岩内摩擦角,采用计算摩擦角 φ_g 的值。

(2)以坑道上方形成平衡拱为基础的计算方法。这类方法以苏联学者普洛托季雅克诺夫(简称普氏)为代表。

普氏围岩压力计算方法是在松散介质中开挖坑道后,坑道上方将形成抛物线形的平衡拱,如果侧壁岩体稳定,则平衡拱的跨度与开挖宽度相等,如图 7.8 所示。若侧壁岩体不稳定,平衡拱跨度加大至侧壁滑裂面的外缘,如图 7.9 所示。平衡拱内的岩石重力即为围岩垂直压力。

普氏把所有岩石视为非黏结体,用增大岩石摩擦系数来考虑岩体质点之间的相互黏结,即认为在平面发生运动时的剪应力 $\tau = \sigma \tan\varphi$,再加上岩体质点间的凝聚力 c 后,就得到单位抗剪强度为

$$\tau = \sigma \tan\varphi + c \tag{7.16}$$

然后将该抗剪强度 τ 除以正应力 σ,定义为“似摩擦系数”,即通常称的“岩石坚固性系数 f_{kp}”。

$$f_{kp} = \frac{\sigma \tan\varphi + c}{\sigma} \tag{7.17}$$

普氏利用图 7.10 中平衡拱上力的平衡条件,并根据推力 H_0 不大于 T 和围岩垂直压力 p 均匀分布的设想,以储备的 τ 值为最大条件,求得侧壁稳定时的压力拱高 h_0 为

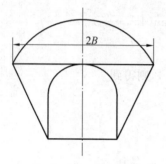

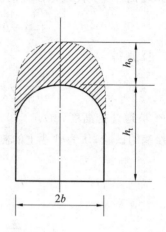

图 7.7　侧壁岩体不稳定时的破坏模式　　　　图 7.8　侧壁岩体稳定时的平衡拱

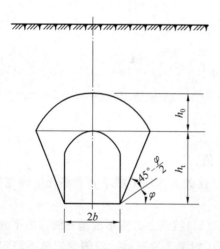

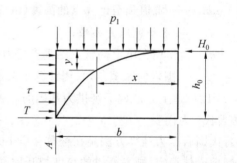

图 7.9　侧壁岩体失稳时的平衡拱　　　　图 7.10　平衡拱上力平衡条件

$$h_0 = \frac{b}{f_{kp}} \tag{7.18}$$

侧壁不稳定时(图 7.10)的压力拱高 h_0 为

$$h_0 = \frac{1}{f_{kp}} \left[b + h_t \tan^2 \left(45° - \frac{\varphi}{2} \right) \right] \tag{7.19}$$

水平侧压力的计算同式(7.14)。

普氏认为岩石坚固性系数 f_{kp} 与岩性有关,即

松散土及黏性土时

$$f_{kp} = \tan \varphi \tag{7.20}$$

岩性岩石时

$$f_{kp} = \frac{1}{10}R \tag{7.21}$$

式中　　φ—— 土的内摩擦角；

　　　　R—— 岩石的抗压极限强度（MPa），此值应考虑岩石天然层理（裂缝及节理）的影响。

2. 浅埋地下洞室围岩松动压力的确定

（1）按照式（7.1），当 $h \leqslant h_0$ 时，如图 7.11 所示，因埋深 h 时，为安全计，忽略滑动面上的阻力，故作用在隧道衬砌上的垂直压力等于覆土柱的全部重力。视为均匀分布时，垂直压力为

$$q = \gamma h \tag{7.22}$$

侧向水平压力 e 为

$$\left. \begin{array}{l} e_1 = \gamma h \lambda \\ e_2 = \gamma (h + h_t)\lambda \\ \lambda = \tan^2(45° - \varphi_g/2) \end{array} \right\} \tag{7.23}$$

（2）当 $h > h_0$ 时，如图 7.12 所示。

① 假定在土体中形成的破裂滑面是与水平面成 β 角的斜直面，滑面的计算摩擦角为 φ_g，如图 7.12 中的 AC、BD。

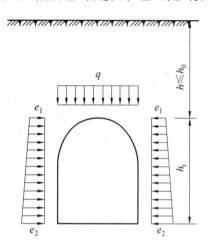

图 7.11　浅埋时的围岩压力

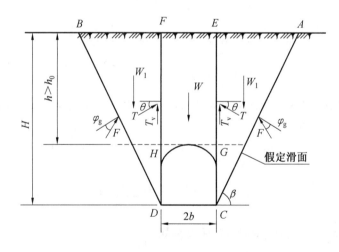

图 7.12　深埋时计算图示

② 根据山体变形及坑道开挖后岩体运动规律，假定洞顶上覆土柱 $FEGH$ 下沉，从而带动两侧土体 ACE 及 BDF 变形下沉，出现 AC 及 BD 破裂面。当土柱 $FEGH$ 下沉时，两侧土体对它施加有摩擦阻力 T；而当破裂面间的土体 $ABDC$ 下沉时，又受到未扰动土体（两破裂面之外的土体）的阻碍。由此，在整个土体 $ABDC$ 下沉时，其作用力与反作用力是：洞顶上覆土柱 $FEGH$ 的重力 W；形成最大破裂面两侧三棱土体 ACE 及 BDF 的重力 W_1；土柱 $FEGH$ 下沉时，两侧三棱体施加于土柱的摩擦阻力 T；整个土体移动时，两侧未扰动土体产生的阻力 F。

③ 滑移面 FH 及 EG 并非破裂滑动面，因此，其滑面阻力将小于破裂面的阻力，若该滑面的摩阻角为 θ，则 θ 值应小于 φ_g 值。在无实测资料时，θ 角可根据具体情况参考表 7.7 选用。

表 7.7　摩阻角 θ 值

围岩类别	VI ～ IV	III	II	I
θ 值	$0.9\varphi_g$	$(0.7 \sim 0.9)\varphi_g$	$(0.5 \sim 0.7)\varphi_g$	$(0.3 \sim 0.5)\varphi_g$

依上述假定,按图 7.12 所示即可求出作用在隧道顶面 HG 上的垂直压力为

$$Q = W - 2T_v = W - 2T\sin\theta \tag{7.24}$$

式中　　W—— 上覆土柱的重力(kN);

T—— 两侧三棱土体对洞顶土柱下沉的摩阻力(kN);

θ—— 沿滑移面的摩阻角。

按照土力学理论及力的平衡条件,得出摩阻力 T 的计算式为

$$T = \frac{1}{2}\gamma H^2 \frac{\lambda}{\cos\theta} \tag{7.25}$$

式中　　λ —— 侧压力系数,其值为

$$\lambda = \frac{\tan\beta - \tan\varphi_g}{\tan\beta[1 + \tan\beta(\tan\varphi_g - \tan\theta) + \tan\varphi_g\tan\theta]} \tag{7.26}$$

其中 β 为产生最大推力时的破裂角,其计算式为

$$\tan\beta = \tan\varphi_g + \sqrt{\frac{(\tan^2\varphi_g + 1)\tan\varphi_g}{\tan\varphi_g - \tan\theta}} \tag{7.27}$$

若 $\theta = 0$,则

$$\left.\begin{array}{c}\tan\beta = \tan\varphi_g + \sec\varphi_g = \tan(45° + \dfrac{\varphi_g}{2}) \\[2mm] \lambda = \tan^2(45° - \dfrac{\varphi_g}{2})\end{array}\right\} \tag{7.28}$$

设作用于隧道顶部的单位垂直压力为 q,由于 GC、HD 的值与 EG、FH 的值相比较小,故摩阻力只计洞顶部分,这样

$$Q = 2bq = W - 2T\sin\theta = \gamma h(2b - \lambda h\tan\theta) \tag{7.29}$$

由此可得

$$q = \gamma h(1 - \frac{\lambda h\tan\theta}{2b}) = K\lambda h \tag{7.30}$$

式中　　$K = 1 - \dfrac{\lambda h\tan\theta}{2b}$,其中 γ、λ、θ、$2b$ 均为常数。

令 $\dfrac{dq}{dh} = 0$,即 $\gamma - \dfrac{\lambda h}{b}\gamma\tan\theta = 0$

则 $h = \dfrac{b}{\lambda\tan\theta}$,此时垂直压力 q 最大,其值为

$$q_{max} = \frac{b\gamma}{2\lambda\tan\theta} \tag{7.31}$$

作用于隧道两侧的水平侧压力假定为梯形分布,在隧道顶部及底部的侧压力分别为

顶部　　　　　　　　　　　　　$\left.\begin{array}{c}e_1 = \lambda\gamma h \\[2mm] e_2 = \lambda\lambda H\end{array}\right\}$

底部　　　　　　　　　　　　　　　　　　　　　　　　　$\tag{7.32}$

式中　　b—— 洞室跨度的一半(m);

h——地面至洞室顶部的距离(m)；

H——地面至洞室底板的距离(m)。

【例 7.2】　一砂性土质隧道，埋深 $h=40$ m，围岩容重 $\gamma=20$ kN/m³，内摩擦角 $\varphi=28°$，隧道宽 6 m，高 8 m，如图 7.13 所示。试确定围岩压力。

【解】　此时令侧压力系数 $\lambda=1$，按式(7.13)计算隧道顶部垂直压力为

$$p_v/\text{kPa}=\frac{40}{\tan 28°}[6+8\tan(45°-\frac{28°}{2})]=812$$

水平压力为

$$e_1/\text{kPa}=812\tan^2(45°-\frac{28°}{2})=294$$

$$e_2/\text{kPa}=(812+20\times 8)\tan^2(45°-\frac{28°}{2})=351$$

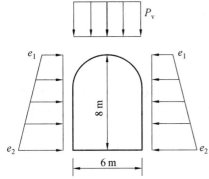

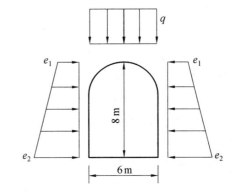

图 7.13　砂性土质隧道及围岩压力　　　　　　图 7.14　软岩中的隧道及围岩压力

【例 7.3】　一直墙形隧道建于软弱破碎岩体中，埋深 50 m，围岩容重 $\gamma=24$ kN/m³，$\varphi=36°$，岩体抗压强度 $R=12$ MPa，隧道宽 6 m，高 8 m，如图 7.14 所示，试确定围岩压力。

【解】　岩石坚固性系数：$f_{kp}=12/10=1.2$，由式(7.19)得压力拱高为

$$h/\text{m}=\frac{1}{1.2}[6+8\tan^2(45°-\frac{36°}{2})]=6.73$$

隧道顶部垂直压力：$q/\text{kPa}=\gamma h=24\times 6.73=162$

水平压力：　　　　$e_1/\text{kPa}=162\tan^2(45°-\frac{36°}{2})=42$

$$e_2/\text{kPa}=(162+24\times 8)\tan^2(45°-\frac{36°}{2})=92$$

3. 变形压力的计算

在此将围岩视为弹性或弹塑性体，并以圆形隧道为例计算围岩变形压力。

(1) 弹性变形压力的计算。弹性变形压力是围岩的一部分，弹性变形挤压衬砌而形成的围岩压力。从理论上讲，理想弹性变形是瞬时完成的，但结合隧洞掘进的实际情况，当采用紧跟开挖面进行支护时，由于开挖面的"空间效应"作用。支护前，围岩的弹性变形受到开挖面的约束而不可能全部释放出来，支护后，这部分未释放的弹性变形随着掘进而作用在支护上，形成弹性变形压力。因此，弹性变形压力与"空间效应"作用紧密相关。

考虑开挖面"空间效应"作用对围岩压力的影响，在量值上可用支护前洞周围岩已释放的那一部分位移 u_0 来表征。当原岩应力静止侧压力系数 $\lambda = l$ 时，假设圆形隧洞的开挖半径为 r_0，支护后的半径为 r_1，其弹性变形压力为

$$p_i = \frac{xu^N K_c p}{p + K_c u^N} \tag{7.33}$$

式中　　$u^N = \dfrac{pr_0}{2G}$——无支护时洞周围岩位移，G 为围岩剪切弹性模量；

$x = \dfrac{u^N - u_0}{u^N}$——约束系数，可由实测或凭经验确定（$0 < x < 1$），$u_0$ 为设置支护时，洞

周围岩的自由位移；当 $x = 0$ 时，表示支护时围岩已稳定，因而围岩压力为零；当 $x = l$ 时，表示隧洞开挖后"瞬即"支护，围岩压力最大；

$K_c/\text{MPa} = \dfrac{2G_c(r_0^2 - r_1^2)}{r_0[(1 - 2\mu_c)r_0^2 + r_1^2]}$——支护刚度系数；$G_c$ 与 μ_c 为衬砌的剪切弹性模量

和泊松比；

p——原岩应力。

【例 7.4】　某隧洞覆盖层厚 30 m，毛洞跨度 6.6 m，$\lambda = 1$，岩体容重 $\gamma = 18\ \text{kN/m}^3$，原岩应力 $p = 540\ \text{kPa}$，弹性变形模量 $E = 150\ \text{MPa}$，泊松比 $\mu = 0.3$，离开挖面 3 m 处设置衬砌，衬砌厚度为 0.06 m。衬砌材料变形模量 $E_c = 2 \times 10^4\ \text{MPa}$，泊松比 $\mu_c = 0.167$，求由自重应力引起的弹性变形压力。

【解】　由题知，由自重所引起的原岩应力 $p = 540\ \text{kPa}$，时

$$K_c/\text{MPa} = \frac{2G_c(r_0^2 - r_1^2)}{r_0[(1 - 2\mu_c)r_0^2 + r_1^2]} = 114$$

其中 $G_c = \dfrac{E_c}{2(1 + \mu_c)}$，$u^N = \dfrac{pr_0}{2G} = 0.015\ 4\ \text{m}$，离开挖面 3 m 处设置衬砌，此距离约为毛洞直径的一半，此时围岩的自由变形占总变形 u^N 的 65%，即 $u_0 = 0.65u^N$，因而 $x = 0.35$。所以弹性变形压力为

$$p_i/\text{kPa} = \frac{xu^N K_c p}{p + K_c u^N} = 145$$

应当指出，上述计算是假设衬砌与仰拱瞬，即同时完成的。若仰拱留待以后修筑，则实际产生的弹性变形压力将小于此值。

（2）塑性变形压力的计算。

① 塑性变形压力 p_i 的计算。当二次地应力很大时，洞室周边围岩将由弹性转为塑性，出现很大塑性变形，作用于支护上的压力将是塑性变形压力。此时围岩状态如图 7.15 所示，作为工程设计的目的，不仅要按围岩与支护共同作用原理求出塑性变形压力 p_i，而且还希望能求得最小的围岩压力 $p_{i\min}$，以确定最佳的

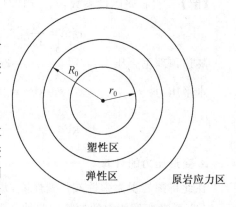

图 7.15　围岩状态

支护结构；或者按最小围岩压力，反算与其相应的围岩在支护前应释放的位移 u_0，以确定最佳支护时间。

按弹塑性理论,当 $\lambda = l$,可得塑性变形压力 p_i 为

$$p_i = -c\cot\varphi + (p + c\cot\varphi)(1 - \sin\varphi)\left[\frac{Mr_0}{4G(p_i/K_c + u_0)}\right]^{\frac{\sin\varphi}{1-\sin\varphi}} \qquad (7.34)$$

式中　　c、φ——围岩的黏结力和内摩擦角;

M——$M = 2p\sin\varphi + 2c\cos\varphi$;

G——围岩剪切弹性模量。

上式是一超越方程,可用试算法解之,也可先求出塑性区半径为

$$R_0 = r_0\left[\frac{(p + c\cot\varphi)(1 - \sin\varphi)}{[(MR_0^2)/(4Gr_0) - u_0]K_c + c\cot\varphi}\right]^{\frac{1-\sin\varphi}{2\sin\varphi}} \qquad (7.35)$$

塑性区半径求得后,即可算出相应的塑性变形压力为

$$p_i = K_c\left(\frac{MR_0^2}{4Gr_0} - u_0\right) \qquad (7.36)$$

算出的 p_i 值应在 $p_{i\max} \geqslant p_i \geqslant p_{i\min}$ 之间,R_0 应大于 r_0,否则表明不存在塑性变形压力,即

$$p_{i\max} = p(1 - \sin\varphi) - c\cot\varphi$$

② 最小围岩压力 $p_{i\min}$ 的计算。最小围岩压力 $p_{i\min}$ 和洞周处围岩允许位移 $u_{r_0\max}$ 两者是等价的如图 7.16 所示。目前,无论是确定 $p_{i\min}$ 或 $u_{r_0\max}$ 都没有较好的办法。对于 $\lambda = l$ 的圆形隧洞,下面给出一种估算方法。

当围岩塑性区内的塑性滑移发展到一定程度,位于松动区的围岩可能由于重力而形成松动压力,这时围岩压力将不取决于 $p_i - u_{r_0}$ 曲线。围岩的松动塌落与支护提供的抗力有关,亦即与支护的时间及刚度有关。当支护有一定刚度后(通常工程中所用的支护均满足这一要求),支护越早,提供的支护抗力越大,围岩稳定性就越好。反之,支护越迟,提供的支护抗力就越小。当支护迟到一定程度,若所提供的抗力不足以维持围岩的稳定,松动区中的岩体就会在重力作用下松动塌落。所以,要维持围岩稳定,既要维持围岩的极限平衡,还要维持松动区内滑移体的重力平衡如图 7.17 所示。如果为维持

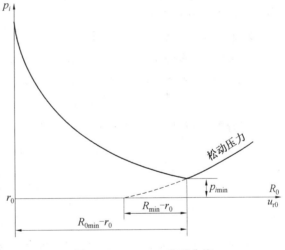

图 7.16　$p_i - u_{r_0}$ 关系曲线

滑移体重力平衡所需的支护抗力小于维持围岩极限平衡状态所需的支护抗力,那么只要松动区还保持在极限平衡状态中,则松动区内滑移体就不会松动塌落。反之,则会松动塌落。由此,我们可把维持松动区内滑移体平衡所需的抗力等于维持极限平衡状态的抗力,作为围岩出现松动塌落和确定 $p_{i\min}$ 的条件。

当 $\lambda = l$ 时,圆形隧洞围岩松动区内滑裂面为一对对数螺线(如图 7.17)。假设松动区内强度已大大下降,可认为滑移岩体已无自承作用,以致其全部重量得由支护抗力 $p_{i\min}$ 来承受,由此有

$$p_{i\min}b = W \qquad (7.37)$$

式中 W——滑移体重量；

       b——滑移体的底宽。

滑移体的重量可近似取（图 7.17）

$$W = \frac{1}{2}\gamma b(R_{min} - r_0) \qquad (7.38)$$

式中 R_{min}——与 p_{imin} 相应的松动区半径；

       γ——围岩容重。

代入式（7.37）得

$$p_{imin} = \frac{\gamma r_0 \left(\dfrac{R_{min}}{r_0} - 1 \right)}{2} \qquad (7.39)$$

松动区半径 R_{min} 可按下式求得，即

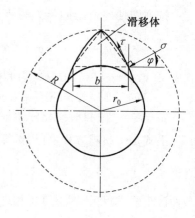

图 7.17　松动区内滑移体示意

$$R_{min} = r_0 \left[\frac{(p + c\cot\varphi)(1 - \sin\varphi)}{(p_{imin} + c\cot\varphi)(1 + \sin\varphi)} \right]^{\frac{1-\sin\varphi}{2\sin\varphi}} \qquad (7.40)$$

计算 R_{min} 时，所用的 c 值应适当降低。联立求解式（7.39）和式（7.40）即可求得 p_{imin} 和相应的 R_{min}。由上式可知，原岩应力 p 越大，c、φ 值越低或 c、φ 值损失越多，则 R_{min} 和 p_{imin} 就越大。合理的设计应要求衬砌上的实际围岩压力稍大于 p_{imin}（具有一定的安全储备），否则支护是不安全的。通常通过调节支护时间（以支护前围岩已释放的位移 u_0 为表征）或支护刚度，以期使支护结构经济合理。

【例 7.5】　某土质隧洞，埋深 30 m，毛洞跨度 6.6 m，土体容重 $\gamma = 18$ kN/m³，平均黏结力 $c = 100$ kPa，内摩擦角 $\varphi = 30°$，土体塑性区平均剪切变形模量 $G = 33.33$ MPa，衬砌厚度 0.06 m，衬砌材料变形模量 $E_c = 2 \times 10^4$ MPa，泊松比 $\mu_c = 0.167$。支护前洞周土体径向位移 $u_0 = 65$ cm。求 p_i、p_{imin} 和 R_{min} 的值。

【解】　由题知，原岩应力 $p = 540$ kPa，则

$$M/\text{kPa} = 2p\sin\varphi + 2c\cos\varphi = 713$$

$$K_c/\text{kPa} = \frac{2G_c(r_0^2 - r_1^2)}{r_0[(1 - 2\mu_c)r_0^2 + r_1^2]} = 114$$

其中，$G_c = \dfrac{E_c}{2(1 + \mu_c)}$。

由式（7.34）算得 $p_i = 192$ kPa，设 c 值不变，解得最小松动区半径 $R_{min} = 3.82$ m，因而最小围岩压力 $p_{imin} = 4.7$ kPa；如 c 值下降 70%，则解得 $R_{min} = 5.5$ m，$p_{imin} = 19.6$ kPa。

可见，求得的 p_i 值是较高的，因而可适当扩大 u_0 值，即适当迟缓支护，以降低 p_i 值。

7.4　地下洞室支护措施

当洞室开挖后，二次地应力大或洞室围岩破碎难以自稳（脆性崩落或塑性变形不收敛）时必须进行支护。支护结构有 3 种：喷射混凝土；锚杆；钢筋混凝土衬砌。这 3 种支护结构可以单一采用或其中两种甚至采用 3 种联合支护，这要看岩质的好坏并随洞室情况（宽度、高度及使用要求）而定。

7.4.1　锚杆支护

地下建筑常用的锚杆有螺纹钢筋砂浆锚杆、楔缝式砂浆锚杆、树脂锚杆。

砂浆锚杆的注浆长度可分为整个杆身全长注浆、只锚头锚固段注浆。如果对埋入的锚杆施加预拉应力,则锚杆可以立刻起到加固作用,这种锚杆称为预拉应力锚杆。

锚杆(或锚索)加固围岩的计算方法如下:

(1) 非预应力砂浆锚杆加固局部危岩时按下列公式确定锚杆截面积和锚固长度,即

$$F_{s1}W \leqslant nA_s f_y \tag{7.41}$$

$$F_{s1}W_1 \leqslant \mu W_2 + nA_s f_y + c_g A_r \tag{7.42}$$

$$L_e \geqslant F_{s2} \frac{d_1}{4} \frac{f_y}{f_{cs}} \tag{7.43}$$

$$L_e \geqslant F_{s2} \frac{d_1^2}{4d_2} \frac{f_y}{f} \tag{7.44}$$

式中　W——拱腰以上锚杆承受的危岩重量(N);

W_1、W_2——拱腰以下或边墙上不稳定岩块重量分别平行、垂直作用于滑动面上的分力(N);

F_{s1}、F_{s2}——安全系数,可分别取为 2.0 与 1.2;

n——锚杆根数;

A_s——截面积(cm²);

d_1、d_2——分别为锚杆和锚杆孔的直径(cm);

A_r——岩石滑动面的面积(cm²);

μ——摩擦系数;

c_g——岩石滑动面上的黏结力(N/cm²);

L_e——锚杆锚入稳定岩体的有效锚固长度(cm);

f_y——锚杆钢筋的设计抗拉强度(N/cm²);

f_{cs}、f——分别为水泥砂浆与钢筋、水泥砂浆与岩石的黏结强度(N/cm²)。

式(7.41)适用于拱腰以上危岩加固锚杆的计算,式(7.42)适用于拱腰以下及边墙上危岩加固计算。计算锚杆锚固长度时,式(7.43)及式(7.44)必须同时满足。

(2) 预应力锚杆加固岩石形成岩石承载环如图 7.18 所示的计算。通过对锚杆预拉后再灌注水泥砂浆或拧紧锚头的螺栓,可以对锚杆施加预拉力。这个预拉力不应超过锚杆材料的设计抗拉强度,同时还应考虑使用时因应力松弛可能产生的预应力损失值。

设锚杆均匀布置,锚杆因预应力的作用对岩石产生径向压应力,这个径向压应力按 45° 线分布,即在岩体中形成一个承载环,可以增加岩石的

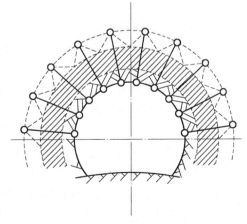

图 7.18　预应力锚杆加固形成岩石承载环

稳定性。因锚杆夹紧作用产生的附加径向压应力为

$$\sigma'_r = \frac{R_t}{L_1 L_2} \tag{7.45}$$

式中　　R_t——锚杆中的拉力（N）；

　　　　L_1、L_2——锚杆沿洞长度方向的间距和沿洞周的间距（cm）。

由于附加径向压应力 σ'_r 的夹紧作用，根据极限平衡原理，可使承载环内的岩石强度提高 $\sigma'_r K_p$，即此时承载环岩体的抗压强度为

$$f'_r = f_r + \sigma'_r K_p \tag{7.46}$$

式中　　f_r——岩体加固前的抗压强度；

　　　　K_p——极限平衡时最大最小主应力之比。

$$K_p = \frac{\sigma_1}{\sigma_3} = \frac{1 + \sin\varphi}{1 - \sin\varphi} = \tan^2\left(45° + \frac{\varphi}{2}\right) \tag{7.47}$$

7.4.2　衬砌

衬砌有离壁式和贴壁式之分，如图 7.19 所示。

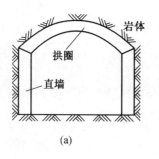
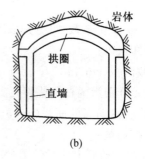

图 7.19　衬砌类型

1. 离壁式衬砌

通常用于岩体可自稳的某些区段，对于虽稳定但有防爆或防原子冲击波的洞体，仍以采用贴壁式衬砌为宜。

（1）离壁式衬砌的优点。

① 对于洞内，防潮去湿、通风易于处理，岩壁的渗漏水可从衬砌外排走，在边墙和岩壁之间可形成自然排风通道。

② 由于边墙与岩壁间通常不用回填，可以减少回填工作量（拱顶一般还需回填或部分回填以减少岩石可能掉块的冲击荷载）。

③ 边墙可采用预制砌块，拱顶可用滑模压注混凝土，施工速度较快。

④ 对可能出现的塌方或渗漏水，易于检查处理。

（2）离壁式衬砌计算要点。如边墙为预制砌块，顶拱为现浇混凝土结构，则可将拱、墙分别计算，拱视为两铰拱，拱上荷载视回填及可能塌方情况而定；边墙按中心或偏心荷载作用下的竖杆（沿墙取 1 m 长）计算。如边墙与顶拱为整体浇注的钢筋混凝土结构，则可视边墙顶端与顶拱在拱脚处弹性固定进行计算。

2. 贴壁式衬砌

贴壁式衬砌有厚拱薄墙式、贴壁直墙式和贴壁曲墙式之分。在墙高不大、岩层产状平缓（< 10°）、岩体强度较高时，其侧壁通常稳定、不需较强的支护，可以采用薄墙护壁处理。此时的厚拱通常可采用大拱脚（拱脚厚度一般为拱顶厚度的 1.2 ~ 1.7 倍）直接支撑于岩壁上。曲墙受力性能较好，但施工较复杂。

(1) 贴壁式直墙拱形衬砌的构造。

① 直墙拱形衬砌根据洞室尺寸和受力性能可以采用条石或预制混凝土蛱砌筑。岩层稳定性好、洞室尺寸小的也有用强度等级不低于 Mu10 的砖砌筑的，但用得更多的是钢筋混凝土。

② 衬砌拱圈可用割圆拱、抛物线拱或三心圆拱等。拱的矢高可由矢跨比求出，矢跨比通常采用 1/5 ~ 1/3。某些情况下可采用半圆拱，即矢高比等于 1/2。当拱脚岩层较好，承受水平推力有保证时，拱的矢高比可用到 1/6 或更小。拱顶衬砌厚度根据计算确定，计算常采用试算法，先假定拱顶厚度约为净跨的 1/20 ~ 1/8，然后进行计算，出入较大时再重新假设进行计算。拱脚厚度一般取为拱顶厚度的 1.0 ~ 1.5 倍。

(2) 贴壁式直墙拱形衬砌计算要点。计算时将拱和墙分别进行计算再联立求解。拱墙之间可能为铰接或弹性固端连接。拱圈和岩壁之间应尽量予以填实以利于对岩体的支护。当拱圈和岩壁接触比较好时，在拱脚至拱腰 1/4 的范围内可以考虑岩石的弹性抗力。侧墙则按下端不能水平移动的弹性地基梁计算，侧墙基础的宽度可为墙厚的 1.0 ~ 1.5 倍。

7.4.3　喷锚支护

(1) 喷射混凝土支护。受节理裂隙切割的岩体，在成洞以后的洞壁表面，可能因某块危石的旋转、错动或掉落，引起其他岩块发生连锁反应而相继掉落、滑动，故对一块成石的加固非常重要。所以有些洞室在开挖后，应先喷射一层混凝土以策安全，然后做 2 次到 3 次喷射或加锚杆或衬砌。

(2) 喷射加钢筋网支护。混凝土喷层王要靠混凝土的抗拉强度和混凝土与岩壁的黏结力来支持危岩的重量。由于混凝土的抗拉强度和黏结力均较低，在岩层较破碎或危岩重量较大时，宜于初喷后挂钢筋网，再喷混凝土以形成较坚实的支护层。喷射混凝土用的普通硅酸盐水泥不得低于 C40，每次喷射最小设计厚度：拱部不小于 5 cm，边墙不小于 3 cm。

(3) 喷锚支护。喷锚支护应用比较广泛，除可以和衬砌组成复合式衬砌外，如无特殊要求也可单独使用。这里的特殊要求是指洞内需要表面光洁度等。在采用复合式衬砌的时候，有时也可用喷射支护使岩体达到基本稳定，在稍后或等待整个洞体贯通以后再施工表层的衬砌。

① 喷锚支护原理。新奥法（New Austrian Tunnelling Method，简写为 NATM，为 20 世纪 60 年代初由奥地利学者 L. V. Rabcewioz 等人提出，以喷射混凝土、锚杆作为主要支护手段的隧道施工法）反对传统的衬砌支护，认为它是让岩体变形、松动、破坏后，衬砌处于被动挨打的局面下工作的，而喷锚支护可以和岩体形成承载环共同工作，这点可从图 7.20 的压力和位移关系得到进一步说明。

图 7.20 中 Ⅰ—Ⅰ 为按 Fenner 公式计算的支护压力曲线。让塑性区半径扩展大一些，则

支护压力 p_i 将减少。但径向位移 ΔR 达到一定程度后,洞顶岩石将产生较大的松动压力。图 7.20 中 $\mathrm{II}-\mathrm{II}$、$\mathrm{III}-\mathrm{III}$、$V-V$ 为支护结构施工后提供的支护压力。$V-V$ 支护过迟,松动压力加大;$\mathrm{III}-\mathrm{III}$ 支护过早,支护压力也较大;最好是 $\mathrm{II}-\mathrm{II}$,让岩体有一定变形,支护也具有一定的柔性。这样,$\mathrm{II}-\mathrm{II}$ 与 $\mathrm{I}-\mathrm{I}$ 相交点 K 处接近最小的支护压力点。

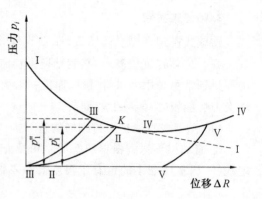

图 7.20　支护压力与洞壁变形关系

② 锚杆喷射混凝土支护技术规范的设计参数。GBJ 86—85 规定,喷锚支护设计采用工程类比法,必要时还应辅以监控量测法及理论验算法。作为初步设计,可按表 7.8 选择喷锚支护类型和设计参数,表 7.8 所述的围岩类别与 GBJ 86—85 相同。

表 7.8　隧洞和斜井的喷锚支护类型和设计参数

围岩类别	毛洞跨度 B				
	B < 5	5 < B < 10	10 < B < 15	15 < B < 20	20 < B < 25
I	不支护	50 mm 厚喷射混凝土	(1)80～100 mm 厚喷射混凝土 (2)50 mm 厚喷射混凝土,设置 1.5～2.0 m 长的锚杆	100～150 mm 厚喷射混凝土,设置 2.5～3.0 m 长的锚杆,必要时,配置钢筋网	120～150 mm 厚钢筋网喷射混凝土,设置 3.0～4.0 m 长的锚杆
II	50 mm 厚喷射混凝土	(1)80～100 mm 厚喷射混凝土 (2)50 mm 厚喷射混凝土,设置 1.5～2.0 m 长的锚杆	(1)120～150 mm 厚喷射混凝土,必要时,配置钢筋网 (2) 80～120 mm 厚喷射混凝土,设置2.0～3.0 m 长的锚杆,必要时,配置钢筋网	120～150 mm 厚钢筋网喷射混凝土,设置 2.5～3.5 m 长的锚杆	150～200 mm 厚钢筋网喷射混凝土,设置 3.0～4.0 m 长的锚杆

续表 7.8

围岩类别	毛洞跨度 B				
	B < 5	5 < B < 10	10 < B < 15	15 < B < 20	20 < B < 25
Ⅲ	(1)80 ～ 100 mm 厚喷射混凝土 (2)50 mm 厚喷射混凝土,设置 1.5～2.0 m 长的锚杆	(1)120 ～ 150 mm 厚喷射混凝土,必要时,配置钢筋网; (2) 80 ～ 100 mm 厚喷射混凝土,设置 2.0 ～ 2.5 m 长的锚杆,必要时,配置钢筋网	100 ～ 150 mm 厚钢筋网喷射混凝土,设置 2.0 ～ 3.0 m 长的锚杆	150 ～ 200 mm 厚钢筋网喷射混凝土,设置 3.0 ～ 4.0 m 长的锚杆	
Ⅳ	80 ～ 100 mm 厚喷射混凝土,设置 1.5 ～ 2.0 m 长的锚杆	100 ～ 150 mm 厚钢筋网喷射混凝土,设置 2.0 ～ 2.5 m 长的锚杆,必要时,采用仰拱	150 ～ 200 mm 厚钢筋网喷射混凝土,设置 2.5 ～ 3.0 m 长的锚杆,必要时,采用仰拱		
Ⅴ	120 ～ 150 mm 厚钢筋网喷射混凝土,设置 1.5 ～2.0 m 长的锚杆,必要时,采用仰拱	150 ～ 200 mm 厚钢筋网喷射混凝土,设置 2.0 ～3.0 m 长的锚杆,采用仰拱,必要时,加设钢架			

注:① 表中的支护类型和参数,是指隧洞和倾角小于30°的斜井的永久支护,包括初期支护与后期支护的类型和参数。

② 服务年限小于 10 年及洞跨小于 3.5 m 的隧洞和斜井,表中的支护参数,可根据工程具体情况,适当减小。

③ 复合衬砌的隧洞和斜井,初期支护采用表中的参数时,应根据工程的具体情况,予以减小。

④ 急倾斜岩层中的隧洞或斜井易失稳的一侧边墙和缓倾斜岩层中的隧洞或斜井顶部,应采用表中第(2)种支护类型和参数,其他情况下,两种支护类型和参数均可采用。

⑤ Ⅰ、Ⅱ 类围岩中的隧洞和斜井,当边墙高度小于 10 m 时,边墙的锚杆和钢筋网可不予设置,边墙喷射混凝土厚度可取表中数据的下限值;Ⅱ 类围岩中的隧洞和斜井,当边墙高度小于 10 m 时,边墙的喷锚支护参数可适当减小。

7.5　地下洞室岩爆及其特征

7.5.1　岩爆成因及分级

在高地应力岩体中开挖地下洞室时,洞室周边围岩会产生脆性破坏而突然释放弹性能,岩石会高速弹射出并伴有响声,或击坏设备或伤及施工人员,这种现象称为岩爆,是一种工程地质灾害。

形成岩爆的原因较多,例如岩石性质、断层、地下水、围岩应力、开挖方法等。在这诸多因素中,起决定因素的是围岩内岩石性质和围岩应力大小。在高地应力岩体中开挖地下洞室后,围岩中会出现很大的应力重分布而形成很大的围岩压力。若围岩中的岩石呈脆性且有很好的弹性特征,在高地应力作用下,原来积蓄的弹性能在应力重分布过程中必然快速释放出来,从而形成岩爆。因此,高地应力是岩爆形成的外因,脆弹性岩石是岩爆形成的内因,二者具备,就会出现岩爆。以 $\lambda=1$ 的圆形洞室为例,如图 7.21 所示,开挖后,洞室周边一点的切向应力 $\sigma_\theta=2p$,径向应力 $\sigma_r=0$。切向应力 σ_θ 是地压 p 的 2 倍。根据洞室开挖后洞室周边的切向应力 σ_θ 与岩石单轴抗压强度 σ_c 的关系,可将岩爆分级,见表 7.9。

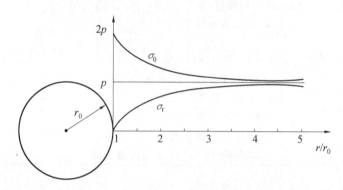

图 7.21　均匀地压 p 作用下洞室应力分布

表 7.9　岩爆分级

岩爆分级	σ_θ/σ_c	说　明
I	0.3	无岩爆发生,也无声发射现象
II	0.3 ~ 0.37	低岩爆发生,有轻微声发射现象
III	0.37 ~ 0.62	中等岩爆发生,有较强声发射现象
IV	> 0.62	高岩爆发生,有很强声发射现象

7.5.2　岩爆特征

某引水隧洞全长 10.5 km,成型洞径 9 m。隧洞沿线山体雄厚,地势陡峻,河谷深切。洞室埋深 200 ~ 600 m。隧洞围岩主要为花岗岩和花岗闪长岩,岩体完整新鲜,岩质坚硬。位于高地应力区,岩体中最大主应力 $\sigma_1=31.3$ MPa,中间主应力 $\sigma_2=17.8$ MPa,最小主应力 $\sigma_3=10.4$ MPa。施工期间发生了大小 400 次岩爆。下面根据此隧洞的岩爆资料介绍岩爆特征。

(1)岩爆仅发生在干燥无水的花岗岩带中,而在洞线的闪长岩、石英富集的岩带中均不发生岩爆。发生岩爆的部位基本在如图 7.22 所示的 A、B 两个部位。而 A 部位发生岩爆的频率高于 B 部位,其规模也比 B 部位大。B 部位的破坏全为劈裂破坏,而 A 部位既有小规模的劈裂破坏,又有大规模的剪切破坏,且在岩性变化交界处的花岗岩中,岩爆发生得更为频繁。

(2)围岩内部发生爆裂声清脆、声响极大时,岩爆主要表现为劈裂破坏,其规模不大,多呈片状或贝壳状从母岩中以劈裂的形式剥落下来，且岩块剥落的时间几乎与爆裂声同步。当围岩内部发生的爆裂声沉闷、声响较小时，岩爆主要表现为剪切破坏，其规模大，并伴随有烟状粉末弹射。此时由岩爆产生破坏的岩块体，一般都滞后于爆裂声 20～60 min 才会从母岩上掉落。两种破坏形式的典型断面如图 7.22 所示。

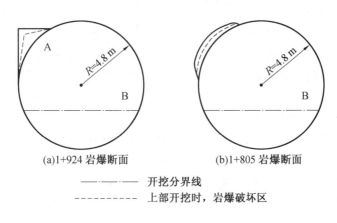

(a)1+924 岩爆断面　　　　　　　(b)1+805 岩爆断面

———————　开挖分界线
---------　上部开挖时，岩爆破坏区

图 7.22　两种岩爆破坏形式的典型断面

（3）岩爆发生的频率随岩体开挖暴露后的时间增长而降低，如图 7.23 所示。大部分岩爆发生在开挖后 16 d 内，占记录到的岩爆的 90%，其中尤以 1 d 内最高，占 22%，8d 内占 62%。同时也发现围岩即使暴露一个月甚至数月后，仍会发生岩爆，但为数不多。此外，在图 7.24 中还绘出了 1 d 内发生岩爆在 24 h 内的分布规律。从图 7.24 中可以看出其高峰期在放炮后的 4 h 之内。

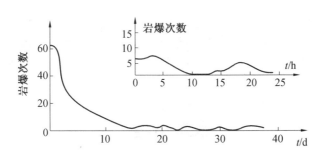

图 7.23　岩爆与开挖后的时间关系

（4）图 7.24 画出了岩爆发生次数与距掌子面的距离的关系曲线。由此图可知，就距离而言，有两个高峰期。第一个岩爆高峰期在距掌子面 2 m 以内，然后逐渐减小；第二个高峰期在距离掌子面 1.2～1.4 倍洞径的范围内，随后也逐渐减小，但也有在距掌子面数百米处发生岩爆的情况。

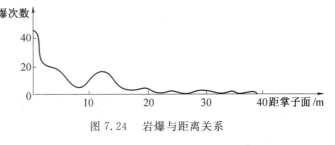

图 7.24　岩爆与距离关系

（5）该隧洞由岩爆所产生的破坏规模大小不一。一次岩爆破坏的面积为 0.5 m² 到几百平

方米不等,其破坏厚度也从数厘米到
2～4 m不等。爆落的岩块体从零点
几立方米到数百立方米都有。一般
而言,破坏厚度较小的岩爆大多数发
生在完整的脆性花岗岩中,而破坏厚
度较大的岩爆发生在有少量节理的
脆性花岗岩中。图 7.25 为其分布状
况,部分破坏厚度较大的因篇幅所限
未绘在图上。

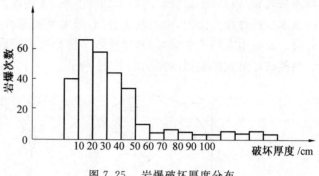

图 7.25　岩爆破坏厚度分布

　　(6)众所周知,埋深大的地方因
地应力可能较大,容易发生岩爆。但在发生岩爆的区域内,岩爆发生次数及其剧烈程度是否也
随埋深增大而增大。从该隧洞记录到的岩爆资料看,并不一定如此。如图 7.26 所示,岩爆区
间的洞室覆盖层深度为260～600 m之间,但岩爆发生次数及其剧烈程度不单纯受埋深影响,
可能还与其他诸多因素的综合影响有关。

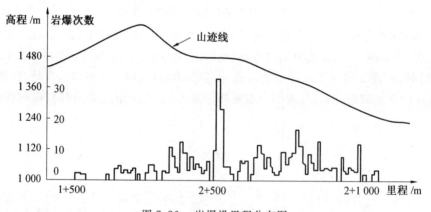

图 7.26　岩爆沿里程分布图

本章小结

　　地下洞室选址时除考虑地质条件外,还应考虑使用功能与地面建筑关系和地下水等因
素。围岩压力有松动压力、变形压力、流变压力和冲击压力。深埋地下洞室的松动压力可用铁
路隧道经验公式、太沙基理论和普氏理论计算。浅埋地下洞室的松动压力可按洞室上方的土
柱变形理论计算。对具有弹塑性的围岩可按弹塑性理论计算其弹性变形压力和塑性变形压
力。在高地应力岩体中开挖地下洞室时,应考虑是否会发生岩爆,以便做好防范措施。

复习思考题

　　1.岩体中地下洞室的选择应考虑哪些因素?
　　2.土体中地下洞室的选择应考虑哪些因素?
　　3.影响地下洞室稳定性的主要因素有哪些?

4.地下洞室破坏类型有哪些？与岩体结构有何关系？

5.计算松动压力的太沙基理论和普氏理论有何区别？各有何特征？

6.在什么条件下开挖地下洞室会发生岩爆？

7.岩爆分成几级？各有何特征？

习　题

7.1　解释岩体原始应力、二次应力、围岩压力。

7.2　某直墙型隧道处于 Ⅳ 类围岩，净宽 5.5 m、净高 7.4 m，围岩容重 $\gamma=24$ kN/m^3，试用铁路隧道计算方法确定围岩压力。

7.3　一直墙型隧道建于软弱破碎岩体中，埋深 40 m，国岩岩石容重 $\gamma=23$ kN/m^3。内摩擦角 $\varphi=36°$，岩石抗压强度 $R=8$ MPa，隧道宽 6 m，高 8 m，试用太沙基理论和普氏理论确定围岩压力。

7.4　Ⅲ 类围岩中的一直墙型隧道，埋深 26 m，围岩容重 $\gamma=22$ kN/m^3，计算内摩擦角 $\varphi_g=32°$，隧道宽 6 m，高 8 m。试按浅埋隧道确定围岩压力。

7.5　某圆形隧道覆盖层厚 40 m，岩体容重 $\gamma=20$ kN/m^3，侧压力系数 $\lambda=1$，毛洞直径 7 m。岩体弹性变形模量 $E=150$ MPa，泊松比 $\mu=0.32$。设置衬砌时洞周围岩位移 $u_0=0.018$ m。衬砌厚度为 0.30 m，弹性模量 $E_c=2\times10^4$ MPa，泊松比 $\mu_c=0.2$。求由自重应力引起的弹性变形压力。

第8章 岩土工程爆破

爆破是岩土工程施工的重要方法。本章在介绍了岩土爆破的内部作用与外部作用原理后,按照不同的工程目的和施工环境分别介绍地下爆破、露天爆破中常用的井巷掘进爆破、采场爆破、光面爆破、台阶钻孔爆破、硐室爆破、预裂爆破、药壶爆破和裸露爆破等8种爆破技术及其应用条件。重点说明井巷掘进爆破、台阶钻孔爆破和硐室爆破的爆破参数设计计算方法。简单介绍了常用的硝铵类炸药和雷管、导火索、导爆索、导爆管等起爆器材,以及电力起爆和非电力起爆方法,并就爆破施工中的具体要求进行简要说明。

8.1 爆破作用原理

炸药在岩体内的埋深不同,其爆破作用形式也不同。当炸药的埋深较大时,若爆破作用不能达到岩体自由面(岩体与空气的交界面)时,称为岩体爆破的内部作用;当炸药的埋深较小时,爆破作用能达到自由面,称为岩体爆破的外部作用。

8.1.1 爆破的内部作用

当药包在无限介质中爆炸时,它在岩体中激发出应力波,其强度随着传播距离的增加而迅速衰减,因此应力波对岩体施加的作用也随之发生变化。如果将爆破后的岩体沿着药包中心剖开,则可看出岩体的破坏特征也将随着与药包中心的距离的增大而变化。按照破坏特征的不同,大致可将药包周围的岩体划分为压缩(粉碎)区、破裂区和震动区等3个区域,如图8.1所示。

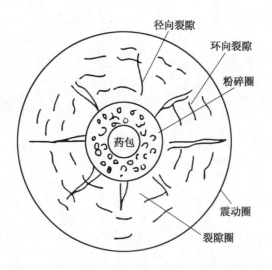

图 8.1　爆破作用圈

1.压缩(粉碎)区

当密闭在岩体内的炸药爆炸时,爆轰气体瞬间急剧冲击药包周围的岩体,在岩体中激发出的冲击波强度远远超过岩石的动态抗压强度。此时,大多数在冲击载荷作用下呈现明显脆性的坚硬岩石被粉碎;可压缩性较大的软岩则被压缩,形成空洞。这个区域通常称为粉碎区或压缩区,该区的半径很小,一般只有药包半径的 2～5 倍。

2.破裂区

冲击波通过压缩区后继续向外层岩体中传播,且衰变成一种弱的压缩应力波,其强度已低于岩石的动态抗压强度,不能直接压碎岩石。但是,它可使压缩区外层的岩石受到强烈的径向压缩,使岩石质点产生径向位移,导致外层岩体的径向扩张,形成切向拉伸应变。若这种切向拉伸应变超过岩石的动态抗拉应变值,则就会在外层岩体中产生径向裂隙。

在压缩应力波向外传播的同时,爆轰气体开始膨胀并挤入应力波作用而形成的径向裂隙中,引起这些裂隙的进一步扩展,在裂隙尖端产生应力集中,导致径向裂隙向前延伸。

当压缩应力波通过破裂区时,岩体受到强烈压缩,储蓄了一部分弹性变形能。在应力波通过后,岩体内的应力释放便会产生与压缩应力波作用方向相反的向心拉伸应力,使岩石质点产生反向的径向位移。当径向拉伸应力超过岩石的动态抗拉强度时,岩体中出现环向裂隙。径向裂隙与环向裂隙的相互交错,将该区岩体切割成块,此区域称为破裂区。破裂区半径一般为药包半径的 70～120 倍。

3.震动区

破裂区以外的岩体中,由于应力波引起的应力场和爆轰气体压力形成的准静态应力场均不足以使岩石破坏,只能引起岩石质点做弹性振动。所以,这个区域称为弹性震动区。

8.1.2　爆破的外部作用

若将集中药包埋置在靠近地表的岩体中,药包爆炸后除了产生内部作用外,还会在地表产生破坏作用。在地表附近产生破坏作用的现象称为外部作用。岩体与空气接触的表面称为自由面或临空面。

1.外部作用机理

外部作用的产生一方面是由于压缩应力波到达自由面时,一部分或全部反射回来形成同传播方向相反的拉应力波,导致岩石被拉断,造成表面岩石与母岩分离;另一方面,因爆轰气体作用在岩体内形成的准静态应力场受到自由面的影响,使爆源与自由面间岩体的应力集中程度增加,使得该区域内的岩体更易破碎,大量爆轰气体沿自由面方向逸出而将已破碎岩块抛离母岩。这也是为什么自由面方向是爆破外部作用的主导方向的原因。

2.爆破漏斗及几何参数

当炸药爆炸产生外部作用时,会将部分破碎了的岩石抛掷一定的距离,在岩体表面形成一个漏斗形的坑,此坑称为爆破漏斗。

设一球形药包在自由面 AB 条件下爆破形成爆破漏斗的几何尺寸,如图 8.2 所示。其中爆破漏斗 3 要素是指最小抵抗线 W,爆破漏斗半径 r 和爆破漏斗作用半径 R。

在爆破工程设计中经常应用的一个爆破参数称爆破作用指数门,它是爆破漏斗半径与最

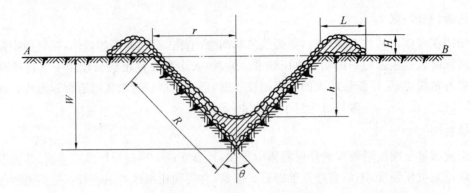

图 8.2　爆破漏斗几何参数

W— 最小抵抗线；θ— 爆破漏斗张开角；r— 漏斗半径；L— 爆堆宽度；R— 爆破漏

斗作用半径；H— 爆堆高度；h— 可见漏斗深度

小抵抗线的比值，即

$$n = \frac{r}{W} \tag{8.1}$$

3. 爆破漏斗的 4 种基本形式

根据爆破作用指数 n 值的大小，爆破漏斗有如下 4 种基本形式，如图 8.3 所示。

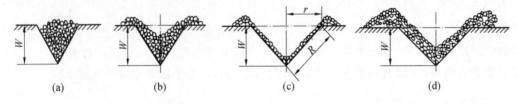

图 8.3　爆破漏斗的 4 种基本形式

（1）松动爆破漏斗如图 8.3(a)所示，爆破漏斗内的岩石被破坏、松动，但不抛出坑外，不形成可见的爆破漏斗坑。此时，$n=0.3 \sim 0.75$，它是控制爆破常用的形式。

（2）减弱抛掷爆破漏斗如图 8.3(b)所示，爆破作用指数 $0.75 < n < 1$，又称为加强松动爆破漏斗。

（3）标准抛掷爆破漏斗如图 8.3(c)所示，爆破漏斗半径与最小抵抗线相等，即 $n=1$。这种形式通常用来进行漏斗爆破试验以确定岩石的炸药单耗。

（4）加强抛掷爆破漏斗如图 8.3(d)所示，爆破作用指数 $n > l$。当 $n > 3$ 时，爆破漏斗的有效破坏范围并不随 n 值的增加而明显增大。所以，爆破工程中一般取 $n=1.2 \sim 2.5$，这是露天抛掷大爆破或定向抛掷爆破常用的形式。

8.2　岩土爆破工程的分类

目前在岩土爆破工程中采用的方法多达 10 余种，但按照工程目的和施工环境划分则只有地下爆破和露天爆破两大类。

8.2.1　地下爆破

地下爆破是地下空间利用和地下资源开发的重要手段。主要有井巷(隧道)掘进爆破、采场爆破和光面爆破等方法。

1. 井巷掘进爆破

井巷掘进爆破包括平巷、竖井、斜井、天井和隧道等各种地下通道的爆破。其共同特点是只有一个自由面,爆破夹制作用大,每次爆破进尺只有 1～3 m。为形成一定的井巷断面形状,必须在工作面(掌子面)上布置不同类型的炮孔。

掘进工作面的炮孔按其位置和作用可分为掏槽孔、辅助孔和周边孔。对于平巷和斜井,周边孔逐可分为顶孔、底孔和帮孔,如图 8.4 所示。

掏槽孔的作用是首先在工作面上将一部分岩石爆破破碎并抛出,形成一槽形空穴,为辅助孔爆破创造第二个自由面,以提高爆破效率。根据井巷断面形状、规格、岩性和地质构造等条件,掏槽孔的排列形式主要有倾斜掏槽孔和垂直掏槽孔两类。其孔深较其他炮孔超深 10%～15%。掏槽效果的好坏,对每次循环进尺起决定性作用。辅助孔位于掏槽孔外圈,其作用是大量崩落岩石和刷大断面,还可提高周边孔的爆破效果。周边孔的作用是控制井巷断面形状和方向,使断面尺寸、形状和方向符合设计要求。

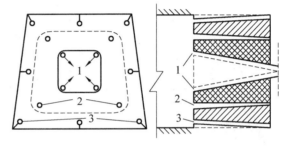

图 8.4　各种炮孔布置
1— 掏槽孔;2— 辅助孔;3— 周边孔

为提高爆破效果,掘进炮孔必须有合理起爆顺序,通常是掏槽孔 — 辅助孔 — 周边孔。每类炮孔还可再分组按顺序起爆。合理的起爆顺序应使后起爆炮孔充分利用先期起爆炮孔所形成的自由面。

2. 采场爆破

地下采场爆破的特点是,具有两个以上自由面,炮孔数量多,自由面的面积和一次爆破量都比较大,一次爆破炸药量大,炸药单耗低,爆破方案选择和起爆网路设计比较复杂,所以爆破时的组织工作显得更为重要。

根据矿体赋存条件和设备能力,地下采场爆破按孔径和孔深的不同可分为浅孔、深孔和药室爆破 3 种方法。药室爆破现在矿山已经很少采用。

(1) 呆场浅孔爆破。浅孔爆破按炮孔方向不同可分为上向炮孔和水平炮孔两种。矿体比较稳固时,可采用上向炮孔,如图 8.5 所示;矿体稳固性较差时,一般采用水平炮孔,如图 8.6所示。工作面可以是水平单层,也可以是梯段形,梯段长 3～5 m,高度 1.5～3.0 m。炮孔在工作面上可按矩形、正方形或三角形排列。

(2) 采场深孔爆破。炮孔主要有平行排列和扇形排列两种形式。平行排列的特点是在同一排面内的炮孔相互平行,如图 8.7 所示。扇形排列的特点是炮孔自一点向外呈放射状排列,在同一炮孔排面内,炮孔间距自孔口到孔底逐渐增大,如图 8.8 所示。在矿体形状规则、要求矿石块度均匀的场合,应采用平行深孔。

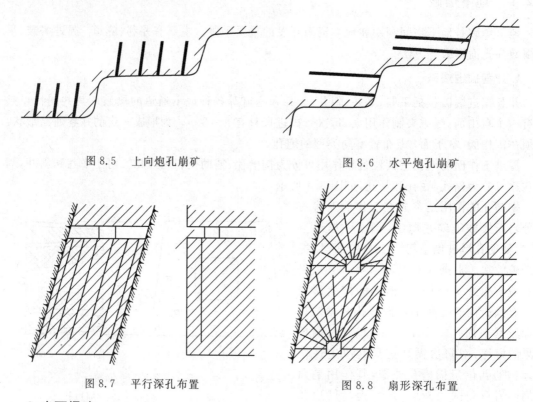

图 8.5 上向炮孔崩矿　　　　　　　图 8.6 水平炮孔崩矿

图 8.7 平行深孔布置　　　　　　　图 8.8 扇形深孔布置

3. 光面爆破

光面爆破是一种能按设计轮廓线爆裂岩石,使巷道周壁或开挖面光滑平整,减少超欠挖,并使围岩不受明显破坏的控制爆破技术。

光面爆破的实质就是沿开挖轮廓线布置间距较小的平行炮孔,在这些光面炮孔中采用小直径、低爆速、低密度炸药卷进行不耦合装药,然后同时起爆,岩体沿这些炮孔中连线破裂成光滑平整的开挖面。

光面炮孔的孔距一般为炮孔直径的 $10 \sim 20$ 倍,其最小抵抗线为孔距的 $1.2 \sim 2.0$ 倍。线装药密度按炮孔直径和岩性选取,对于孔径为 40 mm 的光面炮孔,其线装药密度可取为 $0.1 \sim 0.25$ kg/m。

光面爆破多用于井巷掘进中的周边孔爆破。近年来,在露天开挖爆破中,临近开挖边界时也采用了预留保护层的光面爆破技术。

8.2.2 露天爆破

露天爆破按一次爆破炸药量和装药方式的不同可分为台阶钻孔爆破、硐室爆破、预裂爆破、药壶爆破和裸露药包爆破。

1. 台阶钻孔爆破

台阶钻孔爆破有浅孔与深孔之分,将直径大于 50 mm、深度超过 5 m 的钻孔称为深孔。

台阶钻孔爆破按钻孔方向与台阶顶面的相互关系可分为垂直钻孔与倾斜钻孔爆破,其台阶构成要素如图 8.9 所示。

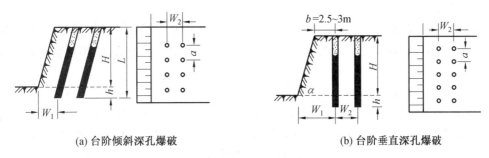

(a) 台阶倾斜深孔爆破   (b) 台阶垂直深孔爆破

图 8.9 台阶钻孔爆破

H— 台阶高度；W_1— 底盘抵抗线；h— 超钻；L— 钻孔深度，$L = H + h$；a— 孔距；W_2— 排距；α— 台阶坡面角；b— 孔边距

根据开挖工程的要求和工作面宽度的不同，炮孔布置形式通常分为单摊布孔和多排布孔两种。在露天矿山开采和路堑开挖工程中一般采用多排布孔形式。多排布孔又分矩形和三角形两种。矿山开采和基础开挖中多采用三角形布孔，而矩形布孔多用于路堑开挖爆破。无论采用何种布孔形式，都应以孔距相等为原则。

多排孔爆破时，各起爆排列线之间应以毫秒级延期顺序起爆，才能改善后排炮孔的爆破效果。

2. 硐室爆破

硐室爆破是将大量炸药装入专门的硐室或巷道中进行爆破的一种方法。由于一次爆破的装药量和爆落方量较大，故常称为"大爆破"。该方法主要用于松动或抛移岩土，用以修筑堤坝、开挖河渠或路堑。

硐室爆破的分类方法较多，目前多以爆破目的和药室形状进行划分。按照药室形状的不同，可分为集中药室爆破和条形药室爆破。下面按照爆破目的分别介绍 5 种硐室爆破类型。

（1）松动爆破。仅将岩土进行松动破碎而不出现抛掷和扬弃现象的硐室爆破。主要用于采石场和矿山露天开采，其特点是炸药单耗小，爆堆集中，空气冲击波和飞石的影响范围小，但爆破震动的波及范围较大。

（2）崩塌爆破。利用 70° 以上陡坡及多自由面等地形条件进行的松动爆破，已被爆破松动破碎的岩块在重力作用下沿陡坡塌落，是最节省炸药的一种爆破方法。

（3）抛掷爆破。不仅使爆破作用范围内的岩体破碎，而且将部分岩块抛离爆破漏斗的硐室爆破。抛掷效果由地形坡度和自由面条件起主要作用，最常用的抛掷爆破地形坡度为 30°～70°。

（4）扬弃爆破。在地面平坦或坡度小于 30° 的地形条件下，将开挖区内的部分或大部分岩土扬弃到设计开挖范围以外的硐室爆破。主要用于开挖沟渠、路堑、河道等各种沟槽和基坑。

（5）定向爆破。属于抛掷爆破的一种，不仅要将爆区内的岩土抛出，而且要利用爆破设计技术控制抛出爆堆的方向、距离和堆积体形状。多用于水利部门的筑坝工程，铁路、公路的路基开挖和矿山的尾矿坝修筑工程。

3. 预裂爆破

预裂爆破是沿设计的开挖边界线钻凿一排间距较密的炮孔，减小装药量，采用不耦合装药,在开挖区主爆孔爆破前先起爆预裂孔,形成一条具有一定宽度的预裂缝,以减小主炮孔爆破时的地震效应。

预裂爆破的成缝机理与光面爆破基本相同,但前者的抵抗线比后者大得多,因而其爆破夹制性大,炸药的线装药密度也要大些。预裂爆破的设计参数主要有孔距、不耦合系数和线装药密度。

孔距由孔径和岩性确定,一般为孔径的 8 ～ 12 倍,硬岩孔距大,软岩孔距小;不耦合系数是指炮孔装药段体积与装药体积之比,一般取为 2 ～ 5;线装药密度指炮孔装药量与不包括堵塞部分的炮孔长度之比,通常按孔径、岩性选取,表 8.1 列出了常用的预裂爆破参数。

表 8.1　预裂爆破参数

孔径 /mm	孔距 /mm	线装药密度 /(kg·m^{-3})
38 ～ 45	0.30 ～ 0.50	0.12 ～ 0.38
50 ～ 65	0.45 ～ 0.60	0.15 ～ 0.50
75 ～ 90	0.45 ～ 0.90	0.20 ～ 0.76
100	0.60 ～ 1.20	0.38 ～ 1.13

4. 药壶爆破

药壶爆破又称葫芦炮。它是在炮孔底部用少量炸药把炮孔底部扩大成空腔,既可多装药,又能变延长药包为集中药包,以增强其抛掷效果及克服台阶底板阻力的爆破方法。

药壶爆破的药包属集中药包。与浅孔爆破相比,其钻孔工作量小,单孔装药量多,一次爆破量较大,爆破效率高。然而扩壶施工时间长,爆堆块度不均匀,大块多。不适于节理裂隙发育的岩体和坚硬岩体中爆破。

药壶爆破的关键工序是扩孔。药壶要求扩在一定的位置,并有一定的容量能装进设计的炸药量,且要求装药后药壶剩余空间适宜,以保证装药密度。

扩孔是利用炸药来炸胀孔内岩石。药壶扩胀次数与每次用药量为第一次 50 ～ 100 g;以后各次与第一次的比例是 1∶2,1∶2∶4,1∶2∶4∶7,1∶2∶4∶7∶13,…。扩孔次数视岩性而定,通常对黏土、黄土和坚实的土壤要扩 1 ～ 2 次;风化或松软岩体要扩 2 ～ 3 次;中硬岩石和次坚硬岩石扩 3 ～ 5 次;坚硬岩石扩 5 ～ 7 次。

5. 裸露药包爆破

多是利用偏平形药包放在被爆物体的表面进行爆破。裸露药包爆破实质上是利用炸药的猛度,对被爆物体的局部产生压缩、粉碎或击穿作用。炸药爆轰时产生的气体大部分逸散到大气中,因而炸药的爆力作用未能被充分利用,炸药单耗较大,达 1 ～ 2 kg/m³。

裸露药包爆破主要用于不合格大块的二次破碎、清除大块孤石、破冰和爆破冻土。所用炸药量按岩石等级、尺寸和体积计算。岩石硬度愈大,其炸药单耗也大;岩石体积小,其炸药单耗大。

裸露药包爆破会产生强烈的声响和空气冲击波,形成大量飞石,给人员、设备及环境卫生带来严重危害。因此,一次爆破的炸药量应严格限制,一般不应超过 8 ～ 10 kg,安全距离不得小于 400 m。

8.3　岩土爆破参数的设计计算

不同的爆破方法,其爆破参数的内容、计算原理也各不相同。下面主要介绍井巷掘进爆破、台阶钻孔爆破和硐室爆破的参数设计计算方法。

8.3.1　井巷掘进爆破参数的设计计算

井巷掘进爆破参数包括孔径、孔深、炸药单耗、装药量、孔距、堵塞长度、孔数和微差起爆间隔时间等。

(1)孔径。炮孔直径直接影响凿岩生产率和爆破效果。过大的孔径将导致凿岩速度下降,大块率增大,巷道周壁平整度变差。常用孔径为 40～55 mm。

(2)孔深。炮孔深度是指孔底到工作面的垂直距离。孔深的确定与井巷的断面面积有关,目前多为 1.5～3.0 m。

(3)炸药单耗。它是一个重要的爆破参数,直接影响爆破效果和围岩稳定性,通常按断面面积韧岩石普氏系数选取。表 8.2 列出了国家颁发的《矿山井巷工程预算定额》规定平巷掘进的炸药单耗,表 8.2 中数据是按 2# 岩石硝铵炸药给出。

表 8.2　平巷掘进的炸药单耗定额 /(kg·m⁻³)

掘进断面面积 /m²	岩 石 竖 向 系 数(f)				
	2～3	4～6	8～10	12～14	15～20
<6	1.05	1.50	2.15	2.64	2.93
6～8	0.89	1.28	1.89	2.33	2.59
8～10	0.78	1.12	1.69	2.04	2.32
10～12	0.72	1.01	1.51	1.90	2.10
12～15	0.66	0.92	1.36	1.78	1.97
15～20	0.64	0.90	1.31	1.67	1.85
>20	0.60	0.86	1.26	1.62	1.80

(4)装药量。每次爆破或每次循环所需装药量是在确定出炸药单耗后根据预定的每一循环爆破的岩石体积计算,每一循环所需的总装药量由下式给出,即

$$Q = qV = qSL\eta \tag{8.2}$$

式中　V—— 每一循环预定爆破岩石体积(m^3);

　　　　S—— 掘进断面面积(m^2);

　　　　L—— 炮孔的平均深度(m);

　　　　η—— 炮孔利用率,常取为 0.8～0.95。

(5)孔距。掏槽孔距同掏槽形式和岩性有关。辅助孔距一般取为 0.4～0.6 m,均匀地布置在掏槽孔的外侧。周边孔若采用光面爆破,其孔距为孔径为 10～20 倍,否则,多取 0.6～0.7 m。

(6)堵塞长度。堵塞的目的是为了提高炸药爆炸能量的利用率,从而提高井巷掘进的爆

破效果,合理的堵塞长度多取为装药长度的 $0.35 \sim 0.50$ 倍。

(7)微差起爆间隔时间。按照各类型炮孔的起爆顺序,其相互间的延迟间隔时间以 $50 \sim 100$ ms 为宜。掏槽孔各段之间的间隔时间应取 50 ms 为好。

8.3.2 台阶钻孔爆破参数的设计计算

在钻孔设备和台阶高度一定的条件下,需设计计算的主要爆破参数有孔深、底盘抵抗线、孔距、排距、超深、炸药单耗和单孔装药量。

(1)超深与孔深。超深是为了克服台阶底板的夹制作用,保证爆后不留根底。超深主要取决于岩石可爆性、底盘抵抗线等参数,一般按底盘抵抗线 W_1 计算,即

$$h = (0.15 \sim 0.35)W_1 \tag{8.3}$$

孔深等于台阶高度与超深之和。

(2)底盘抵抗线。一般按炮孔直径 D 计算,即

$$W_1 = nD \tag{8.4}$$

式中 W_1—— 底盘抵抗线(m);

   D—— 炮孔直径(m);

   n—— 与炮孔倾角、岩石硬度有关的系数,一般 $n = 20 \sim 50$。

(3)孔距与排距。同一排炮孔中相邻两孔中心线之间的距离称为孔距,相邻两排炮孔中心线之间的距离称为排距,如图 8.9 中的孔距为 a,排距为 W_2。

孔距一般可按底盘抵抗线计算,即

$$a = mW_1 \tag{8.5}$$

式中 m—— 炮孔密集系数,在布孔时,$m = 0.7 \sim 1.4$。

排距一般较第一排孔的底盘抵抗线小,可取

$$W_2 = (0.9 \sim 1.0)W_1 \tag{8.6}$$

孔距、排距的设计取值应保证按炸药单耗计算出的装药量能在装入炮孔后有足够的堵塞长度。

(4)炸药单耗。炸药单耗表示爆破单位体积岩石所需的装药量。表 8.3 给出了不同岩性时的 $2^\#$ 岩石硝铵炸药的单耗。

表 8.3   台阶钻孔爆破的炸药单耗 q 值

岩石坚固系数	$1 \sim 3$	$3 \sim 6$	$6 \sim 8$	$8 \sim 10$	$10 \sim 12$	$12 \sim 16$	$16 \sim 20$
$q/(\text{kg} \cdot \text{m}^{-3})$	$0.10 \sim 0.20$	$0.20 \sim 0.30$	$0.30 \sim 0.40$	$0.40 \sim 0.45$	$0.45 \sim 0.50$	$0.50 \sim 0.55$	$0.55 \sim 0.60$

(5)单孔装药量。单排孔爆破或多排孔爆破的头排孔装药量由下式计算,即

$$Q_1 = qW_1Ha \tag{8.7}$$

式中 H—— 台阶高度(m);

   q—— 炸药单耗(kg/m³)。

多排孔微差爆破时,后面各排孔的单孔装药量为

$$Q_2 = qW_2Ha \tag{8.8}$$

若采用齐发爆破,其药量应增加 20%。

8.3.3 硐室爆破的装药量计算

对于抛掷爆破时,装药量可按鲍列斯可夫公式计算,即

$$Q = (0.4 + 0.6n^3)q_0W^3 \tag{8.9}$$

式中 q_0—— 标准抛掷爆破的炸药单耗(kg/m^3);

W—— 硐室的最小抵抗线(m);

n—— 爆破作用指数。

式(8.9)适合于 $n = 0.75 \sim 2.5$ 和 $W = 5 \sim 25$ m 的情况。当 $W > 25$ m 时,应按修正式计算,即

$$Q = (0.4 + 0.6n^3)q_0W^3\sqrt{\frac{W}{25}} \tag{8.10}$$

松动爆破的装药量由下式给出

$$Q = (0.33 + 0.5)q_0W^3 \tag{8.11}$$

炸药单耗 q_0 可参照类似的土石方工程的统计数据选取,或根据爆破漏斗试验确定。

8.4 爆破器材与起爆方法

8.4.1 常用工业炸药

目前国内使用的炸药品种较多,但常用的为硝铵类炸药。硝铵类炸药的性质主要取决于硝酸铵。为适应不同的爆破要求,通常在硝酸铵中加入一些添加剂制成不同性能的炸药。常用的有铵梯炸药、铵油炸药和乳化炸药。

硝酸铵一般是白色晶体,易溶于水。在常温下暴露于空气中的硝酸铵极易吸湿受潮,固结成块。纯净的硝酸铵难于用明火点燃,是一种相当钝感的爆炸性物质。

1. 铵梯炸药

铵梯炸药主要成分是硝酸铵、梯恩梯和木粉,有时加入食盐做消焰剂制成安全炸药(即煤矿许用炸药)。表 8.4 列出了目前国产铵梯炸药的品种、组成和爆炸性能。铵梯炸药的爆炸性能好,威力较大,可用 1 支 8 号雷管起爆。

表 8.4 国产铵梯炸药的成分和性能

成分和性能 炸药名称		组 成 /%						药包密度 /($g \cdot cm^{-3}$)	爆炸性能			保存期 /月
		硝酸铵	梯恩梯	木粉	食盐	沥青	石蜡	柴油		爆力 /mL	猛度 /mm	殉爆距离 /cm	
露天铵梯	1 号	82.0	10	8.0					0.85 ~ 1.10	300	11	2	4
	2 号	86.0	5	9.0					0.85 ~ 1.10	250	8	2	4
	3 号	88.0	3	9.0					0.85 ~ 1.10	230	5	1	4
	4 号	82.0	10	7.2		0.4	0.4		0.85 ~ 1.10	300	11	2	4
	5 号	86.0	5	8.2		0.4	0.4		0.85 ~ 1.10	250	8	2	4

续表 8.4

成分和性能 / 炸药名称		组　成 /%							药包密度 /(g·cm⁻³)	爆炸性能			保存期 /月
		硝酸铵	梯恩梯	木粉	食盐	沥青	石蜡	柴油	药包密度 /(g·cm⁻³)	爆力 /mL	猛度 /mm	殉爆距离 /cm	保存期 /月
岩石铵梯	1号	82.0	14	4.0					0.95～1.10	350	13	2	6
	2号	85.0	11	4.0					0.95～1.10	320	12	3	6
	3号	86.0	7	6.0					0.95～1.10	310	11	3	6
	2号抗水	85.0	11	3.2			0.4	0.4	0.95～1.10	320	12	2	6
	4号抗水	81.2	18				0.4	0.4	0.95～1.10	350	14	4	6
煤矿铵梯	1号	68.0	15	2.0	15				0.95～1.10	290	12	3	4
	2号	71.0	10	4.0	15				0.95～1.10	250	10	3	4
	3号	67.0	10	3.0	20				0.95～1.10	240	10	2	4
	1号抗水	68.5	15	1.0	15	0.25	0.25		0.95～1.10	290	12	3	4
	2号抗水	72.0	10	2.2	15	0.4	0.4		0.95～1.10	250	10	2	4
	3号抗水	67.0	10	2.6	20	0.2	0.2		0.95～1.10	240	10	2	4

2. 铵油炸药

主要由硝酸铵、柴油和木粉组成,常用铵油炸药的组分配比、性能及适用条件列于表 8.5 中。

表 8.5　铵油炸药的组分配比、性能及适用条件

炸药名称	组　分 /%			水分 /% 不大于	装药密度 /(g·mL⁻¹)	爆炸性能		猛度 /mm 不小于	爆力 /ml 不小于	爆速 /(m·s⁻¹) 不低于	炸药保证期 /d	炸药保证期内		适用条件
	硝酸铵	柴油	木粉			殉爆距离 /cm 不小于						殉爆距离 /cm 不小于	水分 /% 不大于	
						浸水前	浸水后							
1号铵油炸药（粉状）	92±1.5	4±1	4±0.5	0.75	0.9～1.0	5		12	300	3 300	雨季 7 一般 15	2	0.5	露天或无瓦斯、无矿尘暴炸危险的中硬以上矿岩的爆破工程

续表 8.5

2 号铵油炸药（粉状）	92±1.5	1.8±0.5	6.2±1	0.8	0.8~0.9		18（钢管）	250	3 800（钢管）	15		1.5	露天中硬以上矿岩的中爆破和硐室大爆破工程
3 号铵油炸药（粒状）	94.5±1.5	5.5±1.5			0.8	0.9~1.0		18（钢管）	250	3 800（钢管）	15		1.5	露天大爆破工程

铵油炸药的感度和威力都比铵梯炸药低，难以用 1 支 8 号雷管起爆，且还有吸湿结块的缺点，不适合在潮湿有水的环境中使用。

3. 乳化炸药

乳化炸药是含水炸药的最新发展，由 3 种物相（液相、固相、气相）的 4 种基本成分组成，即硝酸铵、硝酸钠水溶液，燃料油，乳化剂和敏化剂。表 8.6 列出了一些乳化炸药的组分与性能。乳化炸药的猛度、爆速和感度均较高，能用 1 支 8 号雷管起爆，且具有良好的抗水性能。

表 8.6　一些乳化炸药的组分与性能

项目		炸药型号				
		RL－2	EL－103	RJ－1	MRY－3	CLH
组成 /%	硝酸铵	65	53~63	50~70	60~65	50~70
	硝酸钠	15	10~15	5~15	10~15	15~30
	尿素	2.5	1.0~2.5			
	水	10	9~11	8~15	10~15	4~12
	乳化剂	3	0.5~1.5	1~2.5	0.5~2.5	
	石蜡	2	1.8~3.5	2~4	（蜡－油）3~6	（蜡－油）2~8
	燃料油	2.5	1~2	1~3		
	铝粉		3~6			
	亚硝酸钠		0.1~0.3	0.1~0.7	0.1~0.5	
	甲胺硝酸盐			5~20		
	添加剂			0.1~0.3	0.4~1.0	0~4；3~15
性能	猛度 /mm	12~20	16~19	16~19	16~19	15~17
	爆力 /mL	302~304		301		295~330
	爆速 /(m·s^{-1})	（φ35）3 600~4 200	4 033~4 600	4 500~5 400	4 500~5 200	4 500~5 500
	殉爆距离 /cm	5~23	12	9	8	

8.4.2 起爆器材

起爆器材的品种较多,可分为起爆材料和传爆材料两大类。各种雷管属于起爆材料,导火索、导爆管属于传爆材料,导爆索既可起起爆作用又能起传爆作用。常用起爆器材如图 8.10 所示。

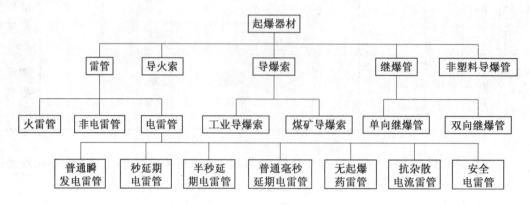

图 8.10 起爆器材类型

1. 雷管

用于起爆炸药、导爆索、导爆管等爆破器材的最常用的起爆材料。按点火方式可将雷管划分为火雷管、电雷管和非电(导爆管)雷管 3 类。

(1)火雷管。火雷管是工业雷管中结构最简单的一个品种。它用火焰直接引爆,火焰通过导火索传递。按照雷管的装药量和起爆能力,一般将雷管分为 10 个等级。工业上大多使用 6 号和 8 号雷管。等级愈大,起爆能力愈大。

火雷管的构造如图 8.11 所示。它由管壳、正起爆药、副起爆药、加强帽和聚能穴等 5 部分组成。

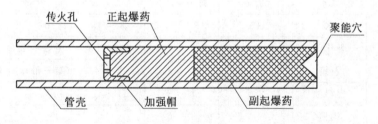

图 8.11 火雷管的构造

火雷管多在小规模露天采场或二次破碎中使用,在有瓦斯、煤尘和矿尘爆炸危险的场合禁止使用。

(2)电雷管。电雷管的结构与火雷管大致相同,但其引火部分是由脚线、桥丝和引火头组成。电雷管可分为瞬发电雷管和延期电雷管,延期电雷管又可分为秒延期和毫秒延期电雷管。在有瓦斯、矿尘爆炸危险的场合还可用安全电雷管。

(3)非电雷管。非电雷管是一种由导爆管引爆的雷管,包括瞬发雷管、秒差雷管和毫秒延期雷管。

2. 导火索

导火索是以黑火药为药芯,外面包裹棉线、塑料、纸条、沥青等材料而制成的索状传爆材料。国产普通导火索的燃速为 $100\sim125$ m/s,喷火长度不小于 4 cm。

3. 导爆索

导爆索是一种传递爆轰并可起爆雷管和炸药的索状起爆器材,其结构与导火索类似,但药芯是黑索金、泰安等单质猛炸药。导爆索分为普通、安全等多个品种。

国产普通导爆索的芯药线装药密度为 $12\sim14$ g/m,爆速不低于 6 500 m/s。

4. 导爆管

导爆管是外径 3 mm、内径 1.5 mm 的高压聚乙烯塑料管,其内壁涂有一层很薄的混合炸药,药量为 $16\sim20$ mg/m。导爆管中激发的冲击波以 1 600~1 800 m/s 速度传播,可引爆雷管和黑火药。

8.4.3　起爆方法

按雷管的点火方法不同,常用的起爆方法可分为 3 类:电力起爆法;非电起爆法;无线起爆法。工程爆破中多使用前两种方法。

4. 电力起爆法

利用电能引爆电雷管进而起爆工业炸药的起爆方法。所需爆破器材有电雷管、导线和起爆电源。

为保证电力起爆网路中任何一发电雷管都准爆,必须满足以下两个条件:

(1)同一电爆网路中所用的电雷管应是同一厂家同批生产的同规格产品,电雷管在使用前经测试合格(即电雷管电阻符合产品说明书上的规定,且康铜桥丝电雷管的电阻值差不得超过 0.3 Ω,镍铬桥丝电雷管的电阻值差不得超过 0.8 Ω)。

(2)电源分配给网路中任一发电雷管的电流都不得小于规定的准爆电流。对于大爆破,直流电起爆时电流不小于 2.5 A,交流电起爆时电流不小于 4.0 A;对于一般爆破,直流电起爆时电流不小于 2.0 A,交流电起爆时电流不小于 2.5 A。所有硐室爆破和一次爆破装药量达到 50 000 kg 的土石方爆破都属于大爆破。

电爆网路有串联、并联、混合联等连接方式,如图 8.14 所示。

起爆电源有放炮器(又称起爆器)、干电池、蓄电池、移动式发电站、照明电力线、动力电力线。在起爆前需用爆破专用的线路电桥或爆破欧姆表检测电爆网路,并要求电爆网路的实测电阻值与计算值的误差在 ±5% 以内。否则,应重新检查电爆网路,禁止合闸起爆。

2. 火雷管起爆法

利用导火索传递火焰引爆火雷管进而起爆工业炸药的起爆方法。主要起爆器材有火雷管、导火索和点火材料。

(1)起爆雷管的制作。将一定长度导火索的一端切平,插入火雷管的开口端,用雷管卡口钳把雷管夹在导火索上或用胶布绑扎紧。导火索的另一端切成斜面,以增大点火时的接触面积。导火索长度最短不得小于 1.2 m。

(2)起爆药包的加工。先将药包一端包纸打开,用专门的木制、竹制或铜制锥子在药包中

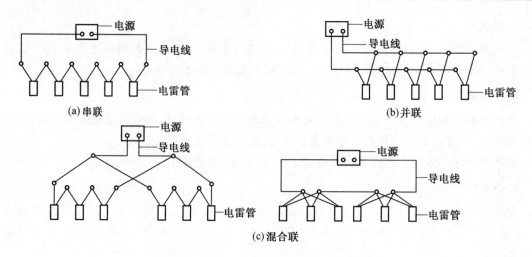

图 8.14　电爆网路的连接方式

央扎一个小孔,然后将起爆雷管全部插入药包,并用胶布或细绳捆扎好。

(3)点火方式。多采用点火筒、电力点火帽等一次点火方式。用点火线进行多人点火时,地下作业单人点火的导火索根数不得超过 5 根,露天作业则不得超过 10 根。

火雷管起爆法具有简便易行、成本低的优点,但点火时的安全性差,一次起爆能力小,不能精确控制起爆时间,禁止在有沼气和煤尘爆炸危险的作业面前使用。

3. 导爆索起爆法

用导爆索爆炸产生的能量去引爆炸药包的方法。导爆索本身需要用雷管引爆。该起爆方法需用的起爆器材有雷管、导爆索和继爆管等。

导爆索的连接有分段并联和簇并联,如图 8.12 所示。主传导爆索用雷管起爆时,雷管应绑扎在距起爆端约 10 cm 处,并使雷管聚能穴朝向传爆方向。导爆索间的搭接长度不得小于 10 cm,多为 15～20 cm。该方法多用于深孔爆破、硐室爆破和光面、预裂爆破。一般不宜在城市拆除控制爆破中使用。

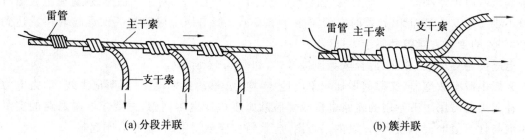

图 8.12　导爆索网路

4. 导爆管起爆法

20 世纪 70 年代出现的一种新型非电起爆法,在国内外矿山、水利水电、交通、城市拆除等爆破工程中得到普遍应用。导爆管起爆网路通常由击发元件、连接元件、导爆管和导爆管雷管组成。连接元件是将导爆管连接在一起,实现导爆管之间的传爆;击发元件有激发枪、导爆索、雷管等。一发 8 号雷管能激发其周围 3～4 层导爆管 40 根以上,工程上一般按 15～20 根设计。

导爆管间的连接有串联、并联、簇联和混合联等形式,采用孔内或孔外微差方式可实现成千上万种分段起爆形式。图 8.13 显示了分段并串联起爆网路。

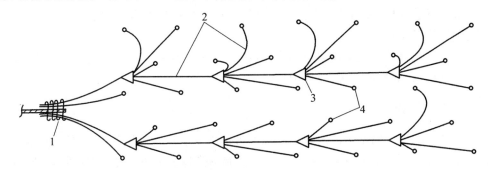

图 8.13　分段并串联起爆网路

1—火雷管;2—导爆管;3—连接块或传爆雷管;4—孔内导爆管雷管

导爆管起爆法灵活方便,形式多样,网路简单,已广泛应用于各种土石方爆破工程和城市拆除爆破工程中,但该方法不能用于瓦斯、矿尘爆炸危险的作业场合。

8.5　爆破工程施工

不同的爆破方法,其施工工艺、过程各不相同,要求达到的技术标准也不相同。下面重点介绍钻孔爆破施工、硐室爆破施工作业和爆破安全技术。

8.5.1　钻孔爆破施工

钻孔爆破施工包括布孔、验孔、装药、堵塞、警戒、连线起爆和爆后检查等工序,任何一个环节不符合要求都可能影响爆破效果和带来安全危害,必须引起施工人员的重视。

(1)布孔。按照爆破设计中的布孔图在爆区内定出各炮孔位置,并标明钻孔方向、孔深。孔位应避免布置在节理发育或裂隙区及岩性变化大的地方。

(2)验孔。检查炮孔深度、孔距及钻孔方向,并记录炮孔内是否有水。若炮孔深度不够,或出现堵孔现象,应清孔或在附近重新补孔。

(3)装药。在装药前应核对孔深、水深、每孔的炸药品种、数量和雷管级别,制作好起爆药包。装药时,起爆药包可放置在装药段的上部、中部或下部,通常多置于距孔底 1/4 或 3/4 装药段长度处。装药时,应一边装药一边用炮棍捣紧,防止炸药堵在炮孔内。

(4)堵塞。在完成装药工作后进行堵塞,堵塞物多用泥砂混合物或深孔爆破时用岩屑(直径小于 3 cm)。堵塞时要防止导线、导爆管被砸断、划破。堵塞长应符合设计要求,一般不得小于最小抵抗线。

(5)警戒。按爆破设计中规定的警戒范围实施警戒。禁止人员、设备、车辆进入警戒范围内;警戒人员要注意自身避炮位置安全、可靠;爆破后经检查确认安全,经爆破负责人许可后方可撤除警戒。

(6)连线起爆。在装药、堵塞全部完成、无关人员已全部撤至安全地段后开始进行。起爆网路应严格按照设计要求连接,不得任意更改。连线作业应从爆破工作面最远端开始,逐段向起爆点后退进行,所有接头都须绑扎牢固,电爆网路的接头应用绝缘胶布封包,避免出现接地情况。

在对前述各项工作进行全面复查后,若无任何问题,即可发出第一次爆破信号,以示准备起爆;待起爆准备就绪后,发出第二次信号,随即实行起爆;爆后经检查无任何安全问题时,发出第三次信号,爆破警报解除。

(7)爆后检查。爆后必须对爆破现场进行检查,检查内容主要有炮孔是否全部起爆;爆破对周围设备及建筑物的影响情况;四周围岩、边坡是否有险情。

8.5.2 硐室爆破施工

(1)起爆药包布设。硐室爆破的每个药室内可采用1个或多个起爆药包,其质量为该药室装药量的1‰~2‰,单个药包重量为10~25 kg。起爆药包多采用2号岩石铵梯炸药,并置于木箱内,起爆雷管插入起爆药包内。

起爆药包对称放置于药室中小,以使起爆的爆轰波能同时到达药室边缘各点。当一个药室内同时布设多个起爆药包时,除其中1个或2个起爆药包直接揍人起爆网路外,其余各起爆药包均用导爆索连接于主起爆药包上。

(2)装药。首先检查药室容积、位置、最小抵抗线是否与设计吻合,检查并处理导硐及药室的安全问题。每个药室要有专人负责,对事先准备好的药室炸药品种、数量进行核对。装药过程中,硐内应加强通风,装散装炸药时作业人员要轮换以防中毒。炸药装至一定数量时,按设计要求装入起爆药包,并用木槽、竹管将起爆网路保护起来,以防损坏。

(3)堵塞。堵塞材料可用导硐开挖出来的岩碴、土石块等。回堵岩碴中不得混有残留的爆破材料。应按设计要求堵塞,平硐顶部要堵严;堵塞时不得破坏起爆网路,且应有专人检查网路,防止砸断。

(4)连线与起爆。连线应按顺序进行,防止错接、漏接。预先敷设的主线需短接,并派专人看守。

为确保安全,大爆破前应对警戒范围、警戒点位置做周密布置,将警戒范围、警戒信号公布于众。警戒信号分预告信号、起爆信号和解除信号,由总指挥部发出。

爆破后应先组织有经验的爆破员会同技术人员在爆区内详细检查并清理危石,一般在爆后15~30 min才能进入爆区,对于特别松较的岩石需超过3 h后才能进入爆区。

8.5.3 爆破安全技术

爆破作业过程中必须严格遵守国家颁布的《爆破安全规程》和各专项爆破安全规程以及《中华人民共和目民用爆炸物品管理条例》,并掌握必要的爆破安全技术。

(1)爆破安全距离。指爆破作业点与人员或其他应保护对象之间必须保护的最小距离。在规定安全距离时,应根据爆破产生的地震、冲击波、飞石、毒气和噪声等有害效应分别核定其安全距离,然后取其中的最大值作为爆破的警戒范围。

(2)早爆及预防。早爆就是炸药在预定的起爆时间之前起爆,属严重的爆破事故。产生早爆的原因是多方面的:导火索速燃,雷管速爆;工作面上存在杂散电流;装药机的静电积累;炸药自燃导致自爆;射频电流;雷电等。施工时应针对可能引起早爆的因素采取相应的预防措施,才能最大限度地避免早爆。

(3)盲炮的预防与处理。盲炮又称瞎炮,指炮孔中的起爆药包经点火或通电后,雷管与炸药全部未爆,或只雷管爆炸而炸药未爆的现象。

为预防盲炮出现,必须使用合格爆破器材,不同厂家、不同类型与批号的雷管不得混合使用;电爆网路的实测总电阻与计算值之差应小于±5%;检查起爆电源及起爆能力;避免装药密度过大。

因线路连接问题出现的盲炮,可重新连线起爆;浅孔爆破中雷管和炸药全部未爆时,若非起爆网路问题,则在距盲炮口至少0.3 m处重新钻一平行炮孔装药爆破;对于非抗水炸药,可用水冲涮炮孔,使炸药失效。

一旦发生盲炮,必须进行安全警戒,及时上报情况,分析盲炮原因,严格遵照《爆破安全规程》的规定处理。

本章小结

爆破是岩石挖掘工程中采用最广泛的一种特殊设计。针对不同的地形地质条件、设备条件和工程要求,往往需要采用其中一种或多种具体的爆破方法来实现工程目标。然而,各种爆破方法之间在爆破机制、设计原理、应用条件等方面都存在较大差异,要掌握并熟练应用这些基本原理和方法,还必须就各种爆破技术进行专门的学习和实践。本章仅是岩土工程爆破的简略概要,相当于一个提纲。事实上,诸如硐室爆破、隧道掘进爆破等本属于爆破工程专业的主干课。因此,在进行有关爆破设计、施工时,还需要大量参考相关的爆破专业书籍和类似工程的实践总结。

复习思考题

1.岩石爆破作用的基本形式有哪些?什么叫最小抵抗线?

2.什么叫爆破漏斗?其主要几何参数有哪些?按爆破作用指数的不同,如何划分爆破漏斗?

3.岩土爆破工程中常用的爆破方法有哪些?什么条件下使用?预裂爆破与光面爆破有何异同?

4.井巷掘进爆破与台阶钻孔爆破的主要设计参数有哪些?

5.如何计算硐室爆破的炸药量?

6.常用的硝酸铵类炸药有哪些?试述各自的特点与使用条件?

7.起爆方法有哪几种?各自的使用条件如何?

8.如何进行电爆网路检测?保证电爆网路准爆的两个条件是什么?

9.爆破工程中的施工工序有哪些?应遵守哪些安全规程?

10.什么是爆破安全距离?如何预防早爆和盲炮事故的出现?

第 9 章　岩土工程防护技术

本章介绍了铁路沿线岩土边坡的多种防护技术,包括岩石边坡的坡面防护、拦截措施、落石防护及相关计算公式;还介绍了土质边坡植被防护、喷混凝土防护和冲刷防护。这些防护措施也可用于其他类似工程。

在岩土工程中除了对岩土体进行支挡加固外,还要做好防护工作,以便减少水土流失,保护生态环境,降低灾害(例如滑坡、坍塌、泥石流、落石等)的发生率。岩土工程中的防护从大类分有生态防护和工程防护。前者主要在岩土体表面种植树木和草本植物,达到稳定地表、减少水土流失和美化环境的目的。在加强环境保护的今天,这项工作正越来越受到重视。后者是采用土木工程措施进行防护。防护工程可视情况在施工期间做,也可在运营期间做。岩土工程防护涉及范围广,限于篇幅,本章仅以铁路沿线岩土边坡防护技术为例,介绍有关防护技术。尽管范围窄,但这些内容对其他工程也有很好的借鉴作用。

9.1　岩石边坡的防护

9.1.1　主要防护措施

(1)坡面防护。坡面防护的措施如用灰浆、三合土等抹面、喷浆、喷混凝土、浆砌片石护墙、锚杆喷浆护坡、挂网喷浆护坡等,如图 9.1、图 9.2、图 9.3 所示。这类措施主要用以防护开挖边坡坡面的岩石风化剥落、碎落及少量落石擂块现象,如常用于风化岩层、破碎岩层及软硬岩相间的互层(如砂页岩互层、石灰岩页岩互层)的路堑边坡的坡面防护,用以保持坡面的稳定,而其所防护的边坡,应有足够的稳定性。当采用封闭式坡面防护类型(如抹面、喷浆、喷混凝土、浆砌片石护坡等),应在坡面设置泄水孔和伸缩缝。对高陡边坡,应在中部适当位置设置耳墙,并应有便于检查维修用的安全设备(图 9.3)。

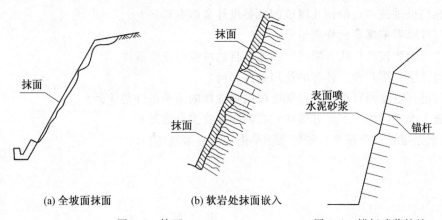

(a) 全坡面抹面　　　　(b) 软岩处抹面嵌入

图 9.1　抹面　　　　　　　　　　　　图 9.2　锚杆喷浆护坡

(2)拦截措施。拦截措施有落石平台、落石槽、拦石墙、栅栏、金属网等,用以滞留、拦截自然山坡上的落石或小型崩塌体,以保证路基工程和行车的安全。

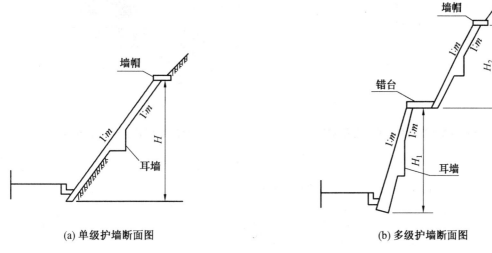

(a) 单级护墙断面图　　　　　　　　　　　　(b) 多级护墙断面图

图 9.3　浆砌片石护墙

　　如当崩塌落石的岩块较小,一次塌落的数量不多,且线路与陡山坡间有缓冲落石的场地时,可设置上述拦截建筑物,如图 9.4～9.6 所示。设计建筑物应根据崩塌、落石在陡坡上的部位,岩块翻滚、弹跳及停留在坡面可能的最大块径等,来确定其位置、结构形式和尺寸。

　　(3)支顶加固。对于开挖边坡或其上自然山坡可能形成落石、崩塌、滑坡的危岩体,视其规模大小、危险程度、危岩体裂隙分布和组合特征及施工条件等,可分别或综合采用以下的一些加固或支顶工程措施:如勾缝、嵌补、灌浆、锚杆、锚索、支垛、支撑、支墙等。一般说来,对一些规模不大的个别危岩体,除可清除外,还可采用钢钎插入加固、嵌补等措施;而对于大型的危岩体,如边坡上的大型危岩体或倒悬的危岩体等,则需要采用如锚固、支顶等措施,如图9.7～9.10 所示。

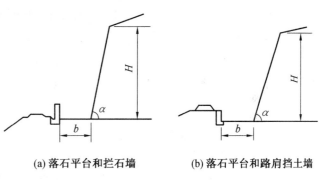

(a) 落石平台和拦石墙　　　　(b) 落石平台和路肩挡土墙

图 9.4　落石平台

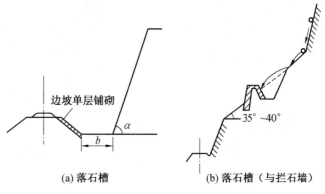

(a) 落石槽　　　　　　　　(b) 落石槽（与拦石墙）

图 9.5　落石槽

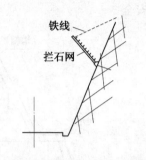

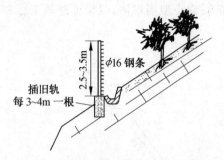

(a) 边坡上拦石网（可与信号联锁）　　　(b) 堑顶上拦石网（与天沟、植树配合）

图 9.6　拦石网

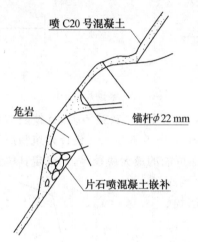

图 9.7　路堑边坡危岩锚喷加固

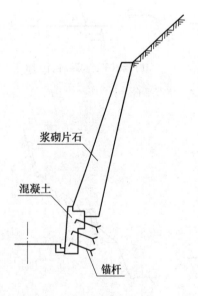

图 9.8　挡墙基础锚杆加固

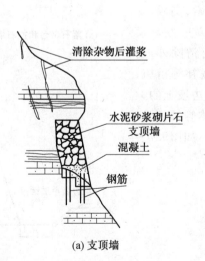

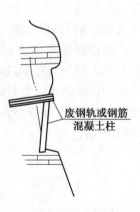

(a) 支顶墙　　　　　　(b) 钢轨或钢筋混凝土柱

图 9.9　支撑

　　(4)拦挡遮挡工程。对于可能发生较大规模滑塌或顺层滑动的开挖边坡,或可能产生规模较大崩塌体的自然山坡,则往往需要修建诸如抗滑挡墙、锚固桩、棚洞、明洞等大型拦挡遮挡工程,如图 9.11~9.14 所示。

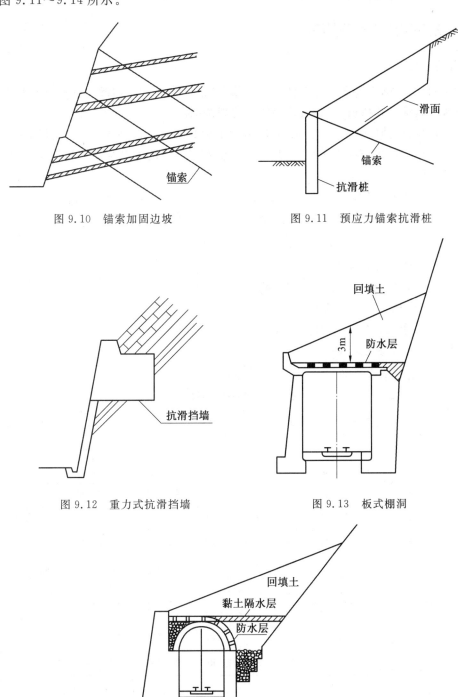

图 9.10　锚索加固边坡　　　　　　　图 9.11　预应力锚索抗滑桩

图 9.12　重力式抗滑挡墙　　　　　　图 9.13　板式棚洞

图 9.14　拱形明洞

设计这些工程时,除需要了解边坡上可能发生变形破坏危岩体的范围、规模外,对滑坡破坏的岩体尚需了解其有关参数及滑坡推力;对崩塌体则应了解其可能的冲击力等,以便根据地形、地质和施工条件等做出相应的设计。

9.1.2 落石防护的有关计算

1. 落石速度

影响落石速度的主要因素为山坡坡度和落石的高度,其他影响的因素还有石块的大小和形状,山坡的起伏度和植被情况,覆盖层的厚薄和特征。

石块由山坡运动的基本形式,以滚动和跳动两种形式为主,另外还会有滑动和飞越等情况。一般缓于 $30°$ 的山坡都有植被和覆盖土,石块要有初速度才会滚动。根据山坡情况,落石速度计算如下:

(1) 简单山坡(相邻坡度差 $\Delta \alpha < 5°$,坡段长 $l_i < 10$ m)指 $\alpha > 45°$ 基岩外露的山坡,具台阶或折线形断面,坡度较为均匀,可按一个平均坡角计算得

$$v_j = \sqrt{2g_n H(1 - k\cot\alpha)} = \varepsilon\sqrt{H} \tag{9.1}$$

式中 v_j —— 落石计算速度;

       H —— 自落石起点至计算点的垂直高度;

       α —— 山坡与水平面的夹角;

       g_n —— 重力加速度(9.81 m/s²)。

       k —— 阻力特性系数;

       ε —— 落石速度系数,$\varepsilon = \sqrt{2g_n(1 - k\cot\alpha)}$,见表 9.1。

表 9.1　落石速度系数 ε 值

坡角 α	ε	坡角 α	ε	坡角 α	ε	坡角 α	ε	坡角 α	ε	坡角 α	ε
30	1.02	40	2.17	50	2.66	60	2.99	70	3.23	80	3.59
31	1.24	41	2.23	51	2.70	61	3.01	71	3.25	81	3.63
32	1.42	42	2.30	52	2.75	62	3.04	72	3.28	82	3.70
33	1.55	43	2.35	53	2.79	63	3.06	73	3.32	83	3.76
34	1.65	44	2.39	54	2.81	64	3.09	74	3.37	84	3.82
35	1.77	45	2.45	55	2.84	65	3.10	75	3.40	85	3.90
36	1.86	46	2.50	56	2.88	66	3.12	76	3.42	86	399
37	1.95	47	2.54	57	2.92	67	3.14	77	3.46	87	4.04
38	2.04	48	2.59	58	2.94	68	3.17	78	3.50	88	4.16
39	2.13	49	2.63	59	2.97	69	3.19	79	3.54	89	4.43

式(9.1)中 k 值与山坡的 α 角、植被、落石频率等因素有关。

式(9.1)适用于 $\alpha > 45°$ 基岩外露的山坡。$\alpha < 45°$ 大部分长有灌木和杂草,但树木稀疏按 $70\% \sim 80\%$ 折减;山坡草树茂密时按 $60\% \sim 70\%$ 折减。

（2）折线型陡山坡（$\alpha_i = 30° \sim 60°, \Delta\alpha > 5°, l_i > 10 \text{ m}$）不宜取平均坡角时算式为

$$v_j = \sum \varepsilon_i (\sqrt{H_i} - \sqrt{H_{i-1}}) \tag{9.2}$$

式中　ε_i、H_i——第 i 段的速度系数和从落石终点算起的高度。

（3）极陡山坡（$\alpha > 60°, H_i > 10 \text{ m}$）。如图 9.15 所示的第 3 坡段 $\alpha_3 > 60°$，一般情况是石块飞越过坡面坠落于坡脚，其切向速度为

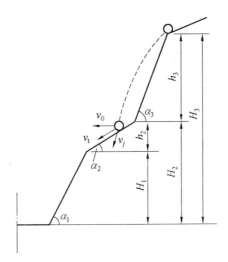

图 9.15　落石速度计算

$$v_t = (1 - \lambda)v_j \cos(\alpha_3 - \alpha_2) \tag{9.3}$$

式中　v_j——落石速度，$v_j = \varepsilon_3 \sqrt{h_3}$；

　　　λ——冲击处瞬间摩擦系数，见表 9.2。

表 9.2　瞬间摩擦系数

山坡覆盖层性质	λ
岩石裸露，光滑草皮坡面	0.1
含粗岩屑密实的残坡积土层	0.3
疏松的堆积土层	0.4
疏松的坡积层，草木茂盛	0.5

（4）石块自堑顶以初速 v_0 滚跃而下时，落石点处的速度为

$$v = (1 - \lambda)\sqrt{v_0^2 + 2g_n h} \tag{9.4}$$

2. 运动轨迹

　　最危险的落石轨迹是在堑顶附近弹跳后落入轨道，这时石块飞越的高度和距离都是最大，由此可决定必要的拦石墙高度和墙背的冲击力。如果跃起点不在堑顶而超前或滞后较多时，都不是控制情况。对山坡上拦石墙的应有高度，式（9.8）的 h_{max} 可供参考。

　　在坡面上滚动中的石块遇到岩石露头等障碍后会弹跳而起，在空中运动的石块落到坡面回弹后再有一个飞越，其运动轨迹由图 9.16 知

$$x = v_0 \cos(90° - \beta)t \qquad \text{(a)}$$

$$z = v_0 \sin(90° - \beta)t + \frac{1}{2}g_n t^2 \qquad \text{(b)}$$

以 $t = x/v_0 \sin\beta$ 代入式(b)得

$$z = \frac{g_n x^2}{2(v_0 \sin\beta)^2} + x\cot\beta \qquad (9.5)$$

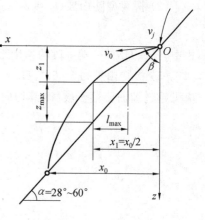

图 9.16　落石跃起轨迹

式中　　v_0—— 石块在 O 点跃起时初速度,约为 $(1-\gamma)v_j$;

　　　　g_n—— 重力加速度 $(9.81\ \mathrm{m/s^2})$;

　　　　β—— 跃起角,即

$$\beta = \frac{200 + 2\alpha(1 - \dfrac{\alpha}{45})}{\sqrt[3]{v_0}} \qquad (9.6)$$

式中　　α—— 山坡角(°);

　　　　v_0—— 跃起初速度(m/s)。

石块对斜面水平向和竖向的最大偏离为

$$l_{\max} = \frac{v_0^2(\tan\alpha - \cot\beta)^2}{2g_n \tan\alpha(1 + \cot^2\beta)} \qquad (9.7)$$

$$h_{\max} = l_{\max}\tan\alpha \qquad (9.8)$$

自跃起点至落石点的水平距离为

$$x_0 = 0.204 v_0^2 \sin^2\beta(\tan\alpha - \cot\beta) \qquad (9.9)$$

以上为石块腾越计算的主要公式,从而可确定山坡拦截建筑物的高度和适当位置。如山上拦石墙的高度 $\approx h_{\max} + a$,落石坑的底宽 $\approx \frac{1}{2}l_{\max} + a$($a$ 值取 $0.5 \sim 1\ \mathrm{m}$),一般是石块陷入落石坑不反弹。当落石速度很大又碰到石头或轨道时,能跃起 $1 \sim 3\ \mathrm{m}$ 高。

3. 冲击力

拦石墙、拦石网、落石坑、桩障和明洞等拦截建筑物,要受到落石的冲击如图 9.17 所示。这种力不仅很大,而且变化复杂,其刹时值难于测定。特别是碰撞作用时间和变形,对力的计算影响很大。对于 $1.5\ \mathrm{m}$ 厚中密的砂黏土缓冲层,计算值约在 $0.07\ \mathrm{s}$ 左右。一般落石以较高速度击入拦石墙后缓冲土层之内,再传力到墙背;或先打坏土层上的片石护坡反弹入落石坑内。为减少落石冲击力,要求缓冲层有一定的厚度 t,一般可取

$$t = F_s Z \qquad (9.10)$$

式中　　Z—— 由式(9.11)计算的陷入深度(m);

　　　　F_s—— 安全系数,一般可用 $1.5 \sim 2.0$。

铁路工程设计手册建议采用的公式是

$$Z = v\sqrt{\frac{Q}{2\gamma A}}\sqrt{\frac{1}{2\tan^4(45° + \varphi/2) - 1}} \qquad (9.11)$$

$$P = 2\gamma Z[2\tan^4(45° + \varphi/2) - 1]A \qquad (9.12)$$

式中　　Z—— 陷入深度(m);

　　　　P—— 石块的冲击力(kN);

v—— 石块冲击速度（m/s）；

γ—— 缓冲填土单位体力（kN/m³）；

Q—— 石块质量（t）；

φ—— 缓冲填土内摩擦角；

A—— 假定石块为球形时的截面积（m²）。

常用 Q 等于 1 m³ 石块的质量。这时 $Q = \rho , r = \sqrt[3]{3Q/4\pi\rho} = 0.62$ m，$A = 1.21$ m²。横向分布宽度为 $B = 2(r + t\tan\varphi) \times 90\%$，拦石墙每米所受的冲击力 $p = q/B$，冲击角可由轨迹线图解求得。

也许最大危石要达到 $2 \sim 3$ m³，这样大的危石较为少见并应预先处理，万一落下会将拦石墙打裂。因为计算的石块过大，冲击力和拦石墙的断面就加大许多，工程和经济上都不大合理。

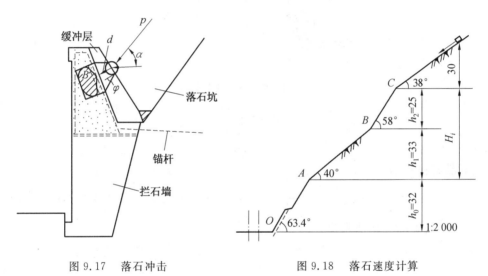

图 9.17　落石冲击　　　　　　　　　　图 9.18　落石速度计算

【例 9.1】　如图 9.18 所示，在离地 120 m 高处有一群危石露头浅埋于坡面上，山坡大部分长草及灌木，树木稀疏，各坡段的高度和倾角如图 9.18 所示，求在堑顶 A 处的落石速度。

【解】　H_i 由过 A 点的水平面算起，由式（9.2）及表 9.1 得

$$v_j/(\mathrm{m \cdot s^{-1}}) = \sum_{i=1}^{3} \varepsilon_i (\sqrt{H_i} - \sqrt{H_{i-1}}) =$$
$$2.04(\sqrt{88} - \sqrt{58}) + 2.94(\sqrt{58} - \sqrt{33}) + 2.17\sqrt{33} =$$
$$19.14 + 22.39 + 12.47 - 32.43 = 21.57$$

按山坡植被情况折减后得

$$v_j/(\mathrm{m \cdot s^{-1}}) = 21.57 \times 75\% \approx 16$$

【例 9.2】　路堑边坡如图 9.19 所示。求石块在堑顶内 1 m 处跃起后的运动轨迹。

【解】　跃起初速度为

$$v_0/(\mathrm{m \cdot s^{-1}}) = 0.8 \times 16 = 12.8$$

跃起角为

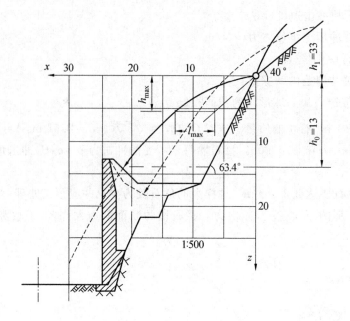

图 9.19　落石飞越轨迹

$$\beta = \frac{200 + 80(1 - \dfrac{40}{50})}{\sqrt[3]{12.8}} = 89.3°$$

运动轨迹由式(9.5)得

$$z = \frac{9.81x^2}{2(12.8 \times \sin 89.3°)^2} + x\cot 89.3° = 0.03x^2 + 0.012\,2x$$

由此,可由不同的 x 值求出 z 值。

$$l_{max}/\text{m} = \frac{12.8^2 (\tan 40° - \cot 89.3°)^2}{2 \times 9.81\tan 40°(1 + \cot^2 89.3°)} = \frac{112.02}{16.466} = 6.80$$

$$h_{max}/\text{m} = l_{max}\tan 40° = 5.71$$

【例 9.3】　已知堑高 13 m,落石至堑顶时 $v_0 = 12.8$ m/s,$Q_{石} = 2.5$ t/m³,缓冲填土 $\varphi = 30°$,$\gamma = 18$ kN/m³。求落石体积为 1 m³ 时的冲击力。

【解】　落石的换算半径为

$$r/\text{m} = \sqrt[3]{\frac{3 \times 2.5}{4\pi \times 2.5}} = 0.62$$

$$A/\text{m}^2 = \pi r^2 = 1.21$$

冲击速度由式(9.4)得

$$v/(\text{m} \cdot \text{s}^{-1}) = (1 - 0.3)\sqrt{12.8^2 + 2 \times 9.81 \times 13} = 14.3$$

陷入深度为

$$Z/\text{m} = 14.3 \times \sqrt{\frac{2.5}{2 \times 18 \times 1.21}} \times 0.242\,5 = 0.831$$

冲击力为

$$p/(\text{kN} \cdot \text{m}^{-1}) = 2 \times 18 \times 0.831(2\tan^4 60° - 1) \times 1.21 = 615$$

设缓冲填土厚 $t=1.4$ m,扩散角 $\varphi=30°$,冲击力分布宽度为 $2(r+t\tan\varphi)\times90\%$,所以

$$p/(\text{kN}\cdot\text{m}^{-1})=\frac{615}{2(0.62+1.4\tan30°)\times0.9}=239$$

9.2　土质边坡植草防护

9.2.1　直接植草护坡

雨水的冲蚀作用,要造成土质边坡冲刷流泥和溜坍等破坏,日晒和冰冻也加速岩土表层的风化剥落。为保护边坡加固表土,防止风沙对沙质路基的破坏,防止冻土的热融,在坡面上植草是经济而有效的办法。适用于路堤边坡可以保持、岩土较软、草根可以生长的地段。

经人工降雨试验,在历时 30 min 强度为 $0.8\sim1.3$ mm/min 的暴雨下,有密铺草皮的边坡径流量有所减少,因冲蚀而产出的泥沙量减少 98%。雨滴落下时的溅蚀作用和细流的冲刷大为减弱,有一种消能作用和茎叶的截留、分流作用,以及根部对边坡的加筋作用。但雨水入渗有所增加,表土的含水量也加大,不过能较快为根部吸收及蒸发掉。总之,植被能保持坡面有一定的湿度,又能避免含水量过高,斜坡在有根系的情况下,雨季中土的抗剪强度可提高 $30\%\sim65\%$,c 值可提高 1 倍左右。

草种宜就地选用覆盖率高、根部发达、茎叶低矮、耐寒耐旱具匍匐茎的多年生草种,也宜引进适应当地土壤气候的优良草种,其中属于禾木科的如兰茎冰草、扁穗冰草和无芒雀麦等。豆科植物有红豆草、心冠花和柠条等。①冰草天然分布在我国内蒙古半干旱和半荒漠平原,根部发达须根深扎土层 1 m 以下。②雀麦亦耐寒,耐旱性仅次于冰草,根部发达,根茎比为 1∶1.58。③红豆草出苗最齐、生长最快,直根系入土 1 m 以下。开粉红色花,有观赏价值又为密源植物。④小冠花为多年生,耐瘠耐旱耐寒植物,根茎粗壮花色鲜艳,根系长度超过 3 m,是理想的覆盖植物,可防边坡冲蚀,但发芽时间迟缓,宜与其他草籽混种。⑤柠条广泛分布于我国北方干旱草原,是优良的防风固沙保持水土植物。柠条也有直根系,入土根深能吸收深层水分,茎枝上长满尖刺,有绿篱作用,能防止耕牛到铁路边吃草。⑥长叶草又称肯塔基草,根部深达 30 cm,茎叶覆盖面积大,各种土质都适用,但耐寒耐旱性稍差。⑦白茅草特点是地下根茎粗壮发达,每节长 $2\sim5$ cm,顶端生坚硬的芽鞘,有很强的穿透能力和固土能力,但上部植被不茂盛,护坡能力较差。此外,豆科灌木紫穗槐和夹竹桃根部茂密,常配合草皮使用,如图 9.20所示,护坡效果显著。植草方法有如下几种:

(1)条播法。在整理边坡时,将草籽与土胞混合料按一定间距成水平条状铺在夯层上,宽约 10 cm,然后盖土再夯,并洒水拍实。单播只用一种草籽,混播用几种草籽配合,使根系、植被和出苗率为最优。禾豆科和禾木科草籽混种,因豆科植物根瘤固氮,为禾本科草皮提供氮素,使其生长旺、盛开形成两种茎叶的配合,提高了水土保持的能力。但混播和自然草坡一样,植被生长参差不齐不影响景观。

草皮在 5 ℃以下停止生长,10 ℃以下基本上不发芽,另在高温季节蒸发太快,草皮生长易于干枯,故在此期间均不宜播种。

(2)喷撒法。每 1 m² 需用草籽 $10\sim21$ g,肥料75 g,纤维 0.15 g 和水 5 kg 搅拌 10 min 形成均匀的草籽稀浆,由喷射机喷于坡面上;或第一层先喷肥土,第二层再喷撒种子。为保护草

籽不被雨水冲蚀,可在喷有草籽的坡面上再喷洒一层防侵蚀剂,在干旱和风沙地区尤宜。常用较经济的合成树脂胶水,如聚醋酸乙烯酯加30～40倍的水,每 1 m² 坡面需用此胶液 1～2 L,即可形成一层胶膜,它有一定的保温、保墒、保水和抗冲刷的作用,对草籽发芽生长无不良影响,但喷后不能碰上降雨,要有几天的干燥时间。

(3)密铺法。老边坡先要整理坡面夯填细沟坑注,新边坡要经初验合格洒水润湿后再平铺草皮。稍有搭接、块块靠拢、不得留有空缝,根部要密贴坡面、每块拍紧使接茬严密才能成活。边坡陡于 1：1.5 的都应加钉。切取的草皮每块约 25 cm×40 cm,厚 5 cm 左右。在堑坡可铺上堑顶,在堤坡应低于路肩 2～5 cm。

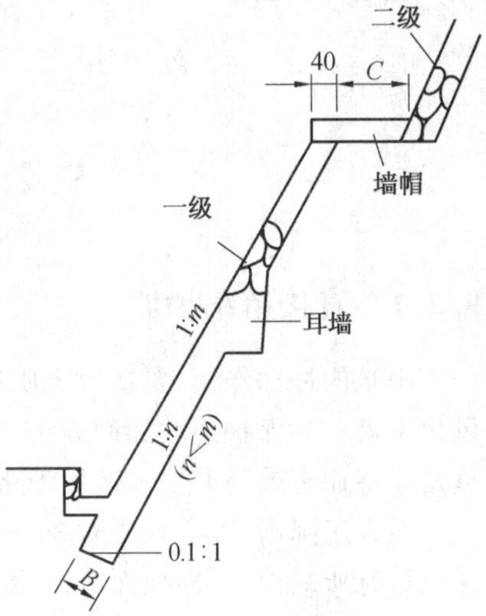

图 9.20 草皮护坡

9.2.2 框架内植草护坡

在坡度较陡且易受冲刷的土坡和强风化的岩质堑坡上,采用框架内植草护坡。框架制作有多种做法,例如:浆砌片石框架成 45°方格型,净距 2～4 m,条宽 0.3～0.5 m,嵌入坡面0.3 m左右;锚杆框架护坡,预制混凝土框架梁断面 12 cm×16 cm,长 1.5 m,用 4 根 6～8 mm 钢筋,两头露出 5 cm,布置如图 9.21 所示。另在杆件的接头处伸入一根 φ14 m×3 m 锚杆,灌注混凝土将接头固定。锚杆作用是将框架固定在坡面上。框架尺寸和形状由具体工程而定,其形状有正方形、六边形、拱形等。框架内再种植草类植物。

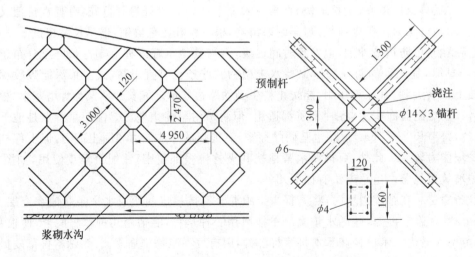

图 9.21 框架护坡

9.3　喷射混凝土防护

喷射混凝土适用于风化严重的岩质边坡,深路堑经预裂光面爆破后,尚需锚喷加固的多台阶高边坡;成岩作用较好的黏土岩边坡。亦可用在风化剥落十分严重的碎裂岩体,素喷无筋、无伸缩缝,厚 6～8 cm,经历 7 个寒暑检验无开裂、脱落起壳等现象,效果较好。但个别处有不连续的小于 0.2 mm 的短龟裂,和少数设有水眼处渗点白浆出来。

9.3.1　普通喷射混凝土防护

施工前清理坡面,喷水冲洗浮土。裂缝中间如需喷射,可先刮除数厘米深的泥土,使砂浆挤进缝内。对喷层周边及顶部水沟应预先挖槽。在斜坡上作业,当坡度较缓时,可在坡面上修斜坡路并使用安全绳,坡度较陡时要搭脚手架。

水泥用 425 硅酸盐水泥,混凝土配合比可为 1：2：2,有减水剂时可为 1：2：3,水灰比为 0.4～0.55,砂率 45%～60%,为使喷射的混凝土早强快凝,提高黏结力,减少回弹量,避免脱落和不密贴,需加减水剂 0.5%～1%,速凝剂 2%～3% 或其他增加塑性和稠度的外加剂。大约 6～8 cm 的喷层每平方米需用 425 水泥 27～35 kg,相当于 C20～C30 级混凝土。

小石子用 5～25 mm 砾石或瓜米石,无薄片或石粉,并应有相当级配和粒径分析,要求 $\varphi25$ mm 筛余<2%,$\varphi10$ mm 筛余 65%,$\varphi5$ mm 筛余>95%,河砂用中粗砂,含水量在 6% 左右,不宜过干或过湿。总之,骨料中以 0.2～15 mm 的颗粒占多数。反弹损失约 25%,可移作坡脚及水沟加固用。

应用机具有:排气量为 6～9 m^3/min 移动式空压机,80 m 扬程离心水泵,5.5 kW 转子型混凝土喷射机,10 kN 电动卷扬机。水管、风管、塔架、脚手架等视工地情况配套。

劳动组织:工班长 1 人,机工 1 人,喷射手 2 人,运料拌料若干人,视工地布置而定。干喷是干料先拌好输送到喷嘴附近才加水,要求水压高于出口风压,开始时,先给风后喷水送料。混合料以 40～60 m/s 的高速喷射到边坡上。喷射时逐层逐块进行,先喷凹处及裂隙处再喷坡面,喷枪缓缓移动,小圈转动使喷层均匀。喷嘴垂直坡面方向,可 15° 内稍有倾斜,距离在 1 m 左右。使混凝土有相当压力黏着于坡面,而回弹量又最小,喷后视气候情况喷水养护,但气温在 5 ℃ 左右时不要喷水,以免冰冻。

喷射混凝土的标号应不低于 C20,设计用的物理力学指标按规范,并可参考表 9.3,容许应力可用强度值的一半。

表 9.3　C20 级喷射混凝土计算指标

容重/(kN·m⁻³)	22
抗压强度/MPa	20
抗拉强度/MPa	1～1.3
抗剪强度/MPa	2～4
与岩石黏结力/MPa	0.5～1
弹性模量/MPa	$(1.8～2)×10^4$

9.3.2　喷锚网防护

对于坡度大且风化严重的岩石边坡,应采用喷锚网防护,即在坡面上打锚杆挂钢筋网后,再喷混凝土,兼有加固与防护作用。挂网喷射乃用 $\varphi6$ 钢筋做成 200 mm 或 250 mm 的方框,用 $\varphi2$ mm 铁线捆扎成网,挂在 $\varphi16$ 短锚杆元钉上,按一定的排列方式将框架连在一起,然后喷射混凝土。近年来有用土工格栅代替钢筋挂网,施工方便,造价较低,效果亦佳。

9.3.3　钢纤维喷射

用 $d=0.3\sim0.4$ mm、长 $20\sim25$ mm 钢纤维加入混凝土中,掺量为混凝土干质量的 $1\%\sim2\%$ 组成一种复合材料,弥补了喷混凝土脆裂的缺陷,改善了其力学性能,使其抗弯强度提高 $40\%\sim70\%$,抗拉强度提高 $50\%\sim80\%$。

钢纤维在喷射面内分布相当均匀,据统计平行于喷射平面的钢纤维根数,约占总根数的 $70\%\sim80\%$,混凝土的韧性提高 $20\sim50$ 倍。钢纤维长径比 (L/d) 愈大,黏结力越好,目前,限于工艺和设备条件,长度不能超过 30 mm,即 $L/d=60\sim80$ 为好,在干骨料拌和过程中如有结团的钢纤维,应用四齿耙或钢叉拨开。

9.3.4　造膜喷射

干法喷射时水量不易控制,水和粗细骨料拌和黏着不匀,有粉尘大、回弹多等缺点。20 世纪 80 年代初日本首先研究了造膜喷射,取名为 SEC(Sand Enveloped with Cement)造膜喷射混凝土,即在一部分砂粒表面先包裹一层水泥浆薄膜,其流程如图 9.22。

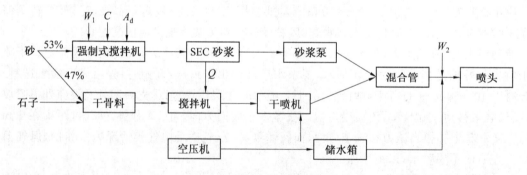

图 9.22　流程图

C—水泥;W_1—第一次加水;W_2—第二次加水;A_d—减水剂;Q—速凝剂

本法由两条生产线组成,需多用搅拌机和砂浆泵各一台,分两次加水,第一次对 SEC 砂浆加水,水灰比为 $0.15:0.35$,第二次在喷头才加足所需水量。造膜喷射在我国使用结果是:混凝土强度提高 $14\%\sim21\%$,回弹率由 30% 降低到 $8\%\sim20\%$,粉尘浓度降低 10 倍,抗渗抗冻和抗腐蚀等性能有所提高,在同等条件下能节约水泥 $15\%\sim20\%$。

9.3.5　质量检验

(1)喷层厚度。在指定地点或每 $10\sim20$ m 预埋 $\varphi6$ 铁条,比喷层设计厚度长 5 cm,此部分涂红油漆以便喷射时掌握及喷后检测厚度。

(2)强度。边坡喷射每 50 m 取件一组,共 3 个试块。取件时对着边坡上钢模喷射,喷后用砂浆抹平,同样条件养生后试验。评定合格以两个条件为准:抗压强度平均值≥设计值;最低值≮设计值的 85%(3 块中只许有 1 块)。

(3)外观及其他。无开裂、脱落、渗水、拱起、露筋、空响等现象。泄水眼、伸缩缝、锚杆、加筋或挂网按规定设置,并有喷前初验记录。

9.4　冲刷防护

靠近江河湖海和水库区的路基,边坡要受水流、波浪和流水的冲击,尤其在有台风雨和暴雨洪水的季节及涨大潮的时候,路基易遭破坏,应有必要和足够的冲刷防护措施,才能保证正常使用和安全行车。

山区铁路河谷陡深,水流湍急,多急弯急滩,比降大、流速快、径量丰富,洪水期中,中泓流速大至 7～10 m/s,冲刷、侧蚀作用十分强烈。平时风平浪静清风明月,似乎没有什么可防护之处,一遇大洪水发生有如万马奔腾惊涛拍岸,有很大的破坏力,那时要防护也来不及了。

沿河路基的冲刷防护工程有如下 4 个重点:

(1)凹岸必防。凹岸受水流强烈的冲刷,流速和水力动能大,又受环流影响,侧蚀最为明显,故凹岸路堤边坡易遭冲毁,应做护坡。

(2)当冲必防。凹岸或急滩下皆当冲之处,水面广阔,风向吹向边坡者又受波浪的冲击,水流就要直冲路基,均宜有良好的护坡和基础才能抵卸。

(3)软岸必防。如将基岩裸露、石质坚硬,允许流速甚高的一岸称为硬岸,土质一岸称为软岸,则在峡谷中由于横断面小,流速大,洪水时软岸易遭冲刷。这里的软岸在地质历史中早已不存在,只留下硬岸,而修路后土质路堤就成为新生的软岸,如无有力防护迟早要遭冲毁。

(4)凡有局部冲刷的地方,如堤堑交界、路堤和路肩墙交界和桥头路基等处,都要求做好顺接,主要地点要做片石护锥。河岸在平面和横断面上的任何急剧变化,都会引起水位、比降、流速和泥沙冲淤的变化,并引起局部冲刷。

冲刷防护据该河段的水流性质主要据断面平均流速选用,参照表 9.4。防护设计还要有水位、波浪、涨落历时、土质和风速风向等资料。常用的直接防护类型如图 9.23 所示。目前冲刷防护广泛使用土工布作为反滤层。因土工布对细粒土有良好的隔离和反滤作用,并能随石块形状密贴坡面,在水流冲刷和波浪动应力作用下不至破坏,如还有一层碎石效果更好。用三维土工格栅内填砂砾石小片石可抵御 2.5～3 m/s 流速的冲刷。石块填在格栅内平整稳当,用料较省。

表 9.4　冲刷直接防护常用类型及适用条件表

防护类型	结构形式	允许流速 v /(m·s^{-1})	始动推移力 S_0 /(N·m^{-2})	适用地段
草皮护坡	密辅 叠辅	0.8～1.4 1.2～2.0	10～20	河道较平直宽广、岸边流速较低
防水林	种植槐、杨及灌木,间距 1～2 m	1.2～1.8	10～20	路堤下部,坡脚及护道上,浪大处;丁坝尾,挡墙前

续表 9.4

防护类型	结构形式	允许流速 v /(m·s⁻¹)	始动推移力 S_0 /(N·m⁻²)	适用地段
土工格栅(三维) 干砌石片	内填砂砾石小片石厚 20～25 cm厚 25～35 cm,另加碎石土工布垫层	2.0～3.0 3～4	80～160 160～240	有流木、流水时适当加厚
框式护坡	浆砌片石框架宽 80 cm,内干砌勾缝	4～5	300～500	冲刷和波浪较大处
抛石护坡	石块尺寸≮35 cm,护坡厚度≮70 cm,风浪大处外加土工布	3～4	120～240	用于水下及边坡加固,防洪抢险,海边放浪
浆砌片石	厚30～50 cm,带垫层及泄水孔	4～8	500～1 000	峡谷急流、大溜顶冲和波浪作用强烈地段
混凝土板	厚8～18 cm,垫层10～15 cm	3～6	100～300	缺石料地区,滨江滨湖路基
石笼护坡	由钢条及铁线制成石笼,内填石块	4～5	160～200	流速及波浪大处,水下加固
挡墙、四方体、四脚锥体	浆砌片石、条石、混凝土构件	5～8	1 000～1 500	峡谷急流或海边、水深浪大、冲刷严重处

注:土粒的 S_0 值,中砂 1.8～2;粗砂 2.5～4;圆砾 12.5;粗砾 48～56,单位为 N/m²。

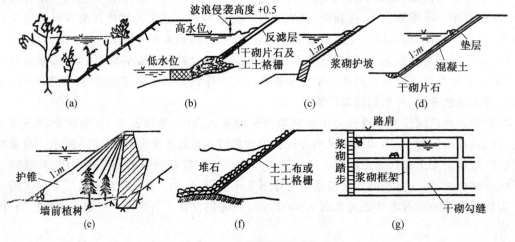

图 9.23 直接防护主要类型

间接防护如图 9.24 所示,有防洪堤,丁坝、导流堤,透水格栅和防水林等河调工程。用以改变路基受威胁地段的水流流向,减少流速,波浪和冲刷并防止不稳河道的摆动和歧流的发展,对路基起间接防护作用。特别是铁路附近的防洪堤,一旦冲毁就危及铁路的行车,已有好几处堤坝和路基先后冲毁的实例。

山区铁路河谷狭窄,水力动能大,可设间接防护之处很有限,宜多用浸水挡土墙和直接防护处理。只在河道较宽处为防止歧流的发展,岸边的冲刷和水流直冲铁路,可适当修建一些河调建筑物。这些丁坝和导流堤宜和防水林带配合,使路基附近的浅滩或河道流速减缓,冲刷停止,歧流停止发展,促进这些地方的淤积。

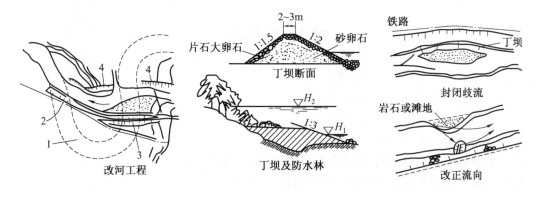

图 9.24　间接防护

1—截弯取直及造地；2—高水位浆砌护坡；3—防洪堤(顺坝)；4—硬岸炸开新河道

　　在十分困难地段需要改河时，要加强路基边坡的防护。因为截弯取直加大了河道的比降和流速，又因水的动能和流速平方成正比，所以路基所受冲刷也变大。新开的河道不得有硬岩阻挡水流顶冲路基。故在当冲地段，包括滨海路基风浪大处直接防护也要加强，冲刷严重处要抛石笼片石、混凝土重型构件加以防护。

　　防洪堤即顺坝，多建在江河边缘，属非淹没式。坝顶要高出设计高水位，为铁路的第一道防线，由水利单位和地方政府组织施工和养护。堆石长丁坝修在中下游浅滩上，使浅滩淤高主槽冲深，属于淹没式。由航运部门设置和逐步加高。这两种河调建筑物对就近的铁路也起保护作用。铁路少建顺坝，在凹岸多用砌石护坡。其他地点用丁坝时，多以短矮者为佳，能保护到路基就行，尽可能少压缩河宽。对较为宽广欠稳定的河道，压缩的百分数十分有限时，丁坝可以长些，但仍以设计的治导线为限，使线内的滩地和坡脚少受冲刷又增加淤积。丁坝可配合导流堤使用，以改善河道，保护桥头路基。此时应按本河洪水位设计成非淹没式的只在大河涨水倒灌时许可淹没。

　　丁坝间隔约为上游坝长的 4～4.5 倍，顶宽 2～3 m。一般向下游倾斜，与河岸垂线的夹角 $\alpha=15°～30°$，淹没式的丁坝还可做成垂直或上挑。坝身填料可用当地沙滩上的沙卵石，外加双层片石防护，边坡不陡于 1∶1.5，常用 1∶2。坝头不陡于 1∶3，坝顶纵坡 $\nleqslant 5\%$，高度以淹没式为宜，一般不宜超过附近河滩阶地的高度。坝头偏下游易冲刷之处宜抛蛇笼片石防护。我国古代水利工程"深淘滩、低作堰"经验在这里同样适用。

本章小结

　　图 9.1～9.14 总结了岩石边坡防护的常用措施，其中落石危害较大，要根据地形与貌特征算出落石速度、运动轨迹、冲击力，用以合理设计拦截工程。喷混凝土防护岩石边坡，还可对边坡起到加固作用。低矮平缓土质边坡最好采用植被防护。另外，江河湖海和水库区的边坡必须做好冲刷防护。防护技术是岩土工程的重要组成部分，本章所述的内容，已能看出它对主体工程的作用，在具体设计时，要注意因地制宜，达到事半功倍的效果。

复习思考题

1. 岩石边坡防护有哪些工程措施？
2. 进行落石防护设计时，应考虑哪些因素？
3. 土质边坡直接植草护坡时，植草方法有哪几种？
4. 在什么条件下采用框架植草护坡？
5. 喷普通混凝土护坡、喷锚网护坡的适用条件是什么？
6. 冲刷直接防护有哪几种类型？适用条件是什么？

第 10 章　土工聚合物

土工聚合物是一种人工高分子合成材料。由于它比天然高分子材料具有许多突出的优点，因而在岩土工程中得到了广泛地应用。本章介绍的内容包括土工聚合物的特点和类型、土工聚合物在岩土工程中的作用、岩土工程中应用土工聚合物的设计和施工要点。重点阐明了土工聚合物作为反滤、排水、隔离、加筋、防护和封闭等作用的基本原理，以及作为反滤、地基补强、加固路堤、加固垫层和加筋土拉筋等的设计方法。

学习中也要注意到土工聚合物本身还存在着诸如蠕变、老化和腐蚀等问题；设计方法也有待于进一步完善；对基本原理要能灵活和综合运用，以便将土工聚合物正确地使用于岩土工程中，收到良好的社会和经济效益。

10.1　土工聚合物的特点和类型

10.1.1　土工聚合物的类型

土工聚合物以煤、石油和天然气等作为原料，经过化学加工而成为高分子合成物（聚合物），再经过机械加工制成纤维或条带、网格、薄膜等产品。土工聚合物根据其加工制造的不同，大致可分为 10 类。

(1)有纺型。这种土工聚合物是由相互正交的纤维织成，与通常的棉毛织品相似，其特点是孔径均匀、沿经纬线方向强度大、拉断的延伸率较低。

(2)编织型。用一根单一的纤维按照一定的方式编织而成，与通常编织的毛衣相似。

(3)元纺型。这种土工聚合物中纤维（连续长丝）的排列是无规则的，与通常的毛毯相似。制造时，首先将无规则排列的纤维铺成薄层状，然后采用化学处理法、热处理法或针刺机械处理法使之成型，是当前世界上应用最广的一种土工纤维。

(4)组合型土工纤维。由前 3 类组合而成的土工聚合物。

(5)土工膜。在各种塑料、橡胶或土工纤维上喷涂防水材料而制成的各种不透水膜。

(6)土工垫。由粗硬的纤维丝黏结而成。

(7)土工格栅。由聚乙烯或聚丙烯板通过单向或双向拉伸扩孔制成孔格尺寸为 1~10 cm 的圆形、椭圆形、方形或长方形格栅。

(8)土工网。由挤出的 1~5 mm 塑料股线制成。

(9)土工塑料排水带。由挤压或压制而成，作为堆载预压加固时竖向排水之用。

(10)复合土工聚合物。由上述两类以上组合而成的材料。

10.1.2　土工聚合物的特点

土工聚合物的主要特性是：质地柔软而重量轻、整体连续性好、抗拉强度高、耐腐蚀性和抗微生物侵蚀性好、反滤性（土工织物）和防渗性（土工膜）好，施工简便。

（1）物理特性。

①厚度。土工织物一般厚为 0.1～5.0 mm，最厚的可达 10 mm 以上；土工膜一般厚为 0.25～0.75 mm，最厚的可达 2～4 mm；土工格栅的厚度随部位的不同而异，其肋厚一般为 0.5～5 mm。

②单位面积重量。常用的土工织物和土工膜单位面积重量一般在 50～1 200 g/m² 的范围内。

③开孔尺寸。开孔尺寸亦即等效孔径：土工织物一般为 0.05～1.0 mm；土工垫为 5～10 mm；土工网及土工格栅为 5～100 mm。

（2）力学特性。

①抗拉强度土工聚合物是柔性材料，主要通过其抗拉强度来承受荷载，以发挥其工程作用。因此，抗拉强度及应变是土工聚合物的主要特性指标。由于土工聚合物在受力过程中厚度是变化的，故其受力大小一般以单位宽度所承受的力来表示。常用的无纺型土工织物抗拉强度为 10～30 kN/m，高强度的为 30～100 kN/m；常用的有纺型土工织物为 20～50 kN/m，高强度的为 50～100 kN/m，特高强度的编织物为 100～1 000 kN/m；一般的土工格栅为 30～200 kN/m，高强度的为 200～400 kN/m。

②渗透性。土工聚合物的渗透性是其重要的水力学特性之一。根据工程应用的需要，常要确定垂直和平行于聚合物平面的渗透系数。土工织物的渗透系数约为 $8 \times 10^{-4} \sim 5 \times 10^{-1}$ cm/s，其中无纺型土工织物的渗透系数为 $4 \times 10^{-3} \sim 5 \times 10^{-1}$ cm/s；土工膜的渗透系数为 $T \times 10^{-10} \sim T \times 10^{-11}$ cm/s（T 为 1～9 之间的数）。

③剪切摩擦。土工聚合物在外荷载及土体自重作用下变形时，将会沿其界面发生与周围土体间的相互剪切摩擦作用。根据剪切摩擦试验，土与土工聚合物之间的黏着力一般很小，通常可略去不计。土与土工聚合物之间的摩擦角与土的颗粒大小、形状、密实度和土工聚合物的种类、孔径及厚度等因素有关。对于细粒土及疏松的中砂等，其与聚合物之间的摩擦角大致接近土的内摩擦角；对于粗粒土以及密实的中细砂等，其与聚合物之间的摩擦角一般小于土的内摩擦角。

除此以外，还有土工聚合物的蠕变特性、撕裂强度（反映土工聚合物抵抗撕裂的能力）、顶破强度（反映其抵抗带有棱角的块石或树杆刺破的能力）、穿透强度（模拟具有尖角的石块或带尖角的工具跌落在其上的破坏情况）、握持抗拉强度（反映其分散集中荷载的能力）和抗老化能力（包括紫外线、温度的敏感性、抗化性和生物腐蚀）等。

10.2　土工聚合物在岩土工程中的作用

土工聚合物是岩土工程中应用聚合材料的总称。早在 20 世纪 20 年代，化工部门即成功地生产出人工聚合材料，但直到 50 年代后期，这种材料才逐渐作为一种新型的建筑材料被推广应用于岩土工程。早期的产品主要是透水的有纺及无纺土工织物，后来又生产出不透水的土工膜。随着工程实践的要求和制造工艺的提高，又陆续制造出高强加筋用的土工格栅和其他组合产品。

最近 20 年来，随着对聚合物工程特性的深入研究、工程实践经验的积累、特殊规格产品研制能力的提高及产品市场的日益扩展，土工聚合物的应用规模得到飞跃发展，几乎涉及铁路、公路、水利、海港、建筑和采矿等各个领域。形成这种局面的原因,除聚合物材料具有质量轻、柔性大、强度高、耐腐蚀、生产工厂化、成本低、运输和施工方便等众多优点外,还由于其在工程应用中适应性强,具有多方面的功能。土工聚合物主要具有下列功能:

(1)过滤作用。水和气可自由地通过土工织物,但土颗粒却有效地被截留。典型的用途为代替砂砾料做反滤材料。

(2)排水作用。流体允许沿织物平面排出。例如用于地下或坝内排水。

(3)隔离作用。把两种不同粒径或性质的材料隔开。例如用作铁路地基和道碴的隔离。

(4)加筋作用。使土中应力和应变重新分布,增加其强度和稳定性。例如用于软基加固、修筑轻型挡土墙等。

(5)防护作用。防止坡面在渗流力和波浪力作用下的坍塌、淘刷和失穗。例如用于河道和海岸的防冲护坡。

(6)封闭作用。阻止水、气或有害物质的渗流。例如用于水池或渠道防渗,弃料坑的封闭等。

对于具体工程,土工聚合物常常同时发挥上述几种功能,起着多方面的综合作用。

随着使用范围的不断扩大,土工聚合物的生产和应用技术也在迅速提高,使其逐渐形成一门新的边缘性学科。它以岩土力学为基础,与纺织工程、石油化学工程有密切联系,应用于岩土工程的各个领域。正如有人指出的那样,"应用土工聚合物对于岩土工程是一场革命",其广阔的发展前景是毋需置疑的。但是,就客观现状而言,这项新技术的兴起毕竟历时不长,存在着理论大大滞后于实践的问题,主要表现在土工聚合物延伸性大,有明显的蠕变和应力松弛现象,因而其性能易随环境因素而变化。此外,土工聚合物埋在土内,土与其界面间相互作用机理十分复杂,至今还不十分清楚。所以尽管土工聚合物的应用已日益普及,但对材料特性的认识、各种功能的工作机理及设计方法等方面都存在大量有待探讨的课题。总之,这项新技术领域仍处于开发时期,技术上还不够成熟,有待于继续努力充实、完善和提高。

10.3　利用土工聚合物的设计

在进行工程设计计算时,应考虑如下问题:

(1)要考虑到与应用结构型式有关的危险因素及对结构破坏的影响。如用于永久性建筑物,一旦土工聚合物被破坏,将会严重损害建筑物的安全,因而应特别仔细和周密地考虑。对于大多数的临时工程,即使发生破坏也可很快修复,并且不会影响整个建筑物安全使用的,则可大胆地应用土工聚合物,但也应认真对待。

(2)分析不利条件的影响。如对超软土地基、重大荷载条件、较大水头、正反两向渗流和紊流等水力条件以及土工聚合物用作排水时遇到级配不连续的土等,都应认真地分析。

(3)考虑土工聚合物对整个工程设计和施工的影响,如水下铺设土工聚合物拟采取何种施工方法和措施等。

由于土工聚合物在岩土工程中的应用,主要是反滤、排水、隔离、加筋、防渗和防护等。目前大多处于探索和开发阶段,缺少可遵循的技术规范和标准,所以下面仅介绍其常用的计算理论和设计方法。

10.3.1　作为滤层的设计

1. 土工聚合物反滤作用的机理

如图 10.1 所示,在图左侧为堆石排水体,中间是铺放的土工织物,右侧为被保护的土体,渗流方向自右向左。在单向渗流的情况下,初期紧贴土工织物的土体中发生细颗粒向滤层移,其中一部分极细颗粒通过土工动织物被带走,剩下较粗的颗粒。同时,这一较粗的颗粒层又有阻止后面的极细颗粒被继续带走的可能,而且越往后极细颗粒被带走的可能性就越小。这样,土工织物就与其紧贴的部分土体形成了一道由粗颗粒到细颗粒的"天然"的反滤层,能有效地起到反滤作用,确保被保护的土体不发生管涌。因此,铺设土工织物能起反滤层的作用,并不是土工织物成了反滤层,而是由于有了土工织物的"媒介"作用,使被保护的土体内形成了"天然"反滤层。该反滤层的构成和效果是有一定条件的,它取决于如下 4 个因素:

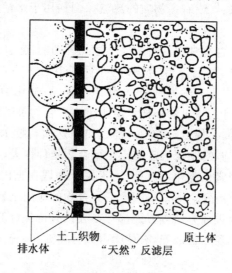

图 10.1　反滤机理示意图

(1)土工织物的孔隙大小、分布、开孔率、织物厚度和织物的压缩性等。

(2)被保护土的粒径、级配、孔隙率、渗透系数和黏聚力等。

(3)反滤层周围的应力和应变状态。

(4)层流、紊流、单向渗流和反复渗流等水力条件。

2. 反滤设计准则

为了使土工织物起到反滤作用,则要对土工织物提出一定的设计要求,确定设计准则。从常规的砂石料反滤层得知,其基本要求有两条:一是被保护土料的颗粒不得穿过反滤层流失,防止发生管涌,这就要求土工织物的孔径不能太大;二是保证反滤层内水流畅通,防止被保护土料颗粒停留在反滤层内发生淤堵,这就要求土工织物的孔径不能太小。简单地说就是防止管涌和保证透水两个方面。

可见,这两条基本要求是相互矛盾的。设计者的任务就是要根据被保护土的特性选用一种合适孔径的土工织物,将矛盾的两方面统一起来。

(1)按常规砂石料反滤层设计准则所导出的准则。关于砂石料反滤层的设计准则,1948

年首次由太沙基(K. Terzaghi)和皮克(R. B. Peck)提出,即应满足以下两条准则

为防止管涌 $\qquad\qquad D_{15f} < 5D_{85b}$ (10.1)

为保证透水 $\qquad\qquad D_{15f} > 5D_{15b}$ (10.2)

式中　　D_{15f}——反滤料的特征粒径,相应于粒径分布曲线上小于某粒径的土粒含量 p 为 15%
时的粒径(mm);

$\qquad$ D_{85b}、D_{15b}——被保护土料的特征粒径,分别相应于粒径分布曲线上 p 为 85%、15% 时
的粒径(mm)。

式(10.1)实际上是从几何关系推导出的关系式,即假定土料颗粒与反滤料颗粒各自均为相同大小的圆球,前者直径小于后者直径。反滤料圆球相互之间的位置,一般有如图 10.2 所示的情况。其中图 10.2(a)属紧密结构,所围成的孔隙较小;图 10.2(b)属非紧密结构,所围成的孔隙较大。若孔隙大小用直径为 d 的内切圆表示,反滤料颗粒直径用 D_f 表示,由几何关系得知:对图 10.2(a),$D_f = 6.5d$;对图 10.2(b),$D_f = 2.3d$。因此,对紧密结构,只要被保护土料的粒径 $D_b > D_f/6.5$,就不会从反滤料孔隙中穿过;对非紧密结构,只要被保护土料的粒径 $D_b > D_f/2.3$,就不会从反滤料孔隙中穿过。实际情况中,这种紧密结构与非紧密结构在反滤料中并存。考虑平均情况,被保护土料颗粒不从反滤料孔隙中穿过的条件,或者说防止发生管涌的准则为

$$D_f < 5D_b \tag{10.3}$$

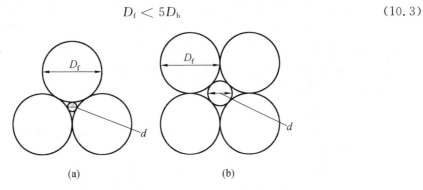

图 10.2　球体孔隙示意图

鉴于实际的反滤料颗粒与被保护土料颗粒是不均匀的,不是等径圆球,通常则以 D_{15f} 代替 D_f、以 D_{85b} 代替 D_b,于是就得出式(10.1)。

式(10.2)是反映反滤料与被保护土料两者渗透性的准则。试验证明,粒径均匀的土料,其渗透系数与粒径的平方成正比。粒径不均匀的土料,其渗透系数与 D_{15f}^2 成正比。为了保证反滤层内水流畅通,不致被淤堵,就要求反滤层的渗透系数远比被保护土料的渗透系数大。依据实验资料,比如说大 25 倍,于是可得:$D_{15f}^2 > 25D_{15b}^2$,即式(10.2)。

从式(10.1)和式(10.2)可看出,准则的表现方式是通过反滤料与被保护土料两者的粒径大小体现的。而实际的物理意义,应该是反滤料的孔隙大小与被保护土料颗粒大小的关系。对土工织物而言,显然以孔径－粒径关系来表示更明确。按照上述颗粒结构的几何关系,把式(10.1)和式(10.2)中的 D_{15f} 还原成用孔隙直径表达的形式,即

$$D_{15f} = 5d_f \tag{10.4}$$

式中　　d_f——反滤料孔隙的平均直径。

于是得

$$d_f < D_{85b} \tag{10.5}$$

$$d_f > D_{15b} \tag{10.6}$$

对于土工织物,可用其有效孔径 O_e 取代 d_f,故得到土工织物的反滤设计准则为

$$O_e < D_{85b} \tag{10.7}$$

$$O_e > D_{15b} \tag{10.8}$$

这种准则已在工程实际中被采用。O_e 可选用 O_{95}、O_{90} 或 O_{50}。由于土工织物孔隙大小一般比较均匀,所以这 3 个数值相差不多。

以上准则只适用于无黏性土。对黏性土,在常规砂石料反滤层设计时,其准则为

$$D_{15f} < 0.4 \text{ mm} \tag{10.9}$$

将式(10.4)代入式(10.9)则得:$d_f < 0.08$ mm。因此,土工织物用于黏性土时的设计准则为

$$O_e < 0.08 \text{ mm} \tag{10.10}$$

(2) 美国陆军工程师团准则。

1977 年修改的陆军工程师团准则为

防止管涌　　　　　　　　　　　$O_e < D_{85b}$ 　　　　　　　　(10.11)

保证透水　　　　　　　　　　　$O_e \not< 0.149$ mm 　　　　　　(10.12)

此处土工织物的有效孔径 O_e 用 O_{95},同时还规定:对于黏粒含量大于 50% 的土料,则 $O_e < 0.21$ mm;对于 $D_{85b} < 0.074$ mm 的土料,不宜采用土工织物做滤层。

该准则非常简单,物理概念明确,在我国工程实际中已被广泛使用。但由于假定滤层材料与被保护的无黏性土都是均匀的,没有考虑到被保护土层可能形成"天然"反滤层,因而陆军工程师团准则是偏于安全和保守的。

(3) 荷兰的准则。

荷兰德耳夫特(Delft)水力试验室,1975 年提出的防止无黏性土管涌的准则为

对有纺型织物　　　　　　　　　$O_{90} \leqslant O_{90b}$ 　　　　　　　　(10.13)

对无纺型织物　　　　　　　　　$O_{90} \leqslant 1.8 D_{90b}$ 　　　　　　(10.14)

以上介绍的反滤设计准则,只适用于静荷载条件下的单向水流。至于静荷载下正反双向水流和动荷载下的反滤设计等,可参考有关专著。

3. 反滤设计的工程实例

土工织物作为防洪抢险材料,1985 年首次在云南省陆良县南盘江大堤得到应用,并取得成功。当年 7 月 2 日,南盘江河段发生了 20 年不遇的洪水,下午 5 时出现冒水泉眼,出水流速较大,冲击堤内水面 5 ~ 10 cm 高,并夹带有基底的大量粉砂逸出,水量和砂量不断剧增。至晚 10 时,出水流量已达 0.03 m³/s,出砂总量约 10 m³,在离泉眼上部 5 m 处的堤埂上落陷一处,洞口直径约 0.9 m。

发生冒水泉眼的原因在于河堤是建在原老河床的粉砂基础上,同时又无防渗措施,因而在高水头作用下形成了管涌。因该地区麦河子水库有用土工织物反滤的经验,于是决定用土工织物铺盖泉眼作为反滤层,上部加毛块石压重。到 3 日凌晨 2 时着手处理,采用 3 条 4 m 长的土工织物,互相搭接,四周由人踩住土工织物,再由四周向中心逐渐堆放毛块石,最后形成中心高四周低,平均厚约 1.0 m 的压重体,所用石料 25 m³,共用时间 3 h。处理后,砂量明显减少,出水量也略有减少。后经长时间洪水多次涨落考验未发现异常现象,说明险情排除成功,如图

10.3 所示。

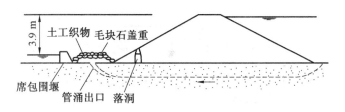

图 10.3　南盘江大堤用土工织物抢险

4. 结论

根据近年来我国应用土工织物的试验,有以下结论:

(1)工程实践和试验结果表明,运用土工织物作为反滤层很少发生管涌的情况,只有少数工程中有淤堵现象。因此,为了不发生淤堵现象,在满足不发生管涌的前提下,应尽可能选择较大孔径的土工织物。

被保护土料的粒径级配对选用土工织物孔径有很大的影响。级配过于均匀(不均匀系数 $C_u < 2$)或过于不均匀($C_u > 6$)的无黏性或少黏性土,尤其是粒径均匀的粉砂,在渗流作用下,容易产生管涌,故选用土工织物的孔径要严格一些。对于被保护土料级配不连续(缺乏中间粒径)的情况,有时细颗粒起控制作用,而有时粗颗粒起控制作用,视具体情况而异。

(3)当被保护土体较松散,或者承受较大的水头或动荷载,或者渗流处于紊流状态时,都易发生管涌。

(4)土工织物的孔径一般比较均匀,有纺土工织物的 C_u 接近1,无纺土工织物的 C_u 也不超过3。因此,许多准则中没有对孔径均匀性做专门规定,而在常规砂石料反滤层设计中,有对反滤料粒径均匀性的要求。

(5)在选用土工织物孔径时,设计者可按某一准则选取某种土工织物。但对重要工程,还要对选用的土工织物结合实际保护土料进行反滤试验予以检验。

(6)根据工程实践经验,如果按上述办法难以选用合适的土工织物时,可在土工织物与被保护土之间增铺一层 15 cm 厚的砂垫层,即可改善反滤效果。

10.3.2　作为地基补强时的设计

当地基可能产生冲切破坏时,铺设的土工聚合物将阻止破坏面的出现,从而提高承载力。当土工聚合物受集中荷载作用时,在较大的荷载下,高模量的土工聚合物受力后将产生一垂直分力,抵消部分荷载。

当很软的地基可能产生很大变形时,铺设的土工聚合物由于其承受拉力和与土的摩擦作用而增大侧向限制,阻止侧向挤出,从而减少变形,特别是侧向变形,增大地基的稳定性。

以土工聚合物加筋垫层为例,用图 10.4 和式(10.15)来说明。土工聚合物承受拉力而产生的支撑和减少侧向挤出的效果,即

$$p_{s+c} = \alpha c N_c B + 2T\sin\theta + \beta \frac{T}{R} N_q B + \gamma D_f N_q B \tag{10.15}$$

式中　p_{s+c}——每延米荷载(kN/m),

　　　α、β——地基的形状系数,一般取 $\alpha = 1.0$,$\beta = 0.5$;

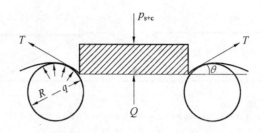

图 10.4　土工聚合物受力示意图

c—— 土的黏聚力(kPa);

N_c,N_q—— 与土体内摩擦角有关的承载力系数,一般 $N_c=5.3$;$N_q=1.4$;

B—— 基础宽度(m);

T—— 土工聚合物的拉力(kN/m);

θ—— 基础边缘土工织物的倾斜角,一般为 $10°\sim17°$;

R—— 假想圆的半径(m),一般等于 3 m 或为软土层厚度的一半,但不超过 5 m;

γ—— 土的重度(kN/m³);

D_f—— 填土下沉及侧向隆起量(m)。

式(10.15)中的第 1 项为原地基的极限承载力;第 2 项为地基在荷载下沉降使土工聚合物承受拉力所产生的效应;第 3 项是土工聚合物阻止隆起而产生的平衡镇压作用效应;第 4 项为隆起而产生的埋深效应。实际上,第 2、3 和 4 项均为由于铺设土工聚合物而提高的承载力。第 4 项有时可以略去。

土工聚合物作为地基补强设计时,还应注意以下问题:

(1) 设计前应估计 3 种可能的破坏形式,即侧向挤出破坏,转动破坏和局部支撑破坏。

(2) 由具体祭件准确地决定所需土工聚合物的要求。一般要注意选用高强度、低延伸率、低蠕变性并考虑其单向抗拉强度,湿强度,具体环境下的抗腐蚀及抗紫外线能力等。

(3) 分析计算时最重要一点是计算沿垫层需要筋材提供拉力的大小与分布。由加筋提供的力必须保证稳定并具有一定的安全系数。

10.3.3　作为加固路堤时的稳定性设计

土工聚合物用作增加填土稳定性时,其铺垫方式有两种:一种是铺设在路基底与填土间;另一种是在堤身内填土间铺设。分析计算时常采用荷兰法和瑞典法两种计算方法。

地基的稳定分析时,常假定为圆弧滑动。铺设土工聚合物后,因土工聚合物承受了拉力,增加了一个稳定力矩,从而使安全系数 K 增大。荷兰法的计算模型如图 10.5(a)所示,假定在滑动面处土工聚合物发生了与滑弧相适应的扭曲,认为土工聚合物的拉力方向与滑弧相切,相应的安全系数 K 的表达式为

$$K=\frac{\sum(c_i l_i+Q_i\cos\alpha_i\tan\varphi_i)+S}{\sum Q_i\sin\alpha_i}\tag{10.16}$$

式中　α_i—— 某一分条与滑动面的倾斜度(°);

S—— 土工聚合物的抗拉强度(kN/m);

Q_i—— 某一分条土重(kN/m);

c_i、φ_i—— 土体的黏聚力(kPa)和内摩擦角(°);

l_i—— 分条底部的弧长(m)。

瑞典法计算模型是假定土工聚合物的拉应力总是保持原来铺设方向,如图 10.5(b) 所示。由于土工聚合物拉力 S 的存在,就产生两个稳定力矩,即 Sa 和 $S\tan\varphi_1 b$。其安全系数 K 的表达式为

$$K = \frac{\sum(c_i l_i + Q_i \cos\alpha_i \tan\varphi_i)R + S(a + b\tan\varphi_1)}{\sum Q_i \sin\alpha_i R} \tag{10.17}$$

式中 R—— 滑弧半径(m);

a、b—— 力臂(m);

φ_1—— 堤坝填土的内摩擦角(°)。

其他符号意义同式(10.16)。

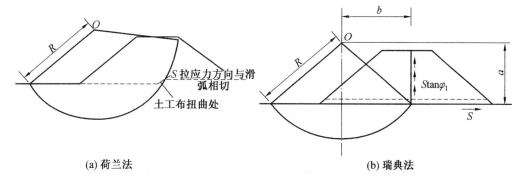

(a) 荷兰法   (b) 瑞典法

图 10.5 路堤的稳定性分析

据实测的土工聚合物动用的拉力数值,进行反算可发现,计算结果与实测数据相同,因此对铺设土工聚合物后地基的稳定验算方法尚需进一步探讨。

除了应验算滑弧穿过土工聚合物的稳定性外,还应验算在土工聚合物范围以外路堤有无整体滑动的可能性,当以上两种计算均满足时,路堤才认为是稳定的。

在荷兰曾筑过一条试验路堤,用土工聚合物加固砂质路堤下的软土地基,其研究结果认为除非土工聚合物具有在小应变条件下可以承受很大拉应力,否则它还不能使路堤安全系数有很大增长。国内的实践证明也是如此,路堤即使下沉或向两侧铺展,土工聚合物总伸长率并不高,而此时却要求其强度达到某一很高的值,才能保证堤身及基底不出现滑裂。

对土工聚合物作为路堤底面垫层的作用机理,了解得不太清楚,除了提高地基承载力和增加地基稳定性外,其中的一个主要作用就是减小堤底的差异沉降。通常土工聚合物与砂垫层(0.5～1.0 m)共同作为一层,这层具有与路堤本身和软土地基不同的刚度,通过这一垫层将堤身荷载传递到软土地基中去,它既是软土固结时的排水面,又是路堤的柔性筏基。地基沉降显得均匀,路基中心最终沉降量比不铺土工聚合物时要小,施工速度可加快,且能较快地达到所需的固结度,提高地基的承载能力。

铺设土工聚合物后,由于它对地基侧向有约束作用,减少了侧向变形,从而相应地减少了垂直变形。

10.3.4　　作为加固垫层的设计

如图 10.6(a) 所示的加筋地基的情况,早在 1975 年,宾库埃特(Binquet)曾提出过如图 10.6(b) 所示的破坏机理,即加筋带长度比基础宽度宽得多的情况下,地基达极限平衡状态时基础下会出现一主动区,主动区的加筋被主动区两侧的土体所锚固,也就是说,只有超过基础宽度部分的加筋才对增加地基承载力起作用。近年来东京大学的黄景川等人通过砂土加筋地基的模型试验研究,对宾库埃特的理论进行了修正。黄景川指出,地基中的加筋会产生"深基础效应",这种效应只要求在基础下小范围内铺设短加筋带就可显著地提高承载力。

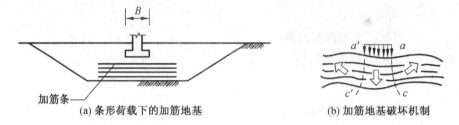

(a) 条形荷载下的加筋地基　　　　　　(b) 加筋地基破坏机制

图 10.6　条形荷载下的加筋地基及破坏机制

黄景川的加筋砂土地基模型试验如图 10.7 所示。图 10.7(a) 是基础埋深为 D_f 的未加筋地基,图 10.7(b) 是加筋深度为 D_R 的加筋地基,试验结果表明,无埋深基础的加筋地基与有埋深基础的无加筋地基的承载力相当,也就是说,在基础下的地基中加筋相当于增加基础的埋置深度,即 $D_R = D_f$,从而使地基承载力得以提高,这种加筋效果称为"深基础效应",当 $D_R = 0.9B$ 时,"深基础效应"更明显,下面进行逐一分析。

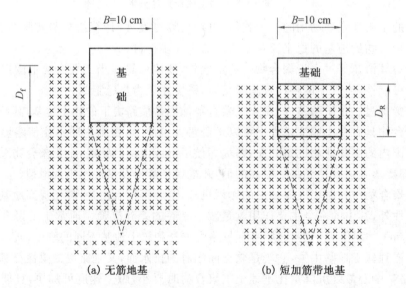

(a) 无筋地基　　　　　　(b) 短加筋带地基

图 10.7　地基承载力模型试验

1. 无加筋地基的承载力

如图 10.8 所示,无埋深与有埋深基础下的地基在峰值荷载时均会出现一等腰三角形主动变形区,应变沿三角形两腰长分布,三角区以外的应变很有限,地基的破坏是逐渐发展的。此时,地基的承载力由基础下一个包括主动区的块体的轴向抗压强度所控制,假定这个块体具有平面应变压缩试验中的性质,则在无埋深基础下无加筋地基的承载力 q_u 为

$$q_u = K_p \sigma_{cs} \tag{10.18}$$

$$K_p = \tan^2(45° + \varphi/2) \tag{10.19}$$

$$\sigma_{cs} = \gamma K_p (c_1 + s_1)/2 \tag{10.20}$$

式中　　γ, φ——分别为砂土的重度(kN/m^3)和内摩擦角(°);

　　　　c_1, s_1——分别为块体的高度及基础在地基破坏时的沉降量。

　　当基础的埋深 $D_f = 0.9B$ 时,无加筋地基的承载力为

$$q_B = K_p \sigma_{cd} \tag{10.21}$$

$$\sigma_{cd} = \gamma K_p (2D_f + c_2 + 2s_2)/2 \tag{10.22}$$

式中　　s_2——地基破坏时的沉降量。

　　其他符号如图 10.8(b) 所示。

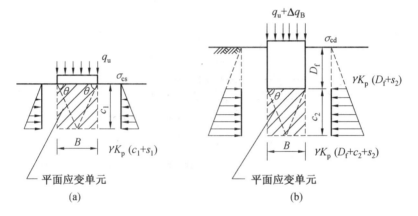

图 10.8　基础下地基的破坏模式

2. 加筋地基的承载力

根据加筋密度的不同,所有加筋地基的破坏模式可分为两类:

(1) 如图 10.9(a) 所示,属密加筋地基的情况,剪切区从基础边缘开始近似垂直线延伸到深度 D_R,然后在加筋区下方形成剪切楔体 B,此时地基的承载力由剪切楔体 B 所控制。根据式(10.18) 和式(10.21),得到由基础埋深而增加的地基承载力为

$$\Delta q_B = q_B - q_u \tag{10.23}$$

由于加筋具有"深基础效应",于是,对短带密加筋地基的承载比 BCR_B 可表示为

$$BCR_B = (q_u + \Delta q_B)/q_u \tag{10.24}$$

据验证,式(10.24) 的计算值与实测值基本吻合。

如果加筋带长度 $L = B$,则 A 区以外加筋中的拉力将增加 A 区边墙上的法向力,也增加边墙上向上的摩擦力,如图 10.10 所示,此时加筋地基承载力的增量为

$$\Delta q_c = \Delta q_B + \Delta F \tag{10.25}$$

$$\Delta F = 2(\sum_{i=1}^{n} T_{ei} \tan \varphi N_i)/B \tag{10.26}$$

式中　　n——加筋带层数;

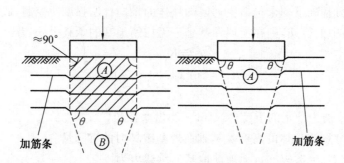

(a) 密加筋地基的破坏模式　　　(b) 疏加筋地基的破坏模式

图 10.9　不同的加筋情况

N——第 i 层每延米长度内加筋带的数量；

T_{ei}——第 i 层单个加筋带中的拉力，如 $L = B$，则 $T_{ei} = 0$。

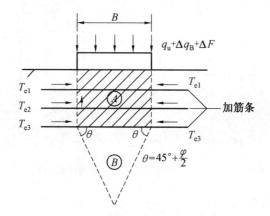

图 10.10　"墙边"摩擦力的计算

所以，对 $L > B$ 的加筋地基承载比 BCR_C 为

$$BCR_C = (q_u + \Delta q_c)/q_u \tag{10.27}$$

如果 $L = B$，则 $\Delta F = 0$，$BCR_C = BCR_B$。

（2）如图 10.9(b) 所示，属疏加筋地基的情况，此时剪切区从基础边缘开始，以 $\theta = 45° + \varphi/2$ 的角度在加筋区内形成剪切楔体 A。这类地基的承载力由 A 区的强度所控制，A 区强度增量可认为是加筋带的拉力在水平向的约束作用所引起，如图 10.11 所示，则有

$$\Delta q_A = K_p \sigma_t \tag{10.28}$$

$$\sigma_t = (\sum_{i=1}^{n} T_{ai} N_i)/D_R \tag{10.29}$$

式中　　T_{ai}——块体 A 第 i 层单个加筋带中的平均拉力，$T_{ai} = (T_{maxi} + T_{ei})/2$。

此时，加筋地基的承载比为

$$BCR_A = (q_u + \Delta q_A)/q_u \tag{10.30}$$

按照上述方法求得 BCR_C 和 BCR_A 后，应取其中的较小者作为控制值。从理论上讲，$BCR_C = BCR_A$ 时，才是最佳设计状态。

目前,土工聚合物作为加筋垫层的主要试验成果列
举如下:

（1）顶层加筋至基础底面的最佳深度 $u = 0.3B$,有
效加筋范围为 $D_R \leqslant B$。

（2）在有效加筋深度内,加筋层数 N 增加,BCR 增
加,直到 $N = 6$,达峰值 $BCR = 3.0$;再增加 N 值,BCR 无
明显改变。

（3）加筋材料长度 L 增加至 $1 = 2.5B$ 时,BCR 最大;
再增加 L 只是增加锚固段长度,BCR 几乎没有变化。

（4）当土工聚合物抗拉强度增加时,BCR 增大,例

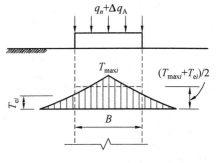

图 10.11　疏加筋地基承载力的计算

如,从 67 kN/m 增加到 216 kN/m,BCR 由 1.7 增加到 2.6。

我国已有很多浅基础地基加筋的成功实例,该法与桩基础及其他地基处理方法相比,具有
施工简便、大幅度降低成本等优点。

10.3.5　作为加筋土拉筋的设计

1. 概述

加筋是一个广义的概念,它包括土工聚合物、钢带、土钉、锚杆和树根桩等,通过在边坡中
设置拉筋,主要用于弥补土体抗拉强度不足这一弱点,同时也可进一步提高土体的抗压、抗剪
和抗弯等方面的能力,从而增强边坡的稳定性。自 Henri Vidal 于 1965 年提出现代加筋土的
概念以来,由于其快捷、经济和有效,目前加筋土技术已被广泛地应用于边坡、堤坝、挡土墙和
地基处理等工程中。加筋边坡的稳定是一个整体系统的概念,结合理论分析和工程实践的经
验,其破坏模式可具体区分为外部和内部可能产生的破坏型式。外部的破坏型式有滑动破坏、
倾覆破坏、地基承载力不够和土体整体失稳等;内部的破坏型式有拉筋拔出破坏、拉筋断裂、面
板与拉筋间接头破坏、面板断裂和加筋土体沿某一层加筋表面滑移破坏等。

加筋边坡的外部稳定分析相对来说容易得到解决,难点主要集中在加筋边坡的内部稳定
分析上,其中尤以土体中加筋的滑动破坏和断裂破坏最为关键。

2. 加筋土的加固机理

将加筋砂圆柱土样与未加筋砂圆柱土样进行三轴对比试验就可发现,如果未加筋砂土样
在 σ_1 及 σ_3 作用下达到极限平衡,那么加筋砂土样在同样 σ_1 和 σ_3 的作用下就达不到极限平衡,
而是处于弹性状态,如使砂土样达到新的极限平衡状态,则势必增大 σ_1 至 σ_{1f}。实验证明,加筋
土体的内摩擦角 φ 与未加筋土体的相似,所不同的是增加了内聚力 Δc 值,这说明加筋的作用
相当于土体增加黏聚力,如图 10.12 所示。

在三轴试验中,用土工聚合物加筋与元筋土体的应力应变关系如图 10.13 所示。当应变
较小时($\varepsilon_v < 10\%$),加筋对土的应力应变关系基本上无影响;当应变达到某一界限时($\varepsilon_v >$
10%),加筋对土的应力应变关系逐渐显著,强度随土的应变增大而增大。这说明只有当应变
达到某一程度时,加筋才起作用,抗剪强度才得以发挥,随着应变的增大,土的内摩擦角 φ 基本
不变,但黏聚力 c 则随应变的增大而增大。

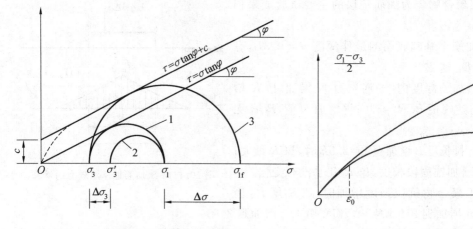

图 10.12　加筋与未加筋的应力圆分析　　　　图 10.13　应力应变关系

图 10.14 中应力圆 a 表示加筋与土体间发生滑动时的破坏状态,这种情况表示摩擦作用没有得到充分发挥,因此土体在较低的垂直荷载作用下就破坏了。应力圆 b 表示加筋断裂时达到的破坏状态,亦即加筋土体在较高的垂直荷载作用下破坏。一般来讲,加筋的滑动破坏易发生在加筋土体中的浅部,加筋的断裂破坏易发生在加筋土体中的深部。

滑动而使土体发生破坏的情况

加筋土挡墙的内部结构分析如图 10.15 所示。由于侧向土压力的作用,土体中产生一个破裂面,当在土体中埋设加筋后,每层加筋所受拉力沿其长度并非均布,最大拉力点发生在面板后一定距离。每层加筋的最大拉力点的连线可视为加筋土体的潜在破裂面,破裂面将加筋土体分为主动区与稳定区。主动区内加筋的切向剪应力指向面板,具有将加筋拉出土体的趋势;稳定区内加筋的切向剪应力指向加筋的自由端,具有阻止加筋被拔出的趋势,因此伸入稳定区内的加筋长度称为加筋的锚固长度。

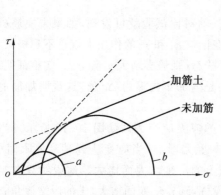

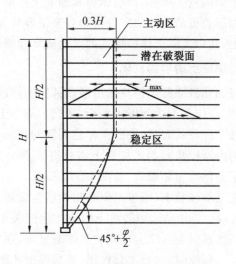

图 10.14　由于拉筋断裂或拉筋与土间发生　　　图 10.15　拉力沿拉筋长度的分布

通过大量的室内模型试验和野外实测资料分析,两个区域的分界线离开墙面的最大距离为 0.3H。然而 Mitchell 和 Villet(1987 年) 认为,对于具有延伸性较大的土工聚合物,其破裂面接近朗肯理论的破裂面。当然,加筋土体两个区域的分界线型式,还受到下列几个因素的影响:挡土结构的几何形状;作用在加筋土体上的外力;地基的变形;土与加筋间的摩擦力。

目前在加筋土工程中大多都采用粒状土。国外有的资料指出一般要求回填土料的塑性指数小于 6,摩擦角大于 34°,小于 15 μm 的细颗粒重量少于 15%。黏性土的使用受到限制的原因是:施工后不久,在不排水状态下的摩擦力是低的;由于排水性通常很差,受湿后其强度往往会降低;在承受持续应力的情况下会发生很大的蠕变;黏性土一般难以压实。

3. 加筋土体的内部稳定性设计

(1) 加筋拉力。当土体的主动土压力充分作用时,每根拉筋除了通过摩擦阻止部分填土水平位移外,还能拉紧一定范围的面板,使得土中加筋的拉力和主动土压力保持平衡。因此,每根加筋受到的拉力随深度的增加而增大,最下一层加筋的拉力 T_l 最大,表达为

$$T_l = \gamma(H + h_e)K_a S_x S_y \tag{10.31}$$

式中　　H—— 挡土墙高度(m);

　　　　h_e—— 地面超载换算成土层厚度(m);

　　　　γ—— 填土的重度(kN/m^3);

　　　　K_a—— 主动土压力系数,$K_a = \tan^2(45° - \varphi/2)$;

　　　　S_x , S_y—— 加筋的水平和垂直间距(m)。

所需要的加筋横断面面积为

$$A = \frac{T_l}{[R_g]} \tag{10.32}$$

式中　　$[R_g]$—— 加筋的设计拉应力(kPa)。

(2) 加筋的设计长度。在锚固区内由于摩擦作用加筋产生的抗拔力为

$$T_b = 2l_0 b\gamma(H + h_e)f \tag{10.33}$$

式中　　l_0—— 加筋在稳定区内的锚固长度(m);

　　　　b—— 单个加筋的宽度(m);

　　　　f—— 加筋与填土之间的似摩擦系数。

则在同一深度处加筋的抗拔安全系数 K_b 为

$$K_b = \frac{T_b}{T_l} = \frac{2l_0 bf}{K_a S_x S_y} \tag{10.34}$$

由式(10.34)可见抗拔安全系数只与锚固长度 l_0 有关,而与深度无关。K_b 常取 1.5 ~ 2.0,则加筋的锚固长度由式(10.34)可得

$$l_0 = \frac{K_a K_b S_x S_y}{2bf} \tag{10.35}$$

故加筋的设计长度(指第一层加筋)可按下式求出

$$l = \frac{H}{\tan(45° + \varphi/2)} + \frac{K_a K_b S_x S_y}{2bf} \tag{10.36}$$

4. 加筋土体的外部稳定性设计

为防止由于加筋土外部不稳定而引起的加筋土结构的破坏,外部稳定性验算时可将加筋末端的连线与墙面板之间视为整体结构,与一般重力式挡土结构的外部稳定性计算方法相

同。

加筋土挡墙的基底压力核算一般指加筋土体下面的基底压力和墙面板下的基底压力,二者均必须小于地基的容许承载力。面板下面是否需设置条形基础,可视地质条件而定,应保持整平,以利整个工程面板的拼接。

由于加筋土结构是柔性结构,所以它能承受较大的差异沉降。一般差异沉降应控制在1%范围内。

将加筋土结构看作一个整体,再将其后面作用的主动力用以验算加筋土结构物底面的抗滑稳定性,抗滑稳定系数一般可取 1.2~1.3。此外尚应进行抗倾覆的稳定验算工作,抗倾覆稳定系数一般可取 1.2~1.5。

由于加筋土挡墙具有柔性,所以不太可能产生倾覆稳定性的破坏。如果加筋的长度不够,则挡墙的上部可能产生倾斜。但是这种破坏是由于加筋土结构物内部稳定性失稳所引起,而不是像传统的刚性挡墙产生的倾覆一样。所以这种内部稳定性问题,在设计中通常要求加筋具有足够的长度即可得到保证。与其他挡土结构一样,要求验算加筋土结构的深层滑动稳定性,滑动可能穿过加筋土结构物。一般情况下,滑动破坏面可假定为圆弧面,采用条分法进行计算,深层滑动安全系数应当大于或等于1.5。

10.4　岩土工程中应用土工聚合物的施工要点

土工聚合物是按一定规格的面积和长度在工厂进行定型生产的,因此,这些材料运到现场后必须进行连接,如图 10.16 所示。

(1)搭接法。搭接长度一般在0.3~1.0 m之间,在坚固和水平的路基一般为 0.3 m;在软的和不平的地面则需 1.0 m。连接处应尽量避免受力,以防土工聚合物移动。搭接法施工简便,但用料较多。

(2)缝合法。用移动式缝合机将尼龙或涤纶线面对面缝合,缝合处的强度一般可达纤维强度的 80%。缝合法节省材料费时。

(3)胶结法。采用合适的胶黏剂将两块土工聚合物胶结在一起,最少的搭接长度为10 cm,其接缝处的强度与土工聚合物的原强度相同。

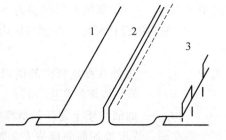

图 10.16　土工织物连接方法
1— 搭接;2— 缝合;3— 钉接

(4)钉接法。用 U 形钉连接时,其强度低于缝合法和胶结法所产生的强度。

在护岸工程坡面上铺设土工聚合物时,上坡段土工聚合物应搭接在下坡段土工聚合物之上。铺设土工聚合物时,应注意均匀和平整,在斜坡上施工应保持一定的松紧度。土工聚合物的端部要先铺填,中间后填,端部锚固必须精心施工。用于反滤层时,要求保证连续性,不出现扭曲、褶皱和重迭。在存放和铺设过程中,应尽量避免长时间曝晒,促使材料劣化。第一层铺垫厚度应在 50 cm 以下,并使推土机的刮土板不要损坏所铺设的土工聚合物,如遇任何情况下的损坏,应予立即修补。图 10.17 为道路工程中使用土工聚合物的示意图。

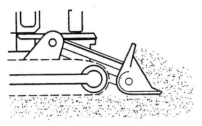

(a) 挖除表土和平整场地

(b) 铺开土工织物卷材

(c) 在土工织物上卸砂石料

(d) 铺设和平整筑路材料

(e) 压实路基

图 10.17　道路工程中使用土工织物的施工示意图

本章小结

1. 应用土工聚合物对于岩土工程是一场革命,土工聚合物在岩土工程中常常起着多方面的综合作用。

2. 土工聚合物在无黏性土中的反滤设计准则是:$O_e < D_{85b}$,$O_e > D_{15b}$;在黏性土中的反滤设计准则是:$O_e < 0.08$ mm。同时还要了解美国陆军工程师团反滤设计准则和荷兰的反滤设计准则。

3. 土工聚合物作为地基补强时,要了解公式 $p_{s+c} = \alpha c N_c B + 2T\sin\theta + \beta \dfrac{T}{R} N_q B + \gamma D_f N_q B$ 中各项的具体物理意义。

4. 掌握荷兰法和瑞典法在土工聚合物加固路堤时各自的设计计算公式及局限性。

5. 土工聚合物作为加固垫层时存在着"深基础效应"机制。对 $L > B$ 的长加筋垫层,要区别密加筋地基和疏加筋地基两种地基承载力的增量计算方法。

6.土工聚合物作为拉筋加固土体时,主要用于弥补土体抗拉强度不足这一弱点,同时也可进一步提高土体的抗压、抗剪和抗弯等方面的能力。对加筋土挡土结构,要处理好加筋土体的内部稳定性和外部稳定性两者之间的关系。

复习思考题

1.试述土工聚合物的分类、性能和作用。

2.试述土工聚合物作为反滤层的机理及反滤设计原则。

3.试述土工聚合物作为地基补强时的地基承载力的计算。

4.试述土工聚合物加固路堤稳定性的计算。

5.土工聚合物作为加固垫层时,试述其"深基础效应"的机理。

6.土工聚合物作为基础的加固垫层时,试述密加筋地基和疏加筋地基两种地基承载力增量的计算方法。

7.土工聚合物作为拉筋加固土体的机理是什么? 什么叫拉筋的滑动破坏和断裂破坏?

8.加筋土挡土结构的外部稳定性设计包含哪些内容及如何进行设计?

习　题

10.1　有一种描述砂土加筋机理的准黏聚力理论,设水平限制应力的增量 $\Delta\sigma_3 = T/h$,该理论认为,相当于使砂土得到一个黏聚力 $c_R = T\tan(45° + \varphi/2)/2h$,其中 T 为土工聚合物发挥的拉力(kN/m),h 为土工聚合物加筋层的间距,试用极限平衡理论加以证明。

10.2　在深厚的软弱地基上修建一建筑物,基础宽度 $B = 1.5$ m,地基土的不排水内摩擦角 $\varphi_u = 10°$,重度 $\gamma = 19$ kN/m³,为提高地基的承载力,在基础下方铺设两层足够长的无纺织物,其抗拉强度 $T = 23$ kN/m,若建筑物的容许沉降 $D_f = 0.3$ m,试计算地基承载力的增量值。

参考文献

[1]《岩土工程手册》编写委员会.岩土工程手册[M].北京:中国建筑工业出版社,1995.

[2]林宗元.岩土工程勘察设计手册[M].沈阳:辽宁科学技术出版社,1996.

[3]陈仲颐,叶书麟.基础工程学[M].5版.北京:中国建筑工业出版社,1997.

[4]汤康民.岩土工程[M].武汉:武汉工业大学出版社,2000.

[5]钮强.岩石爆破机理[M].沈阳:东北工学院出版社,1990.

[6]冯国栋.土力学[M].北京:中国水利电力出版社,1985.

[7]闫明礼.地基处理技术[M].北京:中国环境科学出版社,1996.

[8]张国建.实用爆破技术[M].北京:冶金工业出版社,1997.

[9]王梦恕.中国隧道及地下工程修建技术[M].北京:人民交通出版社,2010.

[10]《桩基工程手册》编写委员会.桩基工程手册[M].北京:中国建筑工业出版社,1995.

[11]龚晓南.地基处理新技术[M].西安:陕西科学技术出版社,1997.

[12]《地基处理手册》编写委员会.地基处理手册[M].9版.北京:中国建筑工业出版社,1997.

[13]郑颖.地下工程锚喷支护设计指南[M].北京:中国铁道出版社,1988.

[14]王钊.基础工程原理[M].武汉:武汉水利电力大学出版社,1998.

[15]刘建航,侯学渊.基坑工程手册[M].北京:中国建筑工业出版社,1997.

[16]谭罗荣.第2届全国红土工程研讨会论文集[C].贵阳:贵州科学技术出版社,1991.

[17]王幼清.高层建筑结构地基基础设计[M].哈尔滨:哈尔滨工业大学出版社,2007.

[18]冶金工业部建筑研究总院.地基处理技术⑤[M].北京:冶金工业出版社,1993.

[19]尉希成.支挡结构设计手册[M].北京:中国建筑工业出版社,1995.

[20]黄强.深基坑支护工程设计技术[M].北京:中国建材工业出版社,1995.

[21]胡中雄.土力学与环境土工学[M].上海:同济大学出版社,1997.

[22]秦惠民,叶政青.上海地区深基础施工实例[M].北京:中国建筑工业出版社,1992.

[23]波勒斯 J E.基础工程分析与设计[M].唐念慈,译.北京:中国建筑工业出版社,1987.

[24]华南理工大学.地基及基础[M].北京:中国建筑工业出版社,1991.

[25]温特科温 H F,方晓阳.基础工程手册[M].钱鸿缙,叶书麟,译.北京:中国建筑工业出版社,1989.

[26]叶书麟.地基处理工程实例应用手册[M].2版.北京:中国建筑工业出版社,1999.

[27]朱小林,杨桂林.土体工程[M].上海:同济大学出版社,1996.

[28]天津大学.土层地下建筑施工[M].北京:中国建筑工业出版社,1982.

[29]清华大学水力学教研组.水力学(下册)[M].北京:人民教育出版社,1981.

[30]洪毓康.土质学与土力学[M].2版.北京:人民交通出版社,2003.

[31]徐仁祥,梅璋,张悦勒.建筑施工手册[M].2版.北京:中国建筑工业出版社,1995.

[32]朱诗鳌.土工织物应用与计算[M].武汉:中国地质大学出版社,1989.

[33]叶书麟.地基处理[M].3版.北京:中国建筑工业出版社,1992.

[34]欧阳仲春.现代土工加筋技术[M].北京:人民交通出版社,1991.

[35]李克钏.基础工程[M].北京:中国铁道出版社,1992.

[36]华南理工大学,浙江大学,湖南大学.基础工程[M].2版.北京:中国建筑工业出版社,
　　2009.

[37]交通都第二公路勘测设计院.公路设计手册——路基[M].北京:人民交通出版社,1996.

[38]铁道部科学研究院西北研究所.滑坡防治[M].北京:人民铁道出版社,1977.

[39]牟会宠.滑坡[M].北京:地震出版社,1987.

[40]滑坡文集编委会.滑坡文集[M].北京:中国铁道出版社,1991.

[41]铁道部第二勘测设计院.抗滑桩设计与计算[M].北京:中国铁道出版社,1983.

[42]铁道部第一勘测设计院.铁路工程设计技术手册——路基[M].北京:中国铁道出版社,
　　1992.

[43]四川省地理学会滑坡专业委员会,中国科学院成都地理研究所.滑坡分析与防治[M].重
　　庆:科学技术文献出版社重庆分社,1983.

[44]钾敦伦,王成华.中国泥石流滑坡编目数据库与区域规律研究[M].成都:四川科学技术出
　　版社,1998.

[45]滑坡文集编委会.滑坡文集[C].北京:中国铁道出版社,1998.

[46]滑坡分析与防治编辑委员会.滑坡分析与防治(I)[M].成都:四川科学技术出版社,1996.

[47]刘成宇.土力学[M].2版.北京:中国铁道出版社,2000.

[48]刘成宇.土力学和基础工程[M].北京:中国铁道出版社,1981.

[49]中华人民共和国国家标准.(GB50021-2001)岩土工程勘察规范[S].北京:中国建筑工业
　　出版社,2002.

[50]张振营.岩土力学[M].北京:中国水利电力出版社,2000.

[51]肖淑芳,杨淑碧.岩体力学[M].北京:地质出版社,1987.

[52]重庆建筑工程学院,同济大学.岩体力学[M].北京:中国建筑工业出版社,1981.

[53]中华人民共和国城乡建设环境保护部.(GBJ 112-87)膨胀土地区建筑技术规范[S].北
　　京:中国计划出版社,1989.

[54]姜彦忠.爆破技术基础[M].北京:中国铁道出版社,1994.

[55]陈华腾.爆破计算手册[M].沈阳:辽宁科学技术出版社,1991.